W0317004

Matemáticas Académicas

José María Arias Cabezas
Ildefonso Maza Sáez

ESO 3

GENERACIÓN B

Bruño

ESTRUCTURA DEL LIBRO

Este icono indica que dispones de recursos en el libro digital.

EVALUACIÓN INICIAL

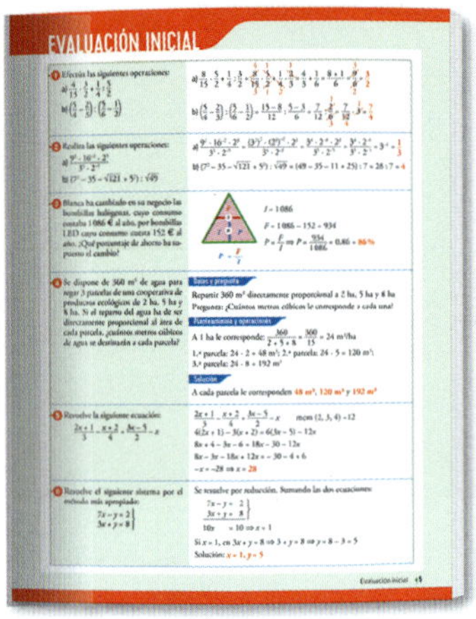

Es un examen resuelto que sirve de modelo al alumno para la evaluación inicial y como repaso de contenidos esenciales de 2.º ESO.

DESARROLLO DE LA UNIDAD

Presentación

- **Índice de la unidad.** Enumeración de los contenidos que se desarrollan en la unidad.
- **Imagen.** Fotografía que muestra una aplicación a la vida cotidiana de los contenidos que se desarrollan en la unidad.
- **Texto introductorio.** Explicación de la fotografía en relación a los contenidos y contestación a la pregunta: ¿Para qué sirve lo que vamos a estudiar?

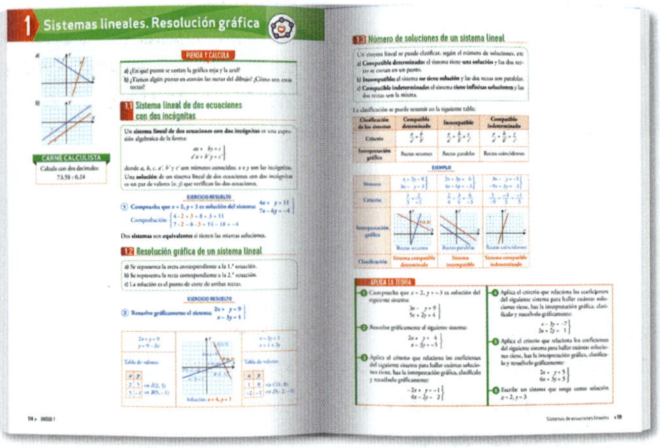

Desarrollo de los contenidos

- **Piensa y calcula.** Repaso de los contenidos previos con un ejercicio de cálculo mental corto.
- **Carné calculista.** Se propone una operación para cada día.
- Se desarrollan los **contenidos** en dobles páginas y se resaltan los más importantes.
- **Ejemplos y ejercicios resueltos.** Ejercicios y problemas resueltos de cada concepto o procedimiento.
- **Aplica la teoría.** Ejercicios propuestos de aplicación.

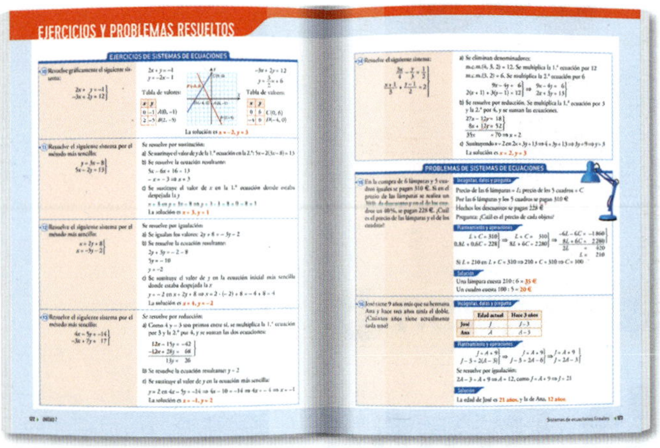

- **Ejercicios y problemas resueltos.** Doble página con ejercicios y problemas tipo resueltos de forma pormenorizada.

Ejercicios y problemas propuestos clasificados en distintas secciones y niveles de dificultad.

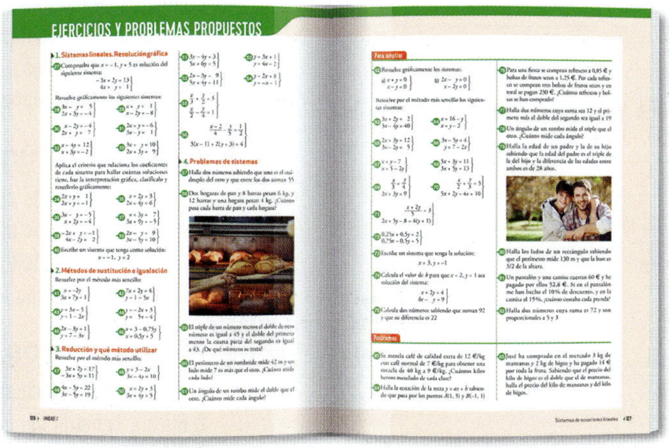

- **Matematización en contextos reales.** Ejercicios con una aplicación real a la vida cotidiana, a la Ciencia, Tecnología, Ingeniería, Arte y Matemáticas (STEAM).
- **Autoevaluación.** Modelo de examen para que el alumno se autoevalúe.

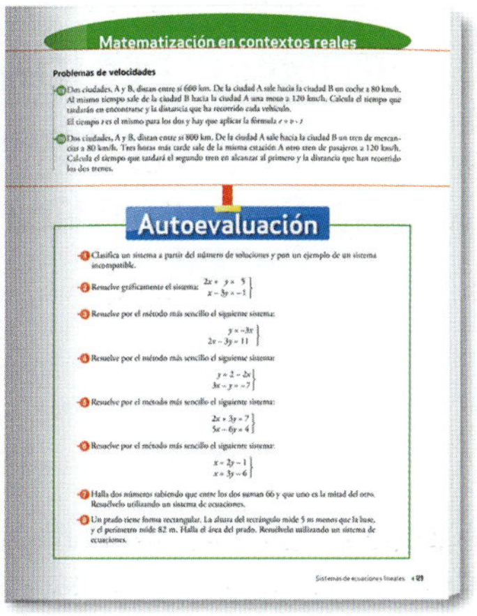

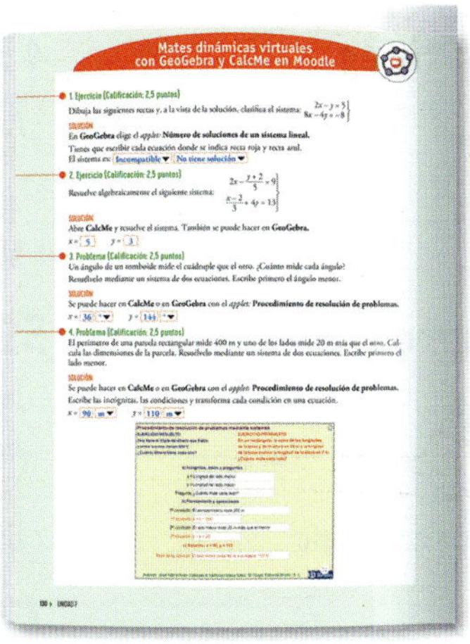

Mates dinámicas virtuales con GeoGebra, CalcMe y Hoja de cálculo en Moodle.

- Ejercicios y problemas para comprender los conceptos con el uso de *applets* de GeoGebra.
- Planteamiento y resolución de ejercicios y problemas con CalcMe y Hoja de cálculo.

SECCIONES FINALES

- **Actividades de ampliación.** Actividades en las que se proponen investigar, exponer, elaborar documentos digitales o trabajar técnicas matemáticas a través de diversos textos.
- **Actividades de recuperación.** Ejercicios para preparar la recuperación final del curso.
- **Evaluación final.** Modelo de examen que sirve de autoevaluación final.

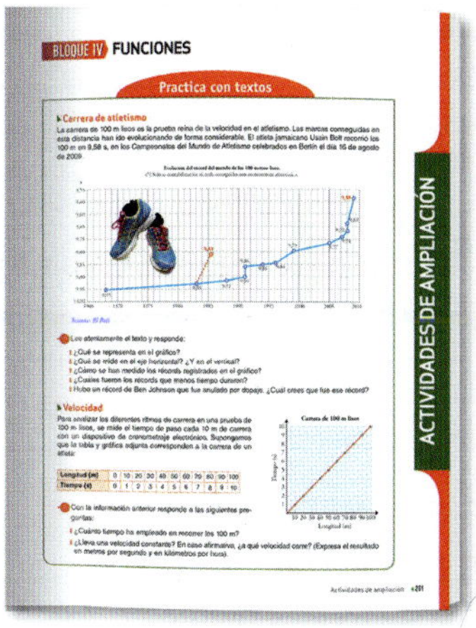

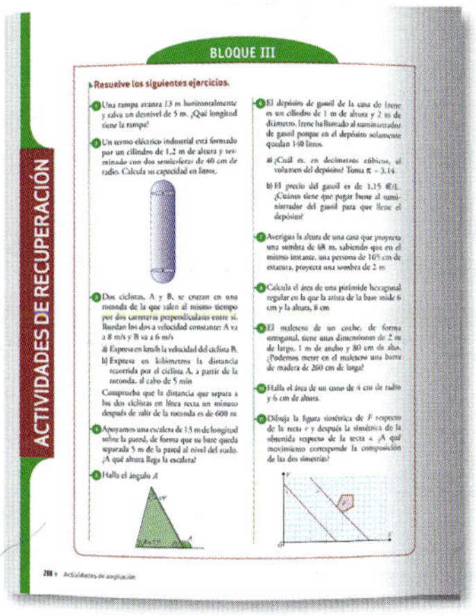

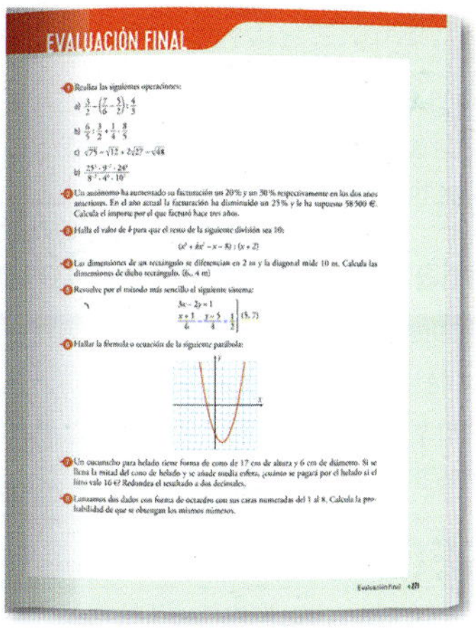

ÍNDICE

EVALUACIÓN INICIAL

1 Efectúa las siguientes operaciones:

a) $\frac{8}{15} \cdot \frac{5}{2} + \frac{1}{4} : \frac{3}{2}$

b) $\left(\frac{5}{4} - \frac{2}{3}\right) : \left(\frac{5}{6} - \frac{1}{2}\right)$

a) $\frac{8}{15} \cdot \frac{5}{2} + \frac{1}{4} : \frac{3}{2} = \frac{8}{15} \cdot \frac{5}{2} + \frac{1}{4} \cdot \frac{2}{3} = \frac{4}{3} + \frac{1}{6} = \frac{8+1}{6} = \frac{9}{6} = \frac{3}{2}$

b) $\left(\frac{5}{4} - \frac{2}{3}\right) : \left(\frac{5}{6} - \frac{1}{2}\right) = \frac{15-8}{12} : \frac{5-3}{6} = \frac{7}{12} : \frac{2}{6} = \frac{7}{12} \cdot 3 = \frac{7}{4}$

2 Realiza las siguientes operaciones:

a) $\frac{9^2 \cdot 16^{-2} \cdot 2^3}{3^5 \cdot 2^{-5}}$

b) $(7^2 - 35 - \sqrt{121} + 5^2) : \sqrt{49}$

a) $\frac{9^2 \cdot 16^{-2} \cdot 2^3}{3^5 \cdot 2^{-5}} = \frac{(3^2)^2 \cdot (2^4)^{-2} \cdot 2^3}{3^5 \cdot 2^{-5}} = \frac{3^4 \cdot 2^{-8} \cdot 2^3}{3^5 \cdot 2^{-5}} = \frac{3^4 \cdot 2^{-5}}{3^5 \cdot 2^{-5}} = 3^{-1} = \frac{1}{3}$

b) $(7^2 - 35 - \sqrt{121} + 5^2) : \sqrt{49} = (49 - 35 - 11 + 25) : 7 = 28 : 7 = 4$

3 Blanca ha cambiado en su negocio las bombillas halógenas, cuyo consumo costaba 1 086 € al año, por bombillas LED cuyo consumo cuesta 152 € al año. ¿Qué porcentaje de ahorro ha supuesto el cambio?

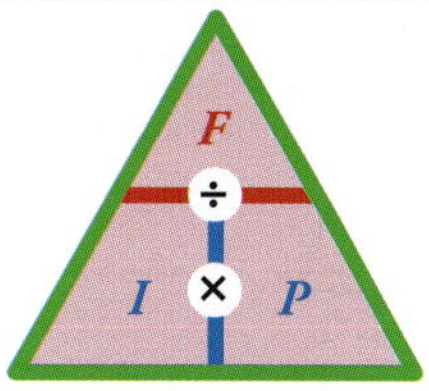

$P = \frac{F}{I}$

$I = 1\,086$

$F = 1\,086 - 152 = 934$

$P = \frac{F}{I} \Rightarrow P = \frac{934}{1\,086} = 0{,}86 = 86\,\%$

4 Se dispone de 360 m³ de agua para regar 3 parcelas de una cooperativa de productos ecológicos de 2 ha, 5 ha y 8 ha. Si el reparto del agua ha de ser directamente proporcional al área de cada parcela, ¿cuántos metros cúbicos de agua se destinarán a cada parcela?

Datos y pregunta

Repartir 360 m³ directamente proporcional a 2 ha, 5 ha y 8 ha

Pregunta: ¿Cuántos metros cúbicos le corresponde a cada una?

Planteamiento y operaciones

A 1 ha le corresponde: $\frac{360}{2+5+8} = \frac{360}{15} = 24$ m³/ha

1.ª parcela: $24 \cdot 2 = 48$ m³; 2.ª parcela: $24 \cdot 5 = 120$ m³;
3.ª parcela: $24 \cdot 8 = 192$ m³

Solución

A cada parcela le corresponden **48 m³**, **120 m³** y **192 m³**

5 Resuelve la siguiente ecuación:

$$\frac{2x+1}{3} - \frac{x+2}{4} = \frac{3x-5}{2} - x$$

$\frac{2x+1}{3} - \frac{x+2}{4} = \frac{3x-5}{2} - x$ mcm (2, 3, 4) = 12

$4(2x+1) - 3(x+2) = 6(3x-5) - 12x$

$8x + 4 - 3x - 6 = 18x - 30 - 12x$

$8x - 3x - 18x + 12x = -30 - 4 + 6$

$-x = -28 \Rightarrow x = 28$

6 Resuelve el siguiente sistema por el método más apropiado:

$$\left.\begin{array}{l} 7x - y = 2 \\ 3x + y = 8 \end{array}\right\}$$

Se resuelve por reducción. Sumando las dos ecuaciones:

$$\left.\begin{array}{l} 7x - y = 2 \\ 3x + y = 8 \end{array}\right\}$$

$10x = 10 \Rightarrow x = 1$

Si $x = 1$, en $3x + y = 8 \Rightarrow 3 + y = 8 \Rightarrow y = 8 - 3 = 5$

Solución: $x = 1, y = 5$

7 Halla dos números enteros consecutivos tales que la suma de sus cuadrados sea 145

Datos y pregunta

Número menor: x; consecutivo: $x + 1$; los cuadrados suman 145

Pregunta: ¿Cuáles son los números?

Planteamiento y operaciones

$$x^2 + (x + 1)^2 = 145 \Rightarrow x^2 + x^2 + 2x + 1 = 145 \Rightarrow x^2 + x - 72 = 0$$

$$x = \frac{-1 \pm \sqrt{1 + 288}}{2} = \frac{-1 \pm \sqrt{289}}{2} = \frac{-1 \pm 17}{2} = \begin{cases} 8 \\ -9 \end{cases}$$

Solución

Hay dos soluciones: los números **8 y 9** y también **–8 y –9**

8 Una escalera que mide 5 m se apoya sobre una pared. La base de la escalera está a 2 m de la pared. ¿A qué altura llega la escalera? Redondea el resultado a dos decimales.

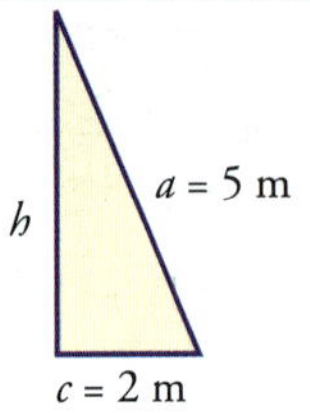

$$h^2 + c^2 = a^2 \Rightarrow h^2 + 2^2 = 5^2 \Rightarrow h^2 + 4 = 25$$

$$h^2 = 21 \Rightarrow h = \sqrt{21} = \mathbf{4{,}58\ m}$$

9 Calcula el área y el volumen de una pirámide cuadrangular de 12 cm de arista de la base y 8 cm de altura.

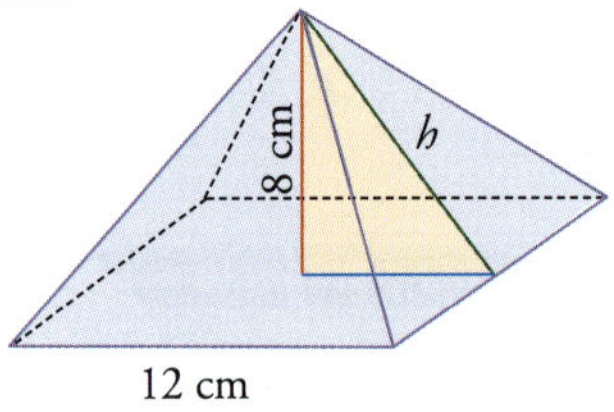

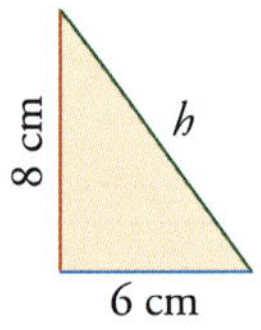

Apotema de la pirámide:

$h^2 = 6^2 + 8^2 = 36 + 64 = 100$

$h = \sqrt{100} = 10$ cm

$A_B = 12^2 = 144$ cm²

$A_L = 4 \cdot \frac{12 \cdot 10}{2} = 240$ cm²

$A_T = 144 + 240 =$ **384 cm²**

$V = \frac{1}{3} \cdot 144 \cdot 8 =$ **384 cm³**

10 Clasifica y halla la ecuación de la recta:

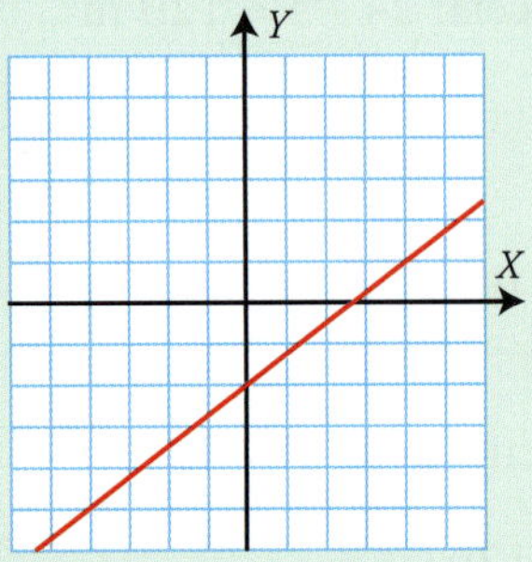

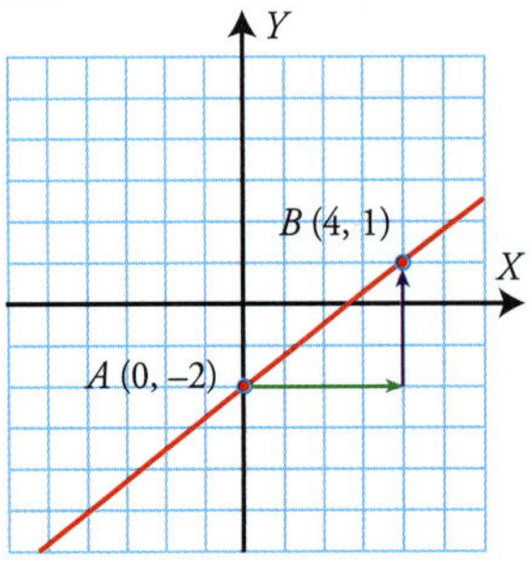

Es una función afín. $y = mx + b$

Corta al eje Y en $A(0, -2) \Rightarrow b = -2$

$A(0, -2)$ y $B(4, 1) \Rightarrow m = \frac{1 - (-2)}{4 - 0} = \frac{3}{4}$

La ecuación de la recta es: $y = \frac{3}{4}x - 2$

11 Calcula la probabilidad de obtener una bola de color rojo o azul al extraer una bola de una urna que tiene 5 bolas rojas, 7 azules y 6 verdes.

Espacio muestral: E = {5R, 7A, 6V}

Suceso: A = {5R, 7A}

$$P(A) = \frac{12}{18} = \frac{2}{3}$$

12 Luis ha recogido los siguientes datos sobre el consumo de fruta en su familia:

Piezas de fruta	5	7	9	10
N.º de días	3	5	10	2

¿Cuál es el número medio de piezas de fruta que comen al día?

Piezas fruta (x_i)	Días (n_i)	$x_i \cdot n_i$
5	3	15
7	5	35
9	10	90
10	2	20
Total	**20**	**160**

$$\bar{x} = \frac{160}{20} = 8$$

Se consumen un número medio de 8 piezas de fruta al día.

BLOQUE I

ARITMÉTICA

1 Números racionales e irracionales
2 Potencias y raíces
3 Problemas aritméticos
4 Sucesiones y progresiones

CONTENIDOS DEL BLOQUE

El bloque recoge un conjunto de conocimientos básicos que permiten resolver problemas de la vida cotidiana y avanzar en el aprendizaje posterior de las matemáticas. Se inicia con el estudio de los números racionales, las potencias, las raíces y sus aplicaciones, continúa con la resolución de problemas aritméticos tradicionales y finaliza con una visión práctica de las progresiones.

GRANDES EN MATEMÁTICAS

1000 a. C.

600

Los babilonios (2000 a. C. al 600 a. C.) resolvieron el problema de calcular en cuánto tiempo se doblaría una cantidad de dinero a un determinado interés compuesto, lo cual hace pensar que conocían de alguna manera la fórmula del interés compuesto y, por tanto, las progresiones geométricas.

500 a. C.

450

Los pitagóricos (550 a. C. al 450 a. C.) fueron los primeros en analizar la noción de número y en establecer las relaciones de correspondencia entre la aritmética y la geometría. Definieron los números primos, algunas progresiones y precisaron la teoría de las proporciones.

300

En 300 a. C., en el libro IX de *Los Elementos* de **Euclides** aparece escrita una fórmula, semejante a la actual, de la suma de n términos consecutivos de una progresión geométrica.

HIPATIA DE ALEJANDRÍA (355-415)

0

EUCLIDES (325 a. C.-265 a. C)

500

1000

1185

Bhaskara plantea en su obra más conocida, el *Lilavati,* diversos problemas sobre progresiones aritméticas y geométricas. Descubrió el doble signo de los radicales cuadráticos y el carácter anormal de los mismos cuando el radicando es negativo.

1202

En *Liber abaci,* publicado en el año 1202, **Fibonacci** introduce el sistema decimal Hindú-Arábico y usa los números arábigos dentro de Europa. Un problema en *Liber abaci* permite la introducción de los números y la serie de Fibonacci, por la cual es recordado hoy en día.

FIBONACCI (1170-1250)

1500

1526

Antes del siglo XVI el símbolo de la raíz cuadrada consistía en colocar un punto delante del número. Hacia el año 1526, dicho símbolo se transformó en el actual gracias al polaco Christoff Rudolff (1499-1545).

1998

Las ideas de Miguel de Guzmán han inspirado a toda una generación de educadores. En 1998 fundó el proyecto Estalmat para potenciar el talento matemático.

2000

1 Números racionales e irracionales

Las fracciones y sus expresiones decimales se utilizan en distintas situaciones de nuestra vida cotidiana. Es frecuente utilizarlas en la preparación de recetas de cocina y en la compra de alimentos; por ejemplo 1/2 kg de zanahorias, mitad de cuarto de maíz, un kilo y medio de tomates, etc.

1 Fracciones

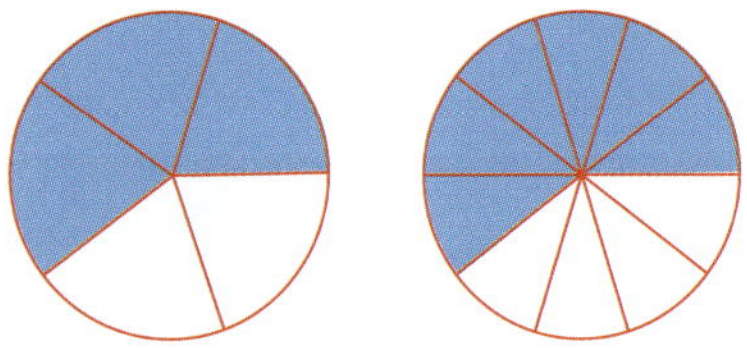

PIENSA Y CALCULA

Escribe la fracción que corresponde a cada una de las partes coloreadas de azul en las figuras del margen. ¿Representan la misma cantidad?

CARNÉ CALCULISTA

Calcula con dos decimales:

47,92 : 5,6

1.1 Cálculo del máximo común divisor

Para calcular el máximo común divisor de varios números:

a) Se hace la descomposición de los números en factores primos.

b) Se eligen todos los factores primos comunes con el menor exponente con el que aparecen, y se multiplican.

40	$2 \cdot 5$		70	$2 \cdot 5$
4	2		7	7
2	2		1	
1				

EJERCICIO RESUELTO

① Calcula el máximo común divisor de los números 40 y 70

$$\left.\begin{array}{l} 40 = 2^3 \cdot 5 \\ 70 = 2 \cdot 5 \cdot 7 \end{array}\right\} \Rightarrow \text{M.C.D. } (40, 70) = 2 \cdot 5 = \mathbf{10}$$

1.2 Cálculo del mínimo común múltiplo

Para calcular el mínimo común múltiplo de varios números:

a) Se hace la descomposición de los números en factores primos.

b) Se eligen todos los factores primos comunes y no comunes con el mayor exponente con el que aparecen, y se multiplican.

60	$2 \cdot 5$		75	3
6	2		25	5
3	3		5	5
1			1	

EJERCICIO RESUELTO

② Calcula el mínimo común múltiplo de los números 60 y 75

$$\left.\begin{array}{l} 60 = 2^2 \cdot 3 \cdot 5 \\ 75 = 3 \cdot 5^2 \end{array}\right\} \Rightarrow \text{m.c.m. } (60, 75) = 2^2 \cdot 3 \cdot 5^2 = \mathbf{300}$$

1.3 Representación gráfica en la recta

Para **representar una fracción en una recta,** se divide la unidad en tantas partes iguales como indique el denominador y se toman tantas como indique el numerador.

EJERCICIO RESUELTO

③ Representa en la recta las fracciones: $\frac{3}{5}, \frac{7}{4}$ y $-\frac{4}{3}$

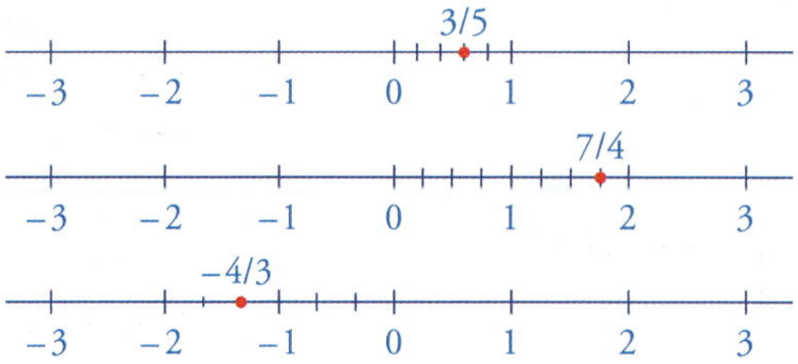

EJEMPLO

Fracciones equivalentes:

$\frac{3}{5} = \frac{6}{10} \Leftrightarrow 3 \cdot 10 = 5 \cdot 6,$

es decir, $30 = 30$

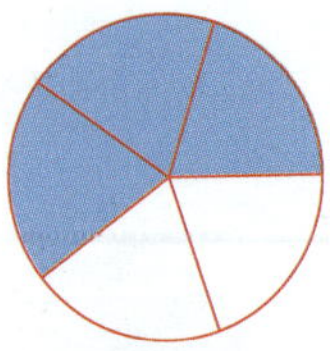

$\frac{3}{5}$

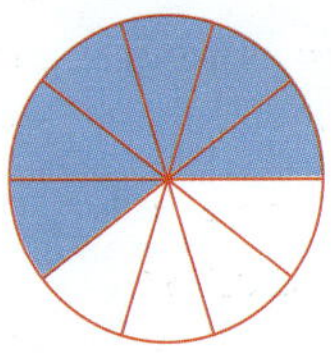

$\frac{6}{10}$

1.4 Fracciones equivalentes

Dos fracciones son equivalentes si los productos cruzados son iguales.

1.5 Comparación y ordenación de fracciones

Al comparar fracciones se pueden presentar tres casos:

a) Si tienen el mismo denominador, es menor la que tenga menor numerador.

b) Si tienen el mismo numerador, es menor la que tenga mayor denominador.

c) Si tienen distinto numerador y denominador, se reducen a mínimo común denominador y será menor la que corresponda a menor numerador.

EJERCICIO RESUELTO

(4) Ordena de menor a mayor:

a) $\frac{3}{7}$ y $\frac{5}{7}$ **b)** $\frac{4}{5}$ y $\frac{4}{9}$ **c)** $\frac{5}{4}$ y $\frac{7}{6}$

a) $\frac{3}{7} < \frac{5}{7}$

b) $\frac{4}{9} < \frac{4}{5}$

c) $\text{m.c.m.}(4, 6) = 12 \Rightarrow \frac{5}{4} = \frac{15}{12}$ y $\frac{7}{6} = \frac{14}{12} \Rightarrow \frac{7}{6} < \frac{5}{4}$

$\frac{5}{4}$

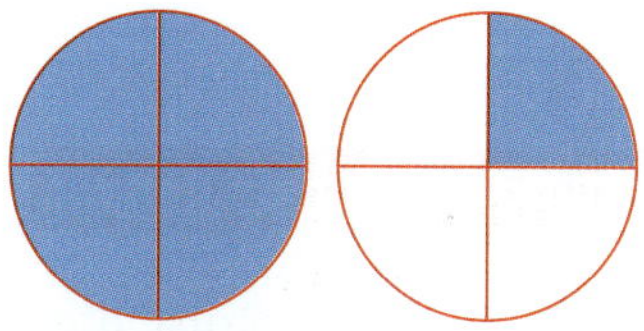

$\frac{7}{6}$

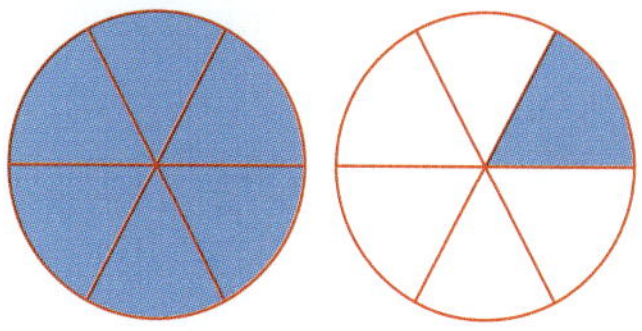

1.6 Fracción irreducible

Una **fracción** es **irreducible** si no se puede simplificar, es decir, el numerador y el denominador son primos entre sí. Para calcular la fracción irreducible se divide el numerador y el denominador entre su M.C.D.

EJERCICIO RESUELTO

(5) Obtén la fracción irreducible de 18/24

$\text{M.C.D.}(18, 24) = 6 \Rightarrow \frac{\overset{3}{\cancel{18}}}{\underset{4}{\cancel{24}}} = \frac{3}{4}$

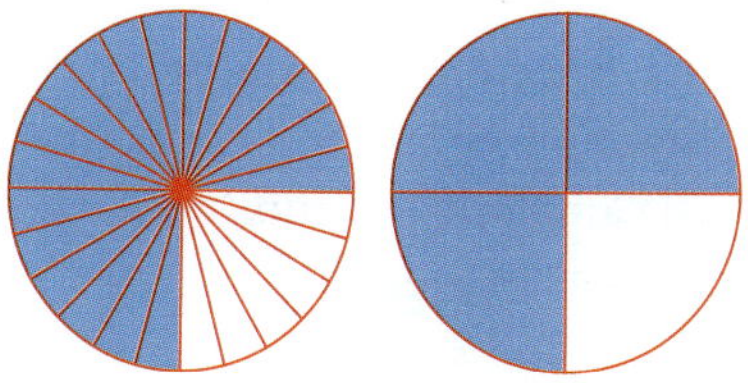

APLICA LA TEORÍA

1 Calcula mentalmente el M.C.D. de:

a) 8 y 12 b) 6 y 9

c) 10 y 15 d) 8 y 24

2 Halla el M.C.D. de:

a) 54 y 90 b) 80 y 120

c) 270 y 630 d) 225 y 360

3 Calcula mentalmente el m.c.m. de:

a) 4 y 6 b) 5 y 10

c) 8 y 12 d) 15 y 20

4 Halla el m.c.m. de:

a) 12 y 30 b) 60 y 90

c) 140 y 350 d) 150 y 225

5 De las siguientes fracciones di cuáles son equivalentes:

$\frac{2}{6}$ $\frac{8}{28}$ $\frac{1}{3}$ $\frac{4}{7}$ $\frac{10}{30}$

6 Ordena de menor a mayor las siguientes fracciones:

$\frac{5}{2}$ $\frac{2}{3}$ $\frac{3}{4}$ $\frac{6}{5}$

7 Halla la fracción irreducible y represéntala en la recta:

a) $\frac{12}{16}$ b) $\frac{8}{12}$ c) $\frac{32}{24}$ d) $\frac{8}{40}$

8 Dos barras de acero que miden, respectivamente, 105 cm y 135 cm de longitud deben ser cortadas en trozos iguales. ¿Cuál será la mayor longitud que pueden tener dichos trozos?

2 Operaciones con fracciones

CARNÉ CALCULISTA

Calcula:

$$\frac{3}{4} \cdot \frac{1}{2} + \frac{5}{6} : \frac{4}{7}$$

Configura la calculadora

a) Para que escriba directamente las fracciones impropias:

MODE (Disp) 1 (d/c) 2

b) Para que utilice la coma como notación decimal:

MODE (Disp) 1 ▶ (Comma) 2

Fracción opuesta

La **fracción opuesta** de una fracción es la que se obtiene al cambiarle el signo.

EJEMPLO

La opuesta de $\frac{3}{4}$ es $-\frac{3}{4}$

La opuesta de $-\frac{2}{5}$ es $\frac{2}{5}$

Fracción inversa

La **fracción inversa** de una fracción es la que se obtiene al cambiar el numerador por el denominador, dejando el mismo signo.

EJEMPLO

La inversa de $\frac{2}{3}$ es $\frac{3}{2}$

La inversa de $-\frac{4}{5}$ es $-\frac{5}{4}$

PIENSA Y CALCULA

Calcula mentalmente el valor de:

a) $\frac{1}{2} + \frac{1}{4}$ b) $\frac{1}{2} - \frac{1}{4}$ c) $\frac{3}{5} \cdot (-10)$

2.1 Suma y resta de fracciones

La **suma** y **resta de fracciones con igual denominador** es otra fracción que tiene por:

- **Numerador:** la suma o resta de los numeradores.
- **Denominador:** el mismo que el de las fracciones.

La **suma** y **resta de fracciones con distinto denominador** es otra fracción que tiene por:

- **Numerador:** la suma o resta que se obtiene al dividir el m.c.m. de los denominadores entre cada denominador y multiplicar por el numerador correspondiente.
- **Denominador:** el m.c.m. de los denominadores.

Al final de la operación hay que hallar la fracción irreducible; es decir, dividir el numerador y el denominador entre su M.C.D.

EJEMPLO

$$\frac{5}{6} - 2 + \frac{9}{4} = \frac{10 - 24 + 27}{12} = \frac{13}{12}$$

m.c.m. (6, 4) = 12

5 ab/c 6 − 2 + 9 ab/c 4 = 13 ⌟ 12

2.2 Multiplicación de fracciones

El **producto de dos fracciones** es otra fracción que tiene por:

- **Numerador:** el producto de los numeradores.
- **Denominador:** el producto de los denominadores.

EJEMPLO

$$\frac{2}{5} \cdot \frac{7}{3} = \frac{14}{15}$$

2 ab/c 5 × 7 ab/c 3 = 14 ⌟ 15

$$2 \cdot \frac{3}{7} = \frac{6}{7}$$

2 × 3 ab/c 7 = 6 ⌟ 7

2.3 División de fracciones

Para **dividir dos fracciones,** se multiplica la primera por la inversa de la segunda.

EJEMPLO

a) $\frac{3}{5} : \frac{6}{7} = \frac{\cancel{3}^{\,1}}{5} \cdot \frac{7}{\cancel{6}_{\,2}} = \frac{7}{10}$

MCI = Mantener, Cambiar, Invertir

3 ab/c 5 ÷ 6 ab/c 7 = **7 ⌟ 10**

b) $5 : \frac{3}{2} = 5 \cdot \frac{2}{3} = \frac{10}{3}$

MCI

5 ÷ 3 ab/c 2 = **10 ⌟ 3**

c) $\frac{3}{4} : 5 = \frac{3}{4} \cdot \frac{1}{5} = \frac{3}{20}$

MCI

3 ab/c 4 ÷ 5 = **3 ⌟ 20**

Regla MCI = Mantener, Cambiar, Invertir

Mantener la 1.ª fracción.

Cambiar dividir por multiplicar.

Invertir la 2.ª fracción.

2.4 Jerarquía de las operaciones

La **jerarquía de las operaciones** dice que, cuando se tienen distintas operaciones combinadas con fracciones, se debe seguir un orden:

a) Paréntesis.

b) Potencias y raíces.

c) Multiplicaciones y divisiones.

d) Sumas y restas.

e) Si las operaciones tienen el mismo nivel y son multiplicaciones con divisiones o divisiones con divisiones, se comienza por la izquierda.

No se debe olvidar la regla de los signos al multiplicar o dividir.

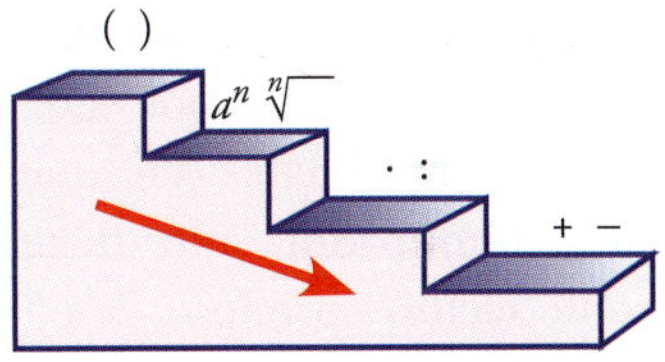

EJEMPLO

$\frac{2}{3}\left(\frac{3}{4} - 2\right) + \frac{7}{6} = \frac{2}{3} \cdot \frac{3-8}{4} + \frac{7}{6} = \frac{\cancel{2}^{\,1}}{3}\left(-\frac{5}{\cancel{4}_{\,2}}\right) + \frac{7}{6} = -\frac{5}{6} + \frac{7}{6} = \frac{\cancel{2}^{\,1}}{\cancel{6}_{\,3}} = \frac{1}{3}$

EJEMPLO

$8 \cdot 4 : 2 = 32 : 2 = 16$

$8 : 4 \cdot 2 = 2 \cdot 2 = 4$

$8 : 4 : 2 = 2 : 2 = 1$

APLICA LA TEORÍA

9 Calcula mentalmente:

a) $\frac{1}{4} + 2$ b) $3 - \frac{1}{2}$ c) $4 \cdot \frac{5}{6}$

10 Realiza las siguientes operaciones:

a) $\frac{2}{3} - \frac{5}{6} + \frac{7}{4}$ b) $\frac{4}{9} + \frac{7}{15} - \frac{2}{5}$

c) $\frac{5}{8} - \frac{7}{12} + \frac{1}{4}$ d) $\frac{3}{70} + \frac{6}{35} - \frac{4}{7}$

11 Multiplica las siguientes fracciones:

a) $\frac{7}{9} \cdot \frac{12}{5}$ b) $25 \cdot \frac{7}{15}$ c) $12 \cdot \frac{1}{6} \cdot \frac{3}{4}$

12 Haz las siguientes divisiones:

a) $\frac{8}{3} : \frac{5}{4}$ b) $\frac{24}{5} : 48$ c) $\frac{7}{18} : \frac{1}{6}$

13 Realiza las siguientes operaciones combinadas:

a) $\frac{2}{5} \cdot \frac{5}{4} + \frac{2}{3} : \frac{1}{12}$ b) $\frac{5}{12} \cdot \frac{1}{10} + \frac{4}{15} : \frac{4}{5}$

c) $\frac{2}{3}\left(\frac{1}{3} - \frac{5}{6}\right) + \frac{5}{4}$ d) $\left(\frac{2}{5} - 1\right) : \frac{2}{15} + \frac{11}{4}$

14 Un camión puede cargar 12 000 kg y lleva 3/5 de la carga. ¿Cuántos kilos lleva?

15 De un depósito de 1500 L se sacan 1/6 del depósito y 750 L más. ¿Qué fracción queda?

3 Paso entre fracciones y decimales

CARNÉ CALCULISTA

Calcula con dos decimales:

6 783,5 : 8,34

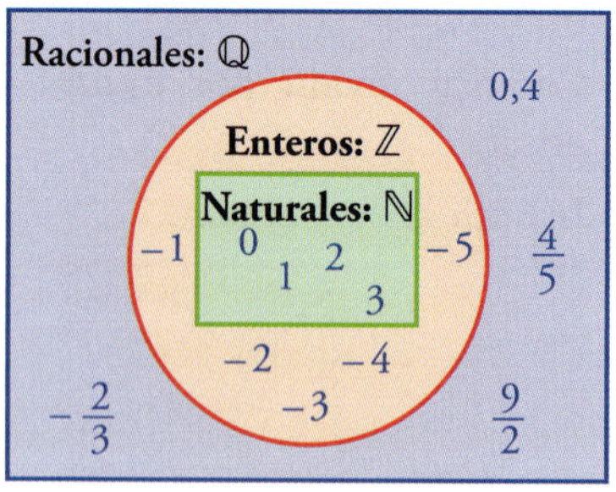

Un **número decimal exacto** está generado por una fracción irreducible tal que su denominador solo tiene como factores primos a 2, a 5 o a ambos.

EJEMPLO $\frac{3}{4} = 0{,}75$

Un **número decimal periódico puro** está generado por una fracción irreducible tal que su denominador no tiene como factores primos ni a 2 ni a 5

EJEMPLO $\frac{5}{3} = 1{,}\widehat{6}$

Un **número decimal periódico mixto** está generado por una fracción irreducible tal que su denominador tiene como factores primos a 2 y/o a 5 y algún otro número primo diferente.

EJEMPLO $\frac{17}{6} = 2{,}8\widehat{3}$

PIENSA Y CALCULA

Pasa mentalmente las fracciones a decimales y los decimales a fracciones:

a) $\frac{3}{2}$ b) $\frac{7}{4}$ c) 1,5 d) $0{,}\widehat{3}$

3.1 Números racionales

Los **números racionales** son los que se pueden expresar en forma de fracción. Pueden ser enteros, decimales exactos o periódicos. Se representan por la letra ℚ

EJEMPLO a) $6 = \frac{6}{1}$ b) $-\frac{3}{4} = -0{,}75$ c) $\frac{5}{3} = 1{,}\widehat{6}$ d) $\frac{87}{22} = 3{,}9\widehat{54}$

3.2 Paso de fracción a decimal

Toda fracción se puede expresar como un número entero o decimal. Para pasar de fracción a entero o decimal, se realiza la división del numerador entre el denominador. Al realizar la división, el cociente puede ser:

a) Un **número entero:** no tiene cifras decimales.

EJEMPLO $\frac{6}{2} = 3$

b) **Decimal exacto:** tiene un número finito de cifras decimales.

EJEMPLO $\frac{7}{5} = 1{,}4$ 7 ÷ 5 = **1,4**

c) **Decimal periódico puro:** tiene un conjunto de cifras decimales que se repiten indefinidamente después de la coma. Se llama **periodo** al conjunto de cifras que se repite, y se representa con un arco encima de las cifras.

EJEMPLO $\frac{71}{11} = 6{,}45454545\ldots = 6{,}\widehat{45}$ (Periodo) 71 ÷ 11 = **6,454545**

d) **Decimal periódico mixto:** el periodo comienza después de algunas cifras decimales que no se repiten. Se llama **anteperiodo** al conjunto de cifras que no se repiten y que están entre la coma y el periodo.

EJEMPLO $\frac{31}{12} = 2{,}58333333\ldots = 2{,}58\widehat{3}$ (Periodo: 3; Anteperiodo: 58) 31 ÷ 12 = **2,583333**

3.3 Fracción decimal y ordinaria

a) Una **fracción** es **decimal** si el denominador es la unidad seguida de ceros, o una equivalente. Las fracciones decimales dan origen a los números decimales exactos.

b) Una **fracción** es **ordinaria** si no es decimal, es decir, el denominador no se puede poner como la unidad seguida de ceros. Las fracciones ordinarias dan origen a los números decimales periódicos.

3.4 Fracción generatriz

La **fracción generatriz** de un número decimal exacto o periódico es una fracción irreducible en la que al realizar la división del numerador entre el denominador se obtiene como cociente el número decimal dado.

a) **Fracción generatriz de un número decimal exacto**

La fracción generatriz tiene por:
- **Numerador:** el número decimal sin la coma.
- **Denominador:** la unidad seguida de tantos ceros como decimales tenga el número.

EJEMPLO

$$2{,}75 = \frac{\overset{11}{\cancel{275}}}{\underset{4}{\cancel{100}}} = \frac{11}{4}$$

[2.75] [=] [ab/c] **11 ⌟ 4**

b) **Fracción generatriz de un número decimal periódico puro**

La fracción generatriz tiene por:
- **Numerador:** el resultado de la resta del número decimal sin la coma menos la parte entera.
- **Denominador:** tantos nueves como cifras tenga el periodo.

EJEMPLO $5{,}\widehat{3} = \dfrac{53-5}{9} = \dfrac{\overset{16}{\cancel{48}}}{\underset{3}{\cancel{9}}} = \dfrac{16}{3}$ [(] [53] [–] [5] [)] [ab/c] [9] [=] **16 ⌟ 3**

EJEMPLO

Sea $x = 5{,}333\ldots$

$10x = 53{,}33\ldots$

Se restan:

$$\begin{array}{r} 10x = 53{,}33\ldots \\ -\quad x = 5{,}33\ldots \\ \hline 9x = 48 \end{array}$$

$$x = \frac{\overset{16}{\cancel{48}}}{\underset{3}{\cancel{9}}} = \frac{16}{3}$$

c) **Fracción generatriz de un número decimal periódico mixto**

La fracción generatriz tiene por:
- **Numerador:** el resultado de la resta del número decimal sin la coma menos la parte entera seguida del anteperiodo.
- **Denominador:** tantos nueves como cifras tenga el periodo, seguidos de tantos ceros como cifras tenga el anteperiodo.

EJEMPLO $2{,}3\widehat{18} = \dfrac{2\,318-23}{990} = \dfrac{\overset{51}{\cancel{2\,295}}}{\underset{22}{\cancel{990}}} = \dfrac{51}{22}$ [(] [2318] [–] [23] [)] [ab/c] [990] [=] **51 ⌟ 22**

EJEMPLO

Sea $x = 2{,}31818\ldots$

$10x = 23{,}1818\ldots$

$1\,000x = 2\,318{,}18\ldots$

Se restan:

$$\begin{array}{r} 1\,000x = 2\,318{,}18\ldots \\ -\quad 10x = 23{,}18\ldots \\ \hline 990x = 2\,295 \end{array}$$

$$x = \frac{\overset{51}{\cancel{2\,295}}}{\underset{22}{\cancel{990}}} = \frac{51}{22}$$

APLICA LA TEORÍA

16 Calcula mentalmente la expresión decimal de las siguientes fracciones:

a) $\frac{1}{4}$ b) $\frac{3}{2}$ c) $\frac{2}{3}$ d) $\frac{2}{5}$

17 Calcula mentalmente la fracción de los siguientes números decimales:

a) 0,75 b) $1{,}\widehat{6}$ c) $0{,}\widehat{3}$ d) 2,5

18 Halla la expresión decimal de las siguientes fracciones y clasifica el cociente obtenido:

a) $\frac{8}{3}$ b) $\frac{67}{15}$ c) $\frac{28}{4}$ d) $\frac{39}{20}$

19 Halla el lado de un triángulo equilátero cuyo perímetro mide 26 cm. ¿Cómo es el decimal obtenido?

20 Clasifica en fracción ordinaria o decimal las siguientes fracciones:

a) $\frac{7}{5}$ b) $\frac{13}{20}$ c) $\frac{4}{9}$ d) $\frac{5}{6}$

21 Expresa en forma de fracción los siguientes números decimales:

a) 3,75 b) $2{,}8\widehat{3}$ c) $2{,}\widehat{36}$

22 Expresa en forma de fracción los siguientes números decimales:

a) $4{,}\widehat{285714}$ b) 2,125 c) $2{,}6\widehat{81}$

23 Expresa en forma de fracción y calcula:

a) $2{,}4 + 1{,}5 \cdot 0{,}2$ b) $1{,}\widehat{3} + 3{,}1\widehat{6}$

4 Números reales

CARNÉ CALCULISTA

Calcula:

$$\frac{5}{6}\left(\frac{7}{4}-\frac{5}{6}\right)$$

PIENSA Y CALCULA

Dados los catetos de los siguientes triángulos rectángulos, calcula la hipotenusa. Si el resultado es un número entero, calcula mentalmente la raíz; si no lo es, déjalo en forma de raíz cuadrada.

a) $b = 3$ m, $c = 4$ m   b) $b = 1$ m, $c = 1$ m

4.1 Números irracionales

Los **números irracionales** son aquellos que no se pueden expresar como cociente de dos números enteros. Su expresión decimal no es ni exacta ni periódica.

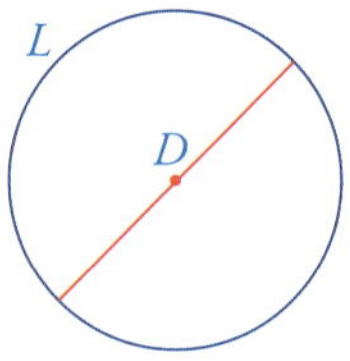

EJEMPLO

El cociente entre la longitud de una circunferencia y su diámetro es:

$\pi = 3{,}1415926535914039...$ [π] [=] **3,141592654**

La raíz de un número natural que no sea exacta es un número irracional.

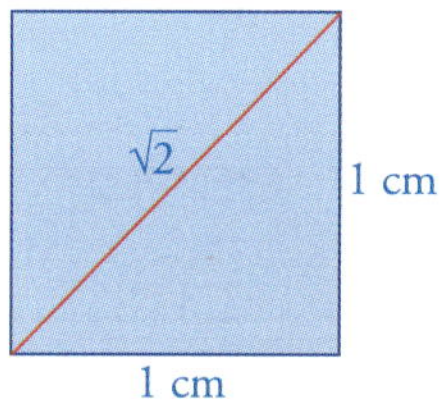

EJERCICIOS RESUELTOS

6 **Halla la longitud de la diagonal de un cuadrado de lado 1 cm**

$\sqrt{2} = 1{,}4142135623715...$ [√] [2] [=] **1,414213562**

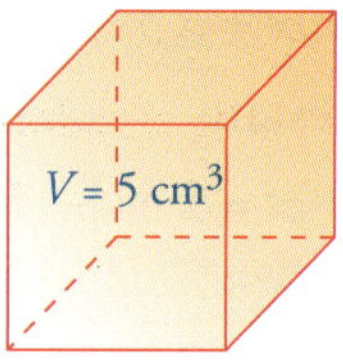

7 **Halla la longitud de la arista de un cubo de 5 cm³ de volumen.**

$\sqrt[3]{5} = 1{,}709975947$ [∛] [5] [=] **1,709975947**

Representación gráfica

Para **representar números irracionales** que son raíces cuadradas, se utiliza el teorema de Pitágoras. También se puede usar una aproximación de su expresión decimal.

EJEMPLO

$\sqrt{5} = \sqrt{2^2 + 1^2}$

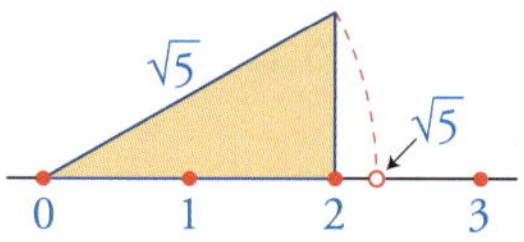

EJEMPLO

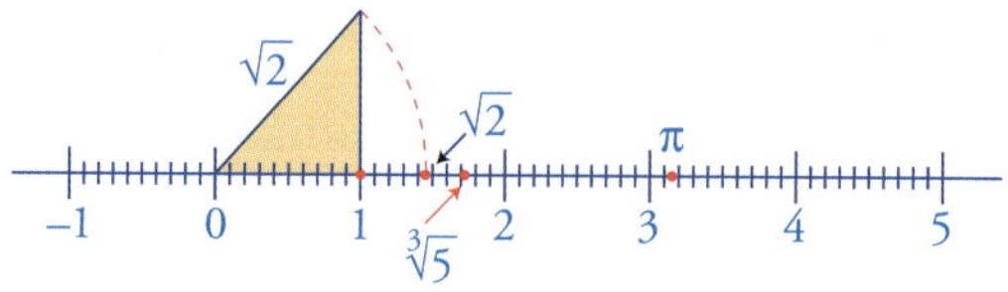

4.2 Números reales

El conjunto de los **números reales** está formado por los racionales y los irracionales.

Reales (ℝ)
- Racionales (ℚ)
  - Enteros (ℤ)
    - Naturales (ℕ): 0, 1, 2...
    - Negativos: –1, –2, –3...
  - Fraccionarios: $\frac{2}{3}, \frac{7}{6}, -\frac{3}{2}...$
- Irracionales: $\pi, \sqrt{2}, \sqrt[3]{5}...$

Números reales: ℝ

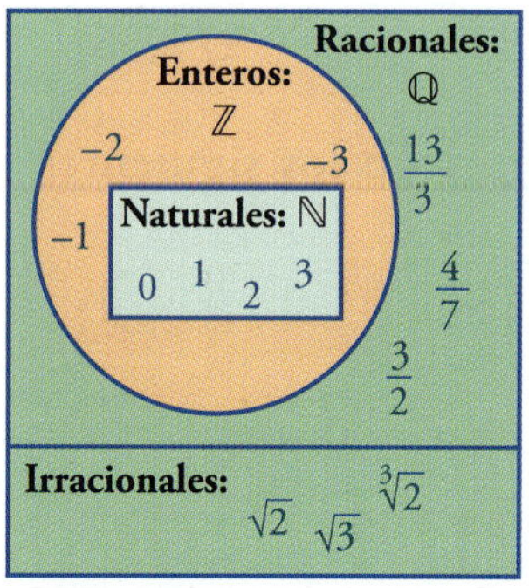

4.3 Aproximaciones

Un número decimal puede expresarse de forma exacta o de forma aproximada. La aproximación puede ser **por defecto,** si el valor aproximado es menor que el número, y **por exceso,** si el valor aproximado es mayor.

Las **cifras significativas** son aquellas que se utilizan para expresar un número aproximado.

Existen dos formas de aproximar números:

- **Redondeo:** si la primera cifra no significativa es 0, 1, 2, 3 o 4, la anterior permanece igual, y si es 5, 6, 7, 8 o 9, la anterior se aumenta en una unidad.
- **Truncamiento:** se eliminan las cifras no significativas.

EJEMPLO

Observa cómo se redondean a dos decimales estos números:

a) 4,52385 = **4,52**

b) 3,34813 = **3,35**

c) 0,62543 = **0,63**

d) 18,59732 = **18,60**

EJEMPLO

Si truncas a dos cifras decimales los siguientes números obtienes:

a) 4,52385 = **4,52**

b) 3,34813 = **3,34**

c) 0,62543 = **0,62**

d) 18,59732 = **18,59**

4.4 Error absoluto y relativo

- El **error absoluto** que se comete al aproximar un número es el valor absoluto de la diferencia entre el número exacto y el aproximado.
- El **error relativo** es el cociente entre el error absoluto y el valor exacto.

EJERCICIO RESUELTO

(8) Halla el error absoluto y el error relativo de redondear el número $\sqrt{5}$ a dos cifras decimales.

Si se aproxima $\sqrt{5} = 2{,}236067\ldots$ a 2,24, los errores son:

- Error absoluto $= |\sqrt{5} - 2{,}24| = |2{,}236067\ldots - 2{,}24| = \mathbf{0{,}003932\ldots}$
- Error relativo $= \dfrac{0{,}003932\ldots}{2{,}236067\ldots} = \mathbf{0{,}00176}$

Calculadora

Redondea a dos decimales el cociente 8/3

[MODE] (Fix) [1]

(Fix 0~9?) [2]

[8] [÷] [3] [=] **2,67**

Para eliminar el redondeo, se utiliza:

[MODE] (Norm) [3]

(Norm 1~2?) [1]

APLICA LA TEORÍA

24 Clasifica los siguientes números en racionales o irracionales:

$$\frac{2}{3} \quad \pi \quad -7 \quad \sqrt{3} \quad \frac{1}{2} \quad \sqrt[5]{7}$$

25 Representa gráficamente los siguientes números irracionales:

a) $\sqrt{5}$ b) $\sqrt{6}$

26 Redondea a dos cifras decimales y calcula:

a) 3,456 + 0,342 – 2,108

b) 15,362 · 3,236

c) 45,875 : 3,236

d) 2,458 + 42,253 : 8,417

27 Calcula el error absoluto si se redondean los siguientes números a dos cifras decimales:

a) 3,1415 b) 0,0278 c) 1,2068 d) 5,3975

28 Aproxima en cada caso al orden de la unidad indicada:

a) 4,3248 a las centésimas.

b) 58,15 a las unidades.

c) 0,00482 a las milésimas.

d) 37,4932 a las décimas.

29 Calcula el error absoluto y el error relativo que se cometen al aproximar la anchura de una estantería en 3,5 m si la anchura es de 345 cm

30 José y Sonia han realizado en el transcurso de una actividad las siguientes aproximaciones: José aproximó por 19 m una distancia real de 20 m, y Sonia, 48 m en una distancia real de 50 m. ¿Cuál de los dos ha cometido más error?

EJERCICIOS Y PROBLEMAS RESUELTOS

EJERCICIOS DE OPERACIONES CON FRACCIONES

9 Efectúa las siguientes operaciones:

a) $\frac{2}{5} \cdot \frac{7}{3} - \frac{3}{2} : \frac{5}{4}$

b) $\left(\frac{9}{4} - \frac{7}{6}\right) : \left(\frac{5}{2} + 4\right)$

a) Se aplica la jerarquía de las operaciones:

$$\frac{2}{5} \cdot \frac{7}{3} - \frac{3}{2} : \frac{5}{4} = \frac{14}{15} - \frac{3}{\cancel{2}_{1}} \cdot \frac{\cancel{4}^{2}}{5} = \frac{14}{15} - \frac{6}{5} = \frac{14 - 18}{15} = -\frac{4}{15}$$

m.c.m. (15, 5) = 15

b) Se aplica la jerarquía de las operaciones:

$$\left(\frac{9}{4} - \frac{7}{6}\right) : \left(\frac{5}{2} + 4\right) = \frac{27 - 14}{12} : \frac{5 + 8}{2} = \frac{13}{12} : \frac{13}{2} = \frac{\cancel{13}^{1}}{\cancel{12}_{6}} \cdot \frac{\cancel{2}^{1}}{\cancel{13}_{1}} = \frac{1}{6}$$

MCI

10 Escribe las fracciones en forma decimal y clasifica los decimales en exactos, periódicos puros o mixtos:

a) $\frac{31}{20}$ b) $\frac{37}{3}$ c) $\frac{17}{30}$

a) $\frac{31}{20} = 1{,}55 \Rightarrow$ **Es un decimal exacto.**

b) $\frac{37}{3} = 12{,}333\ldots = 12{,}\widehat{3} \Rightarrow$ **Es un decimal periódico puro.**

c) $\frac{17}{30} = 0{,}5666\ldots = 0{,}5\widehat{6} \Rightarrow$ **Es un decimal periódico mixto.**

11 Expresa los siguientes números en forma de fracción irreducible:

a) $0{,}\widehat{45}$

b) $1{,}5\widehat{6}$

c) $0{,}35$

a) $0{,}\widehat{45} = \frac{\cancel{45}^{5}}{\cancel{99}_{11}} = \frac{5}{11}$

b) $1{,}5\widehat{6} = \frac{156 - 15}{90} = \frac{\cancel{141}^{47}}{\cancel{90}_{30}} = \frac{47}{30}$

c) $0{,}35 = \frac{\cancel{35}^{7}}{\cancel{100}_{20}} = \frac{7}{20}$

PROBLEMA DE ERRORES

12 En un supermercado se han vendido 983 unidades de un producto para el lavavajillas a 4,10 € cada una.

a) ¿Cuánto dinero se ha recaudado con la venta? Haz una aproximación a las unidades de millar.

b) Calcula el error absoluto y relativo al hacer la aproximación anterior.

Datos y preguntas

Se venden 983 unidades a 4,10 €/unidad

Preguntas:

a) ¿Cuánto se recauda? Da una aproximación a unidades de millar.

b) Calcula el error absoluto y relativo cometido con la aproximación.

Planteamiento y operaciones

Se recauda = 983 · 4,10 = 4 030,30 €

La aproximación es 4 000 €

Error absoluto = |4 030,3 – 4 000| – 30,30

Error relativo = $\frac{30{,}30}{4\,030{,}3} = 0{,}0075$

Solución

Se recaudan **4 030,30 €** y al aproximarlo a **4 000 €** se comete un error absoluto de **30,3** y un error relativo de **0,0075**

PROBLEMA DE DIVISIBILIDAD

13 Un faro se enciende cada 12 segundos, otro cada 18 segundos, y un tercero, cada minuto. A las 20:30 h los tres faros coinciden encendidos. Calcula a qué hora volverán a coincidir.

Datos y pregunta

1.er faro se enciende cada 12 s, el 2.° cada 18 s y el 3.° cada minuto = 60 s

A las 20:30 h coinciden encendidos.

Pregunta: ¿A qué hora volverán a coincidir encendidos?

Planteamiento y operaciones

m.c.m. (12, 18, 60) = 180

Coinciden cada 180 s = 3 min

Solución

Volverán a coincidir los tres a las **20:33 h**

PROBLEMAS DE FRACCIONES

14 Sara ha comprado, con 1/8 del dinero que llevaba, un videojuego. Posteriormente se gastó 2/3 del dinero que le quedaba en un libro. Si le quedan 14 €, ¿cuánto dinero llevaba?

Datos y pregunta

Ha comprado un videojuego con 1/8 del dinero.

Compra un libro con 2/3 de lo que quedaba, es decir, 2/3 de 7/8

Le quedan 14 €

Pregunta: ¿Cuánto dinero llevaba?

Planteamiento y operaciones

Gasta: $\frac{1}{8} + \frac{2}{3} \cdot \frac{7}{8} = \frac{1}{8} + \frac{14}{24} = \frac{17}{24}$; le queda: $1 - \frac{17}{24} = \frac{7}{24}$

$14 : \frac{7}{24} = \overset{2}{\cancel{14}} \cdot \frac{24}{\underset{1}{\cancel{7}}} = 2 \cdot 24 = 48$ €

Solución

Llevaba **48 €**

15 De un depósito de agua se saca 1/8 de la cantidad de agua que había. Después se vierten en el depósito 3/5 de lo que quedaba y resulta que se tienen 48 L más que lo que había inicialmente. ¿Qué cantidad de agua había en el depósito?

Datos y pregunta

Se saca 1/8. Después se rellena el depósito con 3/5 de lo que quedaba, es decir, 3/5 de 7/8, y se obtienen 48 L más que lo que había.

Pregunta: ¿Cuántos litros de agua había en el depósito?

Planteamiento y operaciones

Se saca $\frac{1}{8}$ y se rellena con: $\frac{3}{5} \cdot \frac{7}{8} = \frac{21}{40}$

Los 48 L corresponden a la diferencia de lo que se rellena menos lo que se saca: $\frac{21}{40} - \frac{1}{8} = \frac{21 - 5}{40} = \frac{\overset{2}{\cancel{16}}}{\underset{5}{\cancel{40}}} = \frac{2}{5}$

$48 : \frac{2}{5} = \overset{24}{\cancel{48}} \cdot \frac{5}{\underset{1}{\cancel{2}}} = 24 \cdot 5 = 120$ L

Solución

En el depósito había **120 L**

EJERCICIOS Y PROBLEMAS PROPUESTOS

1. Fracciones

31 Calcula mentalmente el M.C.D. de:

a) 12 y 16 b) 6 y 15 c) 9 y 45 d) 16 y 24

32 Halla el M.C.D. de:

a) 120 y 150 b) 140 y 350
c) 378 y 528 d) 720 y 1 470

33 Calcula mentalmente el m.c.m. de:

a) 5 y 6 b) 4 y 6 c) 4 y 12 d) 6 y 8

34 Halla el m.c.m. de:

a) 70 y 84 b) 168 y 252
c) 240 y 300 d) 80 y 120

35 Indica cuáles de las siguientes fracciones son equivalentes:

$\frac{8}{20}$ $\frac{35}{49}$ $\frac{10}{14}$ $\frac{10}{25}$ $\frac{2}{5}$

36 Ordena de mayor a menor las siguientes fracciones:

$\frac{3}{5}$ $\frac{5}{6}$ $\frac{3}{2}$ $\frac{7}{4}$

37 Halla la fracción irreducible y representa en la recta:

a) $\frac{18}{30}$ b) $\frac{42}{60}$ c) $\frac{12}{36}$ d) $-\frac{15}{9}$

38 Una bombilla roja se enciende cada 120 segundos, y otra bombilla azul, cada 45 segundos. Si se encienden a la vez y comenzamos a contar, ¿cuántas veces coincidirán encendidas en una hora?

39 De una determinada cantidad de dinero, Manuel ha recibido 2/5 y Sofía 5/8. ¿Cuál de ellos ha recibido más cantidad de dinero?

2. Operaciones con fracciones

40 Calcula mentalmente:

a) $3-\frac{1}{2}$ b) $\frac{1}{4}+2$ c) $\frac{2}{5}+\frac{3}{10}$ d) $\frac{2}{3}-\frac{1}{9}$

41 Calcula mentalmente:

a) $\frac{7}{5}+\frac{1}{5}+\frac{3}{5}$ b) $\frac{8}{9}+\frac{2}{9}-\frac{5}{9}$

42 Realiza las siguientes operaciones:

a) $\frac{5}{4}-\frac{2}{3}+\frac{3}{2}$ b) $\frac{5}{6}+\frac{7}{12}-\frac{4}{5}$

c) $\frac{5}{9}-\frac{4}{45}+\frac{7}{15}$ d) $\frac{7}{60}+\frac{8}{15}-\frac{3}{8}$

43 Calcula:

a) $\frac{9}{5}-6+\frac{13}{15}$ b) $2-\frac{4}{3}-\frac{3}{8}+\frac{5}{6}$

44 Multiplica las siguientes fracciones:

a) $\frac{3}{8}\cdot\frac{16}{5}$ b) $\frac{4}{7}\cdot\frac{25}{28}$ c) $35\cdot\frac{4}{15}$ d) $\frac{5}{12}\cdot 4$

45 Haz las siguientes divisiones:

a) $\frac{4}{9}:\frac{8}{15}$ b) $\frac{12}{25}:\frac{3}{10}$ c) $\frac{14}{15}:28$ d) $24:\frac{56}{5}$

46 Realiza las siguientes operaciones combinadas:

a) $\frac{2}{5}\cdot\frac{10}{3}+\frac{1}{4}:\frac{5}{8}$ b) $\frac{2}{5}+\frac{3}{10}-\frac{7}{12}:\frac{5}{4}$

c) $\frac{5}{3}+\frac{3}{4}\left(\frac{1}{2}-\frac{5}{6}\right)$ d) $\frac{5}{9}-\left(\frac{2}{27}-1\right):\frac{7}{3}$

47 Una finca de 405 ha tiene sembrados 1/3 de trigo y 2/5 de cebada. ¿Cuántas hectáreas se han dedicado a cada cereal?

48 Un dependiente ha vendido 2/7 partes de una pieza de lona para toldos, y otro dependiente ha vendido 1/5 del resto. ¿Qué fracción de la pieza se ha vendido y qué fracción queda sin vender?

3. Paso entre fracciones y decimales

49 Calcula mentalmente la expresión decimal de las siguientes fracciones:

a) $\frac{3}{4}$ b) $\frac{5}{2}$ c) $\frac{1}{3}$ d) $\frac{4}{5}$

50 Calcula mentalmente la fracción de los siguientes números decimales:

a) 0,25 b) 1,5 c) $0,\widehat{6}$ d) 0,4

51 Halla la expresión decimal de las siguientes fracciones y clasifica el cociente obtenido:

a) $\frac{32}{15}$ b) $\frac{12}{3}$ c) $\frac{17}{4}$ d) $\frac{24}{13}$

52 Clasifica en fracción ordinaria o decimal las siguientes fracciones:

a) $\frac{25}{6}$ b) $\frac{22}{7}$ c) $\frac{3}{2}$ d) $\frac{29}{12}$

53. Expresa en forma de fracción los siguientes números decimales:

a) $2,\widehat{15}$ b) $0,6\widehat{81}$ c) $1,2$

54. Expresa en forma de fracción los siguientes números decimales:

a) $1,3\widehat{571428}$ b) $2,8$ c) $5,\widehat{36}$

55. Expresa en forma de fracción y calcula:

a) $3,5 + 1,25 \cdot 0,4$ b) $1,\widehat{6} + 1,\widehat{8}$

4. Números reales

56. Clasifica como racionales o irracionales los siguientes números:

$\frac{4}{5}$ π 6 $\sqrt{9}$ $\frac{1}{7}$ $\sqrt[3]{2}$

57. Representa gráficamente los siguientes números irracionales:

a) $\sqrt{2}$ b) $\sqrt{3}$

58. Calcula el error absoluto si se redondean a dos cifras decimales los siguientes números:

a) 6,4135 b) 0,0785 c) 4,9084 d) 7,0985

59. Redondea a dos cifras decimales y calcula:

a) $23,567 + 0,413 - 12,085$

b) $0,624 \cdot 1,368$

c) $5,575 : 8,361$

d) $28,508 + 12,534 : 4,197$

60. Calcula el área de un círculo de radio 2 m y redondea el resultado a metros cuadrados. ¿Qué error absoluto se comete?

Para ampliar

61. Halla el M.C.D. de:

a) 28 y 360 b) 105 y 168

c) 40, 105 y 160 d) 75, 120 y 210

62. Calcula el m.c.m. de:

a) 50 y 140 b) 180 y 264

c) 54, 126 y 180 d) 48, 160 y 300

63. En un teatro han vendido 11/12 partes del total del aforo. Al día siguiente, se vendieron 4/5 partes del aforo. ¿Qué día se llenó más el teatro?

64. Escribe las fracciones representadas en la recta:

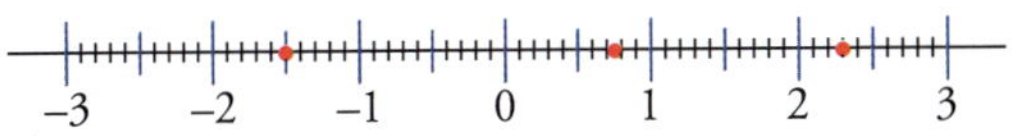

65. Realiza las siguientes operaciones:

a) $\frac{5}{8} - \frac{7}{16} + 1$ b) $\frac{5}{6} - 1 + \frac{2}{15}$

c) $\frac{1}{3} - \left(\frac{4}{15} + \frac{7}{5}\right)$ d) $\left(\frac{5}{9} - \frac{1}{18}\right) + \frac{3}{2}$

66. Realiza las siguientes operaciones:

a) $\frac{12}{5} \cdot \frac{7}{4} \cdot \frac{5}{9}$ b) $\frac{5}{6} \cdot \frac{4}{7} \cdot \frac{15}{2}$

c) $\frac{4}{15} \cdot \frac{5}{3} : \frac{4}{5}$ d) $\frac{2}{3} : \frac{5}{12} \cdot \frac{25}{18}$

67. Opera y simplifica:

a) $\frac{9}{4} \cdot \frac{2}{3} + \frac{7}{8}$ b) $\frac{5}{24} - \frac{1}{4} \cdot \frac{5}{3}$

c) $\frac{3}{8}\left(\frac{7}{12} - \frac{1}{4}\right)$ d) $\left(\frac{2}{15} + \frac{7}{12}\right) : \frac{5}{12}$

68. Calcula:

a) $\left(\frac{4}{3} - \frac{11}{12}\right)\left(\frac{5}{6} - \frac{1}{3}\right)$ b) $\left(1 - \frac{2}{5}\right) : \left(\frac{11}{10} - 2\right)$

69. Haz las operaciones siguientes:

a) $\frac{2}{3} : \frac{5}{4} - 2\left(1 + \frac{1}{2}\right)$ b) $\frac{3}{4} \cdot 5\left(1 - \frac{1}{2}\right) + \frac{3}{2}$

70. Tenemos 30 sacos de harina de 85 kg cada uno y gastamos 2/5. ¿Cuántos kilos quedan?

71. Se vendieron las 3/5 partes de un solar y, posteriormente, 4/5 partes de lo que quedaba. ¿Qué fracción queda sin vender?

72. Expresa como decimal las siguientes fracciones y clasifica los decimales en exactos, periódicos puros o periódicos mixtos:

a) $\frac{3}{20}$ b) $\frac{8}{25}$ c) $\frac{45}{15}$

d) $\frac{24}{7}$ e) $\frac{13}{30}$ f) $\frac{16}{25}$

EJERCICIOS Y PROBLEMAS PROPUESTOS

73 Calcula redondeando previamente a dos cifras decimales:

a) $\frac{1}{3} + 2{,}45 \cdot (2{,}753 - 3{,}257) + \frac{1}{4}$

b) $0{,}659 - \frac{1}{2} + 1{,}57 : \left(3{,}75 - \frac{2}{3}\right)$

c) $3{,}567 + 2{,}5(3{,}349 - 2{,}005)$

d) $85{,}247 : 5{,}658$

74 Calcula el error absoluto si se redondean a dos cifras decimales los siguientes números:

a) 18,134 b) 0,348

c) 3,908 d) 9,095

75 Calcula el área de una sala que tiene 6,5 m de ancha por 9,2 m de larga. Redondea a metros cuadrados y explica si el error cometido es muy grande.

76 Efectúa las siguientes sumas y restas:

a) $\frac{3}{4} + 2 - \frac{5}{6}$ b) $\frac{5}{2} + \frac{4}{3} - \frac{7}{6}$

c) $\frac{3}{2} - \frac{11}{6} - \frac{5}{4}$ d) $\frac{4}{9} - 1 + \frac{5}{6}$

77 Efectúa las siguientes operaciones:

a) $\left(2 - \frac{5}{7}\right)\frac{14}{3}$ b) $\left(\frac{3}{5} + 3\right)\left(2 - \frac{2}{3}\right)$

c) $\left(\frac{7}{6} - 2\right) : \frac{3}{4}$ d) $\left(\frac{3}{5} - \frac{1}{2}\right)\left(\frac{2}{3} - \frac{4}{5}\right)$

78 Calcula:

a) $\frac{7}{5} \cdot \frac{3}{4} - \frac{3}{5} : \frac{3}{10}$

b) $\frac{3}{4} : \frac{5}{2} + \frac{2}{5} \cdot \frac{1}{4}$

c) $\frac{3}{5} : \frac{3}{10} - \frac{3}{2} \cdot \frac{4}{5}$

d) $\frac{2}{7} \cdot \frac{3}{4} + \frac{3}{5} : \frac{7}{10}$

79 Efectúa:

a) $\left(\frac{2}{3} - \frac{1}{9}\right) : \frac{10}{3}$

b) $\left(\frac{3}{4} - \frac{4}{3}\right) : \left(\frac{3}{2} - \frac{5}{6}\right)$

c) $\left(\frac{1}{5} - \frac{3}{4}\right) : \frac{3}{10}$

d) $\left(2 - \frac{5}{6}\right) : \left(\frac{3}{4} + \frac{2}{3}\right)$

80 Efectúa las siguientes operaciones:

a) $\frac{3}{5} - \left(\frac{2}{3} - \frac{2}{5}\right)$ b) $\frac{4}{9}\left(\frac{7}{6} - \frac{5}{4}\right)$

c) $\frac{3}{4} - \frac{5}{6} : \frac{2}{9}$ d) $\left(\frac{4}{3} - \frac{3}{4}\right) : \frac{5}{6}$

81 Calcula:

a) $\frac{7}{11} : \left(\frac{3}{2} - \frac{5}{22}\right)$

b) $\left(\frac{4}{3} - 2 + \frac{5}{6}\right)\frac{7}{4}$

c) $\left(\frac{2}{3} - \frac{5}{6}\right)\left(\frac{4}{5} + 2\right)$

d) $\left(\frac{5}{3} - 2\right)\left(\frac{5}{6} + \frac{9}{4}\right)$

82 Efectúa:

a) $\left(\frac{1}{4} - 2 + \frac{1}{12}\right) : \left(\frac{5}{12} - \frac{4}{3}\right)$

b) $\left(\frac{5}{6} - \frac{3}{2}\right) : \left(\frac{3}{4} - \frac{5}{3}\right)$

c) $2 - \left(\frac{5}{3} - \frac{7}{4}\right) : \frac{5}{12}$

d) $\left(\frac{3}{4} - 2\right)\left(\frac{3}{5} - \frac{4}{15}\right) : \frac{7}{30}$

83 Efectúa las siguientes operaciones:

a) $\frac{5}{6} - \frac{2}{3} : \left(\frac{7}{2} - \frac{1}{6}\right)$

b) $\frac{5}{4} - \left(\frac{2}{3} - \frac{5}{6}\right) : \left(\frac{3}{2} - \frac{4}{3}\right)$

c) $\frac{2}{3} - \left(\frac{5}{6} - \frac{3}{4}\right)\left(\frac{4}{3} - 3\right)$

d) $\frac{11}{6} - \frac{2}{9} : \left(\frac{2}{3} - \frac{5}{6}\right)$

84 Efectúa las siguientes operaciones:

a) $5 - \frac{14}{3} \cdot \frac{9}{7} - \frac{3}{2} : \frac{7}{2}$

b) $\left(\frac{3}{4} - \frac{5}{2}\right) : \left(\frac{5}{4} + \frac{1}{2}\right) - \frac{5}{6}$

c) $\frac{1}{9} : \left(\frac{3}{4} - \frac{5}{6}\right) - \left(\frac{5}{4} - \frac{7}{12}\right)$

d) $\frac{3}{4} : \frac{5}{2} + \frac{5}{4} : \left(\frac{2}{3} + 1 - \frac{5}{6}\right)$

85 Calcula:

a) $\left(\frac{7}{6} - \frac{10}{3}\right)\frac{9}{5} + \frac{14}{3} : \frac{7}{12}$

b) $\left(\frac{3}{2} - \frac{2}{3}\right)\left(\frac{7}{4} - \frac{5}{3}\right) : \frac{2}{9}$

c) $\frac{1}{4} : \left(3 - \frac{3}{8}\right) : \left(\frac{5}{4} - \frac{3}{2}\right)$

d) $\frac{3}{5} \cdot \frac{10}{9} + \frac{3}{2} : \left(\frac{1}{8} + 1 - \frac{3}{4}\right)$

86 Calcula:

a) $\frac{2}{3} : \left(\frac{3}{2} + \frac{5}{6}\right)\left(\frac{7}{6} - 2 + \frac{1}{3}\right)$

b) $\frac{3}{7} - \left(\frac{1}{3} - \frac{5}{6}\right) : \left(\frac{3}{4} + 1 - \frac{7}{6}\right)$

c) $\left(\frac{5}{6} - \frac{3}{4}\right)\left(\frac{3}{4} + 5 - \frac{1}{2}\right)$

d) $\frac{4}{9}\left(\frac{2}{3} + 2 - \frac{1}{6}\right) : \frac{2}{9}$

87 Halla la expresión decimal de las siguientes fracciones:

a) $\frac{59}{11}$ b) $\frac{14}{5}$ c) $\frac{31}{6}$

88 Expresa en forma de fracción los siguientes números decimales:

a) $4,8\widehat{3}$ b) $2,75$ c) $4,\widehat{6}$

89 Halla la expresión decimal de las siguientes fracciones:

a) $\frac{13}{2}$ b) $\frac{55}{12}$ c) $\frac{45}{7}$

90 Expresa en forma de fracción los siguientes números decimales:

a) $9,\widehat{692307}$ b) $6,91\widehat{6}$ c) $1,75$

91 Halla la expresión decimal de las siguientes fracciones:

a) $\frac{51}{16}$ b) $\frac{36}{11}$ c) $\frac{13}{6}$

92 Expresa en forma de fracción los siguientes números decimales:

a) $2,\widehat{384615}$ b) $2,16$ c) $1,29\widehat{54}$

93 Calcula pasando a fracción:

a) $2,\widehat{6} + 0,\widehat{3}$

b) $4,\widehat{17} + 5,\widehat{82}$

94 Redondea las siguientes medidas y calcula el error que se comete:

a) A kilómetros, la distancia entre dos ciudades, que es de 48,25 km

b) A gramos, la masa de una manzana, que es de 172,6 g

c) A miles de euros, el premio de una lotería, que es 25 642 €

d) A litros, el contenido de agua de una garrafa, que es 10,5 L

Con calculadora

95 Calcula:

a) $\frac{3}{20} + \frac{1}{8} \cdot \frac{7}{15}$ b) $\frac{5}{4} \cdot \frac{16}{9} - \frac{5}{18}$

c) $\frac{2}{15}\left(5 - \frac{7}{10}\right)$ d) $\left(\frac{11}{5} - 3\right) : \frac{3}{10}$

96 Calcula las siguientes raíces con la calculadora y represéntalas por aproximación en la recta real:

a) $\sqrt{7}$

b) $\sqrt[3]{5}$

Problemas

97 Se desea cubrir con baldosas cuadradas una superficie rectangular de 90 cm de ancho y 300 cm de largo. ¿Cuál será la mayor longitud que debe tener el lado de las baldosas para cubrir toda la superficie? ¿Cuántas baldosas se necesitan?

98 Un comerciante quiere hacer lotes de igual tamaño de tres tipos de aceite, para agotar las existencias de tres depósitos que tienen 680 L, 600 L y 728 L. ¿Cuál es el mayor número de litros que puede envasar en cada lote? ¿Cuántos lotes hará?

99 En una carrera de obstáculos se quiere colocar una valla cada 40 m y una rampa cada 70 m. ¿Qué longitud mínima debe tener la pista de la carrera para que en la meta coincidan los dos obstáculos?

100 Dos cometas se pueden observar cada 50 años y cada 90 años, respectivamente. Si se han observado juntos en el año 2010, ¿cuándo se volverán a ver juntos?

101 En el cumpleaños de Alba se comieron 2/3 de una caja de bombones; al día siguiente, 2/3 de lo que quedaba, y aún quedan 6 bombones. ¿Cuántos bombones tenía la caja?

102 Rubén dispone de 1 000 € y decide hacer un donativo de 3/10 para una organización de ayuda al Tercer Mundo y de 2/5 de lo que le queda a otra organización. ¿Cuánto dinero le queda?

103 En una ciudad hay 12 500 trabajadores, de los que 5/20 trabajan en el sector primario, 7/50 en el sector secundario y el resto en el sector terciario. ¿Cuántos trabajadores hay en cada sector?

104 Un depósito lleno contiene 5 400 L. Se extrae 1/4 de su capacidad y, posteriormente, se gastan 675 L. ¿Qué fracción de la capacidad del depósito queda en él?

105 Un almacén de pinturas utiliza 2/3 de la superficie para almacenar pinturas, 1/4 del resto para disolventes y los 600 m^2 restantes para utensilios de pintura. ¿Cuántos metros cuadrados tiene el almacén?

106 En una caseta de la fiesta del centro escolar, los 5/6 del dinero que se ha cobrado en un día corresponden a la venta de refrescos. De este dinero, los 4/7 corresponden a la venta de refrescos de cola. Si la venta de refrescos de cola ha sido de 90 €, ¿cuál habrá sido la recaudación de la caseta ese día?

107 De un terreno se han vendido 2/3 de su superficie, y después 1/5 del resto, quedando 4 ha sin vender. ¿Cuál era la superficie del terreno?

108 Halla de forma exacta la longitud de una circunferencia de 5 cm de radio. Clasifica el resultado como número racional o irracional y exprésalo redondeando a dos decimales.

Para profundizar

109 Una pelota rebota cada vez a una altura igual a los 2/5 de la altura de la que cae. Si después de 3 botes se eleva a 0,32 m, ¿cuál es la altura desde la que cae?

110 Una tela, después de lavada, se reduce en 1/5 de su longitud y en 1/16 de su anchura. ¿Qué longitud de una pieza de tela de 0,8 m de ancho debe comprarse para que, después de lavada, se tengan 84 m^2?

111 Se sabe que una determinada carne contiene 1/5 de hueso y que, una vez deshuesada, pierde 1/5 de su peso al ser guisada. Calcula la cantidad de carne con hueso que es necesario comprar para que, al preparar una comida para 6 personas, le corresponda a cada una 160 g de carne.

112 Un ordenador y una impresora cuestan conjuntamente 1 200 €. Si la impresora es 1/5 del precio del ordenador, ¿cuáles son los precios de cada uno de los dos artículos?

113 Halla de forma exacta la altura de un triángulo equilátero de 1 cm de lado. Indica si el resultado es un número irracional o racional y exprésalo redondeando a dos decimales.

114 La suma de dos fracciones es 9/10 y la primera es el doble de la segunda. Calcula las fracciones.

115 En la cuenta corriente de Coral se ha realizado un pago de 2/9 de la cantidad que había. Hemos ingresado posteriormente 1/6 de lo que queda y resulta que todavía faltan 150 € para tener la cantidad inicial. ¿Cuánto dinero había inicialmente en la cuenta corriente?

116 Calcula el menor número x que cumpla:

$$\text{M.C.D.}(x, 18) = 6$$

117 Demuestra que la suma de tres números enteros consecutivos es múltiplo de tres.

Matematización en contextos reales

El recibo de la luz

118 Nos han remitido el siguiente recibo de energía eléctrica:

		EUROS
ENERGÍA		
Potencia facturada	4,6 kW × 33 días × 0,117146 €/kWdía	
Energía facturada	194 kWh × 0,153788 €/kWh	
Impuesto sobre electricidad	5,11269632 % s/47,61 €	
TOTAL ENERGÍA		
SERVICIOS Y OTROS CONCEPTOS		
Alquiler equipos medida	33 días × 0,02663 €/día	
TOTAL OTROS CONCEPTOS		
IMPORTE TOTAL		
IVA	21 %	
TOTAL IMPORTE FACTURA		

Calcula el importe de cada concepto y el total de la factura.

Autoevaluación

1 Escribe la clasificación de los números reales y pon tres ejemplos de cada uno de ellos.

2 Calcula:

a) M.C.D. (140, 350)

b) m.c.m. (80, 120)

3 Realiza las siguientes operaciones:

a) $\frac{3}{5}\left(\frac{1}{4}-\frac{7}{8}\right)+\frac{5}{4}$

b) $\left(\frac{7}{12}-1\right):\frac{3}{4}-\frac{5}{3}$

4 Expresa como decimales las siguientes fracciones y clasifica los decimales en exactos, periódicos puros o mixtos:

a) $\frac{12}{5}$

b) $\frac{8}{9}$

c) $\frac{7}{12}$

d) $\frac{14}{27}$

5 Expresa en forma de fracción y calcula:

a) $2,4 + 1,5 \cdot 0,2$

b) $1,\widehat{3} + 3,1\widehat{6}$

6 Calcula el error absoluto y relativo al aproximar el número π a 22/7. Redondea el resultado a cuatro decimales.

7 Aitana ha recorrido 3/5 de la distancia de una ruta. Posteriormente recorre 2/3 de lo que quedaba y aún le faltan 6 km. ¿Cuál es la longitud total de la ruta?

8 Tres sacos de café de diferente clase pesan 24 kg, 30 kg y 38 kg. Se quiere envasar todo el café en paquetes iguales del mayor peso posible. Calcula cuánto pesará cada paquete y cuántos paquetes se harán.

Mates dinámicas virtuales con GeoGebra y CalcMe en Moodle

1. Ejercicio (Calificación: 2,5 puntos)

Compara y ordena las fracciones 5/4 y 7/6

SOLUCIÓN

En **GeoGebra** elige el *applet*: **Comparación y ordenación de fracciones conceptualmente.**

Tienes que introducir **5/4** y **7/6** y activar la casilla **mcm**

mcm (4, 6) = [12]

Al reducir a mínimo común denominador, cuántas partes iguales tiene 5/4: [15] y 7/6: [14]

Escribe primero la fracción menor: [7] / [6] < [5] / [4]

2. Ejercicio (Calificación: 2,5 puntos)

Resta las fracciones 4/3 – 5/4

SOLUCIÓN

En **GeoGebra** elige el *applet*: **Resta de fracciones conceptualmente**.

Tienes que introducir **4/3** y **5/4** y activar la casilla **mcm**

mcm (3, 4) = [12]

Al reducirlas a mínimo común denominador, cuántas partes iguales tiene 4/3: [16] y 5/4: [15]

Cuenta cuántas partes iguales tiene la diferencia: [1] Calcula 4/3 – 5/4 = [1] / [12]

3. Problema (Calificación: 2,5 puntos)

Tres ciclistas salen de un mismo punto y recorren una pista circular en 48 segundos, 56 segundos y 60 segundos. ¿Cuándo vuelven a encontrarse por primera vez?

SOLUCIÓN

Se encuentran por primera vez a los: [28] [min ▾]

4. Problema (Calificación: 2,5 puntos)

La aceleración de la gravedad vale 9,8 m/s^2 sobre la superficie de la Tierra. ¿Qué error relativo se comete al tomarla como 10 m/s^2? Redondea el resultado a dos decimales.

SOLUCIÓN

Error relativo: [0,02]

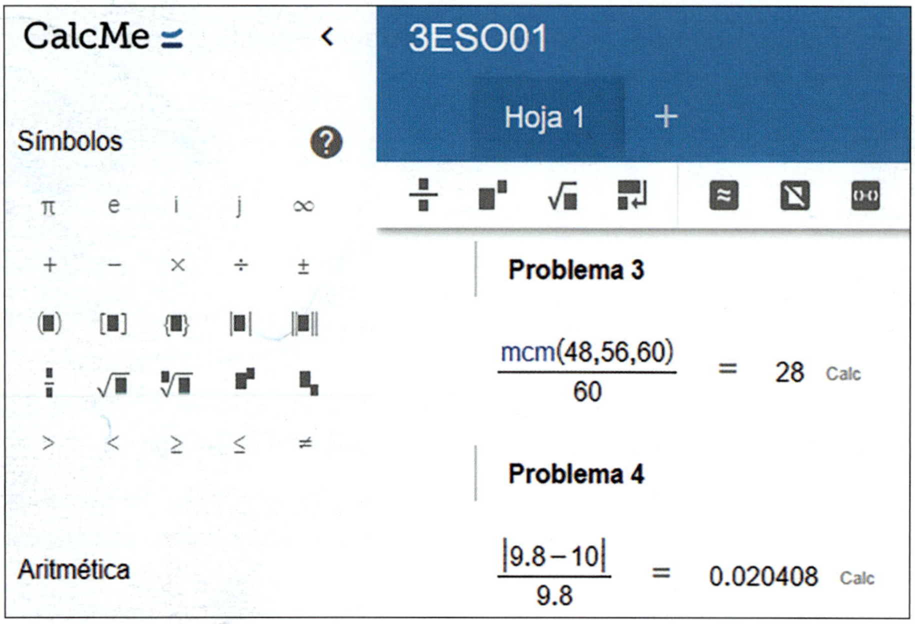

2 Potencias y raíces

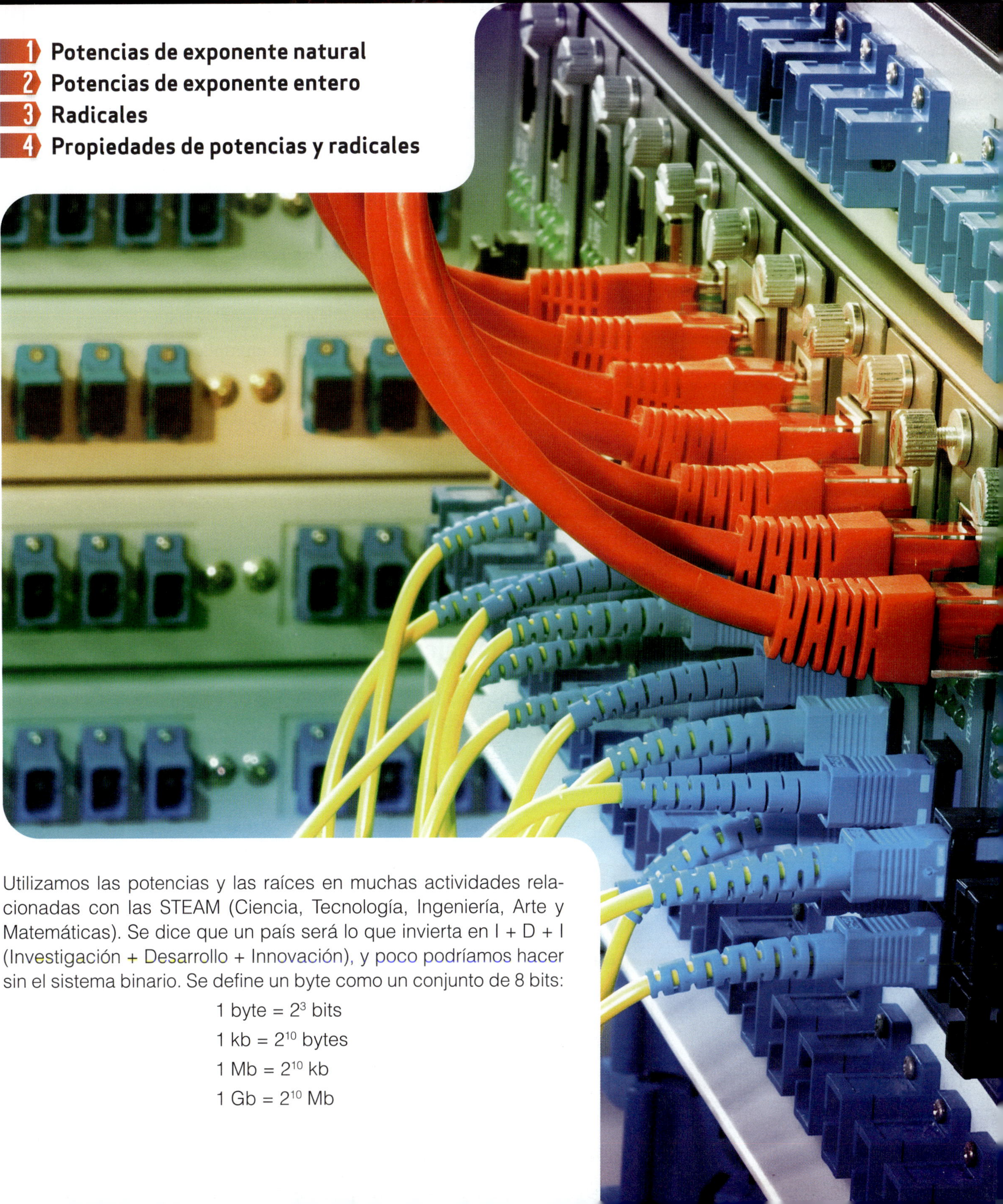

Utilizamos las potencias y las raíces en muchas actividades relacionadas con las STEAM (Ciencia, Tecnología, Ingeniería, Arte y Matemáticas). Se dice que un país será lo que invierta en I + D + I (Investigación + Desarrollo + Innovación), y poco podríamos hacer sin el sistema binario. Se define un byte como un conjunto de 8 bits:

$$1 \text{ byte} = 2^{3} \text{ bits}$$
$$1 \text{ kb} = 2^{10} \text{ bytes}$$
$$1 \text{ Mb} = 2^{10} \text{ kb}$$
$$1 \text{ Gb} = 2^{10} \text{ Mb}$$

1 Potencias de exponente natural

CARNÉ CALCULISTA

Calcula con dos decimales:

597,81 : 4,5

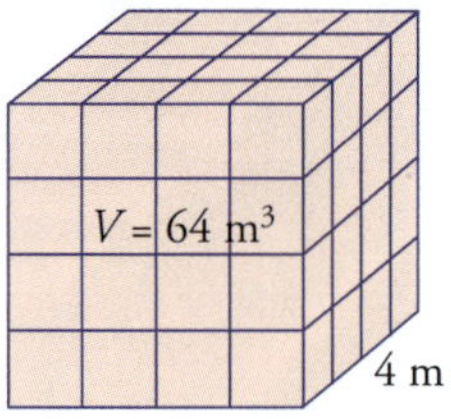

- La interpretación gráfica del cuadrado de un número a es el área del cuadrado de lado a:

$$A = a^2$$

- La interpretación gráfica del cubo de un número a es el volumen de un cubo de arista a:

$$V = a^3$$

Casos particulares

a) Una potencia de base cero y exponente distinto de cero es cero:

$$0^3 = 0$$

b) Una potencia de base uno y cualquier exponente es uno:

$$1^4 = 1$$

Recuerda

x^2 → Cuadrado

x^3 → Cubo

∧ o x^y → Potencias

EXP → Potencia de base 10

PIENSA Y CALCULA

Copia en tu cuaderno y completa la siguiente tabla de cuadrados y cubos perfectos sustituyendo los ✎ por los números correspondientes:

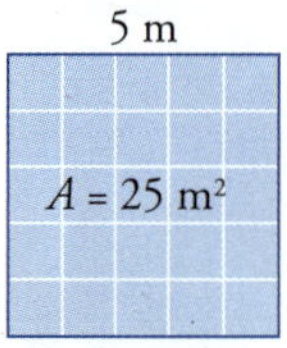

Número	1	2	3	4	5	6	10
Cuadrado perfecto	1	4	✎	✎	25	✎	✎
Cubo perfecto	1	8	✎	✎	✎	216	✎

1.1 Potencia de exponente natural

Una **potencia** es un producto de factores iguales.

Exponente ↓ — *n*-veces

Base → $a^n = a \cdot a \cdot \ldots \cdot a$

La **base de una potencia** es el factor que se multiplica, y el **exponente** es el número de veces que se multiplica la base.

Si el exponente es 2, se lee **al cuadrado;** si es 3, **al cubo;** si es 4, **a la cuarta;** si es 5, **a la quinta,** etcétera.

EJEMPLO

a) $5^3 = 5 \cdot 5 \cdot 5 = 125$

b) $(-2)^5 = -2 \cdot (-2) \cdot (-2) \cdot (-2) \cdot (-2) = -32$

c) $\left(\frac{2}{5}\right)^3 = \frac{2}{5} \cdot \frac{2}{5} \cdot \frac{2}{5} = \frac{8}{125}$

1.2 Uso de la calculadora

La calculadora tiene las teclas de cuadrado, x^2; cubo, x^3; potencia en general, ∧ o x^y; y potencia en base 10, EXP

EJEMPLO

∧ o x^y → Calcula x elevado a y → 7^5 | 7 ∧ 5 = **16 807**

EXP → Calcula 10 elevado a… → 10^6 | EXP 6 = **1 000 000**

1.3 Signo de una potencia

El **signo de una potencia** es positivo, excepto si la base es negativa y el exponente impar, en cuyo caso es negativo.

Base	Exponente	Signo del resultado	Ejemplo
+	Par o impar	+	$2^3 = 8$; $2^4 = 16$
–	Par	+	$(-2)^4 = 16$
–	Impar	–	$(-2)^5 = -32$

1.4 Propiedades de las potencias

a) **Producto de potencias de la misma base**

El **producto de dos potencias de la misma base** es otra potencia que tiene la misma base y como exponente la suma de los exponentes.

$$a^n \cdot a^p = a^{n+p}$$

EJEMPLO

$2^3 \cdot 2^4 = 2^7$ Comprobación: $2^3 \cdot 2^4 = \overbrace{2 \cdot 2 \cdot 2}^{3} \cdot \overbrace{2 \cdot 2 \cdot 2 \cdot 2}^{4} = 2^7$

b) **Cociente de potencias de la misma base**

El **cociente de dos potencias de la misma base** es otra potencia que tiene la misma base y como exponente la diferencia de los exponentes.

$$a^n : a^p = a^{n-p}$$

EJEMPLO

$7^5 : 7^3 = 7^2$ Comprobación: $7^5 : 7^3 = \dfrac{7^5}{7^3} = \dfrac{7 \cdot 7 \cdot \cancel{7} \cdot \cancel{7} \cdot \cancel{7}}{\cancel{7} \cdot \cancel{7} \cdot \cancel{7}} = 7 \cdot 7 = 7^2$

c) **Potencia de potencia**

La **potencia de una potencia** es otra potencia que tiene la misma base y como exponente el producto de los exponentes.

$$(a^n)^p = a^{n \cdot p}$$

EJEMPLO

$(7^2)^3 = 7^6$

Comprobación: $(7^2)^3 = \overbrace{(7^2) \cdot (7^2) \cdot (7^2)}^{3} = \overbrace{(7 \cdot 7)}^{2} \cdot \overbrace{(7 \cdot 7)}^{2} \cdot \overbrace{(7 \cdot 7)}^{2} =$

$= 7 \cdot 7 \cdot 7 \cdot 7 \cdot 7 \cdot 7 = 7^6$

Casos particulares

a) Un número distinto de cero elevado a cero es igual a uno:

$$a^0 = 1, \quad a \neq 0$$

EJEMPLO

$3^0 = 1$

b) Un número elevado a uno es igual a dicho número:

$$a^1 = a$$

EJEMPLO

$5^1 = 5$

APLICA LA TEORÍA

1 Escribe en forma de potencia:

a) $5 \cdot 5 \cdot 5 \cdot 5$ b) $-5 \cdot (-5) \cdot (-5)$

2 Calcula mentalmente:

a) 2^3 b) $(-2)^3$ c) $(-2)^4$

d) 0^7 e) $(-7)^1$ f) $(-9)^0$

3 Calcula:

a) 3^4 b) $(-3)^4$ c) 3^5 d) $(-3)^5$

4 Calcula:

a) 13^2 b) $0{,}25^2$ c) 17^3 d) $2{,}5^3$

5 Usando la calculadora, halla las siguientes potencias:

a) 2^{10} b) $3{,}75^{18}$ c) 2^{64} d) π^{10}

6 Expresa el resultado en forma de una sola potencia utilizando las propiedades de las potencias:

a) $2^5 \cdot 2^4$ b) $5^9 : 5^3$ c) $(2^4)^3$ d) $3^2 \cdot 3^3 \cdot 3^4$

7 Expresa el resultado en forma de una sola potencia utilizando las propiedades de las potencias:

a) $x^2 \cdot x^3$ b) $x^5 : x^2$

c) $(x^3)^4$ d) $x^2 \cdot x^3 \cdot x^4$

8 Multiplica para eliminar el paréntesis:

a) $3a^2b(2ab^2 - 5a^2b^3)$

b) $2x^3y^2z(3xy^2z^2 + 4x^2yz^3 - 6x^3z^4)$

9 Saca factor común todos los factores que puedas:

a) $6a^3b^2 - 8a^4b^5$

b) $18x^2y^5z^2 + 12x^2y^3z^3 - 6x^3y^3z^4$

10 Se tiene un depósito de gasoil para la calefacción con forma de cubo cuya arista mide 2,25 m. Si el litro de gasoil de calefacción cuesta a 1,15 €, calcula lo que cuesta llenar el depósito.

2 Potencias de exponente entero

CARNÉ CALCULISTA

Calcula:

$$\frac{3}{5} \cdot \frac{7}{6} - \frac{4}{3} : \frac{8}{7}$$

PIENSA Y CALCULA

Expresa el resultado en forma de una sola potencia utilizando las propiedades de las potencias y calcula el resultado:

a) $2^7 : 2^4$ b) $2^5 : 2^4$ c) $2^5 : 2^5$ d) $2^4 : 2^7$

2.1 Potencia de exponente entero negativo

Una **potencia de exponente entero negativo** es igual a 1 dividido por la misma potencia pero con exponente positivo:

$$a^{-n} = \frac{1}{a^n} \text{ siempre que } a \neq 0$$

Observa

Si la potencia de exponente negativo está en el denominador, sube al numerador con exponente positivo.

EJEMPLO

$$\frac{1}{2^{-3}} = 2^3 = 8$$

EJERCICIO RESUELTO

① **Calcula 2^{-3}**

$$2^{-3} = \frac{1}{2^3} = \frac{1}{2 \cdot 2 \cdot 2} = \frac{1}{8}$$

Con esta definición de potencia de exponente entero negativo se cumplen todas las propiedades de las potencias.

2.2 Inverso de un número

El **inverso de un número** se obtiene dividiendo 1 entre dicho número, y se define como el número que multiplicado por el número inicial da como resultado 1

El inverso de un número a se representa por a^{-1}

EJEMPLO

El inverso de 5 es $\frac{1}{5}$; comprobación: $5 \cdot \frac{1}{5} = \frac{5}{5} = 1$

Inversa de una fracción

La inversa de una fracción se obtiene intercambiando el numerador por el denominador.

EJEMPLO

La inversa de $\frac{2}{3}$ es

$$\left(\frac{2}{3}\right)^{-1} = \frac{3}{2}$$

Comprobación:

$$\frac{2}{3} \cdot \frac{3}{2} = \frac{6}{6} = 1$$

2.3 Notación científica

Consiste en expresar un número como producto de un número decimal y una potencia de 10, de forma que la parte entera del número decimal esté comprendida entre 1 y 9

La notación científica se usa para expresar números muy grandes o muy pequeños en valor absoluto.

EJEMPLO

$6{,}168 \cdot 10^{15}$ km = **6 168 000 000 000 000 km**

$2{,}2 \cdot 10^{-9}$ m = **0,000 000 002 2 m**

EJEMPLO

Observa cómo se opera en notación científica con la calculadora:

$3{,}75 \cdot 10^6 : (2{,}5 \cdot 10^{-5})$

[3.75] [EXP] [6] [÷] [2.5] [EXP] [–5] [=] **1,5×10¹¹**

2.4 Operaciones con potencias

a) **Potencia de un producto**

La **potencia de un producto** es igual al producto de cada uno de los factores elevado al mismo exponente.

$$(a \cdot b)^n = a^n \cdot b^n$$

EJEMPLO

$(7 \cdot 3)^5 = 7^5 \cdot 3^5$

b) **Potencia de un cociente**

La **potencia de un cociente** es igual al cociente de cada uno de los números elevado al mismo exponente.

$$(a : b)^n = a^n : b^n$$

EJEMPLO

$(7 : 3)^5 = 7^5 : 3^5$

2.5 Evitar errores habituales

Teoría	Ejemplo	
No confundir potencia con producto: a^n no es igual que $a \cdot n$	$5^3 = 5 \cdot 5 \cdot 5 = 125$	$5 \cdot 3 = 15$
No confundir $(-a)^n$ con $-a^n$: si n es impar, son iguales; y si n es par, es igual a a^n	$(-2)^5 = -32$ $(-2)^4 = 16$	$-2^5 = -32$ $-2^4 = -16$
$(a+b)^n$ no es igual que $a^n + b^n$	$(3+5)^2 = 8^2 = 64$	$3^2 + 5^2 = 9 + 25 = 34$
$(a-b)^n$ no es igual que $a^n - b^n$	$(8-3)^2 = 5^2 = 25$	$8^2 - 3^2 = 64 - 9 = 55$

APLICA LA TEORÍA

11 Calcula mentalmente en forma de fracción el resultado de las siguientes potencias:

a) 2^{-1} b) $(-2)^{-2}$ c) 2^{-3} d) $(-2)^{-3}$

e) 1^{-9} f) $(-5)^{-1}$ g) $\left(\frac{3}{4}\right)^{-1}$ h) $\left(\frac{1}{6}\right)^{-1}$

12 Expresa el resultado en forma de una sola potencia utilizando las propiedades de las potencias:

a) $2^{-5} \cdot 2^4$ b) $5^4 : 5^7$

c) $(2^{-4})^3$ d) $3^2 \cdot 3^{-3} \cdot 3^4$

13 Aplicando la potencia de un producto o de un cociente, escribe como una sola potencia:

a) $3^5 \cdot 5^5 \cdot 7^5$ b) $7^6 : 9^6$

c) $6^{-3} \cdot 7^{-3}$ d) $3^{-4} : 5^{-4}$

14 Copia en tu cuaderno y sustituye los recuadros por uno de los signos = o ≠:

a) 4^3 ■ 12 b) $(-7)^5$ ■ -7^5

c) 7^{3^2} ■ 7^6 d) $(8-5)^2$ ■ 9

15 Simplificando reduce a una sola potencia:

a) $\dfrac{12^5}{3^4 \cdot 2^{10}}$ b) $\dfrac{3^4}{15^4}$

16 Escribe en notación científica:

a) 54 689 000 000 000 000

b) La diezmillonésima parte de 4 unidades.

17 Calcula:

a) $3{,}45 \cdot 10^{12} + 6{,}3 \cdot 10^{11}$

b) $2{,}35 \cdot 10^{-23} : (2{,}5 \cdot 10^{-18})$

18 Nuestro sistema solar se encuentra situado a 27 700 años luz del centro de la galaxia. Expresa en kilómetros y en notación científica esta distancia sabiendo que un año luz es la distancia que recorre la luz en un año a 300 000 km/s

19 En la nube tenemos un espacio de 15 Gb de capacidad para almacenar fotos. Si las fotos tienen un tamaño medio de 300 kb, ¿cuántas fotos podemos guardar? Sabemos que 1 Gb = 2^{10} Mb, 1 Mb = 2^{10} kb

3 Radicales

CARNÉ CALCULISTA

Calcula con dos decimales:

784,5 : 5,76

- La interpretación gráfica de la raíz cuadrada de un número A consiste en hallar la longitud del lado a de un cuadado que tenga de área A
- La interpretación gráfica de la raíz cúbica de un número V consiste en hallar la longitud de la arista a de un cubo que tenga de volumen V

$\sqrt{}$	Signo radical
n	Índice
a	Radicando
b	Raíz

Evitar errores habituales

$\sqrt{-9} \neq -3 \quad 3^2 = 9 \quad (-3)^2 = 9$

Jerarquía de las operaciones

a) Paréntesis.

b) Potencias y raíces.

c) Multiplicaciones y divisiones.

d) Sumas y restas.

e) Si las operaciones tienen el mismo nivel, y son multiplicaciones con divisiones o divisiones con divisiones, se empieza por la izquierda.

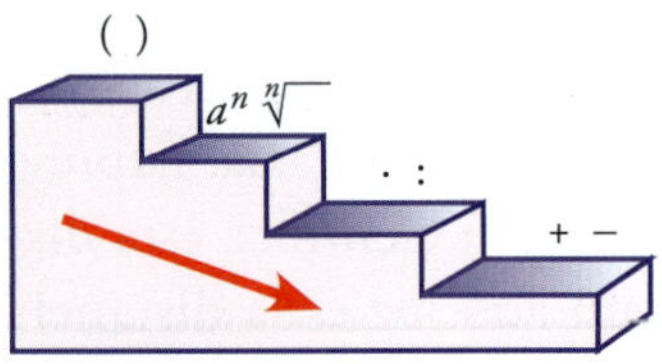

EJEMPLO

$(5^3 - 119) \cdot \sqrt[3]{8} =$

$= (125 - 119) \cdot 2 =$

$= 6 \cdot 2 = 12$

PIENSA Y CALCULA

Copia en tu cuaderno y completa la siguiente tabla:

Número	✎	2	✎	✎	✎	✎	✎	✎	✎	✎
Cuadrado o cubo perfecto	4	8	9	16	25	27	81	100	125	1 000

3.1 Raíz enésima de un número

La **raíz enésima** de un número a es otro número b tal que b elevado a la potencia n es a: $\sqrt[n]{a} = b$ si $b^n = a$

La raíz enésima es la operación contraria de la potencia.

Los radicales de índice impar tienen una sola raíz; los de índice par y radicando positivo tienen dos opuestas, y si el radicando es negativo, no tienen raíces reales.

EJEMPLO

$\sqrt[3]{8} = 2$ porque $2^3 = 8$ $\qquad$ $\sqrt[4]{81} = \pm 3$ porque $\begin{cases} 3^4 = 81 \\ (-3)^4 = 81 \end{cases}$

Si el índice de la raíz es $n = 2$, no se escribe y se llama raíz cuadrada. Los siguientes índices: 3, 4, 5, etc., se llaman raíz cúbica, cuarta, quinta, etcétera.

3.2 Radicales equivalentes

Dos **radicales son equivalentes** si tienen las mismas raíces. Si en un radical se multiplica el índice y el exponente del radicando por el mismo número, se obtiene otro radical equivalente.

EJEMPLO

$$\sqrt[3]{5^2} = \sqrt[6]{5^4} = \sqrt[9]{5^6} = \sqrt[12]{5^8} = \ldots = 2{,}92\ldots$$

Simplificación de radicales

Para **simplificar un radical** se divide el índice de la raíz y el exponente del radicando por el M.C.D. de ambos. Esta simplificación es válida si existen los dos radicales.

EJEMPLO

$$\sqrt[18]{5^{12}} = \sqrt[18:6]{5^{12:6}} = \sqrt[3]{5^2}$$

M.C.D. (12, 18) = 6

3.3 Introducir factores en el radicando

Para **introducir un factor en un radical** se eleva el factor al número que indica el índice y se multiplica por el radicando.

EJEMPLO

$$2\sqrt[3]{5} = \sqrt[3]{2^3 \cdot 5} = \sqrt[3]{8 \cdot 5} = \sqrt[3]{40}$$

3.4 Extraer factores del radicando

Para **extraer un factor de un radical,** se descompone el radicando en factores primos y se divide el exponente de cada factor entre el índice de la raíz. El cociente de la división sale fuera del radical como exponente del número, y el resto se queda dentro del radical como exponente del factor. Todos los exponentes del radicando tienen que ser menores que el índice.

EJEMPLO

$$\sqrt[3]{32a^{17}b^{12}c^7} = \sqrt[3]{2^5a^{17}b^{12}c^7} = 2a^5b^4c^2\sqrt[3]{2^2a^2c}$$

5 |3 → 2 1

17 |3 → 2 5

12 |3 → 0 4

7 |3 → 1 2

Convenio

En las operaciones combinadas con radicales de índice par, la raíz toma el signo que lleve el radical.

$$\sqrt{49} - \sqrt{9} = 7 - 3 = 4$$

3.5 Suma y resta de radicales

Radicales semejantes son aquellos radicales que, después de simplificarlos, tienen el mismo índice y el mismo radicando.

Para **sumar y restar radicales** tienen que ser semejantes. En ese caso, se suman o restan los coeficientes y se deja el mismo radical.

EJEMPLO

$$4\sqrt{50} - 7\sqrt{8} + 5\sqrt{18} = 4 \cdot 5\sqrt{2} - 7 \cdot 2\sqrt{2} + 5 \cdot 3\sqrt{2} =$$

$$= 20\sqrt{2} - 14\sqrt{2} + 15\sqrt{2} = (20 - 14 + 15)\sqrt{2} = 21\sqrt{2}$$

Cálculo mental

Para extraer factores de un radical cuadrático, se descompone el radicando como producto del mayor cuadrado perfecto y un número.

$$\sqrt{50} = \sqrt{25 \cdot 2} = 5\sqrt{2}$$

$$\sqrt{8} = \sqrt{4 \cdot 2} = 2\sqrt{2}$$

$$\sqrt{18} = \sqrt{9 \cdot 2} = 3\sqrt{2}$$

3.6 Evitar errores habituales

Tipo de error	Ejemplo
$\sqrt[n]{a+b}$ no es igual que $\sqrt[n]{a} + \sqrt[n]{b}$	$\sqrt{9+16} = \sqrt{25} = 5$ y $\sqrt{9} + \sqrt{16} = 3 + 4 = 7$
$\sqrt[n]{a-b}$ no es igual que $\sqrt[n]{a} - \sqrt[n]{b}$	$\sqrt{25-9} = \sqrt{16} = 4$ y $\sqrt{25} - \sqrt{9} = 5 - 3 = 2$

APLICA LA TEORÍA

20 ¿Cuántas raíces reales tienen los siguientes radicales?

a) $\sqrt{36}$ b) $\sqrt{0}$ c) $\sqrt{-25}$

d) $\sqrt[3]{-8}$ e) $\sqrt{1}$ f) $\sqrt[3]{1}$

21 Calcula mentalmente si es posible:

a) $\sqrt{25}$ b) $\sqrt[3]{-125}$ c) $\sqrt{-49}$ d) $\sqrt[3]{-27}$

22 Simplifica los radicales:

a) $\sqrt[6]{5^4}$ b) $\sqrt[9]{5^6}$ c) $\sqrt[12]{5^8}$ d) $\sqrt[24]{5^{18}}$

23 Calcula las siguientes raíces factorizando el radicando:

a) $\sqrt{32\,400}$ b) $\sqrt[3]{3\,375}$ c) $\sqrt[5]{1\,024}$

24 Extrae todos los factores posibles de:

a) $\sqrt{81a^5bc^6}$ b) $\sqrt[3]{128a^8b^2c^{15}}$

25 Suma y resta los siguientes radicales:

a) $\sqrt{50} - \sqrt{32} + \sqrt{18}$ b) $5\sqrt{98} - 3\sqrt{200} + 4\sqrt{8}$

26 Copia en tu cuaderno y sustituye los recuadros por uno de los signos = o ≠:

a) $\sqrt{36 + 64}$ ■ $\sqrt{36} + \sqrt{64}$

b) $\sqrt{100 - 36}$ ■ ± 8

c) $\sqrt[3]{8 + 27}$ ■ $\sqrt[3]{8} + \sqrt[3]{27}$

27 Un contenedor tiene forma de cubo. Si tiene una capacidad de 8 m³, ¿cuánto mide la arista?

4 Propiedades de potencias y radicales

CARNÉ CALCULISTA

Calcula:

$$\frac{2}{5}\left(\frac{7}{6}-\frac{3}{4}\right)$$

PIENSA Y CALCULA

Calcula el resultado de las siguientes operaciones:

a) $\sqrt{25}\cdot\sqrt{49}$ b) $\sqrt{36}:\sqrt{9}$ c) $(\sqrt{4})^3$ d) $\sqrt[3]{\sqrt{64}}$

4.1 Propiedades de los radicales

Las siguientes operaciones de radicales se conocen como propiedades de los radicales.

Propiedades	Fórmula	Ejemplo
a) **Producto de radicales del mismo índice** El producto de dos radicales del mismo índice es otro radical del mismo índice, y de radicando el producto de los radicandos.	$\sqrt[n]{a}\cdot\sqrt[n]{b}=\sqrt[n]{a\cdot b}$	$\sqrt[3]{5}\cdot\sqrt[3]{25}=\sqrt[3]{5\cdot 25}=\sqrt[3]{125}=5$
b) **Cociente de radicales del mismo índice** El cociente de dos radicales del mismo índice es otro radical del mismo índice, y de radicando el cociente de los radicandos.	$\sqrt[n]{a}:\sqrt[n]{b}=\sqrt[n]{a:b}$	$\sqrt[3]{32}:\sqrt[3]{4}=\sqrt[3]{32:4}=\sqrt[3]{8}=2$
c) **Potencia de un radical** La potencia de un radical es igual al radical de la potencia.	$(\sqrt[n]{a})^p=\sqrt[n]{a^p}$	$(\sqrt[3]{5})^2=\sqrt[3]{5^2}$
d) **Raíz de un radical** La raíz de un radical es otro radical, de índice el producto de los índices y de radicando el mismo.	$\sqrt[n]{\sqrt[p]{a}}=\sqrt[n\cdot p]{a}$	$\sqrt[3]{\sqrt{5}}=\sqrt[6]{5}$

4.2 Relación en la escritura entre potencias y radicales

Una **potencia de exponente fraccionario** es equivalente a un radical cuyo índice es el denominador del exponente y cuyo radicando es la base elevada al numerador del exponente, y viceversa. Si el exponente es negativo, el radical está en el denominador.

$$a^{p/n}=\sqrt[n]{a^p},\ a>0 \qquad a^{-p/n}=\frac{1}{\sqrt[n]{a^p}},\ a>0$$

Potencia	Ejemplo
$a^{1/n}=\sqrt[n]{a}$	$5^{1/3}=\sqrt[3]{5}$
$a^{-1/n}=\frac{1}{\sqrt[n]{a}}$	$2^{-1/5}=\frac{1}{\sqrt[5]{2}}$
$a^{p/n}=\sqrt[n]{a^p}$	$5^{2/3}=\sqrt[3]{5^2}$
$a^{-p/n}=\frac{1}{\sqrt[n]{a^p}}$	$3^{-2/5}=\frac{1}{\sqrt[5]{3^2}}$

Recuerda

Las teclas de raíces en la calculadora son:

- $\sqrt{\ }$ → Raíz cuadrada
- $\sqrt[3]{\ }$ → Raíz cúbica
- $\sqrt[x]{\ }$ → Raíz x

4.3 Uso de la calculadora

La calculadora tiene la tecla $\sqrt[x]{\ }$ o $x^{1/y}$. En el caso de no tener el signo radical, se tiene que pasar la raíz a potencia y utilizar la tecla ^ o x^y

EJEMPLO

$\sqrt[5]{23}$ 5 $\sqrt[x]{\ }$ 23 = **1,87**

4.4 Cuadro resumen de las propiedades de las potencias y de los radicales

Potencias	Ejemplo
$a^n = a \cdot a \cdot \ldots^{n)} \ldots \cdot a$	$2^3 = 2 \cdot 2 \cdot 2 = 8$
$0^n = 0, n \neq 0$	$0^5 = 0$
$1^n = 1$	$1^3 = 1$
$a^0 = 1, a \neq 0$	$5^0 = 1$
$a^1 = a$	$4^1 = 4$
$a^n \cdot a^p = a^{n+p}$	$5^3 \cdot 5^4 = 5^7$
$a^n : a^p = a^{n-p}$	$2^8 : 2^3 = 2^5$
$(a^n)^p = a^{n \cdot p}$	$(5^3)^2 = 5^6$
$(a \cdot b)^n = a^n \cdot b^n$	$(2 \cdot 3)^5 = 2^5 \cdot 3^5$
$(a : b)^n = a^n : b^n$	$(5 : 7)^3 = 5^3 : 7^3$
$a^{-n} = \dfrac{1}{a^n}$	$2^{-3} = \dfrac{1}{2^3}$
$a^{1/n} = \sqrt[n]{a}$	$6^{1/5} = \sqrt[5]{6}$
$a^{-1/n} = \dfrac{1}{\sqrt[n]{a}}$	$5^{-1/4} = \dfrac{1}{\sqrt[4]{5}}$
$a^{p/n} = \sqrt[n]{a^p}$	$7^{2/3} = \sqrt[3]{7^2}$
$a^{-p/n} = \dfrac{1}{\sqrt[n]{a^p}}$	$6^{-3/4} = \dfrac{1}{\sqrt[4]{6^3}}$

Radicales	Ejemplo
$\sqrt{a} = b$ si $b^2 = a$	$\sqrt{25} = \pm 5$
$\sqrt[3]{a} = b$ si $b^3 = a$	$\sqrt[3]{8} = 2$
$\sqrt[n]{a} = b$ si $b^n = a$	$\sqrt[5]{32} = 2$
$\sqrt[n]{a^n} = (\sqrt[n]{a})^n = a$	$\sqrt[5]{7^5} = (\sqrt[5]{7})^5 = 7$
$\sqrt[ns]{a^{ps}} = \sqrt[n]{a^p}$	$\sqrt[10]{7^6} = \sqrt[5 \cdot 2]{7^{3 \cdot 2}} = \sqrt[5]{7^3}$
$a\sqrt[n]{b} = \sqrt[n]{a^n \cdot b}$	$2\sqrt[3]{5} = \sqrt[3]{2^3 \cdot 5} = \sqrt[3]{40}$
$\sqrt[n]{a} \cdot \sqrt[n]{b} = \sqrt[n]{a \cdot b}$	$\sqrt[5]{2} \cdot \sqrt[5]{3} = \sqrt[5]{6}$
$\sqrt[n]{a} : \sqrt[n]{b} = \sqrt[n]{a : b}$	$\sqrt[3]{2} : \sqrt[3]{5} = \sqrt[3]{2 : 5}$
$(\sqrt[n]{a})^p = \sqrt[n]{a^p}$	$(\sqrt[3]{7})^2 = \sqrt[3]{7^2}$
$\sqrt[n]{\sqrt[p]{a}} = \sqrt[n \cdot p]{a}$	$\sqrt[5]{\sqrt[3]{7}} = \sqrt[15]{7}$
$\sqrt[n]{a} = a^{1/n}$	$\sqrt[3]{7} = 7^{1/3}$
$\dfrac{1}{\sqrt[n]{a}} = a^{-1/n}$	$\dfrac{1}{\sqrt[5]{2}} = 2^{-1/5}$
$\sqrt[n]{a^p} = a^{p/n}$	$\sqrt[3]{5^2} = 5^{2/3}$
$\dfrac{1}{\sqrt[n]{a^p}} = a^{-p/n}$	$\dfrac{1}{\sqrt[4]{7^3}} = 7^{-3/4}$

APLICA LA TEORÍA

28 Aplicando las propiedades de los radicales, expresa como una sola raíz:

a) $\sqrt{5} \cdot \sqrt{3}$ b) $\sqrt{6} : \sqrt{3}$

c) $(\sqrt[3]{5})^2$ d) $\sqrt[3]{\sqrt{5}}$

29 Aplica las propiedades de los radicales y calcula:

a) $\sqrt{6} \cdot \sqrt{6}$ b) $\sqrt{20} : \sqrt{5}$

c) $\sqrt[3]{25} \cdot \sqrt[3]{5}$ d) $\sqrt{\sqrt[3]{64}}$

30 Escribe los siguientes radicales en forma de potencia:

a) $\sqrt[5]{3}$ b) $\dfrac{1}{\sqrt[6]{5}}$ c) $\sqrt[7]{3^5}$ d) $\dfrac{1}{\sqrt[3]{7^2}}$

31 Escribe las siguientes potencias en forma de radical y calcula el resultado:

a) $27^{1/3}$ b) $49^{-1/2}$ c) $128^{3/7}$ d) $243^{-2/5}$

32 Realiza las siguientes operaciones con la calculadora y redondea los resultados a dos decimales:

a) $\sqrt{583}$ b) $\sqrt[3]{875}$

c) $\sqrt[7]{3^5}$ d) $\sqrt{85} - \sqrt[3]{805} + \sqrt[5]{2\,345}$

33 Realiza las siguientes operaciones con la calculadora y redondea los resultados a dos decimales:

a) $2{,}3^5 \cdot \sqrt{80} - \sqrt{675} : 4{,}8^3$

b) $(9{,}2^3 - \sqrt{34\,703}) \cdot 1{,}5^{17}$

34 Las cuatro paredes de un cuarto de baño son cuadradas y tienen en total 324 azulejos cuadrados. Si cada azulejo mide 25 cm de lado, ¿cuánto mide de longitud cada pared?

EJERCICIOS Y PROBLEMAS RESUELTOS

EJERCICIOS DE POTENCIAS

2 Efectúa las siguientes operaciones: a) 5^3 b) $(-5)^3$ c) 5^{-3} d) $(-5)^{-3}$	Se aplica la definición de potencia: a) $5^3 = 5 \cdot 5 \cdot 5 = 125$ b) $(-5)^3 = -5^3 = -125$ c) $5^{-3} = \frac{1}{5^3} = \frac{1}{125}$ d) $(-5)^{-3} = \frac{1}{(-5)^3} = -\frac{1}{125}$
3 Efectúa las siguientes operaciones: $(7^4 \cdot 7^6) : (7^3 \cdot 7)^2$	Se aplican las propiedades de las potencias: $(7^4 \cdot 7^6) : (7^3 \cdot 7)^2 = 7^{10} : (7^4)^2 = 7^{10} : 7^8 = 7^2$
4 Calcula: $\frac{2^3 \cdot 9 \cdot 3^{-2} \cdot 8}{6^2 \cdot 4^3 \cdot 8^{-1}}$	Se aplican las propiedades de las potencias: $\frac{2^3 \cdot 9 \cdot 3^{-2} \cdot 8}{6^2 \cdot 4^3 \cdot 8^{-1}} = \frac{2^3 \cdot 3^2 \cdot 3^{-2} \cdot 2^3}{(2 \cdot 3)^2 \cdot (2^2)^3 \cdot (2^3)^{-1}} = \frac{2^6 \cdot 3^0}{2^2 \cdot 3^2 \cdot 2^6 \cdot 2^{-3}} = \frac{2^6}{2^5 \cdot 3^2} = \frac{2}{3^2}$
5 Efectúa las siguientes operaciones: $(a^2 \cdot b)^3 : (a^5 \cdot b^2)$	Se aplican las propiedades de las potencias: $(a^2 \cdot b)^3 : (a^5 \cdot b^2) = a^6 \cdot b^3 : (a^5 \cdot b^2) = a \cdot b$

EJERCICIOS DE RAÍCES

6 Calcula: a) $\sqrt{36}$ b) $\sqrt{-25}$ c) $\sqrt[3]{64}$ d) $\sqrt[3]{-125}$	Se aplica la definición de raíz: a) $\sqrt{36} = \pm 6$ b) $\sqrt{-25}$ **no es un número real.** c) $\sqrt[3]{64} = 4$ d) $\sqrt[3]{-125} = -5$
7 Escribe en forma de radical: a) $5^{1/3}$ b) $7^{-1/2}$ c) $5^{3/4}$ d) $7^{-2/3}$	a) $5^{1/3} = \sqrt[3]{5}$ b) $7^{-1/2} = \frac{1}{\sqrt{7}}$ c) $5^{3/4} = \sqrt[4]{5^3}$ d) $7^{-2/3} = \frac{1}{\sqrt[3]{7^2}}$
8 Calcula: $2\sqrt{75} - 4\sqrt{12} + 5\sqrt{27}$	En primer lugar se extraen todos los factores que se pueda: $2\sqrt{75} - 4\sqrt{12} + 5\sqrt{27} = 2\sqrt{25 \cdot 3} - 4\sqrt{4 \cdot 3} + 5\sqrt{9 \cdot 3} =$ $= 10\sqrt{3} - 8\sqrt{3} + 15\sqrt{3} = (10 - 8 + 15)\sqrt{3} = 17\sqrt{3}$
9 Calcula las siguientes raíces factorizando el radicando: a) $\sqrt{7056}$ b) $\sqrt[3]{3375}$	a) $\sqrt{7056} = \sqrt{2^4 \cdot 3^2 \cdot 7^2} = 2^2 \cdot 3 \cdot 7 = 84$ b) $\sqrt[3]{3375} = \sqrt[3]{3^3 \cdot 5^3} = 3 \cdot 5 = 15$
10 Extrae todos los factores posibles: a) $\sqrt{243a^5b^{12}c^7}$ b) $\sqrt[3]{128a^7b^5c^6}$	a) $\sqrt{243a^5b^{12}c^7} = \sqrt{3^5a^5b^{12}c^7} = 3^2a^2b^6c^3\sqrt{3ac}$ b) $\sqrt[3]{128a^7b^5c^6} = \sqrt[3]{2^7a^7b^5c^6} = 2^2a^2bc^2\sqrt[3]{2ab^2}$

PROBLEMA DE POTENCIAS

(11) Un teléfono móvil tiene una capacidad de 6,78 Gb. Si una fotografía ocupa 512 kb, ¿cuántas fotos caben?

Ten en cuenta que:

1 Gb = 2^{10} Mb

1 Mb = 2^{10} kb

Datos y pregunta

Capacidad del teléfono móvil: 6,78 Gb
Tamaño de una foto: 512 kb
Pregunta: ¿Cuántas fotos caben en el teléfono móvil?

Planteamiento y operaciones

$6{,}78 \text{ Gb} = 6{,}78 \cdot 2^{10} \cdot 2^{10} = 6{,}78 \cdot 2^{20} = 7\,109\,345{,}28 \text{ kb}$

N.º de fotos = 7 109 345,28 : 512 = 13 885,44

Solución

Caben **13 885 fotos.**

PROBLEMA DE NOTACIÓN CIENTÍFICA

(12) El radio del universo observable es $2{,}5 \cdot 10^{10}$ años luz. ¿Cuántas veces hay que viajar entre la Tierra y el Sol para cubrir la longitud del radio del universo observable?

(La distancia de la Tierra al Sol es $1{,}5 \cdot 10^{8}$ km y un año luz es la distancia que recorre la luz en un año a 300 000 km/s).

Datos y pregunta

Radio observable: $2{,}5 \cdot 10^{10}$ años luz.
Distancia de la Tierra al Sol: $1{,}5 \cdot 10^{8}$ km
Pregunta: ¿Cuántas veces cabe la distancia entre la Tierra y el Sol en el radio del universo observable?

Planteamiento y operaciones

$2{,}5 \cdot 10^{10}$ años luz $= 2{,}5 \cdot 10^{10} \cdot 300\,000 \cdot 365 \cdot 24 \cdot 60 \cdot 60 =$
$= 2{,}3652 \cdot 10^{23}$ km

$2{,}3652 \cdot 10^{23} : (1{,}5 \cdot 10^{8}) = 1{,}5768 \cdot 10^{15}$ veces

Solución

Habría que recorrer **$1{,}5768 \cdot 10^{15}$ veces** la distancia de la Tierra al Sol.

PROBLEMA DE RAÍCES

(13) Una parcela cuadrada tiene un valor de 36 973,5 € y se sabe que se ha pagado a 150 €/m². ¿Cuánto costará vallarla si el precio de la valla es de 23 €/m?

Datos y pregunta

Valor de una parcela cuadrada: 36 973,5 €
Precio de la parcela: 150 €/m²
Precio de la valla: 23 €/m
Pregunta: ¿Cuánto costará vallarla?

Planteamiento y operaciones

Superficie de la parcela = 36 973,5 : 150 = 246,49 m²
Lado de la parcela = $\sqrt{246{,}49}$ = 15,7 m
Perímetro de la parcela = 4 · 15,7 = 62,8 m
Coste de la valla = 62,8 · 23 = 1 444,4 €

Solución

Costará vallarla **1 444,4 €**

EJERCICIOS Y PROBLEMAS PROPUESTOS

1. Potencias de exponente natural

35 Escribe en forma de potencia:

a) $2 \cdot 2 \cdot 2 \cdot 2$ b) $-2 \cdot (-2) \cdot (-2)$

c) $3 \cdot 3 \cdot 3 \cdot 3 \cdot 3$ d) $-3 \cdot (-3)$

36 Calcula mentalmente:

a) 3^3 b) $(-3)^3$ c) $(-3)^4$

d) 7^0 e) $(-1)^7$ f) $(-1)^8$

37 Calcula:

a) 19^2 b) $0{,}75^2$ c) 23^3 d) $1{,}5^3$

38 Expresa el resultado en forma de una sola potencia utilizando las propiedades de las potencias:

a) $3^2 \cdot 3^6$ b) $5^7 : 5^6$ c) $(3^2)^5$ d) $5^2 \cdot 5 \cdot 5^3$

39 Expresa el resultado en forma de una sola potencia utilizando las propiedades de las potencias:

a) $x^3 \cdot x^4$ b) $x^7 : x^4$ c) $(x^3)^5$ d) $x \cdot x^2 \cdot x^3$

40 Multiplica para eliminar el paréntesis:

a) $2a^3b(3a^2b - 6a^3b^3)$

b) $3xy^2z^3(4x^2y^3z + 5x^3y - 7x^5z)$

41 Saca factor común todos los factores que puedas:

a) $12a^4b^5 - 18a^3b^6$

b) $6x^5y^2z^3 + 15x^2y^5z^3 - 18x^2y^3z^5$

42 Calcula el número de bytes que caben en un disco duro de 50 Gb, sabiendo que:

1 kb = 2^{10} bytes; 1 Mb = 2^{10} kb; 1 Gb = 2^{10} Mb

2. Potencias de exponente entero

43 Calcula mentalmente en forma de fracción el resultado de las siguientes potencias:

a) 3^{-1} b) $(-3)^{-2}$ c) 3^{-3} d) $(-3)^{-3}$

e) 7^{-1} f) $(-7)^{-1}$ g) $\left(\frac{5}{3}\right)^{-1}$ h) $\left(\frac{1}{2}\right)^{-1}$

44 Simplifica:

a) $\dfrac{2^5 \cdot 3^7 \cdot 4^2}{2^1 \cdot 3^4 \cdot 6^2}$ b) $\dfrac{2^{-3} \cdot 5^4 \cdot 6^2}{2^{-5} \cdot 5^3 \cdot 4^3}$

45 Copia en tu cuaderno y sustituye los recuadros por uno de los signos = o ≠:

a) 4^3 ■ 6^4 b) $(-7)^5$ ■ 7^5

c) 7^{3^2} ■ 7^9 d) $(8-5)^2$ ■ 3^2

46 Escribe en notación científica:

a) 0,000000000253

b) La centésima parte de una milésima.

47 Calcula:

a) $4{,}56 \cdot 10^{-11} - 1{,}6 \cdot 10^{-10}$

b) $4{,}5 \cdot 10^{20} \cdot 3{,}5 \cdot 10^{-12}$

48 Escribe en notación científica:

a) Tres billones de euros.

b) 128 458 millones de toneladas.

3. Radicales

49 Calcula mentalmente si se puede:

a) $\sqrt{49}$ b) $\sqrt[3]{-8}$ c) $\sqrt[4]{-16}$ d) $\sqrt[3]{125}$

50 Simplifica los radicales:

a) $\sqrt[6]{7^2}$ b) $\sqrt[15]{7^{12}}$

c) $\sqrt[20]{7^{12}}$ d) $\sqrt[30]{7^{18}}$

51 Extrae todos los factores posibles de:

a) $\sqrt{108}$

b) $\sqrt[3]{1\,080}$

c) $\sqrt{243a^8b^3c^7}$

d) $\sqrt[3]{125a^9b^{17}c^{25}}$

52 Suma y resta los radicales:

a) $3\sqrt{32} - 2\sqrt{50} + \sqrt{72}$

b) $2\sqrt{200} - 3\sqrt{18} - 4\sqrt{98}$

53 Copia en tu cuaderno y sustituye los recuadros por uno de los signos = o ≠:

a) $\sqrt{36+64}$ ■ $\sqrt{100}$

b) $\sqrt{100-36}$ ■ $\sqrt{100} - \sqrt{36}$

c) $\sqrt[4]{16+81}$ ■ $\sqrt[4]{16} + \sqrt[4]{81}$

54 Un cartón de leche es de forma cúbica y contiene dos litros. Otro cartón de 2 litros tiene forma de prisma cuadrangular y la arista de su base mide 10 cm. Calcula la superficie de ambos. ¿Cuál es menor?

4. Propiedades de potencias y radicales

55 Aplicando las propiedades de los radicales, expresa como una sola raíz:

a) $\sqrt{3} \cdot \sqrt{7}$ b) $\sqrt{14} : \sqrt{2}$

c) $(\sqrt[5]{7})^3$ d) $\sqrt[5]{\sqrt{3}}$

56 Aplica las propiedades de los radicales y calcula:

a) $\sqrt{27} \cdot \sqrt{3}$ b) $\sqrt{45} : \sqrt{5}$

c) $\sqrt[3]{4} \cdot \sqrt[3]{16}$ d) $\sqrt[5]{\sqrt{1\,024}}$

57 Escribe en forma de potencia los siguientes radicales:

a) $\sqrt[3]{2}$ b) $\dfrac{1}{\sqrt{7}}$ c) $\sqrt[5]{3^2}$ d) $\dfrac{1}{\sqrt[5]{2^3}}$

58 Escribe en forma de radical las siguientes potencias:

a) $3^{1/5}$ b) $5^{-1/3}$ c) $6^{4/5}$ d) $7^{-3/5}$

59 Realiza las siguientes operaciones con la calculadora y redondea los resultados a dos decimales:

a) $\sqrt{722}$ b) $\sqrt[3]{87{,}95}$

c) $5{,}3^7 : \sqrt{896{,}7}$ d) $\sqrt{23} + \sqrt[3]{23} + \sqrt[5]{23}$

60 Realiza las siguientes operaciones con la calculadora y redondea los resultados a dos decimales:

a) $(7{,}8^2 - \sqrt{87}) : 2{,}5$

b) $\sqrt{2} \cdot \sqrt[3]{3} \cdot \sqrt[4]{4}$

c) $\sqrt{1\,000} \cdot \sqrt[3]{1\,000} \cdot \sqrt[4]{1\,000}$

Para ampliar

61 Calcula el valor de x en cada uno de los siguientes casos:

a) $2^x = 32$ b) $3^4 = x$

c) $x^3 = 125$ d) $x^3 = -8$

62 Calcula:

a) $2^5 + 3^3 + 5^2$ b) $(-2)^5 + 3^2 - 5^3$

c) $(-2)^6 + 3^4 - (-5)^3$ d) $10^6 - (-10)^3 + 10^2$

63 Calcula:

a) $\left(\dfrac{2}{3}\right)^3$ b) $\left(-\dfrac{2}{3}\right)^3$ c) $\left(\dfrac{2}{3}\right)^4$ d) $\left(-\dfrac{2}{3}\right)^4$

64 Calcula:

a) 5^{-1} b) $(-5)^{-1}$ c) 2^{2^3} d) $\left(-\dfrac{1}{3}\right)^{-1}$

65 Expresa el resultado en forma de una sola potencia utilizando las propiedades de las potencias:

a) $5^{-3} \cdot 5^{-4}$ b) $3^{-4} : 3^{-7}$

c) $(7^{-3})^{-5}$ d) $13^{-2} \cdot 13^{-3} \cdot 13^{-4}$

66 Copia en tu cuaderno y sustituye los recuadros por uno de los signos = o ≠:

a) 5^3 ■ 15 b) $(-2)^5$ ■ -32

c) 2^{3^5} ■ 2^{15} d) $(7-3)^5$ ■ 4^5

67 Calcula mentalmente:

a) $\sqrt[3]{125}$ b) $\sqrt[3]{-125}$ c) $\sqrt[3]{0{,}001}$ d) $\sqrt[3]{-0{,}008}$

68 ¿Entre qué dos números enteros están las siguientes raíces?

a) $\sqrt{55}$ b) $\sqrt[3]{84}$ c) $\sqrt[4]{93}$ d) $\sqrt[5]{100}$

69 Introduce dentro del radical los factores que están fuera:

a) $3^2ab^3c\sqrt{5ab}$ b) $2^3a^2b^5c^2\sqrt[3]{5a^2bc^2}$

c) $3^2ab^3c^4\sqrt[4]{10ab^3c^2}$ d) $2^3a^2bc^4\sqrt[5]{15a^4bc^2}$

70 Calcula el valor de x en cada uno de los siguientes casos:

a) $\sqrt{x} = \pm 5$ b) $\sqrt{49} = x$

c) $\sqrt[3]{x} = 5$ d) $\sqrt[x]{32} = 2$

71 Calcula descomponiendo en factores primos:

a) $\sqrt[3]{216}$ b) $\sqrt[3]{729}$ c) $\sqrt[3]{\dfrac{8}{125}}$ d) $\sqrt[5]{\dfrac{243}{32}}$

72 Calcula el valor de las siguientes potencias:

a) $4^{3/2}$ b) $8^{2/3}$ c) $16^{3/4}$ d) $32^{4/5}$

Con calculadora

73 Utilizando la calculadora, halla:

a) 3^{10} b) $7{,}25^{13}$ c) $(3/2)^{15}$

d) π^2 e) 3^{-5} f) $(-3)^8$

74 Realiza las siguientes operaciones con la calculadora y redondea los resultados a dos decimales:

a) $5{,}2^3(\sqrt{209} - \sqrt{3\,217}) : 7{,}2^5$

b) $(7{,}25^5 - \sqrt[3]{874\,658}) \cdot 1{,}75^7$

c) $\sqrt[3]{7}(\sqrt{2} + \sqrt[5]{42{,}7})$

75 Calcula:

a) $5{,}74 \cdot 10^{11} + 6{,}5 \cdot 10^{12}$

b) $2{,}62 \cdot 10^{-24} - 7{,}53 \cdot 10^{-23}$

c) $2{,}3 \cdot 10^{28} \cdot 4{,}5 \cdot 10^{-19}$

d) $3{,}85 \cdot 10^{-15} : (3{,}5 \cdot 10^{-29})$

Problemas

76 Tenemos una finca en forma de cuadrado cuyo lado mide 14,75 m. Calcula el precio de venta sabiendo que el metro cuadrado vale 23 €

77 Calcula el número de bytes que caben en un disco duro de 200 Gb, sabiendo que:
1 kb = 2^{10} bytes; 1 Mb = 2^{10} kb; 1 Gb = 2^{10} Mb.

78 La masa de la Tierra es $5{,}98 \cdot 10^{24}$ kg y la masa de Neptuno es 17 veces la de la Tierra. Calcula la masa de Neptuno.

79 Alba tiene una caja en forma de cubo llena de canicas. Tiene 5 canicas de largo, otras 5 de ancho y otras 5 de alto. Escribe en forma de potencia el número total de canicas y calcula el precio sabiendo que cada canica cuesta 0,15 €

80 Tenemos 12 cajas de cocos y cada caja tiene 12 cocos. Escribe en forma de potencia el número total de cocos y halla el precio sabiendo que cada uno cuesta 1,5 €

81 Escribe en forma de potencia el número de abuelos que tiene cada persona, y calcula el resultado.

82 Tenemos un bloque de hielo de 1 m de largo, 20 cm de ancho y 20 cm de alto. Lo cortamos en cubitos para enfriar refrescos. Cada cubito mide 2 cm de largo, 2 cm de ancho y 2 cm de alto, y en cada refresco ponemos dos cubitos. ¿Para cuántos refrescos tendremos?

83 Una finca cuadrada de 100 m de lado está plantada de nogales. Si cada nogal ocupa 25 m², ¿cuántos nogales hay plantados?

84 El patio de butacas de un teatro tiene igual número de filas que de columnas, y se venden todas las entradas para una sesión, obteniéndose 3 375 €. Si cada entrada cuesta 15 €, ¿cuántas filas tiene el teatro?

85 Queremos poner baldosas en el suelo de una habitación cuadrada, y en cada lado caben 13 baldosas. Si cada baldosa cuesta 1,5 €, ¿cuánto cuestan todas las baldosas que necesitamos?

86 Una finca es cuadrada y tiene una superficie de 1 369 m². ¿Cuánto mide el lado?

87 Un bloque de casas tiene x plantas, y en cada planta hay x viviendas. Si viven x personas de media en cada vivienda, calcula el valor de x sabiendo que en la casa viven 64 personas.

Para profundizar

88 Expresa en forma de potencia de 2 el número total de cuadrados que tiene un tablero de ajedrez, sabiendo que posee 8 filas y 8 columnas.

89 Escribe en forma de potencia el número de bisabuelos que tiene cada persona y calcula el resultado.

90 Una célula se reproduce cada hora por bipartición. ¿Cuántos días tardará en sobrepasar un millón?

91 Un velero cuesta 0,5 millones de euros y se devalúa cada año un 18 %. ¿Cuántos años tardará en valer menos de 150 000 €? Observa que si se devalúa un 18 %, su valor será un 82 % del precio inicial.

92 Una caja tiene forma de cubo cuyo volumen es de 3,375 m³. Calcula su superficie.

93 Un año luz es el espacio que recorre la luz en un año. Sabiendo que la velocidad de la luz es de 300 000 km/s, expresa en kilómetros y en notación científica un año luz.

Matematización en contextos reales

Las potencias y los ordenadores (STEAM: Ciencia, Tecnología, Ingeniería, Arte y Matemáticas)

La información se guarda en formato digital; por eso cuando se copia un archivo, no pierde calidad. Un byte ocupa dos posiciones.

1 kb = 2^{10} bytes
1 Mb = 2^{10} kb
1 Gb = 2^{10} Mb

94 Un teléfono móvil tiene una capacidad de 8,67 Gb. Halla su capacidad en bytes.

95 Una tableta tiene una capacidad de 21,47 Gb. Halla su capacidad en bytes.

96 El disco duro de un ordenador tiene 400 Gb. Halla su capacidad en bytes.

Autoevaluación

1 ¿Qué son radicales equivalentes? Pon un ejemplo.

2 Expresa el resultado en forma de una sola potencia utilizando las propiedades de las potencias:

a) $3^5 \cdot 3^4$ b) $a^9 : a^3$
c) $(x^n)^p$ d) $x^3 : x^7$

3 Copia en tu cuaderno y sustituye los recuadros por uno de los signos = o ≠:

a) 5^3 ■ 15 b) $(-6)^5$ ■ -6^5 c) 3^{5^2} ■ 3^{10} d) $(7-5)^4$ ■ 16

4 Extrae todos los factores posibles de:

a) $\sqrt{2592}$ b) $\sqrt[3]{8640}$ c) $\sqrt{81a^5bc^6}$ d) $\sqrt[3]{32a^8b^2c^{12}}$

5 Suma y resta los radicales:

a) $3\sqrt{32} - 2\sqrt{50} + \sqrt{72}$ b) $2\sqrt{75} - 4\sqrt{27} + 5\sqrt{12}$

6 Escribe en forma de radical las siguientes potencias y calcula el resultado:

a) $25^{1/2}$ b) $125^{-1/3}$ c) $16^{3/4}$ d) $32^{-2/5}$

7 Si el diámetro del Universo visible es de 93 000 millones de años luz y la velocidad de la luz es de 300 000 km/s. Calcula el radio del Universo visible en kilómetros y en notación científica.

8 Una finca tiene forma de cuadrado. Si se vende a razón de 3,6 €/m² y se han obtenido por la venta 3 802,5 €, ¿cuánto mide de lado la finca?

Mates dinámicas virtuales con GeoGebra y CalcMe en Moodle

1. Ejercicio (Calificación: 2,5 puntos)

En la interpretación gráfica del cubo 8^3. Halla el valor del volumen en centímetros cúbicos.

SOLUCIÓN

En **GeoGebra** elige el *applet:* **Interpretación gráfica del cubo de un número.**

Volumen = **512** cm^3

2. Ejercicio (Calificación: 2,5 puntos)

En la interpretación gráfica de la raíz cuadrada $\sqrt{49}$. Halla el valor del lado en centímetros.

SOLUCIÓN

En **GeoGebra** elige el *applet:* **Interpretación gráfica de la raíz cuadrada de un número.**

Lado, a = **7** cm

3. Problema (Calificación: 2,5 puntos)

Se tienen 6 cajones y en cada uno de ellos hay 6 cajas que contienen 6 pañuelos cada una. Calcula el precio total de los pañuelos si cada uno cuesta 1,5 €

SOLUCIÓN

Coste total: **324** **€**

4. Problema (Calificación: 2,5 puntos)

En una empresa hay x jefes. Por cada jefe hay x encargados y por cada encargado hay x empleados. En la empresa hay 2 197 empleados. ¿Cuál es el valor de x?

SOLUCIÓN

x = **13**

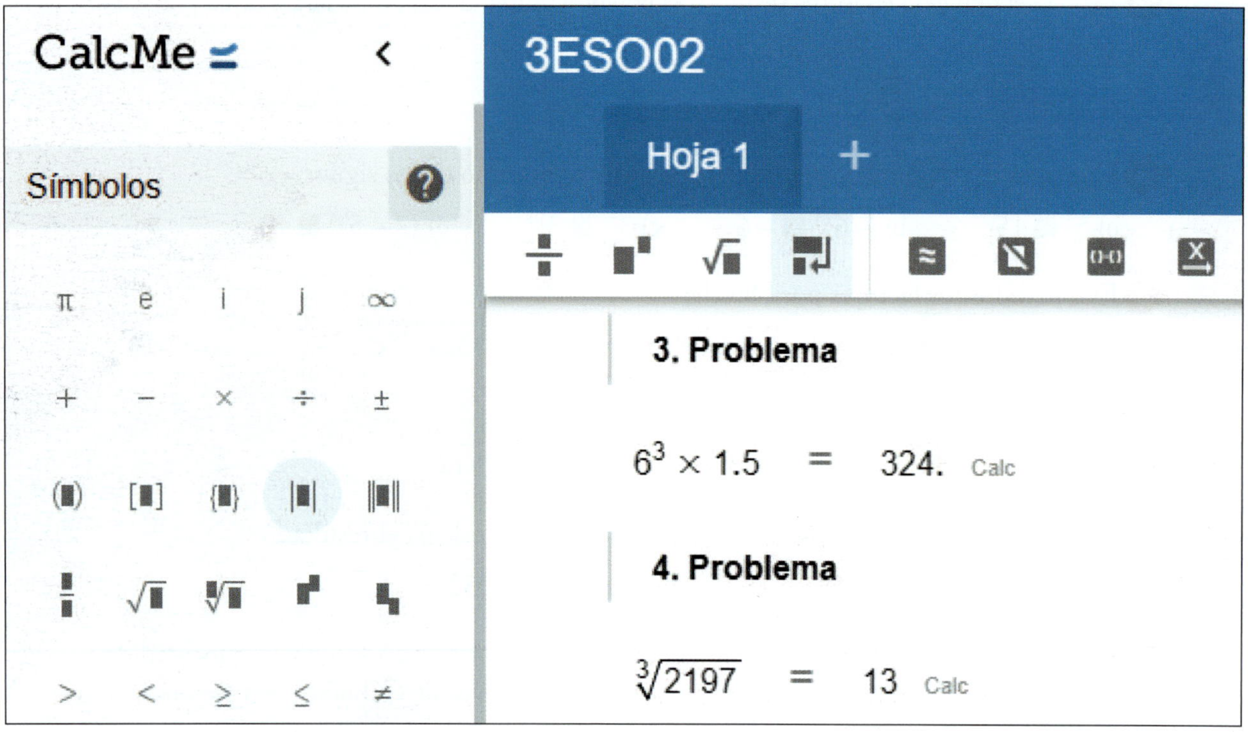

3 Problemas aritméticos

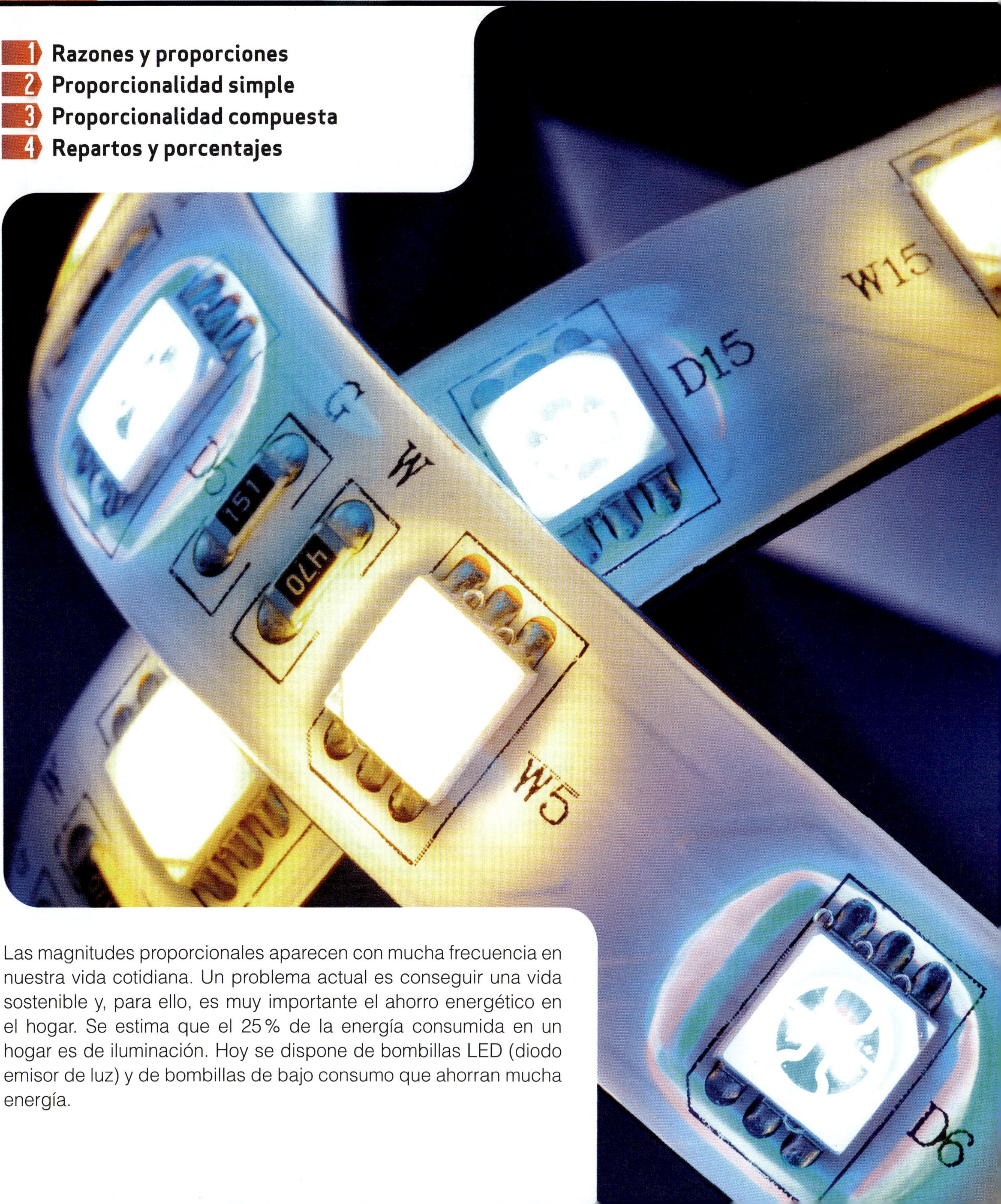

Las magnitudes proporcionales aparecen con mucha frecuencia en nuestra vida cotidiana. Un problema actual es conseguir una vida sostenible y, para ello, es muy importante el ahorro energético en el hogar. Se estima que el 25 % de la energía consumida en un hogar es de iluminación. Hoy se dispone de bombillas LED (diodo emisor de luz) y de bombillas de bajo consumo que ahorran mucha energía.

1 Razones y proporciones

CARNÉ CALCULISTA

Calcula con dos decimales:

$72,85 : 26,4$

PIENSA Y CALCULA

Se han comprado 5 kg de melocotones por 10,5 €. Calcula mentalmente cuánto cuesta cada kilo.

1.1 Razón de dos cantidades

Una **razón** es la división entre dos cantidades comparables. Se representa $\frac{a}{b}$ y se lee «*a* es a *b*». El número *a* se llama **antecedente** y el *b* se llama **consecuente.**

Antecedente ⟶ a
Consecuente ⟶ b
$\frac{a}{b} \quad (b \neq 0)$

EJEMPLO

La razón entre la estatura de Diego y la longitud de su sombra es:

$$\frac{\text{Estatura de Diego}}{\text{Longitud de su sombra}} = \frac{1,8}{1,5} = 1,2$$

La estatura es 1,2 veces la longitud de su sombra.

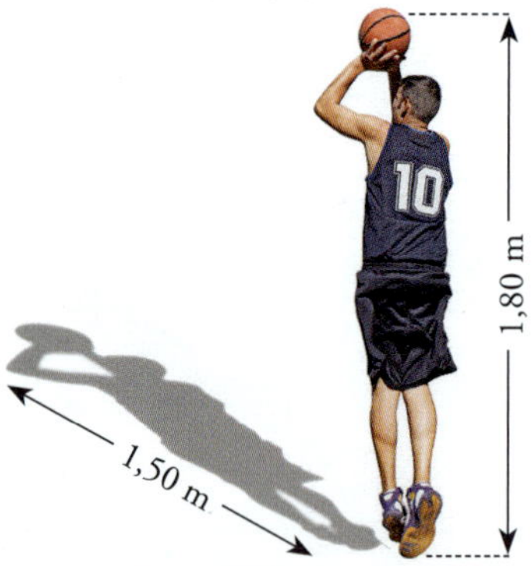

EJERCICIO RESUELTO

1. **Sara recorre 42 km en bicicleta en 3 h. Halla la razón entre el espacio recorrido y el tiempo que ha empleado. ¿Qué indica la razón?**

$$\frac{\text{Espacio}}{\text{Tiempo}} = \frac{42 \text{ km}}{3 \text{ h}} = 14 \text{ km/h}$$

La razón indica la velocidad media de la bicicleta.

1.2 Proporción

Una **proporción** es una igualdad entre dos razones.

Se representa $\frac{a}{b} = \frac{c}{d}$ y se lee «*a* es a *b* como *c* es a *d*».

Se llaman $\begin{cases} a, c \rightarrow \textbf{antecedentes} \\ b, d \rightarrow \textbf{consecuentes} \end{cases}$ y también $\begin{cases} a, d \rightarrow \textbf{extremos} \\ b, c \rightarrow \textbf{medios} \end{cases}$

EJEMPLO

$$\frac{1,2}{1,5} = \frac{6}{7,5}$$

La **constante de proporcionalidad** es el cociente entre un antecedente y su consecuente.

1.3 Propiedades de las proporciones

a) **Propiedad fundamental:** en toda proporción el producto de los extremos es igual al producto de los medios.

$$\frac{a}{b} = \frac{c}{d} \Leftrightarrow a \cdot d = b \cdot c$$

EJEMPLO

$$\frac{4}{5} = \frac{1,2}{1,5} \Rightarrow \begin{cases} 4 \cdot 1,5 = 6 \\ 5 \cdot 1,2 = 6 \end{cases}$$

b) En una proporción, la razón entre la suma de los antecedentes y la suma de los consecuentes es igual a cualquiera de las razones.

EJEMPLO

$$\frac{4}{3} = \frac{8}{6} = \frac{12}{9} = \frac{4+8+12}{3+6+9} = \frac{24}{18}$$

1.4 Cuarto proporcional

Se llama **cuarto proporcional** al término desconocido de una proporción de la que se conocen los otros tres.

EJERCICIO RESUELTO

② **Calcula x en $\frac{2}{7} = \frac{12}{x}$**

$$\frac{2}{7} = \frac{12}{x} \Rightarrow x = \frac{7 \cdot 12}{2} = 42$$

1.5 Medio proporcional

Una **proporción continua** es aquella que tiene sus medios o sus extremos iguales.

EJEMPLO

$$\frac{4}{6} = \frac{6}{9} \Leftrightarrow 4 \cdot 9 = 6^2$$

$$\frac{1,2}{0,6} = \frac{2,4}{1,2} \Leftrightarrow 1,2^2 = 0,6 \cdot 2,4$$

Se llama **medio proporcional** a los términos iguales de una proporción continua.

EJERCICIO RESUELTO

③ **Calcula el medio proporcional en la siguiente proporción: $\frac{9}{x} = \frac{x}{16}$**

$$\frac{9}{x} = \frac{x}{16} \Rightarrow x^2 = 9 \cdot 16 = 144 \Rightarrow x = \sqrt{144} = \pm 12$$

[√] [144] [=] 12

Fracción y razón

No se debe confundir fracción con razón. En una fracción el numerador y el denominador deben ser números enteros, y en una razón el antecedente y el consecuente pueden ser decimales.

APLICA LA TEORÍA

1 Calcula las razones entre las cantidades siguientes e interpreta el resultado:

a) 3,5 kg de naranjas cuestan 6,3 €

b) Un coche en 5 horas recorre 400 km

c) 12 m de tela cuestan 90 €

d) En 7 días se consumen 3,5 kg de fruta.

2 Calcula las razones entre las siguientes cantidades e interpreta el resultado:

a) Una finca mide 120 ha, y otra, 180 ha

b) Juan mide 160 cm, y María, 168 cm

c) Un tren va a 120 km/h, y otro, a 180 km/h

d) Una botella contiene 2 L, y otra, 1,5 L

3 Calcula mentalmente y completa en tu cuaderno para que formen proporción:

a) $\frac{5}{9} = \frac{■}{36}$ b) $\frac{■}{9} = \frac{12}{54}$

c) $\frac{2}{■} = \frac{3}{4,5}$ d) $\frac{2}{0,9} = \frac{10}{■}$

4 Calcula el cuarto proporcional:

a) $\frac{x}{8} = \frac{5}{2}$ b) $\frac{0,5}{2,5} = \frac{6,4}{x}$

c) $\frac{4,5}{7,8} = \frac{x}{5,2}$ d) $\frac{2,5}{x} = \frac{1,4}{2,8}$

5 Calcula el medio proporcional:

a) $\frac{10}{x} = \frac{x}{3,6}$ b) $\frac{2,5}{x} = \frac{x}{6,4}$

2 Proporcionalidad simple

CARNÉ CALCULISTA

Calcula:

$$\frac{4}{3} - \frac{2}{3} \cdot \frac{5}{4} + \frac{3}{5}$$

PIENSA Y CALCULA

Cuatro amigos han pagado 18 € por las entradas del cine. Calcula mentalmente cuánto cuesta cada entrada.

2.1 Magnitudes directamente proporcionales

Dos magnitudes son **directamente proporcionales** si el cociente de las cantidades correspondientes es constante.

La **constante de proporcionalidad directa** es el valor que se obtiene al dividir cualquier valor de la 2.ª magnitud entre el correspondiente de la 1.ª

Masa (kg)	Dinero (€)
1	1,5
2	3
3	4,5
4	6
5	7,5
…	…

EJERCICIO RESUELTO

4 El número de kilos de manzanas que se compran y su valor son directamente proporcionales. Halla la constante de proporcionalidad directa.

La constante de proporcionalidad directa es:

$$\frac{1,5}{1} = \frac{3}{2} = \frac{4,5}{3} = \frac{6}{4} = \frac{7,5}{5} = \ldots = 1,5 \text{ €/kg}$$

2.2 Resolución de problemas: regla de tres directa

La **regla de tres** es un procedimiento para hallar un cuarto proporcional.

a) Se identifican las magnitudes que intervienen y sus unidades.

b) Se colocan las magnitudes y las cantidades poniendo en último lugar la correspondiente a la incógnita, es decir, la de la pregunta.

c) Se determina si la proporcionalidad es directa. Es directa cuando va de + a + o de – a –

d) Se forma la proporción y se calcula el cuarto proporcional.

Magnitud *A* (unidad)	(D)	Magnitud *B* (unidad)
a	⟶	c
b	⟶	x

$$\Rightarrow \frac{a}{b} = \frac{c}{x} \Rightarrow x = \frac{b \cdot c}{a}$$

Reducción a la unidad

Los problemas de regla de tres directa también se pueden resolver por reducción a la unidad.

EJEMPLO

a) Se reduce a la unidad:

Si 7 kg cuestan 14,7 €,

1 kg cuesta:

$$\frac{14,7}{7} = 2,1 \text{ €}$$

b) Se calcula el valor deseado:

5 kg cuestan:

$$5 \cdot 2,1 = 10,5 \text{ €}$$

EJERCICIO RESUELTO

5 Si 7 kg de manzanas cuestan 14,7 €, ¿cuánto costarán 5 kg?

- La magnitud de la pregunta es **Dinero (€)**; se pone en último lugar.
- Es de proporcionalidad **Directa** porque al aumentar el número de kilos, aumenta el dinero que cuesta, + a +

Masa (kg)	(D)	Dinero (€)
7	⟶	14,7
5	⟶	x

$$\Rightarrow \frac{7}{5} = \frac{14,7}{x} \Rightarrow x = \frac{5 \cdot 14,7}{7} = 10,5 \text{ €}$$

5 × 14.7 ÷ 7 = 10,5

2.3 Magnitudes inversamente proporcionales

Dos magnitudes son **inversamente proporcionales** si el producto de las cantidades correspondientes es constante.

La **constante de proporcionalidad inversa** es el valor del producto constante.

EJEMPLO

A una velocidad de 10 km/h se tardan 6 horas en recorrer una distancia.

Vel. (km/h)	10	20	30	40
Tiempo (h)	6	3	2	1,5

Las magnitudes *velocidad* y *tiempo* son inversamente proporcionales.

La constante de proporcionalidad inversa es:

$$10 \cdot 6 = 20 \cdot 3 = \ldots = 60$$

2.4 Resolución de problemas: regla de tres inversa

Se aplica el siguiente procedimiento:

a) Se identifican las magnitudes que intervienen y sus unidades.

b) Se colocan las magnitudes y las cantidades poniendo en último lugar la correspondiente a la incógnita, es decir, la de la pregunta.

c) Se determina si la proporcionalidad es inversa. Es inversa cuando va de + a – o de – a +

d) Cuando las magnitudes son inversamente proporcionales, la razón de las cantidades de la magnitud *A* se colocan invertidas.

Magnitud *A* (unidad) **(I)** **Magnitud *B* (unidad)**

$a \longrightarrow c$

$b \longrightarrow x$

$$\Rightarrow \frac{b}{a} = \frac{c}{x} \Rightarrow x = \frac{a \cdot c}{b}$$

Razón invertida.

EJERCICIO RESUELTO

6 **Un ganadero tiene forraje para alimentar a 15 vacas durante 8 días. Si compra 5 vacas más, ¿cuántos días podrá alimentar al ganado con el mismo forraje?**

- La magnitud de la pregunta es **Tiempo (días);** se pone en último lugar.
- Es de proporcionalidad **Inversa** porque al aumentar el número de vacas, disminuye el tiempo, + a –

N.º de vacas **(I)** **Tiempo (días)**

$15 \longrightarrow 8$

$20 \longrightarrow x$

$$\Rightarrow \frac{20}{15} = \frac{8}{x} \Rightarrow x = \frac{15 \cdot 8}{20} = 6 \text{ días}$$

Razón invertida.

Reducción a la unidad

Los problemas de regla de tres inversa también se pueden resolver por reducción a la unidad.

EJEMPLO

a) Se reduce a la unidad:

Si 15 vacas tienen forraje para 8 días, 1 vaca tendrá forraje para:

$15 \cdot 8 = 120$ días

b) Se calcula el valor: 20 vacas tendrán forraje para:

$$\frac{120}{20} = 6 \text{ días}$$

APLICA LA TEORÍA

6 Si 8 juegos de videoconsola cuestan 212 €, ¿cuántos juegos se pueden comprar con 371 €?

7 Una tubería de 15 m de longitud pesa 210 kg. ¿Cuál será la longitud de una tubería que pesa 308 kg si es del mismo material y de la misma sección?

8 Nueve bombillas iguales han consumido un total de 54 kWh. Si en las mismas condiciones encendemos 15 bombillas iguales, ¿cuántos kWh se consumirán?

9 Cuatro amigos se reparten el alquiler de un apartamento de verano. Cada uno paga 375 €. Si se uniesen dos amigos más, ¿cuánto pagaría cada uno?

10 Un coche recorre un trayecto en 1 hora y media a 65 km/h. Si desea tardar 75 minutos, ¿a qué velocidad deberá recorrer el mismo trayecto?

11 Con tres grifos se llena un depósito en 20 horas. ¿Cuánto tiempo se tardará en llenar el mismo depósito con cinco grifos iguales a los anteriores?

3 Proporcionalidad compuesta

CARNÉ CALCULISTA

Calcula con dos decimales:

342,5 : 0,96

PIENSA Y CALCULA

Analiza en la siguiente situación si la cantidad de dinero es directa o inversamente proporcional al número de obreros y al número de días:
Si ocho obreros trabajan durante 12 días y ganan un total de 3 400 €, ¿cuánto ganarán seis obreros trabajando 10 días?

3.1 Proporcionalidad compuesta

Una proporcionalidad es **compuesta** si intervienen más de dos magnitudes proporcionales.

3.2 Resolución de problemas: regla de tres compuesta

Para resolver problemas por la regla de tres compuesta se sigue el procedimiento:

a) Se identifican las magnitudes que intervienen y sus unidades.

b) Se colocan las magnitudes y las cantidades poniendo en último lugar la correspondiente a la incógnita, es decir, la de la pregunta.

c) Se determina la proporcionalidad que hay entre cada magnitud y la magnitud de la incógnita.

¿Proporcionalidad directa o inversa? (Magnitud A – Magnitud C)

¿Proporcionalidad directa o inversa? (Magnitud B – Magnitud C)

Magnitud *A* (unidad)		**Magnitud *B* (unidad)**		**Magnitud *C* (unidad)**
a	⟶	c	⟶	e
b	⟶	d	⟶	x

d) Se plantea la proporción, con la razón directa o inversa, según sean las magnitudes directa o inversamente proporcionales, y se resuelve.

En la situación del Ejercicio resuelto 7 intervienen varias magnitudes proporcionales: el número de obreros, la longitud de la tubería y el tiempo.

EJERCICIO RESUELTO

7 **Dos obreros canalizan 100 m de tubería para agua durante 10 días. ¿Cuántos días tardarán en canalizar 350 m de tubería 5 obreros?**

La magnitud de la pregunta es **Tiempo (días);** se pone en último lugar.

La 1.ª va de + a – inversa. (I)

La 2.ª va de + a + directa. (D)

N.º de obreros		**Longitud (m)**		**Tiempo (días)**
2	⟶	100	⟶	10
5	⟶	350	⟶	x

Razón invertida.

$$\frac{5}{2}\cdot\frac{100}{350}=\frac{10}{x}\Rightarrow\frac{50\cancel{0}}{70\cancel{0}}=\frac{10}{x}\Rightarrow x=\frac{70}{5}=14 \text{ días}$$

3.3 Interés simple como proporcionalidad compuesta

El **interés** es el dinero que produce un capital depositado en una entidad financiera.

El **interés simple** es aquel que no se acumula al capital depositado para generar nuevos intereses.

El interés depende del capital inicial, del tiempo y del rédito o tanto por ciento.
Para automatizar el cálculo del interés se hace una regla de tres compuesta:

(D) (D)

Dinero (€)		Tiempo (años)		Dinero (€)
100	→	1	→	R
c	→	t	→	I

$$\frac{100}{c} \cdot \frac{1}{t} = \frac{R}{I} \Rightarrow \frac{100}{c \cdot t} = \frac{R}{I} \Rightarrow I = \frac{c \cdot R \cdot t}{100} = c \cdot r \cdot t \Rightarrow I = c \cdot r \cdot t$$

Regla práctica. Para calcular el interés, se utiliza la fórmula:

$$I = c \cdot r \cdot t$$

El capital final será: $C = c + I$

EJERCICIO RESUELTO

(8) Se depositan 5 000 € a un interés simple anual del 4 % durante 2 años. ¿Qué capital tendremos al finalizar ese tiempo?

El interés será:

$$I = c \cdot r \cdot t \Rightarrow I = 5\,000 \cdot 0{,}04 \cdot 2 = 400 \text{ €}$$

5000 × 0.04 × 2 = **400**

El capital final será:

$$C = c + I \Rightarrow C = 5\,000 + 400 = 5\,400 \text{ €}$$

Observa

Si el tiempo que se deposita el dinero no es un año, se cobra la parte proporcional del interés anual:

Si t en trimestre: $I = \dfrac{c \cdot r \cdot t}{4}$

Si t en meses: $I = \dfrac{c \cdot r \cdot t}{12}$

Si t en días: $I = \dfrac{c \cdot r \cdot t}{360}$

APLICA LA TEORÍA

12 Durante 30 días seis obreros han canalizado 150 m de tubería para suministro de agua. Calcula cuántos metros canalizarán catorce obreros en 24 días.

13 Los gastos de alimentación de 135 personas suponen 2 250 € diarios. Calcula cuántas personas podrán alimentarse durante 90 días con 12 000 €

14 Una persona lee 2 horas diarias a razón de 5 páginas por hora, y tarda 15 días en leer un libro. Si leyese 3 horas diarias a razón de 8 páginas por hora, ¿cuántos días tardaría en leer el mismo libro?

15 Calcula el interés producido por un capital de 9 000 € al 1,5 % en 3 años.

16 ¿Qué capital se debe depositar al 2,5 % para que después de 2 años produzca 400 €?

17 ¿A qué rédito se debe depositar un capital de 6 500 € para que produzca un interés de 526,5 € en 18 meses?

18 ¿Cuántos meses se deben tener depositados 25 000 € al 1,5 % para que produzcan unos intereses de 562,5 €?

4 Repartos y porcentajes

CARNÉ CALCULISTA

Calcula:

$$\left(\frac{3}{5}-2\right):\left(\frac{2}{5}-\frac{3}{4}\right)$$

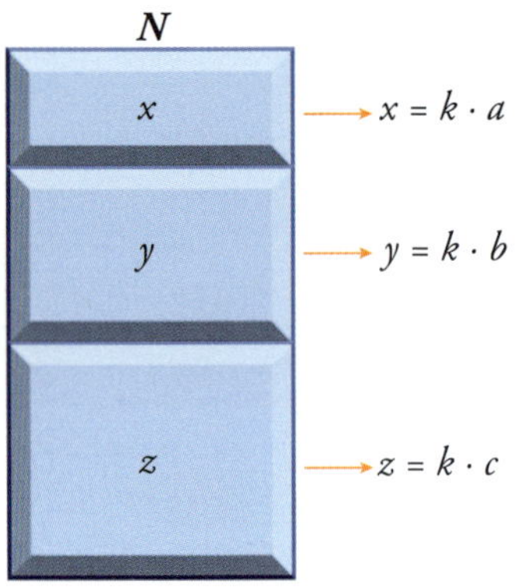

PIENSA Y CALCULA

Reparte mentalmente 600 € de forma directamente proporcional a 1, 2 y 3

4.1 Repartos directamente proporcionales

Para repartir una cantidad N en partes que sean directamente proporcionales a otras cantidades conocidas a, b, c…, se sigue el procedimiento:

a) Se calcula k, la parte de N que le corresponde a cada unidad del total de las cantidades conocidas a, b, c…, es decir:

$$k = \frac{N}{a+b+c}$$

b) Con el valor de la unidad, k, se calculan los valores de las partes deseadas.

EJERCICIO RESUELTO

9) Reparte 3 000 € en partes directamente proporcionales a 4, 7 y 9

a) Cálculo del dinero que corresponde a una unidad: $\frac{3\,000}{4+7+9} = 150$ €

b) Cálculo de las partes:

$x = 150 \cdot 4 = \mathbf{600}$ **€**
$y = 150 \cdot 7 = \mathbf{1\,050}$ **€**
$z = 150 \cdot 9 = \mathbf{1\,350}$ **€**

4.2 Repartos inversamente proporcionales

Para repartir una cantidad N en partes que sean inversamente proporcionales a otras cantidades conocidas a, b, c…, se hace un reparto directamente proporcional a las inversas $1/a$, $1/b$, $1/c$… Para ello:

a) Se calcula primero el inverso de a, b, c…, y se reducen a común denominador.

b) Se hace el reparto directamente proporcional a los numeradores.

EJERCICIO RESUELTO

10) Reparte 4 200 € en partes inversamente proporcionales a 3, 5 y 6

a) Se calculan los inversos y se reducen a común denominador:

$$\text{m.c.m.}(3, 5, 6) = 30 \Rightarrow \frac{1}{3} = \frac{10}{30},\ \frac{1}{5} = \frac{6}{30},\ \frac{1}{6} = \frac{5}{30}$$

b) Se hace el reparto directamente proporcional a 10, 6 y 5

A cada unidad le corresponden: $\frac{4\,200}{10+6+5} = 200$ €

$x = 200 \cdot 10 = \mathbf{2\,000}$ **€**
$y = 200 \cdot 6 = \mathbf{1\,200}$ **€**
$z = 200 \cdot 5 = \mathbf{1\,000}$ **€**

4.3 Problemas de porcentajes

- La **disminución porcentual** de una cantidad inicial es lo que disminuye dicha cantidad según un porcentaje.
- El **aumento porcentual** de una cantidad inicial es lo que aumenta dicha cantidad según un porcentaje.

EJERCICIOS RESUELTOS

(11) **Una tienda hace una rebaja del 15 % en un teléfono móvil de 700 €. ¿Qué precio se paga?**

$F = I \cdot P \Rightarrow F = 700 \cdot 0,85 = 595$ €

700 × 0.85 = **595**

(12) **Un televisor cuesta 605 € con el 21 % de IVA. ¿Cuánto vale sin IVA?**

$I = \dfrac{F}{P} \Rightarrow I = 605 : 1,21 = 500$ €

605 ÷ 1.21 = **500**

(13) **Por unos zapatos de 85 € se han pagado 68 €. ¿Qué porcentaje de descuento se ha hecho?**

$P = \dfrac{F}{I} \Rightarrow P = 68 : 85 = 0,8 \Rightarrow$ se paga el 80 % $\Rightarrow$ se descuenta el 20 %

68 ÷ 85 = **0,8**

4.4 Aumentos y disminuciones porcentuales encadenados

Para calcular **aumentos y disminuciones porcentuales encadenados** se calcula el índice de variación total multiplicando los índices de variación de cada paso.

EJERCICIO RESUELTO

(14) **Un componente informático que costaba 100 € el año pasado ha aumentado su precio un 10 %. Al comprarlo este año, nos rebajan un 10 %. ¿Qué precio pagamos por él?**

Índice de variación del aumento porcentual: $1 + 0,1 = 1,1$

Índice de variación de la disminución porcentual: $1 - 0,1 = 0,9$

Índice total: $1,1 \cdot 0,9 = 0,99$. Se paga un 99 % del precio, que es $100 \cdot 0,99 = 99$ €

Metodología del triángulo mágico

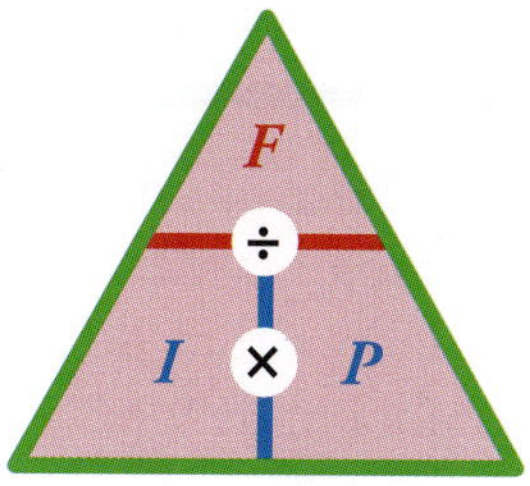

***F* = Final**
***I* = Inicial**
***P* = Porcentaje**

La línea vertical multiplica (×):

$F = I \times P$

La línea horizontal divide (÷):

$I = \dfrac{F}{P}$

$P = \dfrac{F}{I}$

Índice de variación

- Disminución porcentual.

EJEMPLO

Disminución del 15 %
Índice de variación:
$1 - 0,15 = 0,85$

- Aumento porcentual.

EJEMPLO

Aumento del 21 %
Índice de variación:
$1 + 0,21 = 1,21$

APLICA LA TEORÍA

19. Reparte 15 000 € en partes directamente proporcionales a 2, 3 y 5
20. Reparte 11 050 € en partes inversamente proporcionales a 2, 3 y 4
21. A un trabajador que cobra 1 440 € le descuentan mensualmente de su nómina el 5 % para un seguro. ¿Qué cantidad le descuentan?
22. En la factura de un taller aplican un 21 % de IVA sobre un importe de 168 €. ¿Cuánto se paga en total?
23. En una mezcla de 500 g de café, 100 g son de torrefacto y el resto es de café natural. ¿Qué porcentaje de café torrefacto lleva la mezcla?
24. En una factura de 350 € nos aplican un 20 % de descuento y un 21 % de IVA. Calcula el importe total de la factura.
25. En una tienda compramos un televisor con una rebaja del 20 % y nos cobran el 21 % de IVA. Si pagamos 232 € por él, ¿cuál era el precio inicial del televisor?

PROBLEMAS DE PROPORCIONES Y REGLA DE TRES

15 Si una persona de 1,85 m proyecta una sombra de 2,22 m, ¿cuánto mide la altura de un árbol cuya sombra mide 9 m?

Datos y pregunta

Una persona que mide 1,85 m proyecta una sombra de 2,22 m

La sombra de un árbol es de 9 m

Pregunta: ¿Cuánto mide la altura del árbol?

Planteamiento y operaciones

$$\frac{2{,}22}{1{,}85} = \frac{9}{x} \Rightarrow x = \frac{1{,}85 \cdot 9}{2{,}22} = 7{,}5 \text{ m}$$

Solución

La altura del árbol es de **7,5 m**

16 En el mercado 7,4 kg de langostinos tiene un valor de 48,1 €. ¿Cuánto costarán 14,6 kg?

Datos y pregunta

7,4 kg de langostinos cuestan 48,1 €

Pregunta: ¿Cuánto costarán 14,6 kg?

Planteamiento y operaciones

- La magnitud de la pregunta es **Dinero (€);** se pone en último lugar.
- Es de proporcionalidad **Directa** porque al aumentar el número de kilos, aumenta el dinero que cuesta, + *a* +

Masa (kg)	(D)	Dinero (€)
7,4	⟶	48,1
14,6	⟶	x

$$\Rightarrow \frac{7{,}4}{14{,}6} = \frac{48{,}1}{x} \Rightarrow x = \frac{14{,}6 \cdot 48{,}1}{7{,}4} = 94{,}9\ €$$

Solución

Costarán **94,9 €**

17 Para limpiar un monte se necesitan 15 personas trabajando durante 12 días. ¿Cuántos días tardarán en limpiar el mismo monte 18 personas?

Datos y pregunta

15 personas tardan 12 días en limpiar un monte.

Pregunta: ¿Cuánto tiempo tardarán 18 personas?

Planteamiento y operaciones

- La magnitud de la pregunta es **Tiempo (días);** va en último lugar.
- Es de proporcionalidad **Inversa** porque al aumentar el número de personas, disminuye el número de días, + *a* –

N.º personas	(I)	Tiempo (días)
15	⟶	12
18	⟶	x

$$\Rightarrow \frac{18}{15} = \frac{12}{x} \Rightarrow x = \frac{15 \cdot 12}{18} = 10$$

Razón invertida.

Solución

Tardarán **10 días.**

PROBLEMAS DE REGLA DE TRES COMPUESTA Y PORCENTAJES

18 Un comercial en 12 días trabajando 10 horas diarias consigue hacer 50 clientes nuevos. ¿Cuántos días tardará en conseguir 60 clientes trabajando 8 horas diarias?

Datos y pregunta

En 12 días trabajando 10 horas diarias consigue 50 clientes nuevos.

Pregunta: ¿Cuántos días tardará en hacer 60 clientes durante 8 horas diarias?

Planteamiento y operaciones

La magnitud de la pregunta es **Tiempo (días);** va en último lugar.

(I) La 1.ª va de – a + inversa.

(D) La 2.ª va de + a + directa.

Tiempo (h)		N.º de clientes		Tiempo (días)
10	⟶	50	⟶	12
8	⟶	60	⟶	x

$$\frac{8}{10} \cdot \frac{50}{60} = \frac{12}{x} \Rightarrow \frac{400}{600} = \frac{12}{x} \Rightarrow x = \frac{12 \cdot 6}{4} = 18$$

Solución

Tardará **18 días.**

19 ¿Qué interés produce un capital de 12 000 € al 2,5 % durante tres trimestres?

Datos y pregunta

$c = 12\,000$ €; $R = 2{,}5\,\% \Rightarrow r = 0{,}025$; $t = 3$ trimestres.

Pregunta: ¿Qué interés produce?

Planteamiento y operaciones

$$I = \frac{c \cdot r \cdot t}{4} \Rightarrow I = \frac{12\,000 \cdot 0{,}025 \cdot 3}{4} = 225 \text{ €}$$

Solución

El interés que produce es de **225 €**

20 Compramos un coche que cuesta 20 000 €, nos aplican un descuento del 21 % y tenemos que pagar un 21 % de IVA. ¿Cuánto tenemos que pagar por el coche?

Datos y pregunta

Valor inicial del coche: 20 000 €

Descuento del 21 %; IVA del 21 %

Pregunta: ¿Cuánto tenemos que pagar por el coche?

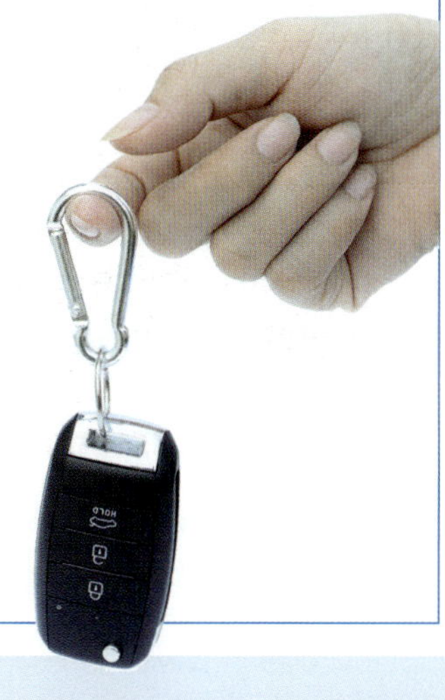

Planteamiento y operaciones

Índice de descuento: $1 - 0{,}21 = 0{,}79$

Índice de aumento: $1 + 0{,}21 = 1{,}21$

$20\,000 \cdot 0{,}79 \cdot 1{,}21 = 19\,118$ €

Solución

Tenemos que pagar **19 118 €**

1. Razones y proporciones

26 Determina el valor de las razones formadas por los siguientes pares de cantidades, e interpreta el resultado:

a) 7 m de cinta cuestan 14 €

b) En 3 horas se recorren 120 km

c) Una varilla mide 10 dm, y otra, 14 dm

d) Un recipiente tiene 5 L, y otro, 150 L

27 Determina si los siguientes pares de razones forman proporción y calcula la constante de proporcionalidad:

a) $\frac{15\text{ m}}{3\text{ m}}$ ■ $\frac{10\text{ días}}{2\text{ días}}$ b) $\frac{51}{121}$ ■ $\frac{1,5}{4}$

28 Escribe las proporciones que puedas obtener con las razones siguientes y calcula su constante de proporcionalidad:

a) $\frac{8}{0,5}$ b) $\frac{2,5}{6}$ c) $\frac{24}{1,5}$ d) $\frac{1,5}{4}$

29 Calcula el cuarto proporcional:

a) $\frac{x}{14} = \frac{3}{7}$ b) $\frac{3}{2,4} = \frac{2}{x}$ c) $\frac{0,3}{0,5} = \frac{x}{3,5}$

30 Calcula el medio proporcional:

a) $\frac{8}{x} = \frac{x}{18}$ b) $\frac{0,3}{x} = \frac{x}{2,7}$

2. Proporcionalidad simple

31 Las ruedas delanteras de un tractor tienen un diámetro de 0,9 m y las traseras tienen un diámetro de 1,2 m. Si en un trayecto las ruedas delanteras han dado 250 vueltas, ¿cuántas vueltas habrán dado las traseras?

32 Con 100 kg de harina se hacen 120 kg de pan. Calcula la harina necesaria para elaborar un pan de 120 g

33 Un grifo vierte 25 L/min y tarda 2 h en llenar un depósito. ¿Cuánto tiempo tardará en llenar el mismo depósito otro grifo que vierte 40 L/min?

3. Proporcionalidad compuesta

34 ¿Qué interés produce un capital de 27 000 € al 3,5 % durante 2 años?

35 El precio por transportar 1 500 kg de mercancía a una distancia de 100 km es de 80 €. ¿Qué precio se pagará por transportar 4 500 kg a 250 km?

36 Ocho grifos abiertos 12 horas diarias han vertido agua por valor de 24 €. ¿Qué coste de agua se tendrá con 12 grifos abiertos 15 horas diarias durante el mismo periodo de tiempo?

37 Una familia de 5 miembros puede mantenerse durante 8 meses con 5 000 €. ¿Cuántas personas podrían mantenerse durante 15 meses con 30 000 €?

38 Calcula el capital que hay que depositar al 3 % durante 20 meses para que genere un interés de 350 €

39 ¿Cuántos días debe estar un capital de 18 000 € al 4 % de interés para obtener 500 €?

4. Repartos y porcentajes

40 Reparte 13 500 € en partes directamente proporcionales a 4, 6 y 8

41 Reparte 11 750 € en partes inversamente proporcionales a 3, 4 y 5

42 A un conductor le han puesto una multa de tráfico de 150 €. Si la paga antes de un mes, se le aplica un 20 % de descuento. ¿Cuánto pagará por la multa?

43 En una tienda venden un determinado artículo ganando el 30 % sobre el precio de coste. Si dicho precio era de 145 €, ¿cuál es el precio de venta?

44 Un librero vende 144 libros de los 480 que tenía. ¿Qué porcentaje suponen del total de libros los que ha vendido?

45 A un trabajador que cobra 1 100 € mensualmente le suben su salario un 2 %. Al año siguiente, le suben nuevamente un 2,5 %. Calcula el salario mensual después de las dos subidas.

46 En una tienda tienen una oferta de un 15 % de descuento si se compran los jamones enteros. Si el precio del jamón está en 12 €/kg y aumentan la factura en un 10 % de IVA, calcula el precio de un jamón de 10 kg

Para ampliar

47 Forma una proporción en la que figuren los siguientes datos: 5 g, 15 g y 3 h

48 Pintar una casa de 60 m^2 cuesta 720 € y pintar una casa de 120 m^2 cuesta 1 440 €. Expresa esta situación en forma de proporción.

49 Calcula el cuarto proporcional:

a) $\frac{x}{9} = \frac{21}{7}$

b) $\frac{1,5}{1,2} = \frac{6}{x}$

c) $\frac{3,6}{x} = \frac{7,2}{6}$

50 Calcula el medio proporcional:

a) $\frac{36}{x} = \frac{x}{81}$ b) $\frac{7}{x} = \frac{x}{28}$

51 Un granjero tiene alimento para 1 200 conejos durante 180 días. Si vende 300 conejos, ¿durante cuántos días tendrá alimento para los conejos que quedan si no varía la ración?

52 Para hacer 120 kg de masa de bollería se necesitan 600 g de levadura. ¿Qué cantidad de levadura se necesitará para hacer 250 kg de masa?

53 Una rueda de 15 dientes está engranada a otra rueda de 52 dientes. Si la primera da 156 revoluciones por minuto, ¿cuántas revoluciones por minuto dará la segunda rueda?

54 Veinte obreros asfaltan un tramo de carretera en 60 días. ¿Cuántos obreros harán falta para asfaltar el mismo tramo de carretera en 40 días?

55 Para hacer una obra en 360 días hacen falta 30 obreros trabajando 8 horas diarias. ¿Cuántos días duraría la misma obra si hubiese 40 obreros trabajando 6 horas diarias?

56 Transportar 200 cajas a 450 km tiene un coste de 300 €. ¿Cuántas cajas pueden transportarse a 280 km por 350 €?

57 Cinco grifos llenan un depósito de 20 000 L en 16 h. ¿Cuánto tiempo tardarán ocho grifos iguales a los anteriores en llenar un depósito de 30 000 L?

58 ¿Qué interés generará un capital de 2 500 € durante 9 meses al 3 % anual?

59 ¿Durante cuántos meses se deben depositar 2 000 € al 1,5 % de rédito para obtener 35 € de interés?

60 ¿A qué rédito se deben depositar 5 400 € durante 180 días para obtener 81 €?

61 Un padre reparte 13 440 € entre sus tres hijos en partes inversamente proporcionales a sus edades, que son 5, 12 y 15 años. Calcula la parte que le corresponde a cada uno.

62 Tres amigos organizan una peña para jugar a las quinielas y aportan 23, 34 y 41 €. Si aciertan una quiniela por la que cobran 120 540 €, ¿qué cantidad le corresponde a cada uno si el reparto se hace de forma directamente proporcional al dinero aportado?

63 Si el 80 % de una masa de bollería es harina, calcula cuánta harina contiene un bollo de 300 gramos.

64 En la mezcla de un desinfectante hay un 90 % de alcohol. Calcula cuánto alcohol hay en 200 mL de dicha mezcla.

65 En la factura de 105 € de la librería nos cargan un 4 % de IVA. ¿A cuánto asciende el total de la factura?

66 En unos pantalones de 72 € nos aplican un descuento del 20 %. Calcula cuánto se paga por el pantalón.

67 A un trabajador que gana 1 502,5 € le aplican un 18 % de retención para pagar impuestos. ¿A cuánto asciende dicha retención?

Problemas

68 La razón de dos números es 3/2. Si el mayor de ellos es 36, calcula el otro.

69 La razón de alturas de dos postes es igual a la de sus sombras. La altura del primer poste es de 12 m, y su sombra, de 20 m. Si la sombra del segundo poste es de 24 m, ¿cuál será su altura?

70 La suma de dos números es 21. Si uno de ellos es proporcional a 3 y el otro a 4, calcula dichos números.

71 Un granjero tiene pienso para 1 200 gallinas durante 120 días. Si vende 500 gallinas, ¿durante cuántos días tendrá alimento para las gallinas que quedan si no varía la ración?

72 Una persona que escribe en el ordenador 140 palabras por minuto tarda 12 h en hacer un trabajo. ¿A qué velocidad debe escribir si quiere tardar 10 h?

73 Seis personas han consumido 16 m^3 de agua. ¿Cuántos metros cúbicos de agua consumirán 15 personas manteniendo el mismo gasto por persona?

74 Un transportista cobra 900 € por trasladar una carga a 35 km de distancia. ¿Cuánto cobrará por trasladar la misma carga a 105 km?

75 Una persona ha realizado 1/3 de una obra en 6 días trabajando 8 horas diarias. Si hubiera trabajado 2 horas más cada día, ¿en cuántos días habría terminado la obra?

76 Para hacer 100 kg de masa de pan se necesitan 1/2 kg de levadura, 59,5 kg de harina y 40 kg de agua. ¿Cuántos kilos de harina se necesitarán para hacer 350 kg de pan?

77 En un barco, una tripulación de 400 personas tiene provisiones para 63 días tomando una ración de 1 960 g. Si la tripulación descendiese a 140 personas, ¿qué ración correspondería a cada persona para que las provisiones durasen 80 días?

78 Ocho obreros trabajan 12 días para hacer una obra y cobran 3 600 €. ¿Cuánto ganarán seis obreros si hacen en 10 días el mismo trabajo?

79 Calcula el interés que producen 7 000 € en 4 años al 1,5 % de rédito anual.

80 Calcula el rédito al que hay que depositar 35 500 € durante 3 años para conseguir un interés de 1 597,5 €

81 Calcula cuántos meses hay que depositar 25 000 € al 4 % para conseguir 2 000 € de interés.

Para profundizar

82 Se reparte una cantidad entre tres personas en partes directamente proporcionales a 3, 5 y 7. Si a la segunda persona le corresponden 2 200 €, calcula cuánto le corresponde a cada una y la cantidad total repartida.

83 Un vendedor de motos gana un 30 % sobre el precio de coste de una moto. Si la moto tiene un precio de coste de 15 600 € y el vendedor hace un 10 % de descuento y aumenta un 21 % de IVA, ¿cuál es el precio final de la moto?

84 ¿Qué porcentaje de descuento se ha aplicado a un producto que costaba 500 € y por el que se han pagado 325 €?

85 Dos ruedas están engranadas en una máquina y tienen 12 y 45 dientes. Si la primera da 15 vueltas en 1/5 de minuto, ¿cuántas vueltas dará la segunda en una hora?

86 Calcula la amplitud de los ángulos de un triángulo sabiendo que dichos ángulos son directamente proporcionales a 2, 3 y 5

87 Al ir a pagar una factura en la que hacen un 15 % de descuento y aplican un 21 % de IVA, ¿es mejor que hagan primero el descuento y luego apliquen el IVA, al revés, o da lo mismo?

88 Un determinado producto aumenta su precio un 15 % en un año. Al año siguiente aumenta un 16 %. ¿Cuál ha sido el porcentaje de aumento en total?

Matematización en contextos reales

Números índice

Los **índices simples** dan la variación relativa de una magnitud entre dos periodos distintos en los que uno de ellos se toma como referencia.

El IPC

El **índice de precios al consumo, IPC,** es el número índice que estudia la variación del coste de la vida en el transcurso de un tiempo.

Para calcular el IPC se seleccionan unas muestras de artículos de consumo habitual y se calcula la variación en el precio.

EJERCICIO RESUELTO

(21) **Si un kilo de carne de vacuno costaba en noviembre 11,50 € y ha subido a 12,19 € en diciembre, halla el incremento del precio.**

$$\frac{12{,}19}{11{,}50} = 1{,}06 \qquad \boxed{12.19}\ \boxed{\div}\ \boxed{11.5}\ \boxed{=}\ \boxed{1{,}06}$$

El índice de variación es 1,06, luego el porcentaje de subida es del 6 %

89 Si el IPC del último año ha sido de un 1,4 % y las pensiones de jubilación deben subir de acuerdo con dicho índice, calcula cuánto cobrará con la subida una persona cuya pensión es de 950 €

Autoevaluación

1 Define qué son magnitudes inversamente proporcionales y pon un ejemplo.

2 Calcula el cuarto o medio proporcional en las siguientes proporciones:

a) $\frac{x}{21} = \frac{30}{35}$ b) $\frac{4{,}2}{2{,}8} = \frac{4{,}5}{x}$ c) $\frac{4}{x} = \frac{x}{36}$ d) $\frac{x}{0{,}8} = \frac{3{,}2}{x}$

3 Se han comprado 250 g de queso por 3,2 €. ¿Cuánto pagaremos por 450 g?

4 Cuatro amigos tienen alimentos para 15 días de vacaciones. Si llegan dos amigos más, ¿para cuántos días tendrán alimentos comiendo todos la misma cantidad diaria?

5 En una tienda compramos un televisor con una rebaja del 20 % y nos cobran el 21 % de IVA. Si pagamos 232 € por él, ¿cuál era su precio inicial?

6 Diez obreros asfaltan 80 km en 24 días. ¿Cuántos obreros serán necesarios para asfaltar 220 km en 30 días?

7 ¿A qué rédito se han depositado 4 200 € durante 14 meses si se ha obtenido un interés de 196 €?

8 Los tres primeros clasificados de una competición deben repartirse 17 930 € en partes inversamente proporcionales al puesto en el que han quedado. ¿Cuánto percibe cada uno?

1. Ejercicio (Calificación: 2,5 puntos)

Reparte 925 € en partes inversamente proporcionales a 4, 5 y 6

SOLUCIÓN

En **GeoGebra** elige el *applet*: **Repartos inversamente proporcionales.**

x = 375 € y = 300 € z = 250 €

2. Problema (Calificación: 2,5 puntos)

Alba tarda 5 h en recorrer un trayecto en bicicleta a una velocidad de 15 km/h. Si fuese a 25 km/h, ¿cuánto tiempo tardaría?

SOLUCIÓN

En **GeoGebra** elige el *applet*: **Resolución de problemas: Regla de tres directa e inversa. Interpretación gráfica.**

Tienes que introducir los datos en las casillas correspondientes y activar proporcionalidad inversa.

Constante de proporcionalidad: 75 Tardará: 3 h ▾

Las coordenadas del punto solución son: (25, 3)

3. Problema (Calificación: 2,5 puntos)

Un grupo de 6 amigos gasta 3 000 € en alimentación durante 3 meses. Si se dan de baja 2 amigos y disponen de 4 000 €, ¿para cuánto tiempo tendrán alimentos?

SOLUCIÓN

En **GeoGebra** elige el *applet*: **Resolución de problemas: Regla de tres compuesta.**

Tiempo: 6 meses ▾

4. Problema (Calificación: 2,5 puntos)

En un hotel hacen un descuento del 15 % sobre el precio de 80 € por día y luego le aplican el 21 % de IVA. Calcula el precio total de la factura si se han pasado 7 días en el hotel. Redondea el resultado a dos decimales.

SOLUCIÓN

Precio total: 575,96 € ▾

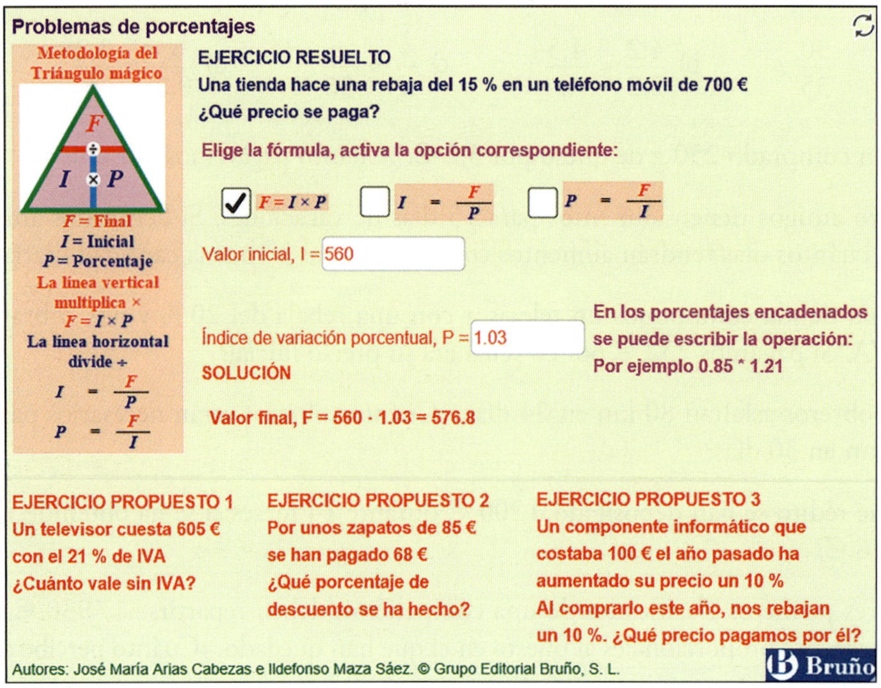

4 Sucesiones y progresiones

1. Sucesiones
2. Progresiones aritméticas
3. Progresiones geométricas
4. Aplicaciones: interés simple y compuesto

El inventor del ajedrez: La leyenda cuenta que en Persia había un jefe rico que estaba muy aburrido y pidió que le diseñaran un juego. Un inventor diseñó el ajedrez. El jefe quedó tan impresionado que le dijo que todo lo que pidiese le sería concedido. El inventor ingenioso e inteligente le pidió 1 grano de trigo por el 1.er cuadro del tablero de ajedrez, 2 granos por el 2.º, 4 por el 3.º, 8 por el 4.º, 16 por el 5.º y así sucesivamente hasta llegar al cuadro 64. El jefe persa le dijo a uno de los sirvientes que le diese un saco de trigo. El inventor dijo que era poco trigo y que él había pedido mucho más. Lo cierto es que aún no se ha producido trigo suficiente en toda la historia para pagar la deuda.

1 Sucesiones

CARNÉ CALCULISTA

Calcula con dos decimales:

423,7 : 0,72

Representación gráfica en unos ejes coordenados

Una **sucesión** se puede interpretar como una **función discreta**.

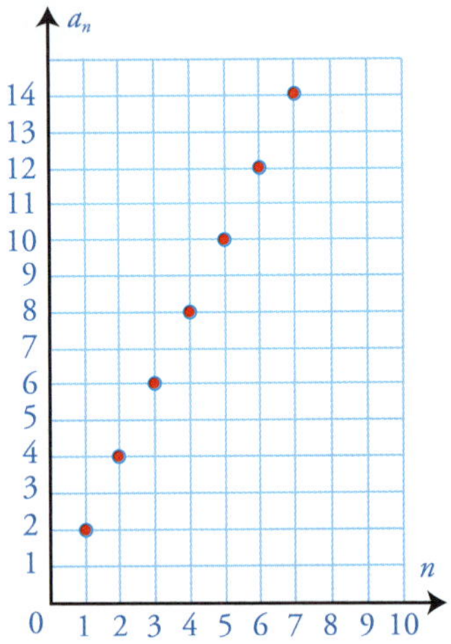

Números poligonales o figurados

Un **número figurado** es un número natural que, al ser representado por un conjunto de puntos equidistantes, puede formar una figura geométrica regular.

EJEMPLO

Número triangular de 8 puntos:

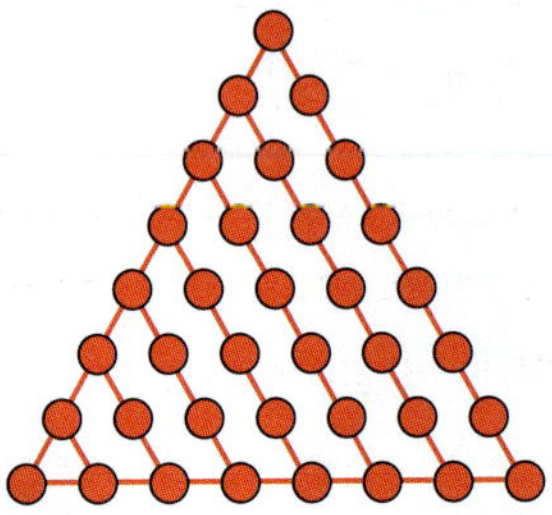

1, 3, 6, 10, 15, 21, 28, 36

PIENSA Y CALCULA

Dibuja en tu cuaderno el siguiente elemento de estas series:

a) 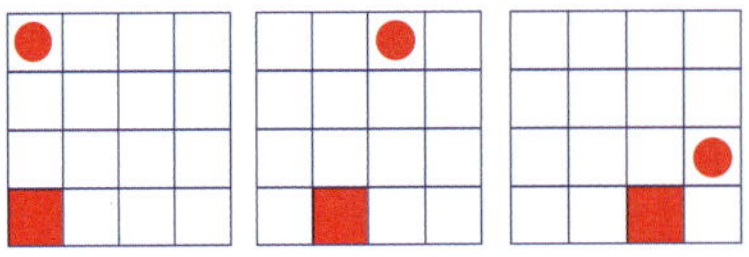

b) 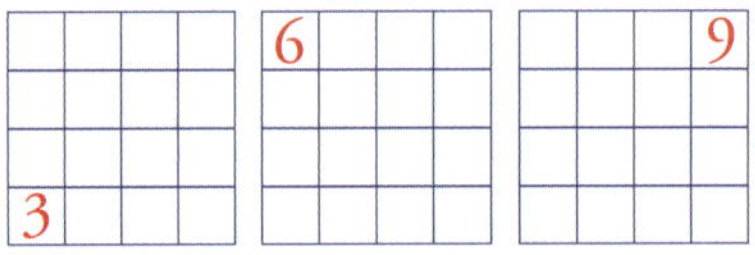

1.1 Sucesiones de números reales

Una **sucesión de números reales** es un conjunto de números reales ordenados, es decir, cada número de la sucesión ocupa un lugar determinado.

EJEMPLO

Los números 2, 4, 6, 8, 10, 12… son un conjunto de números que están ordenados y forman una sucesión.

Lugar	1.º	2.º	3.º	4.º	5.º	6.º	…
Número	2	4	6	8	10	12	…

Se observa que son los números pares y que la regla que siguen es que cada número se obtiene sumándole 2 unidades al anterior. Se pueden seguir calculando indefinidamente los números que componen esta sucesión.

1.2 Términos de una sucesión

Los **términos de la sucesión** son cada uno de los números que forman la sucesión.

Los términos de una sucesión ocupan un lugar determinado en la sucesión. Para representarlo se utiliza una letra con un subíndice numérico, que indica dicho lugar.

Evitar errores habituales

No confundas nunca el subíndice que acompaña a la letra a_1, a_2…, que indica el lugar que ocupa el término, con el valor del término.

EJEMPLO

La sucesión 3, 6, 10, 15, 21… se puede representar por:

$$a_1, a_2, a_3, a_4, a_5\dots$$

donde:

$a_1 = 3$ → Significa que el número 3 ocupa el primer lugar de la sucesión.

$a_2 = 6$ → El número 6 ocupa el segundo lugar de la sucesión.

$a_3 = 10$ → El número 10 ocupa el tercer lugar de la sucesión.

$a_4 = 15$ → El número 15 ocupa el cuarto lugar de la sucesión, etcétera.

1.3 Regularidades

Una **sucesión** es **regular** cuando sus términos siguen una determinada regla.

Una sucesión regular se puede dar de distintas maneras:

Dando los primeros términos de la sucesión

Consiste en dar los tres o cuatro primeros términos de la sucesión y, a partir de ellos, intentar deducir la regla de la sucesión.

EJEMPLO

En la sucesión:

2, 5, 8, 11…

se observa que cada término lo obtenemos **sumando 3 al anterior.**

Se puede seguir la sucesión:

$a_5 = 14$, $a_6 = 17$, $a_7 = 20$

Dando la ley de formación

Consiste en dar la ley que genera la sucesión.

EJERCICIO RESUELTO

(1) **Halla la sucesión de los cuadrados perfectos de los números naturales.**

La sucesión es: **1, 4, 9, 16, 25, 36, 49, 64…**

Dando el término general de la sucesión

Consiste en dar una fórmula que permita encontrar cualquier término de la sucesión. Esta es la forma usual en matemáticas para dar una sucesión de números reales.

1.4 Término general de una sucesión

El **término general de una sucesión** es una fórmula que relaciona el lugar n que ocupa cada término con su valor. Se representa por a_n

Con el término general se puede calcular cualquier término de la sucesión sustituyendo en la fórmula la letra n por el lugar que se desea.

EJERCICIO RESUELTO

(2) **Escribe los tres primeros términos de la sucesión $a_n = 5n + 1$**

$a_1 = 5 \cdot 1 + 1 = 6$ $\quad a_2 = 5 \cdot 2 + 1 = 11$ $\quad a_3 = 5 \cdot 3 + 1 = 16$

APLICA LA TEORÍA

1 Halla los diez primeros términos de las siguientes sucesiones:

a) 3, 8, 13, 18… b) 8, 4, 0, –4…
c) 2, –2, 2, –2… d) 1/2, 1/4, 1/6, 1/8…

2 Halla los diez primeros términos de las siguientes sucesiones:

a) 2, 1, 2, 4, 2, 7… b) 1, 1, 2, 3, 5, 8…
c) 2, 1, 4, 3, 6, 5… d) 1, –2, 4, –8…

3 Calcula los cuatro primeros términos de las siguientes sucesiones:

a) $a_n = 3n + 2$ b) $a_n = (n + 1)^2$
c) $a_n = 3 \cdot 2^n$ d) $a_n = (-2)^n$

4 Halla los cuatro primeros términos positivos de las sucesiones siguientes y trata de hallar mentalmente la fórmula del término general.

a) Números pares. b) Números impares.
c) Múltiplos de 5 d) Cubos perfectos.

2 Progresiones aritméticas

CARNÉ CALCULISTA

Calcula:

$$\frac{7}{3} \cdot \frac{5}{2} - \frac{3}{8} : \frac{9}{4}$$

PIENSA Y CALCULA

Calcula mentalmente la suma de los 100 primeros números naturales. Observa que la suma de los términos equidistantes de los extremos son iguales.

$$1 + 2 + 3 + \ldots + 98 + 99 + 100$$

$$1 + 100 = 101, \quad 2 + 99 = 101, \quad 3 + 98 = 101\ldots$$

¿Cuál es el primer número natural?

El cero es el primer número natural, pero a veces, como en las sucesiones, se toma el conjunto de los naturales sin el cero, pues es más lógico relacionar el primer término con el número uno, el segundo con el dos y así sucesivamente.

2.1 Progresión aritmética

Una **progresión aritmética** es una sucesión en la que cada término se obtiene sumando al término anterior un número constante que se llama **diferencia** y que se representa con la letra d

La diferencia d de una progresión aritmética se calcula restando dos términos consecutivos.

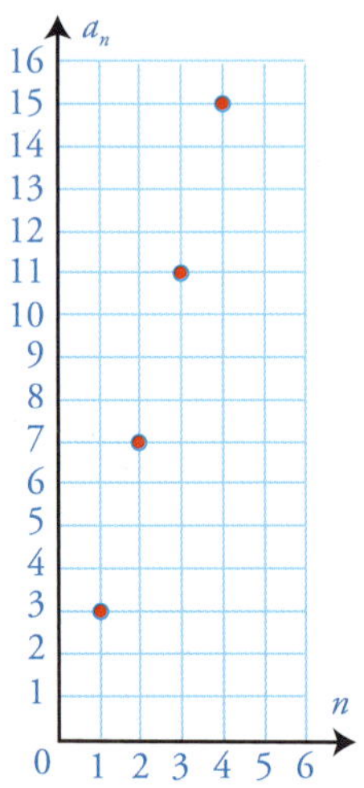

EJEMPLO

La sucesión 3, 7, 11, 15… es una progresión aritmética.

$d = a_2 - a_1 = 7 - 3 = 4$; $d = a_3 - a_2 = 11 - 7 = 4$; $d = a_4 - a_3 = 15 - 11 = 4$

La diferencia es $d = 4$, y cada término se obtiene del anterior sumando 4

Calculadoras nuevas

3 = Ans + 4 = = = …

Calculadoras antiguas

4 + + 3 = = …

Términos de la progresión:

$a_1 = 3 \quad d = 4$

$a_2 = a_1 + d = 3 + 4 = 7$

$a_3 = a_2 + d = 7 + 4 = 11$

…

2.2 Término general de una progresión aritmética

El **término general** de una progresión aritmética es:

$$a_n = a_1 + (n - 1)d$$

Observa

Cada término de la progresión aritmética es igual al primer término más tantas veces la diferencia como términos tiene delante; por lo tanto, el término general a_n será el primer término más $n - 1$ veces la diferencia.

EJERCICIO RESUELTO

③ Dada la sucesión 2, 5, 8, 11…, calcula el término general.

$a_n = a_1 + (n - 1)d$

$a_1 = 2$; $d = 3$

$a_n = 2 + (n - 1) \cdot 3$

$a_n = 2 + 3n - 3$

$a_n = 3n - 1$

En una progresión aritmética se verifica que:

$$a_n = a_k + (n - k)d$$

EJERCICIO RESUELTO

4) En una progresión aritmética se conocen los siguientes términos: $a_3 = 11$ y $a_9 = 29$. Calcula la diferencia.

$$a_n = a_k + (n - k)d \Rightarrow a_9 = a_3 + (9 - 3)d$$
$$29 = 11 + 6d$$
$$29 - 11 = 6d$$
$$6d = 18$$
$$d = 3$$

2.3 Suma de los términos de una progresión aritmética

La **suma de los *n* primeros términos de una progresión aritmética** se representa por S_n y es:

$$S_n = \frac{a_1 + a_n}{2} \cdot n$$

EJERCICIO RESUELTO

5) Calcula la suma de los 25 primeros términos de la progresión aritmética de término general $a_n = 7n - 5$

$$S_n = \frac{a_1 + a_n}{2} \cdot n \Rightarrow S_{25} = \frac{a_1 + a_{25}}{2} \cdot 25$$

Se calcula a_1 y a_{25}:

$$a_n = 7n - 5$$
$$a_1 = 7 \cdot 1 - 5 = 2$$
$$a_{25} = 7 \cdot 25 - 5 = 170$$
$$S_{25} = \frac{2 + 170}{2} \cdot 25 = 2\,150$$

Comprobación del Ejercicio Resuelto 5

2
9
16
23
30
37
44
51
58
65
72
79
86
93
100
107
114
121
128
135
142
149
156
163
+ 170

2 150

APLICA LA TEORÍA

5 Encuentra el término general de las siguientes progresiones aritméticas:

a) 5, 9, 13, 17… b) 6, 3, 0, –3…

c) 2/3, 1/3, 0, –1/3… d) 1/2, 1, 3/2, 2…

6 Escribe el término general y los tres primeros términos de la progresión aritmética cuyo primer término es $a_1 = 6$ y $d = 2{,}5$

7 En la progresión 5, 9, 13, 17…, ¿qué término vale 49?

8 En una progresión aritmética conocemos los términos $a_5 = 19$ y $a_8 = 28$. Calcula la diferencia y el primer término.

9 Calcula la suma de los 25 primeros términos de la progresión aritmética cuyo término general es:

$$a_n = 2n + 6$$

10 Calcula la suma de los 12 primeros términos de la progresión aritmética cuyo término general es:

$$a_n = \frac{3n}{2} + 2$$

3 Progresiones geométricas

CARNÉ CALCULISTA

Calcula con dos decimales:

34,25 : 9,6

PIENSA Y CALCULA

Calcula mentalmente los dos términos siguientes de cada una de estas sucesiones:

a) 3, 6, 12, 24… b) 20, 10, 5, 5/2…

c) 3, 3, 3, 3… d) 5, –5, 5, –5…

3.1 Progresión geométrica

Una **progresión geométrica** es una sucesión en la que cada término se obtiene multiplicando el término anterior por un número constante que se llama **razón,** y que se representa con la letra r

La razón r de una progresión geométrica se calcula dividiendo dos términos consecutivos.

EJEMPLO

La sucesión 3, 12, 48, 192… es geométrica.

$$r = \frac{a_2}{a_1} = \frac{12}{3} = 4$$

$$r = \frac{a_3}{a_2} = \frac{48}{12} = 4$$

$$r = \frac{a_4}{a_3} = \frac{192}{48} = 4$$

La razón es $r = 4$, y cada término de la progresión se obtiene multiplicando por 4 el anterior.

Términos de la sucesión:

$a_1 = 3$

$a_2 = a_1 \cdot r = 3 \cdot 4 = 12$

$a_3 = a_2 \cdot r = 12 \cdot 4 = 48$

$a_4 = a_3 \cdot r = 48 \cdot 4 = 192$

…

Con calculadora:

Calculadoras nuevas:

[3] [=] [Ans] [×] [4] [=] [=] […]

Calculadoras antiguas:

[4] [×] [×] [3] [=] [=] […]

3.2 Término general de una progresión geométrica

El **término general** de una progresión geométrica es:

$$a_n = a_1 \cdot r^{n-1}$$

EJERCICIO RESUELTO

(6) Dada la progresión 3, 6, 12, 24…, calcula el término general.

$$a_n = a_1 \cdot r^{n-1}; \quad a_1 = 3$$

La razón es:

$$r = \frac{a_2}{a_1} = \frac{6}{3} = 2$$

El término general es:

$$a_n = a_1 \cdot r^{n-1} \Rightarrow a_n = 3 \cdot 2^{n-1}$$

En una progresión geométrica se verifica que:

$$a_n = a_k \cdot r^{n-k}$$

EJERCICIO RESUELTO

(7) En una progresión geométrica $a_3 = 18$ y $a_7 = 1\,458$. Calcula la razón.

$$a_n = a_k \cdot r^{n-k}$$

$$a_7 = a_3 \cdot r^{7-3}$$

$$1\,458 = 18r^4$$

$$r^4 = \frac{1\,458}{18} = 81$$

$$r = \pm\sqrt[4]{81}$$

$$r = \pm 3$$

3.3 Suma de los términos de una progresión geométrica

La **suma de los *n* primeros términos de una progresión geométrica** se representa S_n y es:

$$S_n = \frac{a_n \cdot r - a_1}{r - 1},\ r \neq 1$$

EJERCICIO RESUELTO

8 **Calcula la suma de los siete primeros términos de la progresión geométrica 6, 12, 24, 48…**

$$S_n = \frac{a_n \cdot r - a_1}{r - 1} \Rightarrow S_7 = \frac{a_7 \cdot r - a_1}{r - 1};\ a_1 = 6,\ r = \frac{12}{6} = 2$$

$$a_n = a_1 \cdot r^{n-1} \Rightarrow a_7 = 6 \cdot 2^{7-1} = 6 \cdot 2^6 = 6 \cdot 64 = 384$$

$$S_7 = \frac{384 \cdot 2 - 6}{2 - 1} = 762$$

[384] [×] [2] [−] [6] [=] **762**

Comprobación del Ejercicio Resuelto 8

6
12
24
48
96
192
+ 384
762

3.4 Suma de los infinitos términos de una progresión geométrica con $|r| < 1$

La **suma de todos los términos de una progresión geométrica** con $|r| < 1$ es:

$$S = \frac{a_1}{1 - r}$$

EJEMPLO

Dada la progresión geométrica: 3, 1, 1/3…, la suma de los infinitos términos es:

$$S = \frac{a_1}{1 - r};\ a_1 = 3,\ r = \frac{1}{3}$$

$$S = \frac{3}{1 - 1/3} = \frac{3}{2/3} =$$

$$= 3 : \frac{2}{3} = 3 \cdot \frac{3}{2} = \frac{9}{2}$$

[3] [÷] [(] [1] [−] [1] [÷] [3] [)] [=] **4,5**

APLICA LA TEORÍA

11 Encuentra el término general de las siguientes progresiones geométricas:

a) 5, 15, 45, 135… b) 6, 3, 3/2, 3/4…

12 Dada una progresión geométrica cuyo primer término es $a_1 = 4$ y la razón $r = 5$, calcula:

a) a_6 b) a_{10} c) a_n

13 Calcula la suma de los infinitos términos de las siguientes progresiones geométricas:

a) 1/5, 1/25, 1/125, 1/625…

b) 3, 2, 4/3, 8/9, 16/27…

14 En la progresión geométrica 2, 4, 8, 16, 32…, ¿qué término vale 1 024?

15 Encuentra la razón de la progresión geométrica que tiene $a_4 = 135$ y $a_6 = 1\,215$

16 Calcula la suma de los 10 primeros términos de las siguientes progresiones geométricas:

a) 2, 14, 98, 686…

b) 3, −6, 12, −24…

17 La suma de los infinitos términos de una progresión geométrica es 6 y su primer término es 4. Halla la razón.

18 Si en un cuadrado de área 8 m² se unen los puntos medios, se obtiene otro cuadrado, y así sucesivamente. Calcula la sucesión de las áreas de dichos cuadrados. ¿Qué tipo de progresión es?

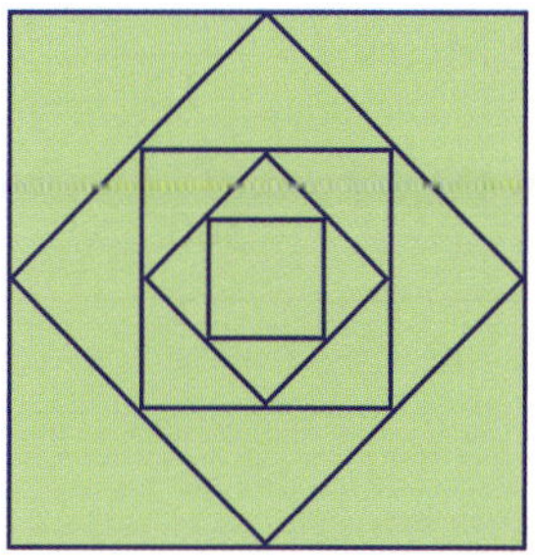

4 Aplicaciones: interés simple y compuesto

CARNÉ CALCULISTA

Calcula:

$$\frac{2}{15} : \left(\frac{7}{8} - \frac{5}{6}\right)$$

Nomenclatura

C = Capital final

c = capital inicial

I = Interés

t = tiempo en años

R = Rédito o tanto por ciento

$r = R/100 \Rightarrow$ Tanto por uno

Si $R = 4{,}5\,\% \Rightarrow r = 0{,}045$

En el Ejercicio Resuelto 9, el interés acumulado en una **progresión aritmética** de diferencia 20 es:

$a_1 = 20$ €

$a_2 = 40$ €

$a_3 = 60$ €

Periodos de capitalización

Un periodo de capitalización es el intervalo de tiempo al final del cual se cobran los intereses. Este periodo puede ser anual, semestral, trimestral, mensual o diario.

Si el tiempo que se deposita el dinero es en:

- Trimestres: $I = \dfrac{c \cdot r \cdot t}{4}$
- Meses: $I = \dfrac{c \cdot r \cdot t}{12}$
- Días: $I = \dfrac{c \cdot r \cdot t}{360}$

PIENSA Y CALCULA

Si se depositan en una libreta de ahorro 1 000 € y se paga un 1,5 % de interés anual, ¿cuánto dinero producen al cabo de un año?

4.1 Interés simple

El **interés** es la cantidad de dinero que produce un capital depositado en una entidad financiera.

El **interés simple** es aquel que **no se acumula** al capital para generar más intereses. El capital inicial permanece invariable. Su fórmula es:

$$I = c \cdot r \cdot t$$

El capital final que se obtiene es:

$$C = c + I$$

EJERCICIO RESUELTO

(9) **Luis deposita 1 000 € durante 3 años a un 2 % de interés simple. ¿Cuánto gana después de los 3 años? ¿Cuál será el capital final?**

$I = c \cdot r \cdot t$

$I = 1\,000 \cdot 0{,}02 \cdot 3 = 60$ €   [1000] [×] [0.02] [×] [3] [=] [60]

$C = c + I \Rightarrow C = 1\,000 + 60 =$ **1 060 €**

4.2 Distintos periodos de capitalización

Si el tiempo que se deposita el dinero no es un año, se cobra la parte proporcional del interés anual.

EJERCICIO RESUELTO

(10) **Se depositan 2 000 € durante 15 meses a un 3 % de interés simple. Si Hacienda retiene un 21% de los intereses, ¿qué interés se obtendrá al acabar dicho periodo?**

El tanto por uno será: $0{,}03 \cdot 0{,}79 = 0{,}0237$

$$I = \frac{c \cdot r \cdot t}{12} \Rightarrow I = \frac{2\,000 \cdot 0{,}0237 \cdot 15}{12} = 59{,}25 \text{ €}$$

[2000] [×] [0.0237] [×] [15] [÷] [12] [=] [59,25]

4.3 Interés compuesto

El **interés compuesto** es aquel que se acumula al capital para ir generando nuevos intereses. Un capital inicial, c, al R% de rédito durante t años, producirá un capital final:

$$C = c(1 + r)^t, \quad r = \frac{R}{100}$$

EJERCICIO RESUELTO

(11) Se depositan 1 000 € al 1,5 % de interés compuesto durante 3 años. ¿Qué capital tendremos al finalizar ese tiempo?

El capital final será:

$$C = c(1 + r)^t$$

$$C = 1\,000 \cdot 1{,}015^3 = \mathbf{1\,045{,}68\ €}$$

[1000] [×] [1.015] [x^3] [=] **1045,68**

> El **capital final** es una **progresión geométrica** de primer término ***c*** y de razón **1 + *r***

4.4 Distintos periodos de capitalización

Si los intereses se abonan n veces al año con un rédito r durante t años, el capital final será:

$$C = c\left(1 + \frac{r}{n}\right)^{n \cdot t}$$

EJERCICIO RESUELTO

(12) Se depositan 3 000 € a un interés compuesto del 2 % durante 3 años, con periodos de capitalización mensuales. Si Hacienda retiene el 21 % de los intereses al finalizar el plazo, calcula el capital final.

El capital final será:

$$C = c\left(1 + \frac{r}{n}\right)^{n \cdot t} \Rightarrow C = 3\,000\left(1 + \frac{0{,}02}{12}\right)^{12 \cdot 3} = 3\,185{,}35\ €$$

[3000] [×] [(] [1] [+] [0.02] [÷] [12] [)] [^] [(] [12] [×] [3] [)] [=] **3185,35**

Los intereses son: 3 185,35 – 3 000 = 185,35 €

Hacienda retiene: 185,35 · 0,21 = 38,92 €

El capital final es: 3 185,35 – 38,92 = **3 146,43 €**

APLICA LA TEORÍA

19 En un depósito de una entidad financiera ofrecen un 1,5 % de interés simple anual. Si se depositan 7 500 € durante 2 años y Hacienda retiene el 21 %, calcula el capital acumulado al finalizar el periodo.

20 Calcula los años que ha estado depositado un capital de 5 000 € al 2 % de interés simple si se han generado 400 € de intereses, sin el descuento de Hacienda.

21 Calcula el rédito al que se han depositado 18 000 € a interés simple durante 5 años si, una vez retenido el 21 % de Hacienda, los intereses generados son de 1 777,5 €.

22 Se depositan 6 500 € al 1,5 % de interés compuesto durante 4 años. Hacienda retiene el 21 % de los intereses cuando se recupera el capital. Calcula el capital final si los intereses se abonan anualmente.

23 Se depositan 35 500 € al 3 % de interés compuesto con abono de intereses diarios durante 2 años. Calcula el capital final si Hacienda retiene el 21 % al finalizar el plazo.

24 ¿Qué capital inicial es necesario para que, a interés compuesto durante 4 años al 2 % anual y con periodos de capitalización anuales, se acumule un capital final de 13 530,40 €?

2.3 Suma de los términos de una progresión aritmética

La **suma de los n primeros términos de una progresión aritmética** se representa S_n y es:

$$S_n = \frac{a_1 + a_n}{2} \cdot n$$

$$S_n = a_1 + a_2 + a_3 + \ldots + a_{n-1} + a_n = a_1 + a_1 + d + a_1 + 2d + \ldots + a_1 + (n-2)d + a_1 + (n-1)d$$

Se escribe S_n en orden inverso y se suman las dos expresiones obtenidas:

$$\begin{array}{rl}
S_n = & a_1 + a_1 + \cancel{d} + a_1 + \cancel{2d} + \ldots + a_1 + \cancel{(n-2)d} + a_1 + \cancel{(n-1)d} \\
S_n = & a_n + a_n - \cancel{d} + a_n - \cancel{2d} + \ldots + a_n - \cancel{(n-2)d} + a_n - \cancel{(n-1)d} \\
\hline
2S_n = & (a_1 + a_n) + (a_1 + a_n) + (a_1 + a_n) + \ldots + (a_1 + a_n) + (a_1 + a_n)
\end{array}$$

$$2S_n = (a_1 + a_n) \cdot n \Rightarrow S_n = \frac{a_1 + a_n}{2} \cdot n$$

3.3 Suma de los términos de una progresión geométrica

La **suma de los n primeros términos de una progresión geométrica** se representa S_n y es:

$$S_n = \frac{a_n \cdot r - a_1}{r - 1},\ r \neq 1$$

$$S_n = a_1 + a_2 + a_3 + \ldots + a_{n-1} + a_n$$

Se multiplican los dos miembros de esta igualdad por la razón r y se restan las dos igualdades:

$$\begin{array}{rl}
S_n \cdot r = & \cancel{a_1 \cdot r} + \cancel{a_2 \cdot r} + \cancel{a_3 \cdot r} + \ldots + \cancel{a_{n-1} \cdot r} + a_n \cdot r \\
-S_n = & -a_1 - \cancel{a_2} - \cancel{a_3} - \cancel{a_4} - \ldots - \cancel{a_n} \\
\hline
S_n \cdot r - S_n = & -a_1 + a_n \cdot r
\end{array}$$

$$S_n \cdot r - S_n = a_n \cdot r - a_1 \Rightarrow S_n \cdot (r - 1) = a_n \cdot r - a_1 \Rightarrow S_n = \frac{a_n \cdot r - a_1}{r - 1};\ (r \neq 1)$$

3.4 Suma de los infinitos términos de una progresión geométrica decreciente en valor absoluto

La **suma de todos los términos de una progresión geométrica** con $|r| < 1$ es:

$$S = \frac{a_1}{1 - r}$$

Como en estas progresiones los términos se aproximan cada vez más a cero, se puede decir que $a_n \cdot r = a_1 \cdot r^n$ es prácticamente cero. Observa que r^n es casi cero cuando n es muy grande.

Al sustituir $a_n \cdot r = 0$ en la fórmula $S = \frac{a_n \cdot r - a_1}{r - 1}$, se obtiene $S = \frac{-a_1}{r - 1} \Rightarrow S = \frac{a_1}{1 - r}$, $|r| < 1$

Fíjate que se ha cambiado el signo en el numerador y en el denominador, y se ha invertido el orden en el denominador.

EJERCICIOS Y PROBLEMAS RESUELTOS

EJERCICIOS DE PROGRESIONES

13 Encuentra el término general de la sucesión:

5, 9, 13, 17...

Es una progresión aritmética.

$$d = a_2 - a_1 = 9 - 5 = 4;\ d = a_3 - a_2 = 13 - 9 = 4$$

$$a_n = a_1 + (n-1)d \Rightarrow a_n = 5 + (n-1)4 = 4n + 1 \Rightarrow \boldsymbol{a_n = 4n + 1}$$

14 ¿Encuentra el término general de la sucesión:

4, 12, 36, 108...

Es una progresión geométrica.

$$r = \frac{a_2}{a_1} = \frac{12}{4} = 3;\quad r = \frac{a_3}{a_2} = \frac{36}{12} = 3;\quad r = \frac{a_4}{a_3} = \frac{108}{36} = 3$$

$$a_n = a_1 r^{n-1} \Rightarrow \boldsymbol{a_n = 4 \cdot 3^{n-1}}$$

15 Halla la suma de los 15 primeros términos de la progresión:

3, 8, 13, 18...

Es una progresión aritmética de diferencia $d = 5$

Para calcular a_{15} se utiliza la expresión del término general:

$$a_n = a_1 + (n-1)d \Rightarrow a_{15} = 3 + (15-1)5 = 3 + 14 \cdot 5 = 73$$

$$S_n = \frac{a_1 + a_n}{2} \cdot n \Rightarrow S_{15} = \frac{3 + 73}{2} \cdot 15 = \boldsymbol{570}$$

16 Halla la suma de los 6 primeros términos de la progresión:

2, 6, 18, 54...

Es una progresión geométrica de razón $r = 3$

Para calcular a_6 se utiliza la expresión del término general:

$$a_n = a_1 r^{n-1} \Rightarrow a_6 = 2 \cdot 3^5 = 2 \cdot 243 = 486$$

$$S_n = \frac{a_n \cdot r - a_1}{r - 1} \Rightarrow S_6 = \frac{486 \cdot 3 - 2}{3 - 1} = \boldsymbol{728}$$

17 Halla la suma de los infinitos términos de la progresión:

5, 1, 1/5, 1/25...

Es una progresión geométrica de razón $r = 1/5 < 1$

$$S = \frac{a_1}{1 - r} \Rightarrow S = \frac{5}{1 - \frac{1}{5}} = \frac{5}{\frac{4}{5}} = 5 : \frac{4}{5} = 5 \cdot \frac{5}{4} = \boldsymbol{\frac{25}{4}}$$

(MCI)

PROBLEMAS DE PROGRESIONES

18 Encuentra la diferencia y el primer término de una progresión aritmética en la que el quinto término vale 24, y el octavo, 36

Datos y pregunta

Es una progresión aritmética: $a_5 = 24$; $a_8 = 36$

Preguntas: ¿Cuánto vale la diferencia? ¿Cuánto vale a_1?

Planteamiento y operaciones

Se calcula la diferencia:

$$a_8 - a_5 = (8-5)d \Rightarrow 36 - 24 = 3d \Rightarrow 12 = 3d \Rightarrow d = 4$$

Se calcula el primer término usando el término general:

$$a_n = a_1 + (n-1)d,\ \text{para } n = 5$$

$$a_5 = a_1 + (5-1)4 \Rightarrow 24 = a_1 + 16 \Rightarrow a_1 = 8$$

Solución

La diferencia es **$d = 4$**, y el primer término, **$a_1 = 8$**

19 Encuentra la razón y el primer término de una progresión geométrica en la que el tercer término vale 24, y el sexto, 192

Datos y pregunta

Es una progresión geométrica: $a_3 = 24$; $a_6 = 192$
Preguntas: ¿Cuánto vale la razón? ¿Cuánto vale a_1?

Planteamiento y operaciones

Se calcula la razón:

$$a_6 = a_3 \cdot r^{6-3} \Rightarrow 192 = 24 \cdot r^3 \Rightarrow r^3 = \frac{192}{24} \Rightarrow r^3 = 8 \Rightarrow r = \sqrt[3]{8} = 2$$

Se calcula el primer término usando el término general:

$$a_n = a_1 r^{n-1}, \text{ para } n = 3$$

$$a_3 = a_1 \cdot 2^{3-1} \Rightarrow 24 = a_1 \cdot 4 \Rightarrow a_1 = 6$$

Solución

La razón es $r = 2$, y el primer término, $a_1 = 6$

20 En un hexágono el lado menor mide 3 cm y las longitudes de sus lados están en progresión aritmética de diferencia 4. Calcula el perímetro del hexágono.

Datos y pregunta

Un hexágono (polígono de 6 lados). El lado menor mide 3 cm
Las longitudes de los lados están en progresión aritmética de diferencia 4
Pregunta: ¿Cuánto mide el perímetro?

Planteamiento y operaciones

$a_1 = 3$; $a_n = a_1 + (n-1)d \Rightarrow a_6 = 3 + (6-1)4 = 3 + 5 \cdot 4 = 23$
El perímetro es la suma de los seis términos de la progresión aritmética:

$$S_n = \frac{a_1 + a_n}{2} n \Rightarrow S_6 = \frac{3 + 23}{2} \cdot 6 = 78$$

Solución

El perímetro mide **78 cm**

PROBLEMA DE INTERÉS COMPUESTO

21 Se depositan 3 000 € a interés compuesto del 3 % durante 2 años con periodos de capitalización anual. Si Hacienda retiene el 21 % de los intereses al finalizar el plazo, calcula el capital final que se tiene.

Datos y pregunta

Capital inicial = 3 000; tiempo = 2 años; rédito = 3 % $\Rightarrow r = 0{,}03$;
Hacienda retiene el 21 %
Pregunta: Calcula el capital final.

Planteamiento y operaciones

El capital será: $C = c(1 + r)^t \Rightarrow C = 3000\ (1 + 0{,}03)^2 = 3\,182{,}7$ €
Los intereses son: 3 182,7 – 3 000 = 182,7 €
Hacienda retiene: 182,7 · 0,21 = 38,37 €
El capital final es: 3 182,7 – 38,37 = 3 144,33 €

Solución

El capital que se obtiene es **3 144,33 €**

1. Sucesiones

25 Escribe los seis primeros términos de las siguientes sucesiones:

a) 1, 9, 17, 25…

b) 2, –4, 8, –16…

c) Los múltiplos de 5

d) Los inversos de los cuadrados de los números naturales.

26 Halla los diez primeros términos de las siguientes sucesiones:

a) x, $2x$, $4x$, $8x$…

b) 1, 3, 4, 3, 9…

c) 3, 3, 6, 9, 15…

d) El triple de los números naturales.

27 Calcula los cinco primeros términos de las siguientes sucesiones:

a) $a_n = -4n + 2$

b) $a_n = n^2 + 1$

c) $a_n = 2^{-n}$

d) $a_n = (n - 2)^n$

2. Progresiones aritméticas

28 Encuentra el término general de las siguientes progresiones aritméticas:

a) 7, 11, 15…

b) 3, –2, –7…

c) –7, –3, 1…

d) 1/2, 3/4, 1…

29 Escribe el término general y los tres primeros términos de la progresión aritmética cuyo primer término es $a_1 = 3$ y cuya diferencia es $d = -15/4$

30 En una progresión aritmética, $a_{11} = 3$ y la diferencia es $d = 2/7$. Calcula el primer término.

31 En una progresión aritmética el primer término vale 3 y el sexto término vale 8. Calcula la diferencia.

32 En las siguientes progresiones aritméticas, calcula el término que ocupa el último valor:

a) 4, 6, 8…, 30

b) 7/2, 5/2, 3/2… , –21/2

33 En una progresión aritmética conocemos los términos $a_5 = 7$ y $a_7 = 25/3$. Calcula la diferencia y el primer término.

34 Calcula la suma de los 15 primeros términos de la progresión aritmética cuyo término general es $a_n = 3n + 12$

35 Calcula la suma de los 12 primeros términos de la progresión aritmética cuyo término general es:

$$a_n = \frac{n}{3} + \frac{4}{3}$$

3. Progresiones geométricas

36 Encuentra el término general de las siguientes progresiones geométricas:

a) 6, 12, 24…

b) 1/3, 1, 3…

c) –3, 6, –12…

d) 3/4, –1/2, 1/3…

37 Dada una progresión geométrica cuyo primer término es $a_1 = 8$ y cuya razón es $r = 3/4$, calcula:

a) a_6

b) a_{10}

c) a_{20}

d) a_n

38 En una progresión geométrica, $a_7 = 64/81$ y la razón $r = 2/3$. Calcula el primer término.

39 En la progresión geométrica –5, 10, –20…, ¿qué término vale 640?

40 En una progresión geométrica el primer término es 1/3 y el séptimo término es 243. Calcula la razón.

41 Encuentra la razón de la progresión geométrica que tiene $a_1 = 27/64$ y $a_8 = 2/81$

42 Calcula la suma de los 12 primeros términos de las siguientes progresiones:

a) 4, –8, 16…

b) 1/10, 1/5, 2/5…

43 Calcula la suma de los infinitos términos de las siguientes progresiones:

a) 9, 3, 1…

b) 9/4, 3/2, 1…

44 ¿Cuántos términos hay que tomar de la siguiente progresión: 5, 10, 20… para que la suma sea 2 555?

45 La suma de los infinitos términos de una progresión es 12, y su razón, $r = 1/2$. Halla el primer término.

4. Aplicaciones: interés simple y compuesto

46 En un depósito ofrecen un 2,5 % de interés simple por 4 años. Si se depositan 12 000 € y Hacienda retiene el 21 % de los intereses, calcula el capital acumulado al finalizar el periodo.

47 Calcula los años que ha estado depositado un capital de 25 500 € al 2 % de interés simple si, realizada la retención de Hacienda del 21 %, se han generado 1 611,6 € de intereses.

48 Calcula el rédito o tanto por ciento al que se han depositado 20 000 € a interés simple durante 2 años si, una vez retenido el 21 % de Hacienda, los intereses generados son de 632 €

49 Calcula el capital que hay que depositar durante 2 años al 1,5 % de interés simple para que generen unos intereses netos, es decir, descontado el 21% de la retención de Hacienda, de 592,5 €

50 Una entidad financiera ofrece un 2,5 % anual por un depósito renovable todos los meses. Si los intereses no se acumulan en el depósito y este se renueva 5 meses, ¿qué interés se obtendrá por 18 000 € una vez descontado el 21 % de retención de Hacienda?

51 ¿Qué capital se acumula en caso de colocarse 31 000 € al 2 % de interés compuesto durante 3 años si los intereses se abonan trimestralmente y Hacienda retiene el 21 % al finalizar el plazo?

52 ¿Qué capital inicial es necesario tener depositado para que, a interés compuesto durante 5 años al 3 % anual y con periodos de capitalización mensuales, se acumule un capital final de 23 232,34 €?

Para ampliar

53 Estudia si las siguientes sucesiones son progresiones aritméticas o geométricas y encuentra el término general:

a) – 3/5, 3/10, 6/5…

b) 11/3, 35/12, 13/6…

c) 5/6, 1/2, 3/10…

d) 3/4, – 1/2, 1/3…

54 Escribe el término general y los tres primeros términos de la progresión aritmética cuyo primer término es $a_1 = 3/4$ y cuya diferencia es $d = 0,5$

55 Calcula el término que ocupa el lugar 100 en la progresión:

$$-5, -13/3, -11/3\ldots$$

56 Calcula el primer término y la diferencia en las progresiones aritméticas en las que:

a) $a_3 = 70$ y $a_6 = 115$

b) $a_5 = 6$ y $a_9 = 7$

57 Calcula la suma de los 12 primeros términos de la progresión aritmética cuyo término general es:

$$a_n = \frac{5n}{2} + \frac{1}{2}$$

58 Dada una progresión geométrica cuyo primer término es $a_1 = 3/8$ y cuya razón es $r = 4/3$, calcula:

a) a_5

b) a_{15}

c) a_{30}

d) a_n

59 Calcula la suma de los cinco primeros términos de las siguientes progresiones:

a) 12, 4, 4/3…

b) 9/4, 3/2, 1…

60 Calcula la suma de los infinitos términos de las siguientes progresiones:

a) 5, 5/4, 5/16…

b) $\sqrt{2}$, 1, $1/\sqrt{2}$…

61 En una progresión geométrica $a_4 = 125$ y $a_6 = 3\,125$. Calcula el primer término y la razón.

62 Calcula los años que ha estado depositado un capital de 28 500 € al 3 % de interés simple si se han generado 3 377,25 € una vez retenido el 21 % de Hacienda.

63 Calcula el rédito al que se han depositado 15 000 € a interés simple durante 3 años si, una vez retenido el 21 % de Hacienda, los intereses generados son de 888,75 €

64 Una entidad financiera ofrece un 1,4 % anual por un depósito renovable todos los meses. Si los intereses no se acumulan en el depósito y este se renueva 3 meses, ¿qué interés se obtiene por 24 000 € con la retención del 21 % de Hacienda?

65 El primer término de una progresión geométrica es 225, y el cuarto término es 72/5. Calcula la suma de sus infinitos términos.

66 Calcula el capital bruto que se acumula si se colocan 40 500 € al 3 % de interés compuesto durante 4 años si los intereses se abonan según las modalidades siguientes:

a) Anualmente. b) Mensualmente.

Con calculadora

67 Calcula los cinco siguientes términos de las progresiones:

a) 3,27; 3,45; 3,63…

b) 1 000, 1 200, 1 440…

68 Calcula los tres siguientes términos de la progresión 3,5; 4,2; 5,04…

Problemas

69 Continúa las siguientes series de números figurados, hasta obtener tres términos más:

a)

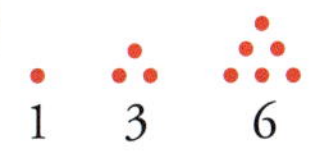

b)

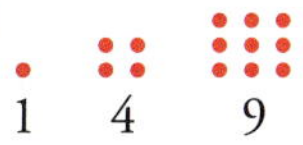

70 Calcula la suma de los primeros 100 números impares.

71 Un móvil avanza 5 metros en un segundo y sigue avanzando de forma que cada segundo avanza 2 metros más que en el segundo anterior. ¿Cuánto recorrerá en un minuto?

72 Un dependiente recibe el primer día de trabajo una gratificación de 10 €. En los días sucesivos, esta gratificación va aumentando en 1,5 €, de manera que, en su última jornada, cobra 143,5 €. ¿Cuántos días trabajó y cuánto cobró en total por las gratificaciones?

73 El precio de la primera entrega de una colección de minerales es de 2 €. En las siguientes entregas el precio sube 0,03 € más que en la anterior. Si la colección consta de 100 ejemplares, ¿cuánto se pagará por el total de la colección?

74 Calcula la suma de los 15 primeros múltiplos positivos de 6

75 Jorge cobra 18 € semanales de paga y decide ahorrar 1,8 € el primer mes y aumentar cada mes 0,75 € más que el anterior. ¿Cuánto ahorrará en un año?

76 Se ha hecho un pozo de 40 m de profundidad. Por el primer metro se han pagado 7,5 € y por cada metro sucesivo se han pagado 2,3 € más que por el anterior. ¿Cuál es el coste del pozo?

77 Calcula los lados de un triángulo rectángulo sabiendo que están en progresión aritmética y que el menor de ellos mide 6 cm

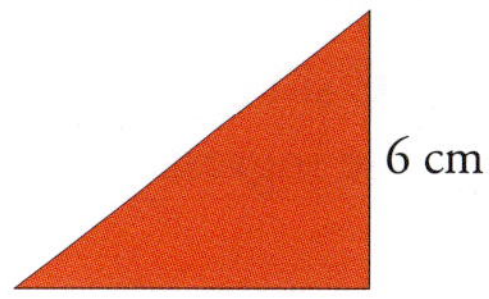

78 Se quiere saldar semanalmente una deuda. La primera semana se pagan 5 € y en cada una de las semanas siguientes se van pagando 4 € más que en la anterior. Si se paga en 30 semanas, ¿a cuánto asciende el importe de la deuda?

79 Los ángulos de un hexágono están en progresión aritmética, y el menor de ellos mide 40°. Calcula los demás.

80 En un cuadrado se unen los puntos medios de sus lados y se obtiene otro cuadrado inscrito. En este último cuadrado se repite la operación, obteniéndose otro cuadrado inscrito. Si el lado del primer cuadrado mide 2 cm, calcula la suma de las áreas de todos los cuadrados.

81 Una persona gana en su establecimiento un 7 % más de lo que ganó el año anterior. Si el primer año ganó 28 000 €, ¿cuánto habrá obtenido en media docena de años?

82 Se deja caer una pelota desde una altura de 52 cm. Después de cada bote en el suelo, sube 3/4 cm de la altura de la que cae. ¿Qué longitud recorrerá la pelota antes de llegar al reposo?

83 Se forma una sucesión de círculos concéntricos en los que cada radio es la mitad del radio del círculo anterior. Si el primer círculo tiene un diámetro de 4 cm, halla la suma de las áreas de todos lo círculos.

84 ¿Qué capital inicial es necesario tener depositado para que, a interés compuesto durante 3 años al 2 % anual y con periodos de capitalización trimestrales, se acumule un capital final bruto de 25 480,27 €?

85 Calcula los años que ha estado depositado un capital de 45 000 € al 2 % de interés simple si, una vez hecha la retención del 21 % de Hacienda, se han generado 2 133 €

86 Una entidad financiera paga el 2,5 % del dinero depositado si este se mantiene 3 años. Calcula, en los siguientes casos, cuánto se ganará al finalizar los tres años por una imposición de 10 000 € si Hacienda retiene el 21 %:

a) Los intereses se ingresan en una cuenta distinta.

b) Los intereses se ingresan en la misma cuenta.

87 Calcula el rédito al que se han depositado 12 000 € a interés simple durante 18 meses si los intereses generados, con la retención de Hacienda descontada, han sido de 213,3 €

Para profundizar

88 Comprueba que las siguientes expresiones están en progresión aritmética y calcula el séptimo término:

$$x^2 - 2x + 1,\quad x^2 + 1 \quad \text{y} \quad x^2 + 2x + 1$$

89 En una progresión aritmética, el primer término y el décimocuarto suman 342. ¿Cuánto suman el quinto y el décimo término?

90 Continúa las siguientes series de números figurados hasta obtener tres términos más:

a)

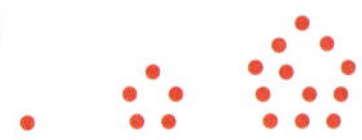

1 5 12

b)

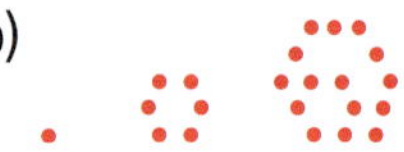

1 6 15

91 En una progresión aritmética el primer término es 2 y el undécimo es 52. Razona lo que vale el sexto término.

92 La suma de los infinitos términos de una progresión geométrica decreciente es 6 y la suma de sus dos primeros términos es 16/3. Calcula el primer término.

93 De un vaso lleno de leche se vacía la mitad y se rellena de agua. Se retira la mitad del nuevo contenido y se vuelve a rellenar con agua. Si este proceso se repite seis veces, ¿qué parte de agua contiene el vaso?

Cantidad de leche en el vaso	1	$\frac{1}{2}$	$\frac{1}{4}$	$\frac{1}{8}$	…
Cantidad de agua en el vaso	0	$\frac{1}{2}$	$\frac{3}{4}$	$\frac{7}{8}$	…

94 Un depósito ofrece un 2 % de interés simple anual, renovable mensualmente y sin acumular los intereses en el depósito. ¿Cuánto tiempo se deben depositar 12 000 € para generar unos intereses netos, es decir, descontando el 21 % de Hacienda, de 474 €?

95 Calcula el capital inicial que se debe depositar al 3 % de interés compuesto con periodos de capitalización mensual para que, al cabo de 10 años, se conviertan en 26 987,07 € brutos.

96 Calcula el tiempo que hay que tener un capital depositado en un banco al 2,5 % con interés simple para que el capital se duplique.

Matematización en contextos reales

Aplicaciones de las progresiones a crecimientos y depreciaciones

EJERCICIOS RESUELTOS

(22) El número de bacterias de un cultivo aumenta un 20 % cada hora. Si al principio había 100 000 bacterias, ¿cuántas habrá al cabo de 8 horas?

El número de bacterias que hay en el cultivo va aumentando un 20 % cada hora. Es decir, después de cada hora hay el 100 % + 20 % = 120 % = 1,2. El número final de bacterias cada hora es una progresión geométrica cuyo término general es:

$$N(t) = 100\,000 \cdot 1{,}2^t$$

Después de 8 horas habrá: $N(8) = 100\,000 \cdot 1{,}2^8 = 429\,981{,}696$ bacterias = **429 982 bacterias**

(23) Un vehículo costó 20 000 €. Se calcula que al final de cada año sufre una depreciación del 15 % del valor que tiene al principio de ese año. ¿Cuál será su valor al cabo de 5 años?

Como se pierde cada año un 15 %, el precio será 100 % – 15 % = 85 % = 0,85. El precio del vehículo cada año es una progresión geométrica cuyo término general es:

$$P(t) = 20\,000 \cdot 0{,}85^t$$

Después de 5 años: $P(5) = 20\,000 \cdot 0{,}85^5 = 8\,874{,}11$ € = **8 874 €**

97 Una ciudad tiene 200 000 habitantes. La tasa de crecimiento de esa población es el 3 % anual. ¿Cuántos habitantes tendrá dentro de 4 años?

Autoevaluación

1 Define progresión aritmética y pon un ejemplo.

2 Encuentra el término general de las progresiones siguientes:

a) 7, 11, 15… b) 3, – 12, 48…

3 Calcula los años que ha estado depositado un capital de 20 000 € al 2 % de interés simple si, realizada la retención de Hacienda del 21 %, se han generado 948 € de intereses.

4 Calcula la suma de los 25 primeros términos de la progresión cuyo término general es:

$$a_n = 4n - 3$$

5 Halla la razón y el primer término de una progresión geométrica en la que el segundo término vale 6 y el quinto 162

6 Calcula la suma de los infinitos términos de la siguiente progresión: 1/10, 1/100…

7 Se depositan 6 500 € al 3 % de interés compuesto con abono de interés anual durante 4 años. Hacienda retiene el 21 % de los intereses al finalizar el plazo. Calcula el capital final.

8 Los lados de un triángulo rectángulo están en progresión aritmética. Calcula su longitud sabiendo que el menor mide 12 cm

Mates dinámicas virtuales con GeoGebra y CalcMe en Moodle

1. Ejercicio (Calificación: 2,5 puntos)

Halla el número hexagonal de 5 puntos.

SOLUCIÓN

En **GeoGebra** elige el *applet*: **Números poligonales o figurados.**

Tienes que poner $\boldsymbol{n} = \mathbf{6}$ y $\boldsymbol{k} = \mathbf{5}$

Resultado = 45

2. Ejercicio (Calificación: 2,5 puntos)

Dada la progresión $a_n = 12 \cdot (1/2)^n$. Halla la suma de todos sus términos y las coordenadas en los ejes coordenados del término a_2

SOLUCIÓN

En **GeoGebra** elige el *applet*: **Progresiones geométricas.**

$S_\infty = 12$ Coordenadas de a_2: (2 , 3)

3. Problema (Calificación: 2,5 puntos)

En una progresión aritmética se conocen los siguientes términos: $a_3 = 11$ y $a_9 = 29$. Calcula la diferencia.

SOLUCIÓN

$d = 3$

4. Problema (Calificación: 2,5 puntos)

¿Qué capital inicial es necesario para que, a interés compuesto durante 3 años al 5 % anual y con periodos de capitalización anuales, se acumule un capital final de 46 305 €?

SOLUCIÓN

Capital inicial = 40000 €

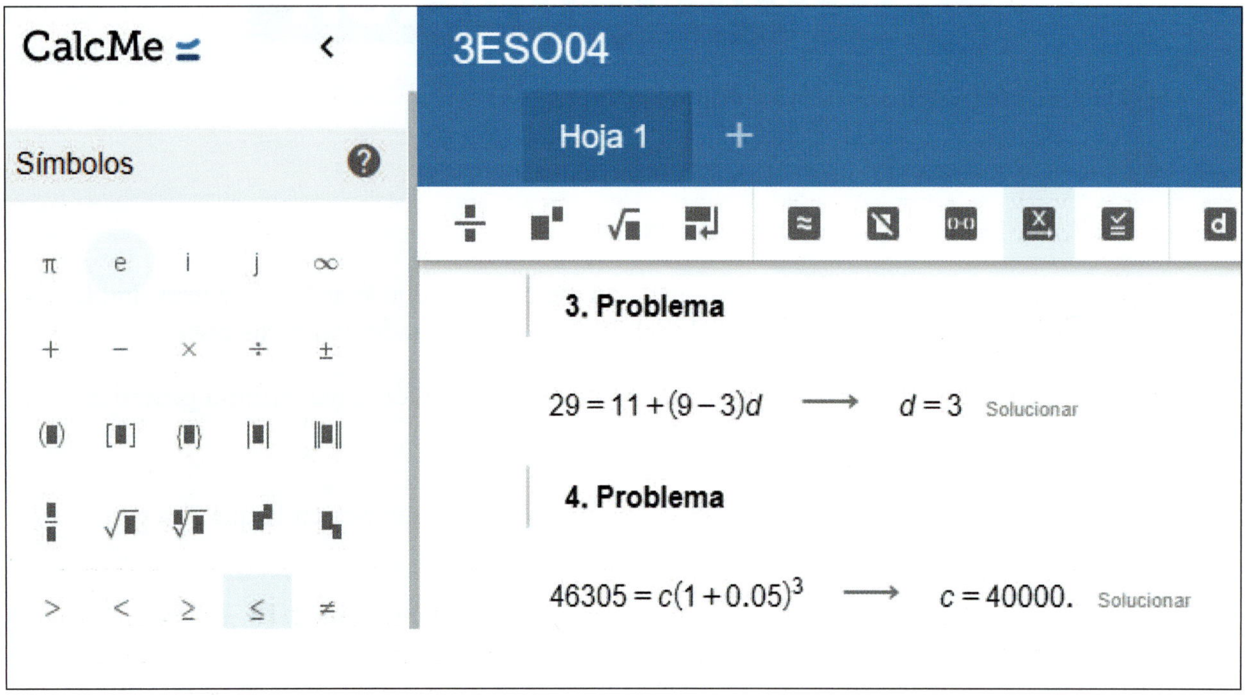

BLOQUE II

ÁLGEBRA

CONTENIDOS DEL BLOQUE

El bloque comienza con el estudio de los polinomios, y continúa con las ecuaciones de 1.er y 2.o grado y sus aplicaciones a la resolución de problemas y termina con la discusión de los sistemas lineales de dos ecuaciones con dos incógnitas y la resolución de problemas. El bloque recoge los contenidos algebraicos básicos para resolver problemas aritméticos y geométricos con ayuda del álgebra y da un conjunto de instrumentos que posibilite un mejor aprendizaje posterior de las matemáticas.

GRANDES EN MATEMÁTICAS

El Papiro de Rhind (1600 a. C.) que lleva el nombre del egiptólogo Alexander Henry Rhind, que lo adquirió entre 1855 y 1857, recoge 85 problemas con soluciones de aritmética, álgebra y geometría que condensan el conocimiento egipcio. En dicho papiro se encuentran problemas de ecuaciones de 1.er y 2.o grado que los egipcios resolvían con procedimientos aritméticos.

Sobre el siglo v a. C., en la historia del álgebra griega se encuentra una fase que se llama álgebra geométrica que utilizaba planteamientos geométricos para resolver los problemas.

Al-Khowarizmi escribe en el año 830 el primer tratado de álgebra titulado *Hisab al-jabr w'al-muqäbala*. De esta obra proviene la palabra álgebra («al-jabr») que significa «restauración»; por otro lado «w'al-muqäbala» significa la «simplificación». Es decir, trasponer términos y simplificar los semejantes.

Le Triparty en la science des nombres de Nicolás Chuquet (1445-1488), escrita en 1484 (aunque no se imprimió hasta 1880); y la *Summa di arithmetica geometrica, proportioni et proportionalitá* de **Luca Pacioli** (1445-1514) son los dos primeros trabajos que inician el camino de las matemáticas modernas.

En 1545, con la publicación de *Ars Magna* de **Cardano,** se puede considerar que el álgebra es una rama autónoma dentro de la matemática.

En 1591 **Viète** publica *In artem analyten isagoge* (Introducción al arte del análisis), donde expone los principios fundamentales del álgebra, estableciendo las reglas en las que se han de fundar las transformaciones algebraicas. Define los símbolos operativos y las entidades literales. A partir de Viète ya se pueden efectuar demostraciones de resultados algebraicos sin acudir a la geometría.

Con **Descartes** y su obra *La Géométrie,* publicada en 1637, culmina el proceso de creación del álgebra simbólica adoptando una notación prácticamente análoga a la actual.

Luca Pacioli (1445-1514)

Cardano (1501-1576)

Viète (1540-1603)

René Descartes (1596-1650)

5 Polinomios

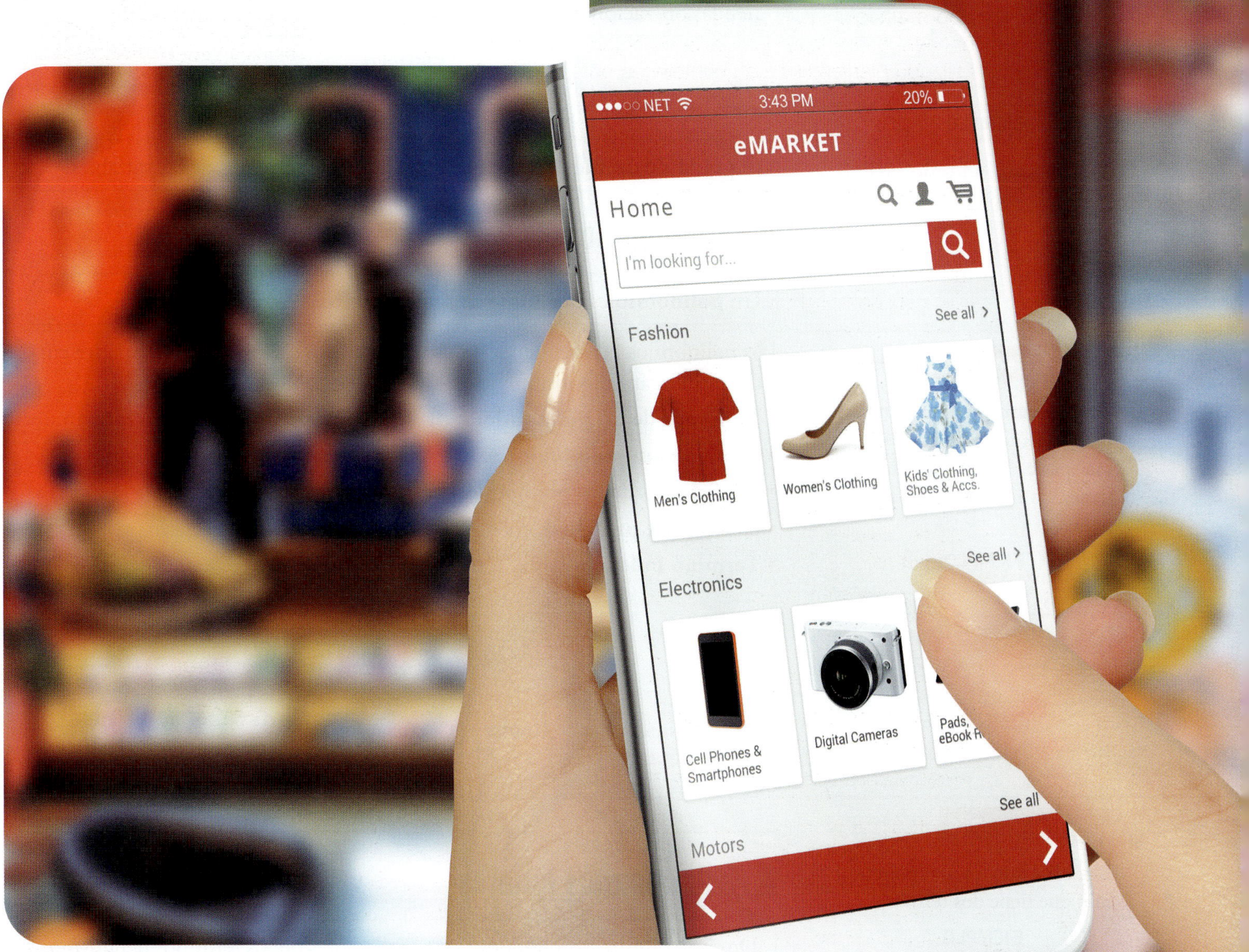

Los polinomios, además de necesarios, son muy valiosos para desarrollar y resolver situaciones que nos rodean. Las aplicaciones más útiles se encuentran en la posibilidad de hacer pronósticos. Por ejemplo, en una tienda *online* tienen los datos de las ventas de los últimos años y, gracias a los polinomios, pueden hacer una predicción de cómo evolucionarán en los próximos años.

1 Polinomios. Suma y resta

CARNÉ CALCULISTA

Calcula con dos decimales:

758,49 : 2,4

PIENSA Y CALCULA

Dado el cubo de la figura, calcula en función de x:

a) El área.

b) El volumen.

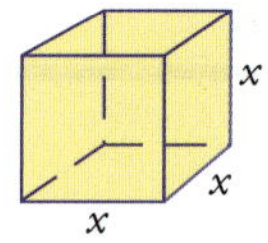

1.1 Monomios

Un **monomio** es una expresión algebraica en la que las variables solo tienen las operaciones de producto y de potencia de exponente natural.

EJEMPLO

$5x^3$ $\quad 8x^5y^6z$ $\quad -7a^2b^5c$ $\quad 3x$ $\quad 4$

El **grado de un monomio** es la suma de los exponentes de las variables.

Casos particulares

$x^1 = x$

$x^0 = 1$

EJEMPLO

$8x^5y^6z$ es un monomio de grado $5 + 6 + 1 = 12$

1.2 Polinomios

Un **polinomio** es una suma de monomios.

Los polinomios pueden tener una sola variable x o varias: x, y, z. En este curso se estudiarán solo los polinomios en una variable.

- **Términos de un polinomio:** cada uno de los monomios que lo forman.
- **Grado de un polinomio:** exponente del monomio de mayor grado.
- **Coeficientes de un polinomio:** coeficientes de los monomios que lo forman.
- **Coeficiente principal:** coeficiente del término de mayor grado.
- **Término independiente:** término que no tiene parte literal.

EJEMPLO

$$P(x) = 7x^5 - \frac{3}{4}x^2 + \sqrt{6}\,x - 8$$

Términos	Grado	Coeficientes	Coeficiente principal	Término independiente
$7x^5; -\frac{3}{4}x^2; \sqrt{6}\,x; -8$	5	$7; -\frac{3}{4}; \sqrt{6}; -8$	7	-8

Monomios semejantes

Dos **monomios** son **semejantes** cuando tienen la misma parte literal. Es decir, tienen las mismas letras y exponentes.

EJEMPLO

$2x^3 \qquad \frac{1}{5}x^3$

1.3 Polinomios iguales

Dos **polinomios** son **iguales** si los coeficientes de los términos del mismo grado son iguales.

EJERCICIO RESUELTO

① **Halla el valor de *a*, *b* y *c* para que los siguientes polinomios sean iguales.**

$P(x) = 5x^4 + ax^3 + bx^2 + 4x + 1 \qquad Q(x) = 5x^4 - 7x^3 + 4x + c$

Tienen que ser: $a = -7$, $b = 0$ y $c = 1$

Binomio y trinomio

Un **binomio** es un polinomio que tiene dos términos.

EJEMPLO

$4x + 7$

Un **trinomio** es un polinomio que tiene tres términos.

EJEMPLO

$x^2 + 5x - 6$

1.4 Suma de polinomios

Procedimiento

a) Se colocan los polinomios ordenados uno debajo del otro, de manera que coincidan los monomios semejantes.

b) Se suman los coeficientes del mismo grado y se pone la misma parte literal.

EJERCICIO RESUELTO

(2) Suma los polinomios: $P(x) = -7x^3 + 9x^2 + 6$ y $Q(x) = 8x^3 - 5x^2 - 3x - 1$

$$\begin{array}{rrrr} -7x^3 & + 9x^2 & & + 6 \\ 8x^3 & - 5x^2 & - 3x & - 1 \\ \hline x^3 & + 4x^2 & - 3x & + 5 \end{array}$$

Suma y resta de monomios semejantes

Se suman o se restan sus coeficientes y se deja la misma parte literal.

EJEMPLO

$3x^2 + 5x^2 = 8x^2$

$8x^3 - 6x^3 = 2x^3$

$7x - 5x + 2x = 4x$

1.5 Opuesto de un polinomio

El **opuesto de un polinomio** es el que se obtiene al cambiar de signo todos sus monomios.

EJEMPLO

El opuesto de

$P(x) = 5x^2 - 7x + 1$

es

$-P(x) = -5x^2 + 7x - 1$

1.6 Resta de polinomios

Para **restar** dos polinomios se le suma al primero el opuesto del segundo.

EJERCICIO RESUELTO

(3) Resta a $P(x) = x^4 - 5x^3 + 6x - 9$ el polinomio $Q(x) = 3x^3 - 7x^2 + 2x - 4$

$$\begin{array}{rrrrr} x^4 & - 5x^3 & & + 6x & - 9 \\ & - 3x^3 & + 7x^2 & - 2x & + 4 \\ \hline x^4 & - 8x^3 & + 7x^2 & + 4x & - 5 \end{array}$$

APLICA LA TEORÍA

1 Dado el prisma cuadrangular del dibujo, calcula en función de x:

a) El área. b) El volumen.

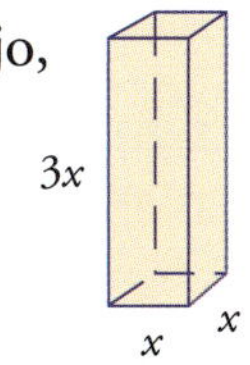

2 ¿Cuáles de las siguientes expresiones son monomios? Calcula el grado de estos.

a) $5x^3y$ b) $3x^{-2}y^3$ c) $7x^2y^5 + 3xy^2$ d) $4a$

3 Ordena de forma decreciente, según los grados, los siguientes polinomios y calcula el grado, el coeficiente principal y el término independiente:

a) $7x^2 - 5x^3 + 4$ b) $-9x^2 - 6x^5 - 7 + 4x^6$

c) $8x^2 - 5x + 4x^5$ d) $-7x^2 - x^8 - 7x + 9 - 4x^6$

4 Halla el valor de a, b y c para que los siguientes polinomios sean iguales: $P(x) = ax^4 - 8x^3 + 4x - b$ y $Q(x) = 5x^4 - 8x^3 - cx^2 + 4x + 6$

5 Suma los siguientes polinomios:

$P(x) = 7x^4 - 6x^3 + 5x - 3$

$Q(x) = x^4 + 8x^3 - x^2 + 4x + 6$

6 Halla el opuesto de los siguientes polinomios:

$P(x) = 5x^5 - 7x^3 + 4x - 1$

$Q(x) = -x^4 + 6x^3 - x^2 + 5x + 1$

7 Calcula $P(x) - Q(x)$:

$P(x) = 5x^4 + x^3 - 2x^2 - 5$

$Q(x) = 7x^4 - 5x^2 + 3x + 2$

8 Los ingresos y los gastos de una empresa en millones de euros, en función del número de años que lleva funcionando, vienen dados por:

$I(t) = t^2 - 3t + 5 \quad G(t) = t^2 - 4t + 9$

Halla la expresión $B(t)$ de los beneficios.

2 Multiplicación de polinomios

CARNÉ CALCULISTA

Calcula:

$$\frac{7}{6} - \frac{5}{2}\left(\frac{4}{3} - \frac{7}{10}\right)$$

PIENSA Y CALCULA

Calcula, en función de x, el área del rectángulo de la figura:

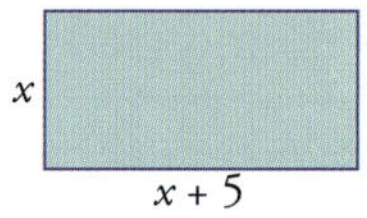

2.1 Multiplicación de polinomios

Procedimiento

a) Se colocan los polinomios ordenados uno debajo del otro, de manera que coincidan los monomios semejantes. Si falta un grado, se deja un hueco, para que sea más fácil colocar los productos parciales.

b) Para multiplicar polinomios, se empieza por la izquierda y se multiplica el primer monomio del segundo polinomio por todos los monomios del primer polinomio, los coeficientes se multiplican y los exponentes se suman. Si falta un término de un grado, se deja un hueco.

c) Se continúan multiplicando los demás monomios.

d) Se suman todos los polinomios obtenidos.

Se debe comenzar a multiplicar por la izquierda. Así, lo primero que se multiplica son los signos, luego los coeficientes y, por último, se suman los exponentes. De este modo es menos probable equivocarse.

Recuerda

Cuando aparezca ☁ significa que debes hacer la operación mentalmente.

EJERCICIO RESUELTO

④ **Multiplica los polinomios: $P(x) = 5x^3 - x^2 + 3$, $Q(x) = 3x^2 - 2x + 4$**

$$
\begin{array}{rrrrrrl}
 & & 5x^3 & -\ x^2 & & +\ 3 & \\
 & & & 3x^2 & -\ 2x & +\ 4 & \\
\hline
15x^5 & -\ 3x^4 & & +\ 9x^2 & & & \longleftarrow 3x^2 \cdot P(x) \\
 & -\ 10x^4 & +\ 2x^3 & & -\ 6x & & \longleftarrow -2x \cdot P(x) \\
 & & 20x^3 & -\ 4x^2 & & +\ 12 & \longleftarrow 4 \cdot P(x) \\
\hline
15x^5 & -\ 13x^4 & +\ 22x^3 & +\ 5x^2 & -\ 6x & +\ 12 & \longleftarrow P(x) \cdot Q(x)
\end{array}
$$

Grado del producto

El grado del producto de dos polinomios es la suma de los grados de los factores:

$$\mathbf{gr}(P(x) \cdot Q(x)) = \mathbf{gr}(P(x)) + \mathbf{gr}(Q(x))$$

2.2 Igualdades notables

a) Cuadrado de una suma

El **cuadrado de una suma** es igual al cuadrado del primero, más el doble del primero por el segundo, más el cuadrado del segundo:

$$(a + b)^2 = a^2 + 2ab + b^2$$

La demostración geométrica se basa en que las dos figuras tienen la misma área. La figura de la izquierda es un cuadrado de área $(a + b)^2$ y la figura de la derecha está dividida en un cuadrado de área a^2, dos rectángulos de áreas $a \cdot b$ y otro cuadrado de área b^2

EJEMPLO

$$(x + 3)^2 = x^2 + 6x + 9$$

Cuadrado de una suma

$$
\begin{array}{rrr}
a & +\ b & \\
a & +\ b & \\
\hline
a^2 & +\ ab & \\
 & ab & +\ b^2 \\
\hline
a^2 & +\ 2ab & +\ b^2
\end{array}
$$

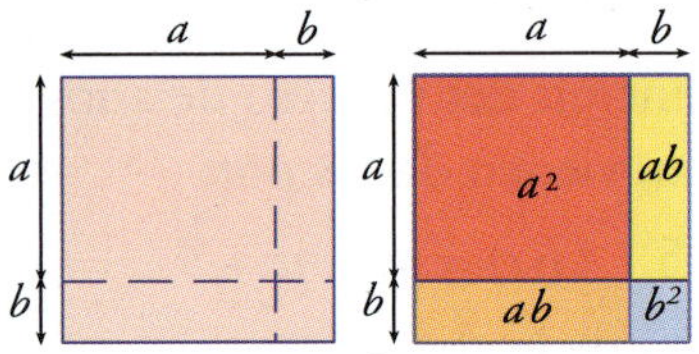

Área = $(a + b)^2$ Área = $a^2 + 2ab + b^2$

b) Cuadrado de una diferencia

El **cuadrado de una diferencia** es igual al cuadrado del primero, menos el doble del primero por el segundo, más el cuadrado del segundo:

$$(a - b)^2 = a^2 - 2ab + b^2$$

EJEMPLO

$(x - 5)^2 = x^2 - 10x + 25$

Cuadrado de una diferencia

$$\begin{array}{rrr} & a - & b \\ & a - & b \\ \hline a^2 - & ab & \\ & - ab & + b^2 \\ \hline a^2 - & 2ab & + b^2 \end{array}$$

c) Suma por diferencia o diferencia por suma

Una **suma por una diferencia** es igual al cuadrado del primero menos el cuadrado del segundo:

$$(a + b)(a - b) = a^2 - b^2$$

EJEMPLO

$(x + 7)(x - 7) = x^2 - 49$

Suma por diferencia

$$\begin{array}{rrr} & a + & b \\ & a - & b \\ \hline a^2 + & \cancel{ab} & \\ & - \cancel{ab} & - b^2 \\ \hline a^2 & & - b^2 \end{array}$$

2.3 Factorización de polinomios

Factorizar un polinomio consiste en expresarlo como producto de factores irreducibles.

Cuando la descomposición factorial es sencilla, se puede hacer mentalmente observando si se puede extraer un factor y aplicando las igualdades notables.

EJEMPLOS

$x^2 + 4x + 4 = (x + 2)^2$

$25x^2 - 30x + 9 = (5x - 3)^2$

$x^2 - 36 = (x + 6)(x - 6)$

$x^3 + 10x^2 + 25x = x(x^2 + 10x + 25) = x(x + 5)^2$

$x^3 - 9x = x(x^2 - 9) = x(x + 3)(x - 3)$

$x^2 - 5 = (x + \sqrt{5})(x - \sqrt{5})$

APLICA LA TEORÍA

9 Multiplica los polinomios:

$P(x) = 2x^3 - 3x + 5$ $\quad Q(x) = 3x^2 + x - 4$

10 Multiplica los polinomios:

$P(x) = x^4 - 3x^2 + x - 5$ $\quad Q(x) = 2x^3 + x^2 - 4$

11 Multiplica los polinomios:

$P(x) = 3x^5 - x^3 - 5x + 1$ $\quad Q(x) = 2x^4 + 4x^2 - 3$

12 Calcula mentalmente:

a) $(x + 2)^0$ b) $(x - 3)^1$ c) $(x - 7)^1$

d) $(2x + 6)^0$ e) $(x + 5)^2$ f) $(x - 6)^2$

g) $(x + 9)^2$ h) $(x - 4)^2$ i) $(x + 3)(x - 3)$

13 Desarrolla y simplifica:

a) $(2x + 1/2)^2$ b) $(x + \sqrt{5})(x - \sqrt{5})$

c) $(6x - 2/3)^2$ d) $(5x + 3/4)(5x - 3/4)$

14 Halla el polinomio que da el área del cuadrado de la figura:

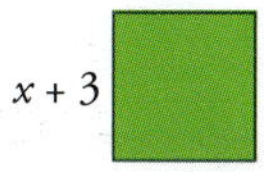

15 Desarrolla los siguientes productos:

a) $5x^2(2x^3 - 3x)$ b) $-2x^3(7x^4 - 4x^2)$

c) $-3x(-8x^5 - 5x^2)$ d) $6x^4(-x^5 + 2x)$

16 Opera y simplifica:

a) $(x + 3)^2 - (x - 3)^2$ b) $(x + 4)^2 - (x + 4)(x - 4)$

17 Factoriza mentalmente:

a) $2x^2 + 6x$ b) $x^2 - 6x + 9$

c) $x^2 - 25$ d) $x^2 + 8x + 16$

18 Factoriza:

a) $12x^4 + 8x^3$ b) $5x^3 + 20x^2 + 20x$

c) $x^2 - 3$ d) $9x^2 - 30x + 25$

3 División de polinomios

CARNÉ CALCULISTA

Calcula con dos decimales:

8,57 : 40

PIENSA Y CALCULA

Realiza mentalmente las siguientes divisiones:

a) $(x^3 + 6x^2 - 7x) : x$ b) $(x^2 + 6x + 9) : (x + 3)$

c) $(x^2 - 8x + 16) : (x - 4)$ d) $(x^2 - 25) : (x + 5)$

3.1 División de polinomios

Procedimiento

a) Se colocan ordenados el dividendo y el divisor. Si en el dividendo falta algún grado, se deja un hueco.

b) Se comienza dividiendo los coeficientes principales y restando los grados correspondientes.

c) La división termina cuando el grado del resto es menor que el grado del divisor.

Grado del cociente

El grado del cociente es igual al grado del dividendo menos el grado del divisor:

$$\mathbf{gr}(C(x)) = \mathbf{gr}(D(x)) - \mathbf{gr}(d(x))$$

EJERCICIO RESUELTO

5 Divide $D(x) = 6x^5 - 30x^3 + 22x^2 + 27x - 11$ entre $d(x) = 2x^3 - 4x^2 + 6$

$$\begin{array}{rrrrrr|l}
\cancel{6x^5} & & -30x^3 & +22x^2 & +27x & -11 & 2x^3 - 4x^2 + 6 \\ \cline{7-7}
-\cancel{6x^5} & +12x^4 & & -18x^2 & & & 3x^2 + 6x - 3 \\ \cline{1-6}
 & \cancel{12x^4} & -30x^3 & +4x^2 & +27x & & \\
 & -\cancel{12x^4} & +24x^3 & & -36x & & \\ \cline{2-6}
 & & -\cancel{6x^3} & +4x^2 & -9x & -11 & \\
 & & \cancel{6x^3} & -12x^2 & & +18 & \\ \cline{3-6}
 & & & -8x^2 & -9x & +7 &
\end{array}$$

Cociente: $C(x) = 3x^2 + 6x - 3$ Resto: $R(x) = -8x^2 - 9x + 7$

3.2 Prueba de la división

Términos de la división

$$\begin{array}{r|l}
D(x) & d(x) \\ \cline{2-2}
R(x) & C(x)
\end{array}$$

La prueba de la división se hace como en la división con números.

El dividendo es igual al divisor por el cociente más el resto.

$\boldsymbol{D(x) = d(x) \cdot C(x) + R(x)}$ siendo $\mathbf{gr}(R(x)) < \mathbf{gr}(d(x))$

EJERCICIO RESUELTO

6 Haz la prueba de la división anterior.

$$\begin{array}{rrrrrr}
 & & 2x^3 & -4x^2 & & +6 \\
 & & & 3x^2 & +6x & -3 \\ \hline
6x^5 & -\cancel{12x^4} & & +18x^2 & & \\
 & \cancel{12x^4} & -24x^3 & & +36x & \\
 & & -6x^3 & +12x^2 & & -18 \\ \hline
6x^5 & & -30x^3 & +30x^2 & +36x & -18 \\
 & & & -8x^2 & -9x & +7 \\ \hline
6x^5 & & -30x^3 & +22x^2 & +27x & -11
\end{array}$$

3.3 Regla de Ruffini

Cuando el divisor es un binomio de la forma $x + a$, o bien $x - a$, la división se puede abreviar utilizando un procedimiento que se llama **regla de Ruffini.** Consiste en hacer la división escribiendo solo los coeficientes del dividendo y realizando solo algunas operaciones sencillas.

Procedimiento

a) Se colocan los coeficientes del dividendo en horizontal y, si falta alguno, se pone un cero.

b) Debajo y a la izquierda se coloca a con el signo cambiado.

c) Se baja directamente el primer término del dividendo.

d) El cociente es un polinomio de un grado menor que el dividendo.

e) El resto es el último número.

EJERCICIO RESUELTO

(7) Divide por Ruffini $6x^3 - 13x + 5$ entre $x + 2$

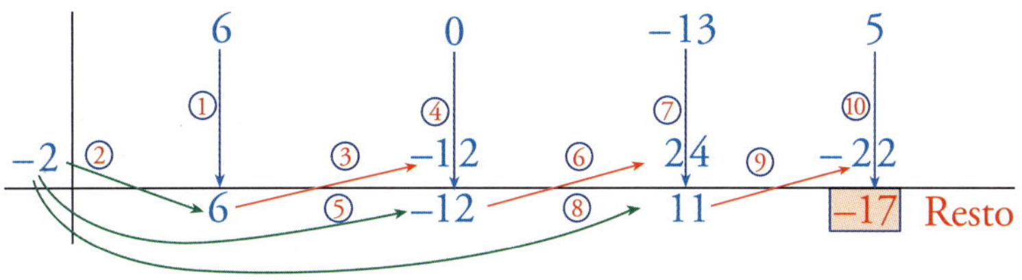

	6	0	–13	5
–2		–12	24	–22
	6	–12	11	–17

Cociente: $C(x) = 6x^2 - 12x + 11$

Resto: $R = -17$

APLICA LA TEORÍA

19 Divide y haz la comprobación:

$P(x) = 2x^5 - 8x^4 + 12x^2 + 18$

entre

$Q(x) = x^2 - 3x - 1$

20 Divide por Ruffini:

$P(x) = 2x^3 - 13x + 8$

entre

$Q(x) = x + 3$

21 Divide:

$P(x) = 6x^5 + 2x^4 - 17x^3 + 20x - 25$

entre

$Q(x) = 2x^3 - 3x + 5$

22 Divide por Ruffini:

$P(x) = x^4 - 6x^3 + 9x + 10$

entre

$Q(x) = x - 3$

23 Divide:

$P(x) = 2x^7 + x^6 - 9x^5 - 5x^4 + 9x^2 + 8$

entre

$Q(x) = x^4 - 3x^2 + x - 5$

24 Divide por Ruffini:

$P(x) = x^5 - 4x^3 + 7x + 12$

entre

$Q(x) = x + 1$

25 Divide por Ruffini:

$(3x^4 - 7x^2 - 8x - 1) : (x - 2)$

26 Halla un polinomio tal que al dividirlo entre

$$2x^3 - 5x + 1$$

se obtenga de cociente

$$x^2 + 3x - 4$$

y de resto

$$-7x^2 + x + 8$$

4 Teoremas del resto y del factor

CARNÉ CALCULISTA

Calcula:

$$\frac{5}{3} \cdot \frac{1}{2} - \frac{7}{6} : \frac{5}{4}$$

PIENSA Y CALCULA

Tenemos un rectángulo de 12 m de perímetro, luego la base más la altura medirán 6 m. Si la altura mide x metros, la base medirá $6 - x$ metros. La fórmula del área será:

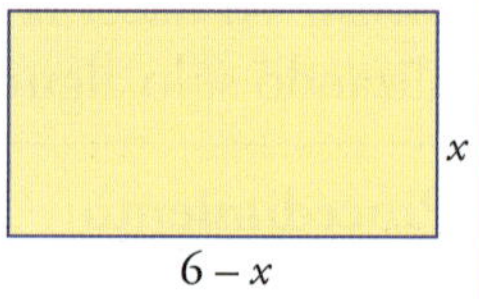

$$A(x) = (6 - x)x \Rightarrow A(x) = 6x - x^2$$

Completa en tu cuaderno la tabla de la derecha y halla cuándo el área es máxima.

x	1	2	3	4	5
$A(x) = 6x - x^2$					

4.1 Valor numérico de un polinomio

El **valor numérico de un polinomio** es el valor que se obtiene al sustituir la variable por un número y efectuar las operaciones.

Casos particulares

En $P(x) = x^3 - 5x^2 + 17$:

- El valor numérico para $x = 0$ es el término independiente:

  $P(0) = 17$

- El valor numérico para $x = 1$ es la suma de los coeficientes:

  $P(1) = 1 - 5 + 17 = 13$

EJERCICIO RESUELTO

8) Halla el valor numérico del polinomio $P(x) = x^3 - 5x^2 + 17$ para $x = 2$, $x = 0$ y $x = 1$

Para $x = 2 \Rightarrow P(2) = 2^3 - 5 \cdot 2^2 + 17 = 8 - 20 + 17 = 25 - 20 = 5$

Para $x = 0 \Rightarrow P(0) = 0^3 - 5 \cdot 0^2 + 17 = 0 - 0 + 17 = 17$

Para $x = 1 \Rightarrow P(1) = 1^3 - 5 \cdot 1^2 + 17 = 1 - 5 + 17 = 18 - 5 = 13$

4.2 Teorema del resto

El **resto** que se obtiene al dividir el polinomio $P(x)$ entre el binomio $x - a$ es el valor numérico del polinomio para $x = a$

$$\boldsymbol{R = P(a)}$$

Demostración

Si se divide un polinomio $P(x)$ entre $x - a$, se obtiene un cociente $C(x)$ y un resto R. Como el grado del resto debe ser menor que el grado del divisor y este es de grado uno, el grado del resto es cero, es decir, un número. Luego se tiene:

$$P(x) = C(x)(x - a) + R$$

Sustituyendo x por a:

$$P(a) = C(a)\cancel{(a - a)} + R$$

$$P(a) = R$$

EJERCICIOS RESUELTOS

9) Halla, sin hacer la división, el resto de dividir $P(x) = x^3 - 7x + 15$ entre el binomio $x + 3$

$$R = P(-3) = (-3)^3 - 7 \cdot (-3) + 15 = -27 + 21 + 15 = 36 - 27 = 9$$

10) Halla el valor de k para que el resto de la siguiente división sea 5

$$(x^3 + kx - 6) : (x - 2)$$

Aplicando el teorema del resto, se tiene que verificar que $P(2) = 5$

$$2^3 + 2k - 6 = 5 \Rightarrow 8 + 2k - 6 = 5 \Rightarrow 2k = 3 \Rightarrow k = 3/2$$

4.3 Raíz de un polinomio

Una **raíz de un polinomio** es un número para el que el valor numérico del polinomio es cero.

EJEMPLO

$x = 3$ es una raíz del polinomio $P(x) = x^2 - 2x - 3$ porque:

$$P(3) = 3^2 - 2 \cdot 3 - 3 =$$
$$= 9 - 6 - 3 = 9 - 9 = 0$$

Interpretación gráfica

La **interpretación gráfica** de las raíces de un polinomio $P(x)$ son las abscisas de los puntos de corte de la función polinómica $y = P(x)$ con el eje X

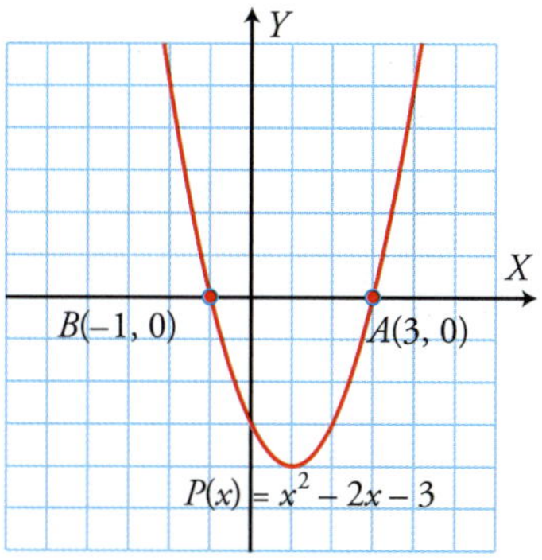

La función polinómica $P(x) = x^2 - 2x - 3$, por tener la raíz $x = 3$, corta al eje X de abscisas en el punto $A(3, 0)$

Vemos en la gráfica que también corta al eje X de abscisas en el punto $B(-1, 0)$; por tanto, $x = -1$ también es una raíz de dicho polinomio.

4.4 Teorema del factor

El polinomio $P(x)$ es divisible entre el binomio $x - a$ si $x = a$ es una raíz del polinomio $P(x)$; es decir, $P(a) = 0$

Demostración

Por definición, $P(x)$ es divisible entre $x - a$ si el resto es cero, $R = 0$; pero por el teorema del resto se tiene que:

$$R = P(a)$$

Como $R = 0$, se verifica que $P(a) = 0$, es decir, $x = a$ es una raíz de $P(x)$

EJERCICIOS RESUELTOS

(11) **Comprueba que el polinomio $P(x) = x^3 - 4x^2 + 7x - 6$ es divisible entre $x - 2$**

$$R = P(2) = 2^3 - 4 \cdot 2^2 + 7 \cdot 2 - 6 = 8 - 16 + 14 - 6 = 22 - 22 = 0$$

(12) **Halla el valor de k para que el polinomio $x^3 + kx^2 + 7$ sea divisible entre el binomio $x + 3$**

Aplicando el teorema del factor, se tiene que verificar que $P(-3) = 0$

$$(-3)^3 + k \cdot (-3)^2 + 7 = 0 \Rightarrow -27 + 9k + 7 = 0 \Rightarrow 9k = 20 \Rightarrow k = 20/9$$

APLICA LA TEORÍA

27 Calcula mentalmente el valor numérico del polinomio $P(x) = x^5 - 3x^4 + 6x^2 - 8$ para los valores que se indican:

a) Para $x = 0$　　b) Para $x = 1$

28 Calcula el valor numérico del siguiente polinomio para los valores que se indican:

$$P(x) = x^4 - 3x^3 + 5x - 2$$

a) Para $x = 3$　　b) Para $x = -3$

29 Halla, sin hacer la división, el resto de dividir el polinomio $P(x) = x^3 - 6x^2 + 5$ entre $x - 2$

30 Halla, sin hacer la división, el resto de dividir el polinomio $P(x) = x^4 + 3x^3 - 5x - 7$ entre $x + 3$

31 Halla el valor de k para que el resto de la siguiente división sea 5:

$$(x^3 + kx^2 - 4) : (x + 3)$$

32 ¿Cuál de los números, 3 o –3, es raíz del polinomio $P(x) = x^3 + x^2 - 9x - 9$?

33 Observa la gráfica y calcula las raíces del polinomio $P(x) = 2x^2 - 8x + 6$

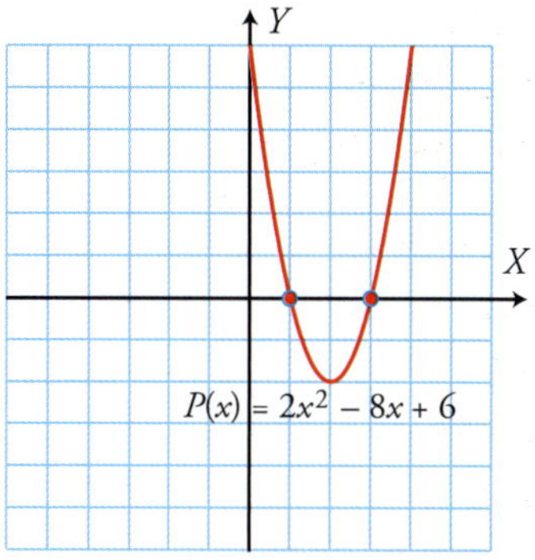

34 Comprueba, sin hacer la división, que el polinomio $P(x) = x^3 + 2x^2 - 5x - 6$ es divisible entre $x + 1$

35 Halla el valor de k para que el polinomio:

$$P(x) = x^3 - 4x^2 + kx + 10$$

sea divisible entre $x - 1$

36 ¿El polinomio $x^2 + 9$ tiene alguna raíz real? Razona la respuesta.

EJERCICIOS Y PROBLEMAS RESUELTOS

EJERCICIOS DE POLINOMIOS

13 Calcula con los polinomios siguientes:

$P(x) = 5x^3 - 7x^2 + 2$

$Q(x) = 3x^2 - 2x + 5$

a) $P(x) + Q(x)$ b) $P(x) - Q(x)$

a)
$$\begin{array}{rrrr} 5x^3 & -7x^2 & & +2 \\ & 3x^2 & -2x & +5 \\ \hline 5x^3 & -4x^2 & -2x & +7 \end{array}$$

b)
$$\begin{array}{rrrr} 5x^3 & -7x^2 & & +2 \\ & -3x^2 & +2x & -5 \\ \hline 5x^3 & -10x^2 & +2x & -3 \end{array}$$

14 Multiplica los polinomios:

$P(x) = 2x^3 - x^2 + 3$

$Q(x) = 5x^2 - 3x + 2$

$$\begin{array}{rrrrrrl} & & 2x^3 & -x^2 & & +3 & \\ & & & 5x^2 & -3x & +2 & \\ \hline 10x^5 & -5x^4 & & +15x^2 & & & \longleftarrow 5x^2 \cdot P(x) \\ & -6x^4 & +3x^3 & & -9x & & \longleftarrow -3x \cdot P(x) \\ & & 4x^3 & -2x^2 & & +6 & \longleftarrow 2 \cdot P(x) \\ \hline 10x^5 & -11x^4 & +7x^3 & +13x^2 & -9x & +6 & \longleftarrow P(x) \cdot Q(x) \end{array}$$

15 Divide el polinomio:

$P(x) = 12x^4 - 23x^3 + 7x^2 + 3$

entre

$Q(x) = 3x^2 - 5x - 1$

$$\begin{array}{rrrrr|l} 12x^4 & -23x^3 & +7x^2 & & +3 & 3x^2 - 5x - 1 \\ \cline{6-6} -12x^4 & +20x^3 & +4x^2 & & & 4x^2 - x + 2 \\ \cline{1-3} & -3x^3 & +11x^2 & & & \\ & +3x^3 & -5x^2 & -x & & \\ \cline{2-4} & & +6x^2 & -x & +3 & \\ & & -6x^2 & +10x & +2 & \\ \cline{3-5} & & & 9x & +5 & \end{array}$$

Cociente: $C(x) = 4x^2 - x + 2$ Resto: $R(x) = 9x + 5$

16 Divide por Ruffini:

$P(x) = x^4 - 3x^2 + 5x + 7$

entre

$Q(x) = x + 2$

$$\begin{array}{r|rrrrr} & 1 & 0 & -3 & 5 & 7 \\ -2 & & -2 & 4 & -2 & -6 \\ \hline & 1 & -2 & 1 & 3 & \boxed{1} \end{array}$$

Cociente: $C(x) = x^3 - 2x^2 + x + 3$ Resto: $R = 1$

17 Desarrolla:

a) $(x + 7)^2$

b) $(3x - 5)^2$

c) $(2x + y)^2$

d) $(5x + y)(5x - y)$

a) $(x + 7)^2 = x^2 + 14x + 49$

b) $(3x - 5)^2 = 9x^2 - 30x + 25$

c) $(2x + y)^2 = 4x^2 + 4xy + y^2$

d) $(5x + y)(5x - y) = 25x^2 - y^2$

18 Opera y simplifica:

$(3x + 7)^2 - (3x - 7)(3x + 7)$

$(3x + 7)^2 - (3x - 7)(3x + 7) =$

$= 9x^2 + 42x + 49 - (9x^2 - 49) =$

$= \cancel{9x^2} + 42x + 49 - \cancel{9x^2} + 49 = 42x + 98$

19 Factoriza:

a) $9x^2 - 30x + 25$

b) $4x^3 + 12x^2 + 9x$

c) $15x^3 - 10x^2$

d) $x^2 - 2$

a) $9x^2 - 30x + 25 = (3x - 5)^2$

b) $4x^3 + 12x^2 + 9x = x(4x^2 + 12x + 9) = x(2x + 3)^2$

c) $15x^3 - 10x^2 = 5x^2(3x - 2)$

d) $x^2 - 2 = (x + \sqrt{2})(x - \sqrt{2})$

20 Factoriza y simplifica:

a) $\dfrac{15x^3 + 9x^2}{5x^2 + 3x}$

b) $\dfrac{x^2 + 6x + 9}{x^2 - 9}$

c) $\dfrac{x^3 - 4x^2 + 4x}{x^4 - 4x^2}$

a) $\dfrac{15x^3 + 9x^2}{5x^2 + 3x} = \dfrac{3x^{\cancel{2}}\cancel{(5x + 3)}}{\cancel{x}\cancel{(5x + 3)}} = 3x$

b) $\dfrac{x^2 + 6x + 9}{x^2 - 9} = \dfrac{(x + 3)^{\cancel{2}}}{\cancel{(x + 3)}(x - 3)} = \dfrac{x + 3}{x - 3}$

c) $\dfrac{x^3 - 4x^2 + 4x}{x^4 - 4x^2} = \dfrac{x(x^2 - 4x + 4)}{x^2(x^2 - 4)} = \dfrac{\cancel{x}(x - 2)^{\cancel{2}}}{x^{\cancel{2}}(x + 2)\cancel{(x - 2)}} = \dfrac{x - 2}{x(x + 2)}$

PROBLEMAS DE POLINOMIOS

21 Halla el valor de k para que el resto de la siguiente división sea 7

$$(x^4 + kx^3 - 4k) : (x + 2)$$

Datos y pregunta

Al dividir el polinomio $P(x) = x^4 + kx^3 - 4k$ entre $x + 2$, el resto es 7

Pregunta: ¿Cuánto debe valer k?

Planteamiento y operaciones

Por el teorema del resto se ha de verificar que $P(-2) = 7$

$(-2)^4 + (-2)^3k - 4k = 7 \Rightarrow 16 - 8k - 4k = 7$

$-12k = -9 \Rightarrow 4k = 3 \Rightarrow k = 3/4$

Solución

El valor de k es: $k = 3/4$

22 Halla el valor de k para que el polinomio $x^3 - 2x^2 - kx - 5$ sea divisible entre el binomio $x - 3$

Datos y pregunta

El polinomio $P(x) = x^3 - 2x^2 - kx - 5$ debe ser divisible entre $x - 3$; es decir, el resto debe ser 0

Pregunta: ¿Cuánto debe valer k?

Planteamiento y operaciones

Por el teorema del factor se ha de verificar que $P(3) = 0$

$3^3 - 2 \cdot 3^2 - 3k - 5 = 0 \Rightarrow 27 - 18 - 3k - 5 = 0$

$-3k = -4 \Rightarrow 3k = 4 \Rightarrow k = 4/3$

Solución

El valor de k es: $k = 4/3$

23 Expresa el área y el volumen del prisma de la figura:

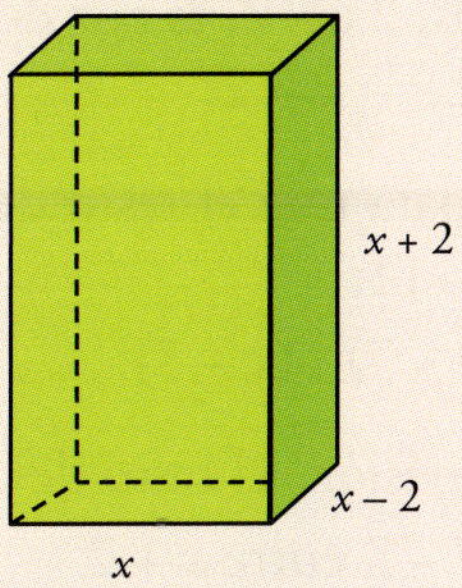

Datos y pregunta

Se da un prisma de dimensiones $x - 2$, x, $x + 2$

Pregunta: Expresa el área y el volumen.

Planteamiento y operaciones

$A = 2x(x - 2) + 2x(x + 2) + 2(x + 2)(x - 2) = 6x^2 - 8$

$V = x(x - 2)(x + 2) = x(x^2 - 4) = x^3 - 4x$

Solución

El área y el volumen son: $A = 6x^2 - 8$ y $V = x^3 - 4x$

1. Polinomios. Suma y resta

37 ¿Cuáles de las siguientes expresiones son monomios? Calcula el grado de estos.

a) $5x^4 + x^3y$ b) $5x^2y^3$ c) $x^2y^5 - 4xy^2$ d) 7

38 Clasifica las siguientes expresiones algebraicas en monomios, binomios o trinomios.

a) $x + y + z$ b) $-7x^5y^3$

c) $x - y$ d) $3x^2 - 3$

39 Calcula el grado, el coeficiente principal y el término independiente de los siguientes polinomios:

a) $5x^4 - 2x^3 + 1$ b) $-4x^7 - 5x^4 - 7x^3 - 1$

c) $5x^2 - 4x + 3$ d) $-6x^{10} - x^8 - 3x^6 + 8x - 7$

40 Suma los siguientes polinomios:

$$P(x) = 7x^5 - 5x^3 + 3x^2 - 1$$
$$Q(x) = -3x^4 + 5x^3 - 4x^2 + 3x + 1$$

41 Calcula $P(x) - Q(x)$:

$$P(x) = 4x^5 + 7x^3 - x - 2$$
$$Q(x) = 5x^4 - 3x^3 + 7x + 2$$

2. Multiplicación de polinomios

42 Multiplica los polinomios:

$$P(x) = x^3 - 2x^2 + 3$$
$$Q(x) = 2x^3 - 5x + 1$$

43 Multiplica los polinomios:

$$P(x) = 2x^4 - 4x^3 - 5x + 1$$
$$Q(x) = x^3 - 2x + 7$$

44 Multiplica los polinomios:

$$P(x) = x^5 - 2x^3 + 3x^2 - 1$$
$$Q(x) = x^4 - 5x^2 + 2$$

45 Desarrolla mentalmente:

a) $(x + 3)^2$ b) $(x + 1)(x - 1)$

c) $(x/2 - 2/3)^2$ d) $(x + \sqrt{2})(x - \sqrt{2})$

46 Desarrolla los siguientes productos:

a) $4x(5x^4 - 6x)$ b) $-7x^2(5x^3 - 3x^2)$

c) $-3x^3(-6x^2 - 1)$ d) $5x^4(-x^2 + 5x)$

47 Opera y simplifica:

a) $(2x + 5)^2 - (2x + 5)(2x - 5)$

b) $(x - 1/3)^2 + (x + 1/3)^2$

48 Factoriza mentalmente:

a) $8x^3 + 12x^2$ b) $x^2 + 10x + 25$

c) $x^2 - 5$ d) $x^2 - 14x + 49$

3. División de polinomios

49 Divide y haz la comprobación:

$$P(x) = 2x^5 - 6x^4 + 20x^2 - 38x + 12$$

entre $Q(x) = x^3 - 5x + 3$

50 Divide y haz la comprobación:

$$P(x) = 4x^6 - 12x^4 + 8x^3 + 9$$

entre $Q(x) = 2x^3 - 5x + 1$

51 Divide $P(x) = 6x^6 - 13x^5 - 20x^3 + 50x^2 - 4$ entre $Q(x) = 2x^3 - 3x^2 + 1$

52 Divide por Ruffini:

$$P(x) = x^4 - 6x^2 + 4x + 5$$

entre $Q(x) = x + 2$

53 Divide por Ruffini:

$$P(x) = x^5 - 4x^3 + 5x^2 + 3$$

entre $Q(x) = x - 1$

54 Divide por Ruffini:

$$P(x) = x^6 - 4x^4 + 6x^3 + 1$$

entre $Q(x) = x - 2$

4. Teoremas del resto y del factor

55 Calcula mentalmente el valor numérico del polinomio $P(x) = 4x^7 - 5x^3 + 9x^2 - 6$ para los valores que se indican:

a) Para $x = 0$ b) Para $x = 1$

56 Calcula el valor numérico del siguiente polinomio para los valores que se indican:

$$P(x) = x^5 - 2x^3 + 4x - 1$$

a) Para $x = 2$ b) Para $x = -1$

57 ¿Cuál de los números, 2 o –2, es raíz del polinomio $P(x) = x^3 + 2x^2 - x - 2$?

58 Halla el valor de k para que el resto de la siguiente división sea –11:

$$(x^3 + kx^2 + 7) : (x - 3)$$

59 Halla, sin hacer la división, el resto de dividir $P(x) = x^4 - 2x^3 + 7x - 3$ entre $x + 2$

60 Comprueba, sin hacer la división, que el polinomio $P(x) = x^4 - 6x^3 + 8x^2 + 6x - 9$ es divisible entre $x - 3$

61 Halla el valor de k para que el resto de la siguiente división sea 7:

$$(x^4 + kx^2 - 5x + 6) : (x + 1)$$

Para ampliar

62 Halla el valor de a, b y c para que los siguientes polinomios sean iguales:

$$P(x) = 6x^5 - bx^3 + 3x - 4;\ Q(x) = ax^5 + 3x - c$$

63 Calcula mentalmente:

a) $(2x/3 + 5)^0$ b) $(3x - 25)^1$

c) $(7x - 3/5)^1$ d) $(5x + 13)^0$

64 Factoriza:

a) $24x^3 - 18x^2$ b) $2x^3 + 12x^2 + 18x$

c) $9x^2 - 4$ d) $5x^4 - 10x^3 + 5x^2$

65 Opera y simplifica:

a) $(2x + 3/2)(2x - 3/2)^2 - (2x - 3/2)^2$

b) $(x/2 - 2/3)^2 - (x/2 + 2/3)^2$

66 Halla el valor de k para que el resto de la siguiente división sea 13:

$$(x^5 + kx^3 - 7x^2 + 4) : (x - 1)$$

67 Halla el valor de k para que el polinomio

$$P(x) = x^3 + 5x^2 + kx - 8$$

sea divisible entre $x + 2$

68 Halla el polinomio que da el área del siguiente triángulo:

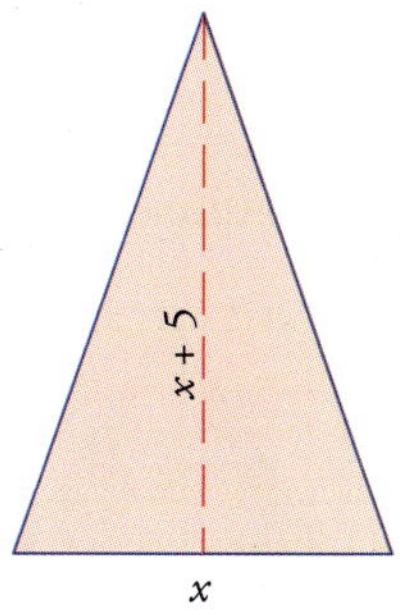

69 Observa la gráfica y calcula las raíces del siguiente polinomio:

$$P(x) = x^2 - 4$$

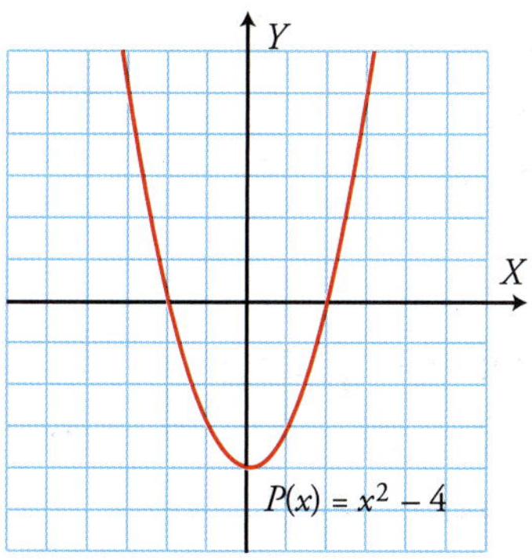

Problemas

70 Escribe en forma de polinomio, en una variable, cada uno de los enunciados siguientes:

a) El cuadrado de un número, menos dicho número, más 5

b) El cubo de un número, más el doble del cuadrado del número, menos el triple del número, más 4

c) El área de un cuadrado de lado x

d) El área de un rombo en el que una diagonal es el doble de la otra.

71 ¿Qué polinomio tenemos que sumar a

$$P(x) = 5x^3 - 9x + 8$$

para obtener el polinomio

$$Q(x) = 2x^3 - 4x^2 + 5x + 1?$$

72 Dada una caja sin tapa y su desarrollo, calcula en función de x:

a) El área.

b) El volumen.

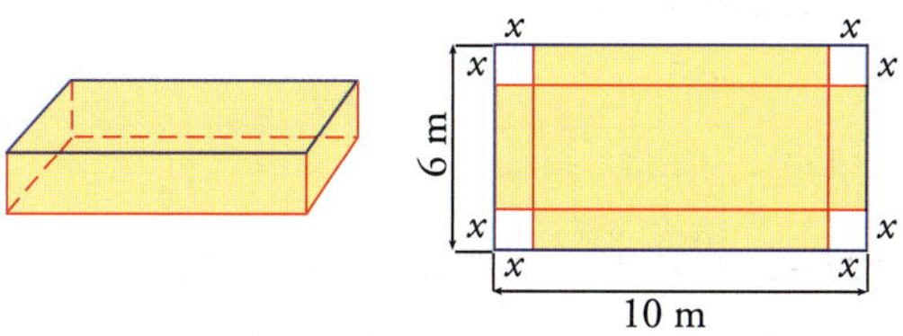

73 Halla el polinomio que da el área del siguiente rectángulo:

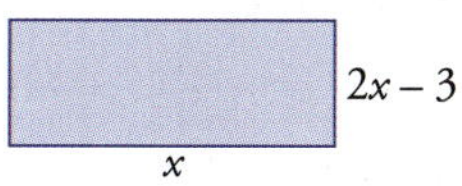

74 Halla el polinomio que da el área del siguiente triángulo rectángulo:

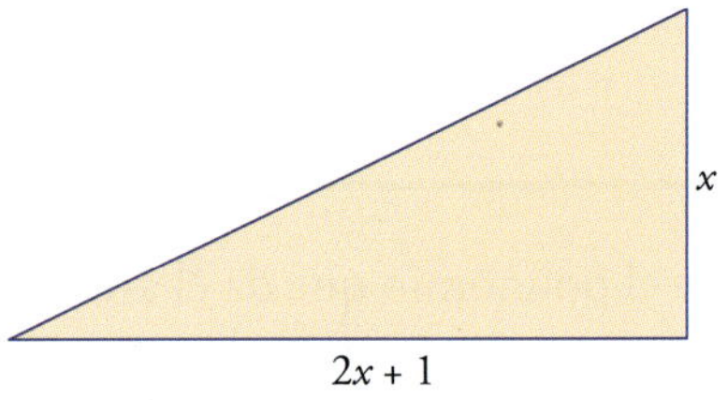

75 Halla el polinomio que da el área del siguiente rombo:

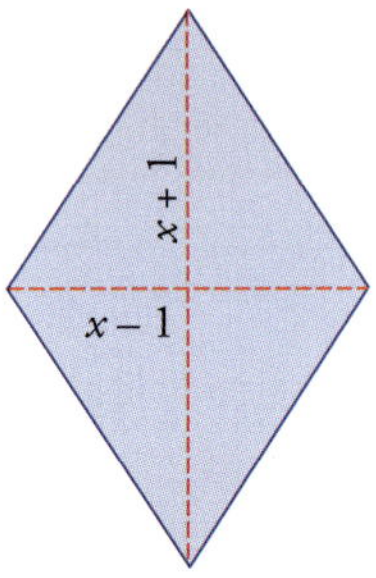

76 Halla un polinomio tal que al dividirlo entre

$$x^3 - 3x + 1$$

se obtenga de cociente

$$2x^2 + 5x - 3$$

y de resto

$$5x^2 - 3x + 9$$

77 Halla el valor de k para que el resto de la siguiente división sea 5:

$$(x^3 + kx^2 - 4) : (x - 2)$$

78 Halla el valor de k para que el polinomio

$$P(x) = x^4 - x^3 - 19x^2 + kx + 30$$

sea divisible entre $x + 3$

79 Observa la gráfica y calcula las raíces del polinomio $P(x) = x^3 - 3x^2 - x + 3$

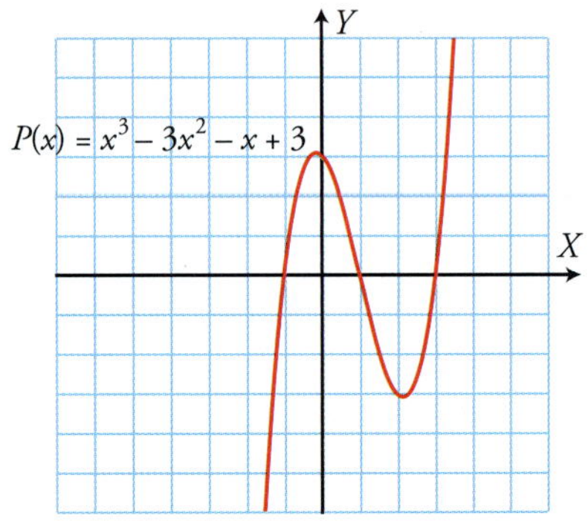

Para profundizar

80 Dado el siguiente paralelepípedo:

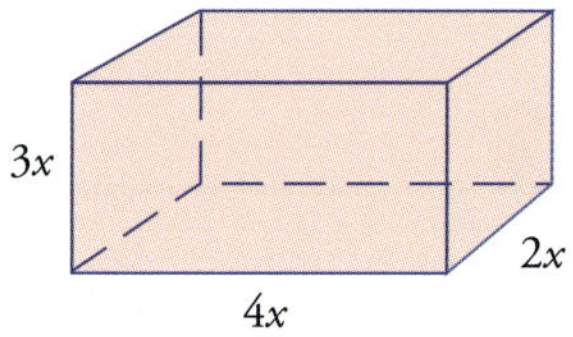

calcula en función de x el área y el volumen.

81 Halla el monomio que da el área de un triángulo equilátero en el que el lado mide x

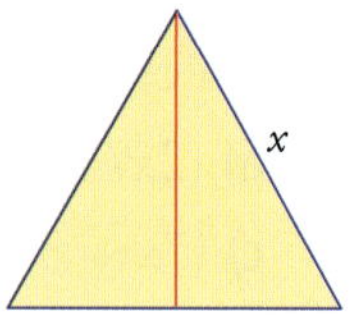

82 Halla el polinomio que da el área del trapecio:

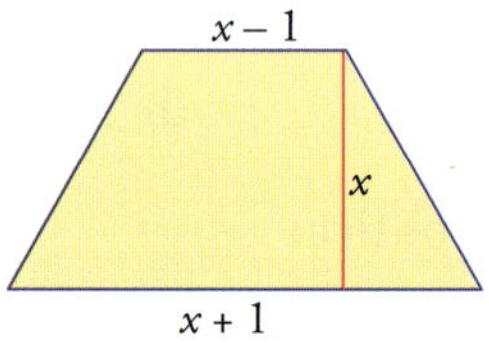

83 Halla el polinomio que da el área del círculo:

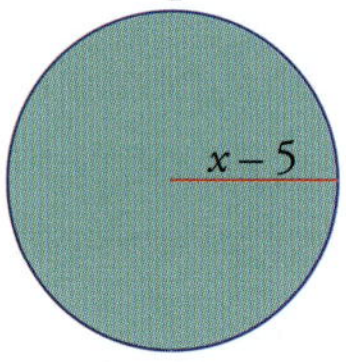

84 Halla el valor de k para que el resto de la siguiente división sea 9:

$$(x^4 - x^3 - 13x^2 - x + k) : (x - 4)$$

85 Halla el valor de k para que el polinomio

$$P(x) = x^4 + 8x^3 + kx^2 - 8x - 15$$

sea divisible entre $x + 5$

86 ¿El polinomio $x^2 + 25$ tiene alguna raíz real? Razona la respuesta.

87 Observa la gráfica y calcula las raíces del polinomio $P(x) = x^2 - 4x$

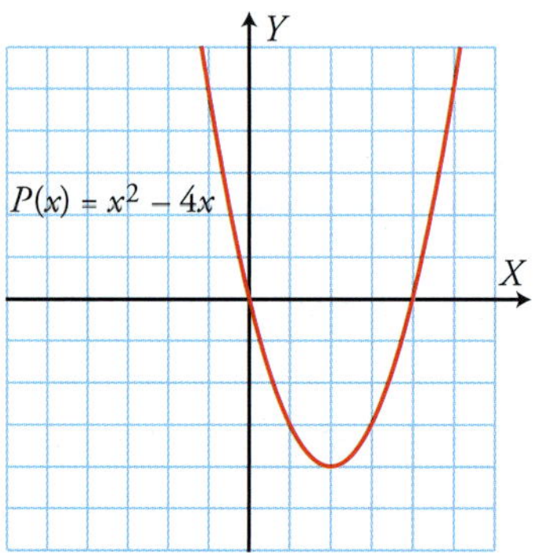

Matematización en contextos reales

Movimiento uniformemente acelerado

La fórmula del movimiento uniformemente acelerado es:

$$e(t) = \frac{1}{2}at^2 + v_0t + e_0$$

88 Calcula el polinomio que define un movimiento uniformemente acelerado en el que: $a = 6$ m/s², $v_0 = 8$ m/s y $e_0 = 3$ m

89 Calcula el espacio que lleva recorrido cuando hayan pasado 5 s

90 Calcula el espacio que recorre entre el segundo 10 y el segundo 20

Autoevaluación

1 Enuncia el teorema del resto y pon un ejemplo.

2 Ordena el siguiente polinomio de forma decreciente según los grados y calcula el grado, el coeficiente principal y el término independiente:

$$5x^3 - 6x^7 - 5x + 9$$

3 Desarrolla mentalmente los apartados a) y b) y factoriza los apartados c) y d):

a) $(2x - 5)^2$

b) $(x + \sqrt{3})(x - \sqrt{3})$

c) $3x^3 + 12x^2 + 12x$

d) $x^2 - 5$

4 Multiplica los polinomios:

$$P(x) = 5x^3 - x^2 + 3 \qquad Q(x) = 3x^2 - 2x + 4$$

5 Divide $P(x) = 8x^5 - 16x^4 + 21x^2 - 19x + 10$ entre $Q(x) = 2x^2 - 5x + 4$. Haz la comprobación.

6 Divide por Ruffini $P(x) = x^4 - 10x^2 + 12$ entre $Q(x) = x + 3$

7 Dado el siguiente paralelepípedo:

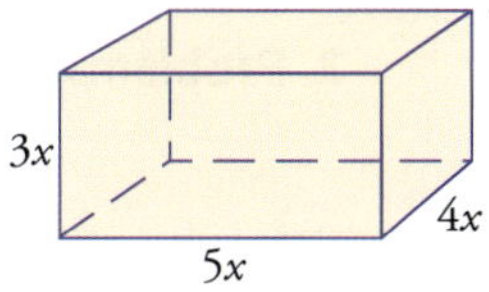

Calcula en función de x:

a) El área.

b) El volumen.

8 Halla el valor de k para que el resto de la siguiente división sea 5:

$$(x^3 + kx - 6) : (x - 2)$$

Mates dinámicas virtuales con GeoGebra y CalcMe en Moodle

1. Ejercicio (Calificación: 2,5 puntos)

Divide $P(x) = 4x^5 - 12x^4 - 7x^2 - 12x - 3$ entre $Q(x) = x^2 - 3x - 1$

SOLUCIÓN

Se puede hacer también con **CalcMe.** En **GeoGebra** elige el *applet:* **División de polinomios.**

Introduce el dividendo y el divisor.

$C(x) =$ [$4x^3 + 4x + 5$ ▼] $R(x) =$ [$7x + 2$ ▼]

2. Ejercicio (Calificación: 2,5 puntos)

Halla las raíces del polinomio $P(x) = x^3 - x^2 - 4x + 4$ utilizando su interpretación gráfica.

Escríbelas de menor a mayor.

SOLUCIÓN

Se puede hacer también con **CalcMe.** En **GeoGebra** elige el *applet:* **Raíz de un polinomio: Interpretación gráfica.**

Introduce el polinomio.

Escribe los puntos de corte con el eje X, ordenados de abscisa menor a mayor:

$A($ [-2] $,$ [0] $)$ $B($ [1] $,$ [0] $)$ $C($ [2] $,$ [0] $)$

Las raíces de $P(x)$ son: $x =$ [-2] $, x =$ [1] $, x =$ [2]

3. Problema (Calificación: 2,5 puntos)

Halla el valor de k para que el resto de la división $(x^3 + kx^2 - x - 15) : (x + 3)$ sea 6

SOLUCIÓN

$k =$ [5]

4. Problema (Calificación: 2,5 puntos)

El polinomio que da el área de un rectángulo de altura $x - 1$ es $2x^2 + x - 3$. Calcula la base de dicho rectángulo.

SOLUCIÓN

La base es: [$2x + 3$ ▼]

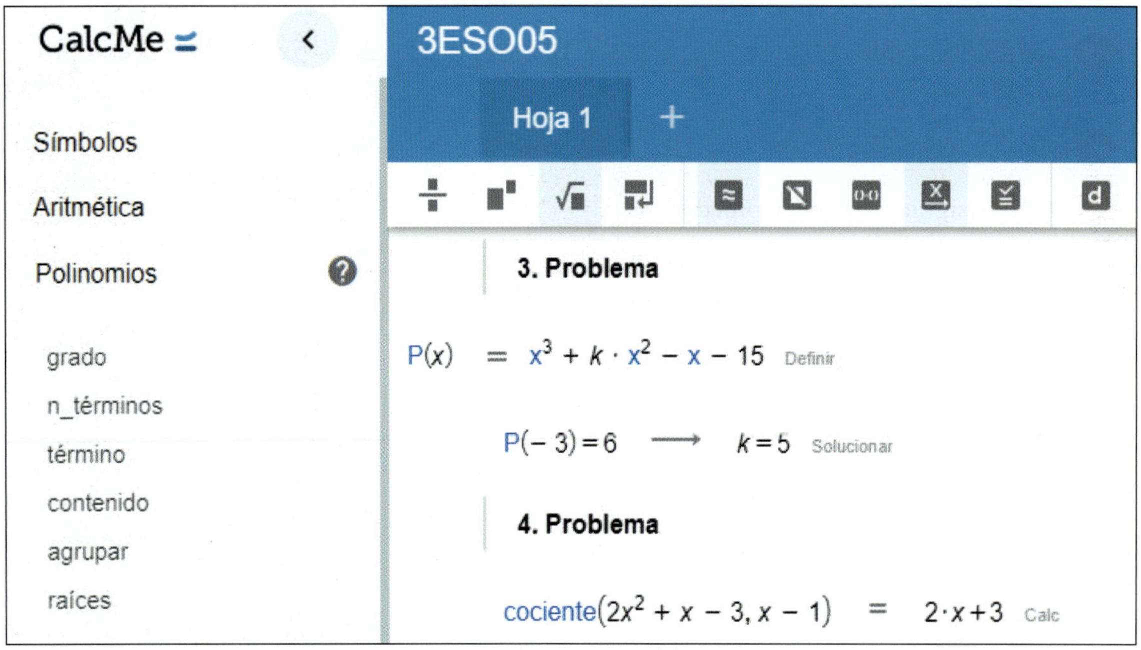

6 Ecuaciones

Supongamos que en una ciudad hay matriculados 500 000 coches, de los cuales 250 000 son más limpios y 250 000 más contaminantes. Queremos que dentro de 5 años, manteniendo el número de coches, los coches más limpios con respecto a los más contaminantes estén en relación de 3 a 2. ¿Cuántos coches de los más contaminantes hay que retirar? ¿Y cuántos de los más limpios hay que comprar?

$$\frac{250\,000 + x}{3} = \frac{250\,000 - x}{2} \Rightarrow x = 50\,000 \text{ coches}$$

1 Ecuaciones de 1.er grado

CARNÉ CALCULISTA

Calcula con dos decimales:

875,2 : 6,91

PIENSA Y CALCULA

Resuelve mentalmente:

a) $x + 2 = 5$ b) $x - 3 = 4$

c) $4x = 12$ d) $(x - 3)(x + 5) = 0$

1.1 Ecuación de 1.er grado con una incógnita

Ecuación de 1.er grado

Una **ecuación de 1.er grado con una incógnita** es una expresión que se puede reducir a la forma:

$$ax + b = 0, \ a \neq 0$$

Una **ecuación de 1.er grado con una incógnita** es una ecuación que solo tiene una incógnita y en la que el exponente de la variable es 1

EJERCICIO RESUELTO

1. **De las siguientes ecuaciones, ¿cuáles son de 1.er grado con una incógnita y cuáles no? ¿Por qué?**

a) $x^2 + 3x = 0$ **b)** $3x + 2 = 5x - 1$ **c)** $xy + 2 = 3x + 1$

a) La ecuación $x^2 + 3x = 0$ es de **2.º grado.**

b) La ecuación $3x + 2 = 5x - 1$ sí es de **1.er grado con una incógnita.**

c) La ecuación $xy + 2 = 3x + 1$ es de **2.º grado con dos incógnitas.**

1.2 Ecuaciones equivalentes

Simplificar ecuaciones

En una ecuación hay que simplificar siempre que se pueda.

EJEMPLO

$6x = 15$

simplificando entre 3:

$2x = 5$

Dos **ecuaciones son equivalentes** cuando tienen la misma solución o raíz. Es decir, el mismo valor de la incógnita verifica las dos ecuaciones.

EJEMPLO

Las ecuaciones $3x - 6 = 9$, $3x = 15$ son equivalentes porque tienen la misma solución: $x = 5$

1.3 Transformaciones que mantienen la equivalencia

Para resolver una ecuación de 1.er grado, esta se transforma en otra equivalente trasponiendo términos mediante la regla de la suma y despejando la incógnita x mediante la regla del producto.

Ejemplo	Transformación	Regla práctica
$4x + 3 = 7 - 2x$ $4x + 2x = 7 - 3$	Sumar o restar la misma expresión en los dos miembros de la ecuación.	Si un término está sumando, pasa al otro miembro restando; y si está restando, pasa sumando.
$6x = 4$ $3x = 2$ $x = \frac{2}{3}$	En una ecuación, siempre que se pueda, hay que simplificar. Multiplicar o dividir los dos miembros por un número distinto de cero.	Si un número está multiplicando o dividiendo a la incógnita, este pasa al otro miembro dividiendo o multiplicando, respectivamente.

$-2x$ pasa sumando al 1.er miembro y 3 pasa restando al 2.º miembro

Se simplifica dividiendo entre 2

Se despeja x
El 3 que está multiplicando pasa dividiendo al 2.º miembro

1.4 Resolución de ecuaciones de 1.er grado

Procedimiento para **resolver una ecuación de 1.er grado con una incógnita:**

EJERCICIO RESUELTO

(2) **Resuelve la ecuación** $4 + \frac{x-2}{3} - \frac{x-1}{2} = x - \frac{1}{4}$

a) Eliminar los denominadores. m.c.m. (3, 2, 4) = 12 $48 + 4(x-2) - 6(x-1) = 12x - 3$	Se halla el m.c.m. de los denominadores y se multiplican todos los términos por este m.c.m.; es decir, el m.c.m. se divide por cada denominador y el resultado se multiplica por el numerador correspondiente.
b) Eliminar los paréntesis. $48 + 4x - 8 - 6x + 6 = 12x - 3$	Se aplica la propiedad distributiva teniendo en cuenta la regla de los signos. Un signo menos delante de un paréntesis cambia todos los signos que hay dentro del paréntesis.
c) Trasponer términos. $4x - 6x - 12x = -3 - 48 + 8 - 6$	Los términos literales se pasan al 1.er miembro, y los constantes, al 2.º. Si un término está sumando, pasa al otro miembro restando; y si está restando, pasa sumando.
d) Reducir términos semejantes. $-14x = -49$ $14x = 49$ $2x = 7$	Se suman o restan los términos de cada miembro. Si el 1.er miembro es negativo, se cambia de signo la ecuación. Siempre que se pueda se simplifica.
e) Despejar la incógnita. $x = \frac{7}{2}$	El número que multiplica a la incógnita pasa al otro miembro dividiendo.

1.5 Ecuaciones reducibles a 1.er grado

Las **ecuaciones reducibles a 1.er grado** son aquellas que vienen expresadas como producto de factores de 1.er grado e igualadas a cero.

EJERCICIO RESUELTO

(3) **Resuelve la ecuación:** $x(x+5)(3x-1) = 0$

$$x(x+5)(3x-1) = 0 \Rightarrow \begin{cases} x = 0 \\ x + 5 = 0 \Rightarrow x = -5 \\ 3x - 1 = 0 \Rightarrow 3x = 1 \Rightarrow x = 1/3 \end{cases}$$

Recuerda

Si un **producto de factores** está **igualado a cero,** cada uno de los factores puede valer cero.

APLICA LA TEORÍA

Resuelve las siguientes ecuaciones:

1. $4x + 12 = 6x - 8$
2. $6 + 3x = 4 + 7x - 2x$
3. $8x - 2x + 4 = 2x$
4. $4x + 3x - 4 = 3x + 8$
5. $3(x+2) + 2x = 5x - 2(x-4)$
6. $4 - 3(2x+5) = 5 - (x-3)$
7. $2(x-3) + 5(x+2) = 4(x-1) + 3$
8. $5 - (2x+4) = 3 - (3x+2)$

Resuelve mentalmente:

9. $x(x-2)(x+3) = 0$
10. $(2x+1)(x-4)(3x+5) = 0$

Resuelve las siguientes ecuaciones:

11. $\frac{x-3}{4} = \frac{x-5}{6} + \frac{x-1}{9}$
12. $\frac{7-x}{2} = \frac{9}{2} + \frac{7x-5}{10}$
13. $\frac{x}{3} + 3x - \frac{x-2}{4} = \frac{1}{4} + x$
14. $\frac{x-1}{2} - \frac{x-2}{3} + \frac{10-3x}{5} = 0$

2 Ecuaciones de 2.º grado

CARNÉ CALCULISTA

Desarrolla: $(2x + 7)^2$

Factoriza: $x^2 - 6x + 9$

PIENSA Y CALCULA

Resuelve mentalmente si es posible:

a) $x^2 = 0$ b) $x(x - 3) = 0$ c) $x^2 = 16$ d) $x^2 = -25$

2.1 Ecuación de 2.º grado

- Una **ecuación de 2.º grado** con una incógnita es una expresión de la forma:

$$ax^2 + bx + c = 0, \quad a \neq 0$$

- Una ecuación de 2.º grado es **completa** si tiene los tres términos: el de 2.º grado, el de 1.er grado y el independiente.
- Una ecuación de 2.º grado es **incompleta** si le falta el término de 1.er grado, el término independiente o ambos.

EJEMPLO

Completa	Incompletas		
$x^2 - 5x + 6 = 0$	$2x^2 - 7x = 0$	$5x^2 - 4 = 0$	$8x^2 = 0$

Interpretación gráfica

La **interpretación gráfica** de las soluciones de una ecuación $f(x) = 0$ son las abscisas de los puntos de corte de la función $y = f(x)$ con el eje X

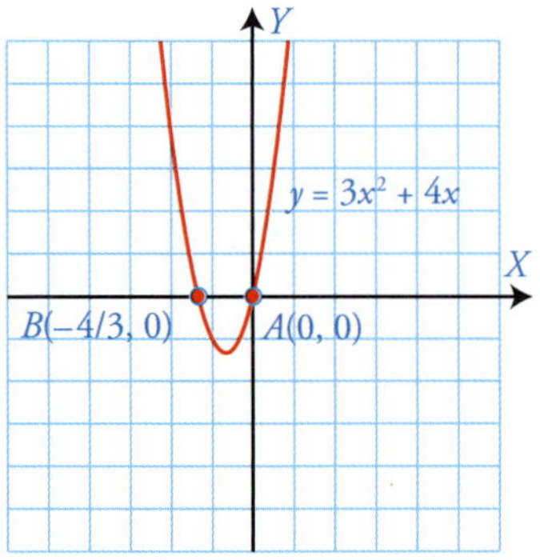

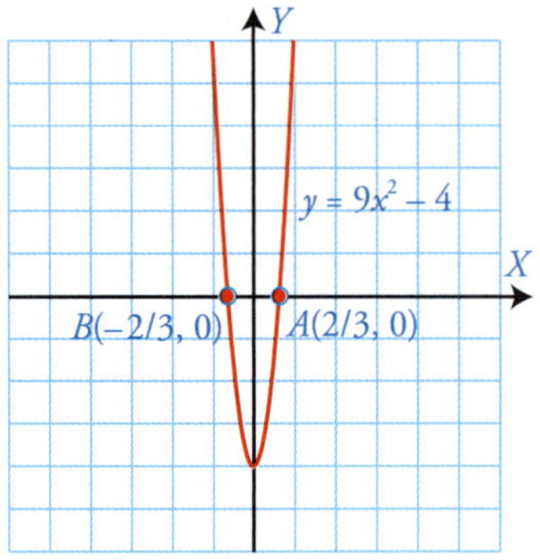

2.2 Resolución de $ax^2 + bx = 0$

Se resuelven sacando x factor común. Una solución es $x = 0$

EJERCICIO RESUELTO

4 **Resuelve $3x^2 + 4x = 0$**

$$x(3x + 4) = 0 \Rightarrow \begin{cases} x = 0 \\ 3x + 4 = 0 \Rightarrow 3x = -4 \Rightarrow x = -4/3 \end{cases}$$

Las soluciones son: $x_1 = 0$, $x_2 = -4/3$

2.3 Resolución de $ax^2 + c = 0$

Se resuelven despejando x^2 y haciendo la raíz cuadrada.

EJERCICIO RESUELTO

5 **Resuelve $9x^2 - 4 = 0$**

$$9x^2 = 4 \Rightarrow x^2 = \frac{4}{9} \Rightarrow x = \sqrt{\frac{4}{9}} = \pm\frac{2}{3}$$

Las soluciones son: $x_1 = 2/3$, $x_2 = -2/3$

2.4 Resolución de $ax^2 = 0$

La solución de las ecuaciones $ax^2 = 0$ es siempre $x = 0$

2.5 Resolución de la ecuación completa de 2.° grado

Las **soluciones de la ecuación completa de 2.° grado** se obtienen aplicando la fórmula:

$$ax^2 + bx + c = 0 \Rightarrow \boldsymbol{x = \frac{-b \pm \sqrt{b^2 - 4ac}}{2a}}$$

Estrategia de resolución

Para resolver una ecuación de 2.° grado completa es aconsejable realizar exactamente los tres pasos seguidos en el Ejercicio resuelto 6.

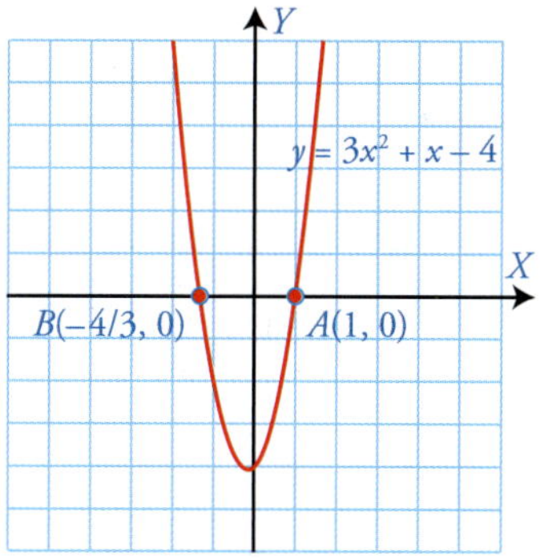

EJERCICIO RESUELTO

6 **Resuelve la ecuación $3x^2 + x - 4 = 0$**

$a = 3, b = 1, c = -4$ $\quad x = \dfrac{-1 \pm \sqrt{1 + 48}}{6} = \dfrac{-1 \pm 7}{6} = \begin{cases} 1 \\ -\dfrac{8}{6} = -\dfrac{4}{3} \end{cases}$

Las soluciones son $x_1 = 1, x_2 = -4/3$

En la gráfica podemos comprobar que las raíces son las abscisas de los puntos de corte de la parábola con el eje X

Deducción de la fórmula

- Se toma la ecuación completa $ax^2 + bx + c = 0$
- Se dividen entre a los dos miembros:

$$x^2 + \frac{b}{a}x + \frac{c}{a} = 0 \Rightarrow x^2 + \frac{b}{a}x = -\frac{c}{a}$$

- Se completa el primer miembro para que sea un cuadrado perfecto:

$$x^2 + \frac{b}{a}x + \frac{b^2}{4a^2} = -\frac{c}{a} + \frac{b^2}{4a^2} \Rightarrow \left(x + \frac{b}{2a}\right)^2 = \frac{b^2 - 4ac}{4a^2}$$

- Se hace la raíz cuadrada en los dos miembros y se despeja x:

$$x + \frac{b}{2a} = \frac{\pm\sqrt{b^2 - 4ac}}{2a} \Rightarrow x = -\frac{b}{2a} \pm \frac{\sqrt{b^2 - 4ac}}{2a} \Rightarrow x = \frac{-b \pm \sqrt{b^2 - 4ac}}{2a}$$

APLICA LA TEORÍA

Resuelve mentalmente las siguientes ecuaciones:

15 $x^2 = 25$

16 $x^2 = 0$

17 $x^2 = 49$

18 $5x^2 = 0$

19 $x^2 - 1 = 0$

Resuelve las siguientes ecuaciones:

20 $x^2 - 6x = 0$

21 $x^2 - 16 = 0$

22 $7x^2 = 0$

23 $x^2 - 5x + 6 = 0$

24 $x^2 + 5x = 0$

25 $x^2 - 25 = 0$

26 $x^2 - 9x = 0$

27 $x^2 = 81$

28 $x^2 - 9 = 0$

29 $x^2 - 4x + 4 = 0$

30 $x^2 + 8x = 0$

31 $4x^2 - 81 = 0$

32 $2x^2 - 3x - 20 = 0$

33 $4x^2 - 3x = 0$

34 $x^2 = 4$

35 $8x^2 - 2x - 3 = 0$

36 $x(x - 3) = 10$

37 $(x + 2)(x + 3) = 6$

38 $(2x - 3)^2 = 8x$

39 $2x(x - 3) = 3x(x - 1)$

40 $\dfrac{3x}{2} - \dfrac{x^2 + x}{2} = \dfrac{3}{8}$

41 $\dfrac{9x - 4}{10} - x + \dfrac{x^2 + 2}{30} = 1$

3 Número de soluciones. Factorización

CARNÉ CALCULISTA

Calcula:

$$\frac{7}{6} : \frac{2}{5} - \frac{3}{2} \cdot \frac{5}{4}$$

PIENSA Y CALCULA

Calcula mentalmente las siguientes raíces cuadradas y halla todas las soluciones reales:

a) $\sqrt{5^2 - 4 \cdot 6}$ b) $\sqrt{6^2 - 4 \cdot 9}$ c) $\sqrt{2^2 - 4 \cdot 2}$

Delta

Δ es la letra griega **delta** mayúscula.

3.1 Número de soluciones

Se llama **discriminante** de la ecuación de 2.º grado, que se representa por Δ, al valor:

$$\Delta = b^2 - 4ac$$

El número de soluciones de una ecuación de 2.º grado depende del signo del discriminante.

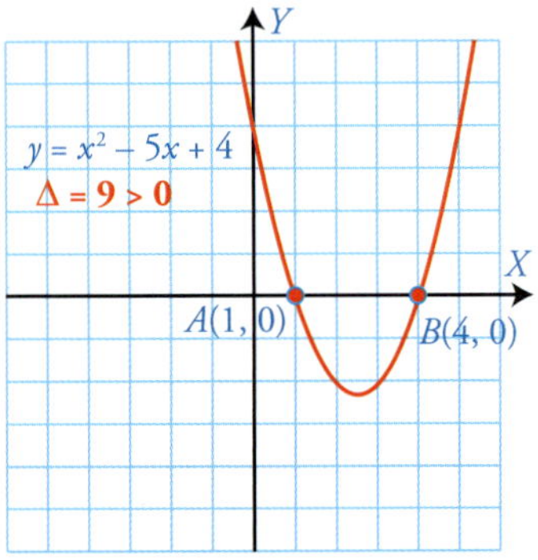

a) Si Δ > 0, la ecuación tiene dos raíces reales y distintas. La gráfica corta al eje *X* en dos puntos.

EJEMPLO

$$x^2 - 5x + 4 = 0 \Rightarrow \Delta = 25 - 16 = 9 > 0$$

La ecuación tiene dos soluciones reales.

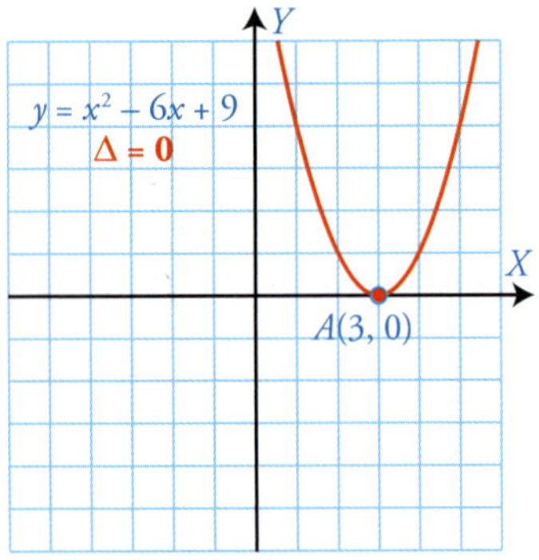

b) Si Δ = 0, la ecuación tiene una solución y se dice que es doble. La gráfica corta al eje *X* en un solo punto, es decir, es tangente al eje *X*

EJEMPLO

$$x^2 - 6x + 9 = 0 \Rightarrow \Delta = 36 - 36 = 0$$

La ecuación tiene una solución doble.

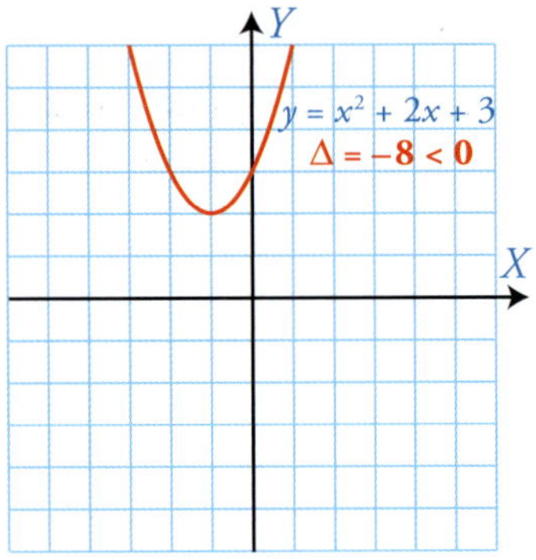

c) Si Δ < 0, la ecuación no tiene soluciones reales. La gráfica no corta al eje *X*

EJEMPLO

$$x^2 + 2x + 3 = 0 \Rightarrow \Delta = 4 - 12 = -8 < 0$$

La ecuación no tiene soluciones reales.

3.2 Descomposición factorial

Un trinomio de 2.º grado $ax^2 + bx + c$ con las soluciones x_1 y x_2 se descompone factorialmente de la siguiente forma:

$$ax^2 + bx + c = a(x - x_1)(x - x_2)$$

EJERCICIO RESUELTO

$$x = \frac{-1 \pm \sqrt{1 + 24}}{2} = \frac{-1 \pm 5}{2} = \begin{cases} 2 \\ -3 \end{cases}$$

7 **Halla la descomposición factorial de $x^2 + x - 6$**

Como se puede observar en el margen, la ecuación $x^2 + x - 6 = 0$ tiene las soluciones $x_1 = 2$, $x_2 = -3$

Luego: $x^2 + x - 6 = (x - 2)(x + 3)$

3.3 Hallar una ecuación conociendo sus soluciones

Para hallar una ecuación de 2.º grado conociendo las soluciones x_1 y x_2, basta con multiplicar los binomios:

$$(x - x_1)(x - x_2) = 0$$

$$\begin{array}{r} x - 2 \\ x + 3 \\ \hline x^2 - 2x \\ 3x - 6 \\ \hline x^2 + x - 6 \end{array}$$

EJERCICIO RESUELTO

8. **Halla una ecuación de 2.º grado que tenga como soluciones 2 y –3**

$(x - 2)(x + 3) = 0 \Rightarrow \mathbf{x^2 + x - 6 = 0}$

3.4 Suma y producto de las soluciones

Las soluciones x_1 y x_2 de la ecuación $ax^2 + bx + c = 0$ cumplen las siguientes relaciones:

- La suma es: $S = -\dfrac{b}{a}$
- El producto es: $P = \dfrac{c}{a}$

EJERCICIO RESUELTO

9. **Halla la suma y el producto de las raíces de la ecuación $3x^2 + 2x - 5 = 0$ sin resolver esta.**

$a = 3, b = 2, c = -5$ $\quad S = -\dfrac{b}{a} \Rightarrow S = -\dfrac{2}{3}$ $\quad P = \dfrac{c}{a} \Rightarrow P = -\dfrac{5}{3}$

Una buena relación

Dividiendo la ecuación

$$ax^2 + bx + c = 0$$

por a, se obtiene:

$$x^2 + \frac{b}{a}x + \frac{c}{a} = 0$$

que se expresa:

$$x^2 - Sx + P = 0$$

EJEMPLO

Si las soluciones de una ecuación de 2.º grado son 2 y 3

$S = 2 + 3 = 5$

$P = 2 \cdot 3 = 6$

La ecuación es:

$\mathbf{x^2 - 5x + 6 = 0}$

APLICA LA TEORÍA

Sin resolverlas y sin hallar el discriminante, calcula mentalmente cuántas soluciones tienen las ecuaciones:

42. $5x^2 - 12x = 0$
43. $x^2 + 25 = 0$
44. $2x^2 = 0$
45. $x^2 - 81 = 0$

Sin resolver las siguientes ecuaciones, determina cuántas soluciones tienen:

46. $x^2 - 6x + 7 = 0$
47. $x^2 - 8x + 16 = 0$
48. $2x^2 - 3x + 5 = 0$
49. $3x^2 - 9x - 3 = 0$

Halla mentalmente la descomposición factorial de los siguientes polinomios:

50. $x^2 + 4x + 4$
51. $x^2 - 6x + 9$
52. $x^2 - 25$
53. $4x^2 + 4x + 1$

Halla la descomposición factorial de los siguientes polinomios:

54. $x^2 + 4x - 5$
55. $x^2 - x - 2$
56. $2x^2 + 9x - 5$
57. $8x^2 + 14x - 15$

Halla, en cada caso, una ecuación de 2.º grado cuyas soluciones son:

58. $x_1 = 5,\ x_2 = -7$
59. $x_1 = 2/5,\ x_2 = -3$
60. $x_1 = -4,\ x_2 = -2/3$
61. $x_1 = 3/5,\ x_2 = -1/2$

Sin resolverlas, calcula la suma y el producto de las soluciones de las siguientes ecuaciones:

62. $5x^2 - 15x + 9 = 0$
63. $x^2 - 6x + 12 = 0$
64. $2x^2 - 5 = 0$
65. $3x^2 - 14x = 0$

4 Problemas de ecuaciones

CARNÉ CALCULISTA

Desarrolla:

$$\left(2x+\frac{1}{3}\right)\left(2x-\frac{1}{3}\right)$$

Factoriza:

$$9x^2+30x+25$$

PIENSA Y CALCULA

Calcula mentalmente:

a) El lado de un cuadrado cuya área es 16 m^2

b) Tres números enteros consecutivos cuya suma sea 12

4.1 Procedimiento de resolución de problemas

Para resolver un problema se debe leer el enunciado tantas veces como sea necesario, hasta que se entienda cuáles son la **incógnita,** los **datos,** las **relaciones** y las **preguntas.**

En los problemas geométricos se debe hacer siempre un dibujo, y en los numéricos, un esquema.

Este procedimiento se puede dividir en los siguientes pasos:

a) **Incógnita, datos y preguntas:** se escriben la **incógnita,** los **datos** y las **preguntas.**

b) **Planteamiento y operaciones:** se plantea la relación, se transforma en una ecuación y se resuelve.

c) **Solución y comprobación:** se escriben las respuestas a las preguntas que propone el problema, y se comprueba que cumplen las relaciones dadas.

<table>
<tr><th>Problemas</th><th>Conviene recordar</th></tr>
<tr><td>Numéricos</td><td>Intenta asociar la incógnita con el número menor.
Tres números consecutivos: x, $x + 1$, $x + 2$. Un número par es $2x$. Un número impar es $2x + 1$
El 15 % de x es $0,15x$</td></tr>
<tr><td>Geométricos</td><td>Haz siempre el dibujo con las medidas proporcionales a los datos.</td></tr>
<tr><td>Edades</td><td>Haz una tabla:
<table>
<tr><th></th><th>Hoy</th><th>Dentro de 10 años</th></tr>
<tr><td>Hijo</td><td>x</td><td>$x + 10$</td></tr>
<tr><td>Madre</td><td>$x + 30$</td><td>$x + 40$</td></tr>
</table></td></tr>
<tr><td>Mezclas</td><td>Haz una tabla:
<table>
<tr><th></th><th>Sustancia A</th><th>Sustancia B</th><th>Mezcla</th></tr>
<tr><td>Precio (€/kg)</td><td>5</td><td>3,5</td><td>4,5</td></tr>
<tr><td>Masa (kg)</td><td>x</td><td>$100 - x$</td><td>100</td></tr>
<tr><td>Dinero (€)</td><td colspan="3">$5x + 3,5(100 - x) = 4,5 \cdot 100$</td></tr>
</table></td></tr>
<tr><td>Relojes</td><td>La velocidad del minutero es 12 veces mayor que la velocidad de la aguja horaria, es decir, mientras la aguja horaria da una vuelta, el minutero da 12</td></tr>
<tr><td>Móviles: metodología del triángulo mágico</td><td>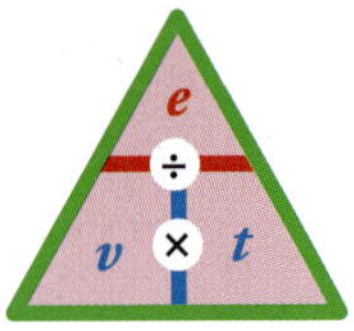

e = Espacio
v = Velocidad
t = Tiempo
La línea vertical multiplica (×): $e = v \times t$
La línea horizontal divide (÷): $v = \frac{e}{t}$ $t = \frac{e}{v}$</td></tr>
<tr><td>Ecuaciones de 2.º grado</td><td>Comprueba las soluciones. Rechaza las soluciones de la ecuación que no lo sean del problema.</td></tr>
</table>

EJERCICIO RESUELTO

(10) El lado de un cuadrado mide 3 m más que el lado de otro cuadrado. Si la suma de las dos áreas es 89 m², calcula las dimensiones de los cuadrados.

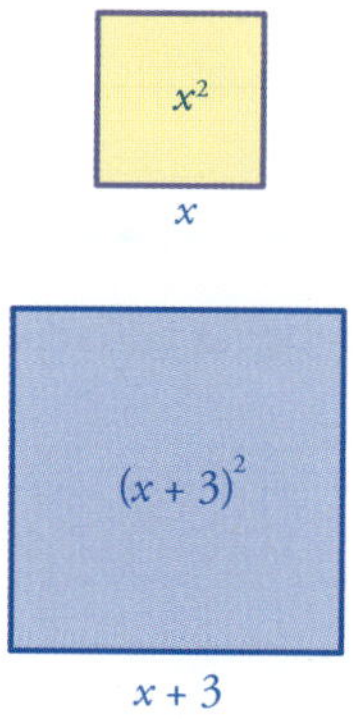

a) Incógnita, datos y preguntas

Longitud del lado del cuadrado pequeño: x
Longitud del lado del cuadrado grande: $x + 3$
La suma de las áreas es 89 m^2
Pregunta: Halla las dimensiones de los cuadrados.

b) Planteamiento y operaciones

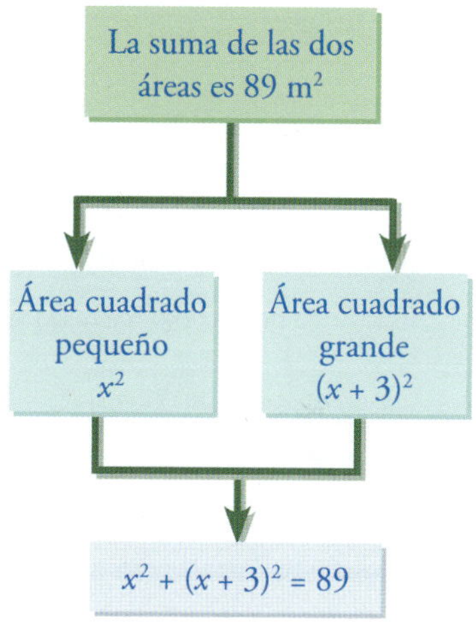

$$x^2 + (x + 3)^2 = 89$$
$$x^2 + x^2 + 6x + 9 = 89$$
$$2x^2 + 6x - 80 = 0$$
$$x^2 + 3x - 40 = 0$$
$$x = \frac{-3 \pm \sqrt{9 + 160}}{2} = \frac{-3 \pm 13}{2} = \begin{cases} 5 \\ -8 \end{cases}$$

c) Solución y comprobación

La solución $x = -8$ no es posible porque el lado de un cuadrado tiene que ser un número positivo.
Lado del cuadrado pequeño = 5 m $\Rightarrow$ área = $5^2 = 25$ m^2
Lado del cuadrado grande = 5 + 3 = 8 m $\Rightarrow$ área = $8^2 = 64$ m^2
Comprobamos que entre los dos suman 89 m^2

$$25 + 64 = 89 \text{ m}^2$$

APLICA LA TEORÍA

66 La suma de dos números es 36, y uno es el doble del otro. Calcula dichos números.

67 La base de un rectángulo mide 8 cm más que la altura. Si su perímetro mide 64 cm, calcula las dimensiones del rectángulo.

68 Se mezcla café de 4,8 €/kg con café de 7,2 €/kg. Si se desea obtener 60 kg de mezcla a 6,5 €/kg, ¿cuántos kilos de cada clase se deben mezclar?

69 Una madre tiene 26 años más que su hijo, y dentro de 10 años la edad de la madre será el doble de la del hijo. ¿Cuántos años tienen en la actualidad?

70 Una moto sale de una ciudad A hacia otra B con una velocidad de 70 km/h. Tres horas más tarde, un coche sale de la misma ciudad y en el mismo sentido con una velocidad de 100 km/h. ¿Cuánto tiempo tardará el coche en alcanzar a la moto?

71 Halla dos números cuya diferencia sea 5 y la suma de sus cuadrados sea 73

72 La suma de los cuadrados de dos números consecutivos es 181. Halla dichos números.

73 Calcula las dimensiones de una finca rectangular sabiendo que tiene 3 dam de larga más que de ancha y su superficie es de 40 dam²

EJERCICIOS Y PROBLEMAS RESUELTOS

EJERCICIOS DE ECUACIONES DE 1.er GRADO

11 Resuelve la ecuación:

$$\frac{5x+2}{4}-\frac{3x-1}{2}=x+\frac{8}{3}$$

a) Eliminar los denominadores.

m.c.m.(4, 2, 3) = 12; se multiplica toda la ecuación por 12

$3(5x+2)-6(3x-1)=12x+32$

b) Eliminar los paréntesis.

$15x+6-18x+6=12x+32$

c) Trasponer términos.

$15x-18x-12x=32-6-6$

d) Reducir términos semejantes.

$-15x=20 \Rightarrow 15x=-20 \Rightarrow 3x=-4$

e) Despejar la incógnita.

$$x=-\frac{4}{3}$$

12 Resuelve la ecuación:

$$(x+2)x(5x-4)=0$$

Cada uno de los factores puede ser cero.

$$(x+2)x(5x-4)=0 \begin{cases} x+2=0 \Rightarrow x=-2 \\ x=0 \\ 5x-4=0 \Rightarrow 5x=4 \Rightarrow x=4/5 \end{cases}$$

EJERCICIOS DE ECUACIONES DE 2.º GRADO

13 Resuelve la ecuación:

$$5x^2-7x=0$$

En esta ecuación incompleta se saca x factor común:

$$x(5x-7)=0 \Rightarrow \begin{cases} x=0 \\ 5x-7=0 \Rightarrow 5x=7 \Rightarrow x=7/5 \end{cases}$$

14 Resuelve la ecuación:

$$9x^2-25=0$$

En esta ecuación incompleta se despeja x^2

$$9x^2=25 \Rightarrow x^2=\frac{25}{9} \Rightarrow x=\sqrt{\frac{25}{9}}=\pm\frac{5}{3}$$

Las soluciones son: $x_1=5/3$, $x_2=-5/3$

15 Resuelve la ecuación:

$$3x^2-2x-8=0$$

$$x=\frac{2\pm\sqrt{4+96}}{6}=\frac{2\pm 10}{6}=\begin{cases} 2 \\ -\frac{8}{6}=-\frac{4}{3} \end{cases}$$

Las soluciones son: $x_1=2$, $x_2=-4/3$

16 Resuelve la ecuación:

$$\frac{x^2+9x}{6}-\frac{2x+3}{2}=x+\frac{1}{6}$$

m.c.m.(6, 2) = 6 $\Rightarrow x^2+9x-3(2x+3)=6x+1$

$x^2+9x-6x-9=6x+1 \Rightarrow x^2-3x-10=0$

$$x=\frac{3\pm\sqrt{9+40}}{2}=\frac{3\pm 7}{2}=\begin{cases} 5 \\ -2 \end{cases}$$

Las soluciones son: $x_1=5$, $x_2=-2$

17 Sin resolver la siguiente ecuación, halla cuántas soluciones tiene

$$x^2-2x-3=0$$

Se calcula el discriminante $\Delta=b^2-4ac$

$\Delta=(-2)^2-4\cdot 1\cdot(-3)=4+12=16>0$

La ecuación tiene **dos raíces reales.**

18 Halla la descomposición factorial de

$4x^2 + 8x - 5$

$4x^2 + 8x - 5 = 4(x - x_1)(x - x_2)$

$$x = \frac{-8 \pm \sqrt{64 + 80}}{8} = \frac{-8 \pm 12}{8} = \begin{cases} \frac{4}{8} = \frac{1}{2} \Rightarrow x_1 = \frac{1}{2} \\ -\frac{20}{8} = -\frac{5}{2} \Rightarrow x_2 = -\frac{5}{2} \end{cases}$$

$4x^2 + 8x - 5 =$ **$4(x - 1/2)(x + 5/2)$**

19 Escribe una ecuación de 2.º grado que tenga las raíces 2 y $-3/4$

$$(x - 2)\left(x + \frac{3}{4}\right) = 0 \Rightarrow x^2 - \frac{5}{4}x - \frac{3}{2} = 0 \Rightarrow 4x^2 - 5x - 6 = 0$$

La ecuación es **$4x^2 - 5x - 6 = 0$**

20 Halla la suma y el producto de las raíces de la ecuación $3x^2 - x - 2 = 0$ sin resolverla.

$$S = -\frac{b}{a} \Rightarrow S = -\frac{-1}{3} = \frac{1}{3} \qquad P = \frac{c}{a} \Rightarrow P = \frac{-2}{3} = -\frac{2}{3}$$

PROBLEMAS DE ECUACIONES DE 1.er Y 2.º GRADO

21 Halla tres números impares consecutivos cuya suma sea 153

Incógnita, datos y preguntas

Tres números impares consecutivos: $2x + 1$; $2x + 3$; $2x + 5$
Los tres números suman 153
Pregunta: Halla tres números impares consecutivos.

Planteamiento y operaciones

$2x + 1 + 2x + 3 + 2x + 5 = 153 \Rightarrow 6x = 144 \Rightarrow x = 24$

Solución y comprobación

Los números son: **49, 51** y **53**

Comprobación: $49 + 51 + 53 = 153$

22 Halla las dimensiones de un rectángulo sabiendo que su perímetro mide 36 m, y su área, 77 m^2

Incógnita, datos y preguntas

Perímetro del rectángulo: 36 m
Observación: **si el perímetro mide 36 m, la suma de dos lados consecutivos es 36/2 = 18 m**
Área del rectángulo: 77 m^2
Base del rectángulo: x; altura del rectángulo: $18 - x$
Pregunta: Halla las dimensiones del rectángulo.

Planteamiento y operaciones

$x(18 - x) = 77$

$18x - x^2 = 77 \Rightarrow -x^2 + 18x - 77 = 0 \Rightarrow x^2 - 18x + 77 = 0$

$$x = \frac{18 \pm \sqrt{324 - 308}}{2} = \frac{18 \pm 4}{2} = \begin{cases} 11 \\ 7 \end{cases}$$

Solución y comprobación

La base mide **11 m** y la altura **7 m**

Comprobación: Perímetro: $2(11 + 7) = 36$ m; área: $11 \cdot 7 = 77$ m^2

EJERCICIOS Y PROBLEMAS PROPUESTOS

1. Ecuaciones de 1.er grado

Resuelve mentalmente las siguientes ecuaciones:

74 $x + 2 = 9$

75 $x - 2 = 3$

76 $3x = 15$

77 $\frac{x}{3} = 7$

78 $4x = 3$

79 $x - 5 = 0$

80 $5x + 7 = 0$

81 $x(x - 4)(x + 5) = 0$

82 $(3x + 2)(5x - 6)(x + 5) = 0$

Resuelve las siguientes ecuaciones:

83 $7x + 2 = 4x - 10$

84 $5 + 3x - 2x = 7 + 4x - x$

85 $6x - 3x + 5 = 2x + 1$

86 $6 - 4x + 2x - 6 = 2x + 5$

87 $4(x + 5) + 3x = 4x - 3(x - 4)$

88 $9 - 2(3x + 4) = 5 - 3(x - 4)$

89 $12 - (7x + 5) = 4 - (5x + 2)$

90 $5(x - 2) + 3(x + 2) = 6(x - 1)$

91 $\frac{6x - 1}{2} = \frac{x - 1}{3} + \frac{4x + 3}{2}$

92 $\frac{4 - x}{5} = 2 - \frac{3x - 2}{10}$

93 $\frac{3x}{2} - 2(x - 3) - \frac{x - 2}{4} = 5 + x$

94 $\frac{x - 5}{2} - \frac{2x - 3}{3} + \frac{10 - x}{12} = 0$

2. Ecuaciones de 2.º grado

Resuelve mentalmente las siguientes ecuaciones:

95 $x^2 = 81$

96 $2x^2 = 0$

97 $x^2 = 36$

98 $7x^2 = 0$

99 $x^2 - 64 = 0$

Resuelve las siguientes ecuaciones:

100 $x^2 - 12x = 0$

101 $(x - 2)^2 - 16 = 0$

102 $x^2 - 6x - 7 = 0$

103 $(x + 1)^2 = 4x$

104 $x^2 + x - 6 = 0$

105 $x^2 - 25 = 0$

106 $x(x - 4) = 2x(x - 3)$

107 $3(x - 2)^2 - 27 = 0$

108 $4x^2 - 9 = 0$

109 $6x^2 - 7x - 3 = 0$

110 $\frac{5x^2}{3} = 3\left(\frac{x^2}{2} - \frac{x}{4}\right)$

111 $5x^2 - 4x = 2x^2$

112 $4x^2 - 51x + 36 = 0$

113 $\frac{x^2 - 4x}{6} - \frac{1}{3} = \frac{5x - 3x^2}{12} + \frac{1}{6}$

3. Número de soluciones. Factorización

Sin resolver las siguientes ecuaciones, determina cuántas soluciones tienen:

114 $x^2 + x - 12 = 0$

115 $x^2 - 4x + 13 = 0$

116 $9x^2 - 12x + 4 = 0$

117 $4x^2 - 12x + 13 = 0$

Halla la descomposición factorial de los siguientes polinomios:

118 $4x^2 - 3x$

119 $x^2 - 144$

120 $9x^2 + 12x + 4$

121 $20x^2 - 7x - 6$

Halla, en cada caso, una ecuación de 2.º grado cuyas soluciones son:

122 $x_1 = 4, \; x_2 = -5$

123 $x_1 = 3/4, \; x_2 = -2$

124 $x_1 = -3, \; x_2 = -1/3$

125 $x_1 = 2/5, \; x_2 = -3/2$

Sin resolverlas, calcula la suma y el producto de las soluciones de las siguientes ecuaciones:

126 $x^2 - 8x + 3 = 0$

127 $x^2 - 7x + 2 = 0$

128 $6x^2 + x - 2 = 0$

129 $5x^2 - 16x + 3 = 0$

4. Problemas de ecuaciones

130 Calcula tres números enteros consecutivos tales que la suma de los tres sea igual al doble del segundo.

131 Si se disminuye la altura de un rectángulo en 3,5 cm, el área disminuye en 21 cm². Calcula la base del rectángulo.

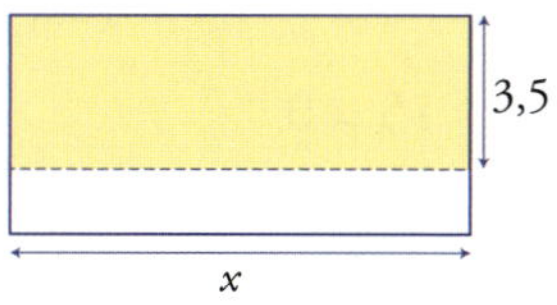

132 Hace siete años, la edad de un padre era cinco veces la del hijo. Si actualmente es solo el triple, ¿qué edad tiene cada uno?

133 Se mezcla azúcar de 1,125 €/kg con azúcar de 1,4 €/kg y se obtienen 200 kg de mezcla a 1,29 €/kg. ¿Cuántos kilos de cada clase se han mezclado?

134 ¿Qué ángulo forman las agujas de un reloj a las tres y media?

135 Un vehículo sale de A con dirección a B y lleva una velocidad constante de 80 km/h. En el mismo instante, otro vehículo sale de B hacia A con una velocidad de 60 km/h. Si la distancia entre A y B es de 280 km, ¿a qué distancia de A se cruzan los dos vehículos?

136 Calcula dos números enteros consecutivos tales que su producto sea 132

137 Un triángulo rectángulo tiene un área de 44 m². Calcula la longitud de los catetos si uno de ellos mide 3 m más que el otro.

Para ampliar

Resuelve las siguientes ecuaciones:

138 $4x + 2 = 3x + 8 - x$

139 $2x + x - 12 + 7x = 9x - 10$

140 $2x - 15 + x = 2x - 8$

141 $5x + 9 + 3x = 2x + 5 + 7x$

142 $3(x - 7) + 1 = 2x - 25$

143 $3(x - 2) = 4(x - 1) - 5$

144 $2(x - 2) - 3x = 2(x + 4) - 5x$

145 $2 - (x + 2) = 2 - (3 - x)$

146 $8(2x + 1) = 7 + 3(5x + 1)$

147 $x - 3 - 2(2x - 6) = 2(x + 5)$

148 $3x - (1 - 2x) - 2x = 4 - x - (5x - 6)$

149 $4(3x - 1) - 3(x - 2) = 2(4x - 2)$

150 $\dfrac{5x + 4}{3} = 13$

151 $\dfrac{5x + 9}{3} = \dfrac{7x + 6}{6}$

152 $\dfrac{x + 3}{2} - 1 = \dfrac{2x - 1}{5}$

153 $\dfrac{x}{3} - \dfrac{5x - 2}{2} = x - \dfrac{2 - 5x}{6}$

154 $\dfrac{5x - 1}{2} - \dfrac{4 + 1}{3} = \dfrac{x - 1}{2} + 4$

155 $\dfrac{2 - x}{5} = 2 - \dfrac{x - 1}{2}$

156 $\dfrac{3x - 2}{5} - 2(5x - 4) - \dfrac{x + 2}{4} = \dfrac{x + 3}{2} - \dfrac{7}{6}$

157 $\dfrac{3x}{4} - \dfrac{2x - 3}{3} + \dfrac{7x + 4}{2} = \dfrac{x}{3} - 5x$

158 $\dfrac{x + 2}{2} - \dfrac{1 - 2x}{7} = \dfrac{11 - x}{14} - 3x + 2$

159 $\dfrac{x - 3}{4} - \dfrac{x - 2}{5} = x + \dfrac{1 - x}{3} - \dfrac{8}{9}$

EJERCICIOS Y PROBLEMAS PROPUESTOS

160 $\frac{4x-1}{12} - \frac{x+2}{8} = \frac{5x}{8} - \frac{12x+1}{36}$

161 $3(x-1) - \frac{2x-3}{4} + \frac{11}{6} = \frac{7x-1}{3} + \frac{1}{12}$

162 $\frac{x+1}{3} - \frac{1-2x}{4} = \frac{20-x}{12} + \frac{3x-5}{4}$

163 $\frac{5x-7}{6} - x = \frac{2x-3}{4} + \frac{x}{2}$

164 $\frac{x+1}{3} - \frac{3x+1}{6} = \frac{1}{6} - \frac{x+1}{9}$

165 $x - \frac{1}{3} - \frac{2x-1}{5} = \frac{2x-1}{3}$

166 $\frac{4x+1}{3} - \frac{x+2}{6} = \frac{2x-1}{5} + \frac{5}{2}$

167 $\frac{x-2}{4} + \frac{11}{6} = \frac{x+1}{6} + \frac{x}{2}$

168 $\frac{5-x}{2} - 18 = 4(1-x) - \frac{x+1}{3}$

169 $\frac{x+3}{3} - \frac{x-2}{4} = \frac{7}{8} - \frac{x-3}{2}$

170 $\frac{2x-1}{8} - \frac{x-4}{6} = \frac{17}{8} - \frac{x+2}{2}$

171 $\frac{x-2}{6} = \frac{x+3}{4} - \frac{x+1}{2} - \frac{1}{3}$

172 $5x^2 = 0$

173 $x^2 - 81 = 0$

174 $x^2 + 2x - 15 = 0$

175 $x^2 - 144 = 0$

176 $2x^2 - 5x - 3 = 0$

177 $x^2 - 4x = 0$

178 $x^2 - 4x - 12 = 0$

179 $4x^2 - 25 = 0$

180 $2x^2 + x - 6 = 0$

181 $5x^2 - 7x + 2 = 0$

182 $x^2 - 169 = 0$

183 $3x^2 - 11x + 6 = 0$

184 $5x^2 - 9x = 0$

185 $x^2 = 4x$

186 $25x^2 - 25x + 4 = 0$

187 $4x^2 - 81 = 0$

188 $6x^2 + 11x - 2 = 0$

189 $4x^2 + 9x = 0$

190 $4x^2 - 7x + 3 = 0$

191 $9x^2 - 1 = 0$

192 $4x^2 - 8x + 3 = 0$

193 $5x^2 + x = 0$

194 $x^2 - 9x + 20 = 0$

195 $4x^2 + 3x - 10 = 0$

196 $25x^2 - 1 = 0$

197 $9x^2 - 18x - 7 = 0$

198 $5x^2 + 8x - 4 = 0$

199 $x + 4x^2 = 0$

200 $4x^2 - 17x + 15 = 0$

201 $7x^2 - 5x - 2 = 0$

202 $(3x-1)^2 = 0$

203 $x(x-3) = 0$

204 $(x-1)(2x-3) = 0$

205 $(x+2)(x-2) = 2(x+3) + 5$

206 $2x(x+1) - (6+x) = (x+3)(x-2)$

207 $x^2 + \frac{3x}{5} - \frac{26}{5} = 0$

208 $x^2 - \frac{3x}{4} - \frac{5}{8} = 0$

209 $x^2 - \frac{2x}{3} = \frac{8}{3}$

210 $x^2 - \frac{10x}{3} - \frac{8}{3} = 0$

211 $x^2 - 2x - \frac{3}{2} = \frac{x}{2}$

212 $6x^2 + 5 = 5x^2 + 8x - 10$

213 $10x^2 - 23x = 4x^2 - 7$

214 $(x-7)^2 - 81 = 0$

215 $11x^2 - 6x - 3 = 2x^2 - 4$

216 $\frac{2x^2}{3} - \frac{x+3}{2} = 3$

217 $\frac{x^2}{6} + \frac{x}{3} = \frac{x^2}{4} + \frac{1}{3}$

218 $\frac{x^2+2}{5} - \frac{x^2+x}{2} = \frac{3x+1}{10}$

219 $\frac{14x-3}{6} = \frac{x^2-x}{3} + \frac{10x+1}{6}$

220 $\frac{x^2-4x+1}{2} = \frac{2x^2-4x-3}{5}$

Problemas

221 Se ha plantado 1/5 de la superficie de una huerta con cebollas; 1/15 con patatas; 2/3 con judías, y el resto, que son 240 m², con tomates. ¿Qué superficie tiene la huerta?

222 Natalia y Roberto tienen, respectivamente, 8 y 2 años. ¿Al cabo de cuántos años la edad de Natalia será el doble de la de Roberto?

223 ¿Qué ángulo forman las agujas del reloj a las tres y cuarto?

224 Los lados de un rectángulo miden 5 m y 3 m. Al aumentar los lados en una misma cantidad, el área aumenta en 48 m². ¿Cuánto se ha ampliado cada lado?

225 Dos ciudades A y B están a 300 km de distancia. A las diez de la mañana un coche sale desde A hacia B con una velocidad de 80 km/h. Dos horas más tarde, otro coche sale desde B hacia A con una velocidad de 120 km/h. ¿A qué hora se encuentran y a qué distancia de A?

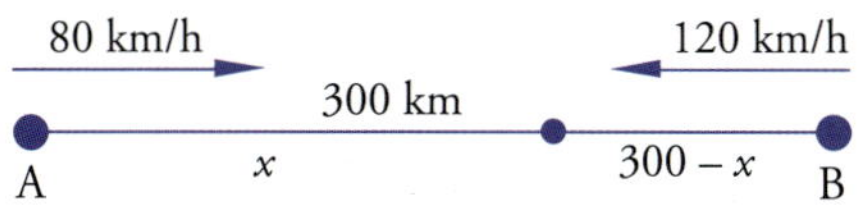

226 La edad de Rubén es la quinta parte de la edad de su padre. Dentro de 3 años, la edad de Rubén será la cuarta parte de la edad de su padre. ¿Qué edad tiene cada uno actualmente?

227 Calcula un número tal que si se le quita su quinta parte, el resultado sea 60

228 El cristal rectangular de una puerta mide 120 cm más de alto que de ancho y su superficie mide 10 800 cm². Calcula cuánto miden los lados del cristal.

229 El producto de dos números enteros consecutivos es igual al cuádruple del menor menos 2 unidades. Encuentra dichos números.

230 Ana tiene 12 años, su hermano Pablo tiene 14, y su padre, 42. ¿Cuántos años deben pasar para que la suma de las edades de Ana y Pablo sea igual a la de su padre?

231 Calcula el área de un círculo sabiendo que si aumentamos el radio en 6 cm, el área se hace nueve veces más grande.

232 Se mezclan 1 800 kg de harina de 0,42 €/kg con 3 500 kg de harina de 0,54 €/kg. ¿Qué precio tiene el kilo de la mezcla?

233 Sonia se ha comprado un libro y un disco que tenían el mismo precio, pero que han rebajado un 15 % y un 10 %, respectivamente, cuando ha ido a pagar. Si se ha ahorrado 9 €, ¿cuánto costaba cada producto?

234 Halla el lado de un cuadrado tal que, al aumentarlo en 5 unidades, el área aumente en 395 unidades cuadradas.

235 Calcula dos números enteros tales que su diferencia sea 2 y la suma de sus cuadrados sea 884

236 ¿A qué hora coinciden, por primera vez, las manecillas del reloj después de las 12 horas?

237 Ruth tiene 17 años y su madre tiene 47. ¿Cuánto ha de transcurrir para que la edad de la hija sea la mitad de la de la madre?

238 De un tablero de 2 400 cm^2 se cortan dos piezas cuadradas, una de ellas con 5 cm más de lado que la otra. Si las tiras de madera que sobran miden 1 283 cm^2, ¿cuánto miden los lados de las piezas cuadradas cortadas?

239 Halla un ángulo que sea igual a un tercio de su ángulo suplementario:

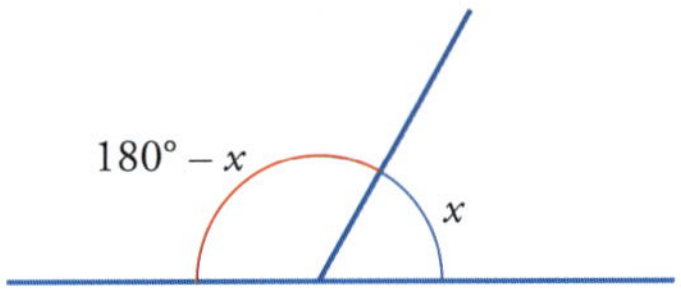

240 Se desea obtener 8 000 kg de pienso mezclando maíz a un precio de 0,5 €/kg con cebada a un precio de 0,3 €/kg. Si se desea que el precio de la mezcla sea de 0,45 €/kg, ¿cuántos kilos de maíz y de cebada necesitamos?

241 Andrés sale a caminar desde su casa a una velocidad de 6 km/h. Una hora más tarde, su hermana Virginia sale a buscarle en bicicleta a una velocidad de 26 km/h. ¿Cuánto tardará en alcanzarlo?

242 Se desea mezclar 50 kg de azúcar blanca de 1,24 €/kg con azúcar morena de 1,48 €/kg. ¿Cuántos kilos de azúcar morena se necesitan para que la mezcla salga a 1,32 €/kg?

Para profundizar

243 Elvira compra unos zapatos, una camisa y una chaqueta. Si la camisa cuesta la mitad que la chaqueta y esta la mitad que los zapatos, y ha pagado 126 €, ¿cuánto cuesta cada cosa?

244 Los lados de un rectángulo miden 7 y 9 cm. Si se amplían los lados en una misma cantidad, la nueva área es de 143 cm^2. ¿Cuánto se ha ampliado cada lado?

245 ¿A qué hora forman las manecillas del reloj un ángulo de 120° por primera vez después de las 12 horas?

246 Calcula un número tal que multiplicado por su mitad sea igual a su cuarta parte más 9

247 Halla un número cuya mitad más su cuarta parte sea igual a 39

248 Halla un número cuya mitad, más su tercera parte, más una unidad, sea igual que el número.

249 Las diagonales de un rombo miden 18 cm y 12 cm. ¿Qué longitud se debe añadir a las diagonales para que el área del rombo se duplique?

250 Halla el valor de k en la siguiente ecuación de forma que su solución sea 2:

$$kx - 3 = 3x - 1$$

251 Una solución de la ecuación $10x^2 - 11x - 6 = 0$ es 3/2. Calcula la otra solución sin resolver la ecuación.

252 En la ecuación $8x^2 - 18x + k = 0$, halla el valor de k de forma que una solución sea el doble de la otra.

253 Un grifo llena un depósito en 3 horas y otro lo hace en 6 horas. ¿Cuánto tiempo tardarán en llenar el depósito los dos grifos a la vez?

254 En un rectángulo, el segmento que une los puntos medios de dos lados consecutivos mide 50 m. Si la razón de los lados es 4/3, calcula el área del rectángulo.

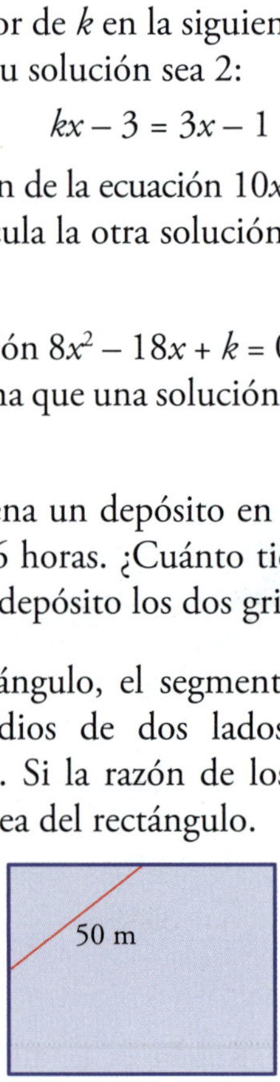

255 Julio invierte 14 000 € en acciones de dos empresas. En una gana el 15 % y en otra pierde un 3,5 %. Si al venderlas obtiene 14 620 €, ¿cuánto invirtió en cada empresa?

Matematización en contextos reales

Cinemática

Si un móvil parte con una velocidad de 60 m/s y con una aceleración de 3 m/s², ¿en cuánto tiempo recorrerá 1 800 m?

$$e = \frac{1}{2}at^2 + v_0t \Rightarrow \frac{1}{2}3t^2 + 60t = 1\,800 \Rightarrow 3t^2 + 120t - 3\,600 = 0$$

$$t^2 + 40t - 1\,200 = 0$$

$$t = \frac{-40 \pm \sqrt{1\,600 + 4\,800}}{2} = \frac{-40 \pm 80}{2} = \begin{cases} 20 \\ -60 \end{cases}$$

La solución es $t = 20$ s. La solución negativa no tiene sentido.

256 ¿En cuánto tiempo recorrerá un móvil 4 200 m si parte con una velocidad de 15 m/s y con una aceleración de 4,5 m/s²?

257 Se deja caer una pelota desde 30 m. Si la aceleración es de 9,8 m/s², ¿cuánto tiempo tardará la pelota en llegar al suelo? La fórmula que tienes que aplicar es:

$$e = \frac{1}{2}gt^2$$

Autoevaluación

1 Explica cómo se factoriza un trinomio de segundo grado y pon un ejemplo.

2 Resuelve las siguientes ecuaciones:

a) $2(3x - 5) - 4(x - 2) = 2 - (x - 1)$

b) $\frac{7 - x}{5} = \frac{7}{2} - (x + 2) - \frac{7x - 5}{10}$

3 Resuelve las siguientes ecuaciones:

a) $x^2 + 4x - 12 = 0$

b) $\frac{x^2 + 5x}{5} = \frac{4 + 10x}{10} + \frac{7x}{15}$

4 Justifica el número de soluciones que tienen las siguientes ecuaciones, sin resolverlas:

a) $x^2 - 5x + 7 = 0$

b) $3x^2 - 12x + 8 = 0$

c) $x^2 - 4x = 0$

d) $9x^2 + 24x + 16 = 0$

5 Halla una ecuación de segundo grado que tenga como soluciones: $x_1 = 3/2$, $x_2 = -5$

6 Encuentra un número tal que multiplicado por su cuarta parte sea igual al doble del número menos 3 unidades.

7 Si se aumenta 4 cm el lado de un cuadrado, el área aumenta en 80 cm². Calcula el lado del cuadrado.

8 Teresa tiene 12 años, su hermano Diego tiene 7, y su padre, 44. ¿Cuántos años deben pasar para que la suma de las edades de Teresa y de Diego sea igual a la del padre?

Mates dinámicas virtuales con GeoGebra y CalcMe en Moodle

1. Ejercicio (Calificación: 2,5 puntos)

Resuelve la siguiente ecuación e interpreta gráficamente la solución:

$$\frac{4-x}{2} = 5 - \frac{x-1}{5} - \frac{2x+3}{3}$$

SOLUCIÓN

En **GeoGebra** elige el *applet:* **Resolución de ecuaciones de 1.er grado con denominadores: Interpretación gráfica.**

Tienes que introducir la ecuación $\mathbf{(4 - x)/2 = 5 - (x - 1)/5 - (2x + 3)/3}$

Resultado, $x =$ [6] Punto de corte con el eje X ([6], [0])

2. Ejercicio (Calificación: 2,5 puntos)

Dibuja la parábola $y = x^2 - 2x - 3$ y calcula las soluciones de la ecuación correspondiente observando la gráfica. Escribe en primer lugar la raíz menor.

SOLUCIÓN

En **GeoGebra** elige el *applet:* **Resolución de la ecuación completa de 2.º grado: Interpretación gráfica.**

Tienes que introducir $\mathbf{x^2 - 2x - 3}$

$x_1 =$ [–1] $x_2 =$ [3]

3. Problema (Calificación: 2,5 puntos)

Halla tres números pares consecutivos tales que su suma sea 204. Escríbelos de menor a mayor.

SOLUCIÓN

$a =$ [66] $b =$ [68] $c =$ [70]

4. Problema (Calificación: 2,5 puntos)

Calcula la longitud del lado de un cuadrado sabiendo que su área es la novena parte del área de otro cuadrado cuyo lado es 8 cm más largo.

SOLUCIÓN

Lado = [4] [cm ▾]

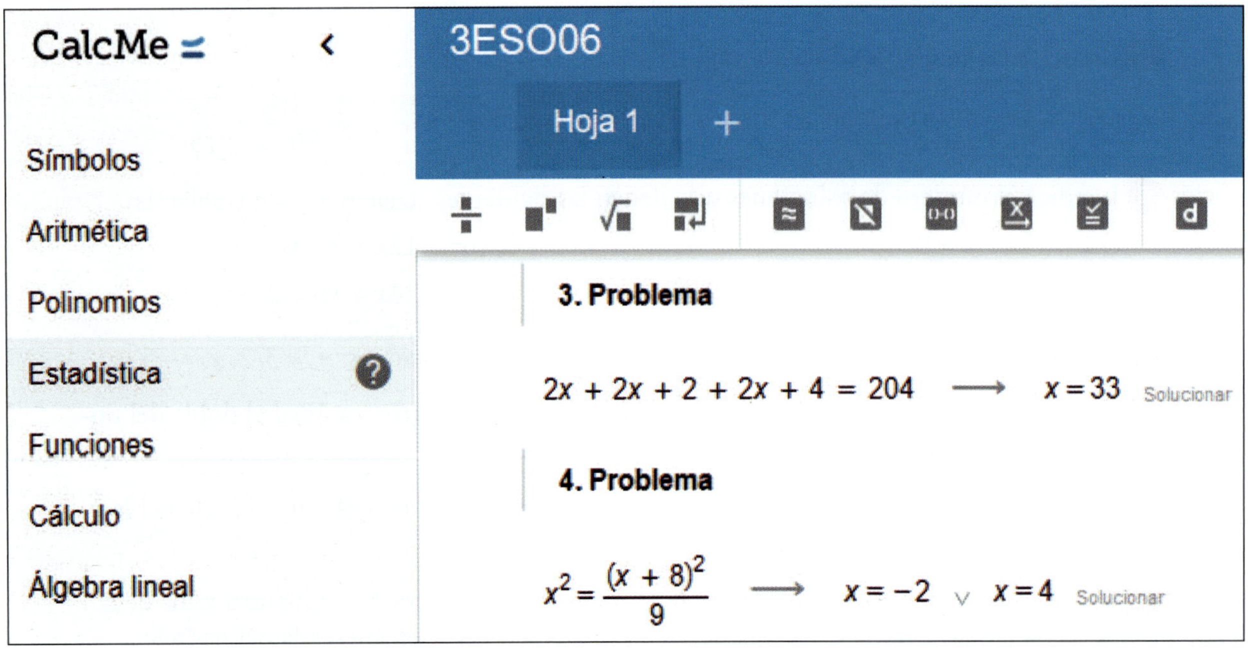

7 Sistemas de ecuaciones lineales

Supongamos que una emprendedora ha montado una frutería ecológica con servicio a domicilio y estima que la oferta y la demanda del consumo diario de naranjas es:

Oferta: $y = 30 + 5x$

Demanda: $y = 60 - 10x$

donde y es el consumo en kilogramos y x es el precio en €/kg

Si se resuelve el sistema de las dos ecuaciones se obtiene que a un precio de 2 €/kg se pueden vender 40 kg diarios de naranjas.

1 Sistemas lineales. Resolución gráfica

a)

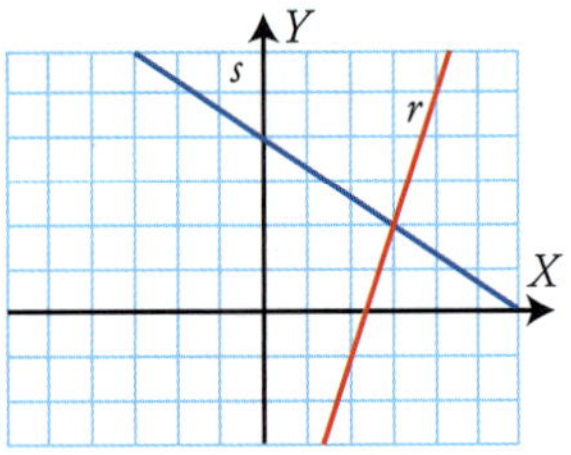

b)

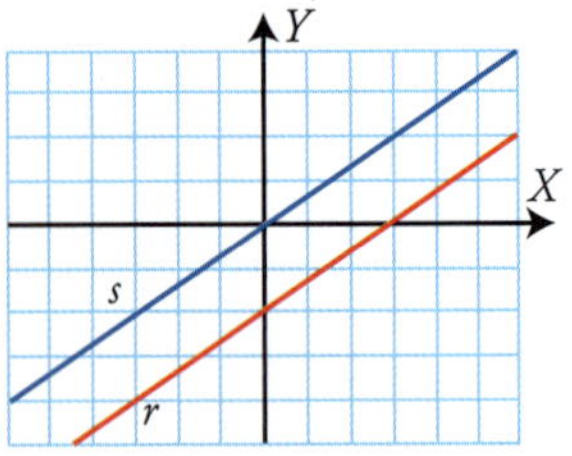

CARNÉ CALCULISTA

Calcula con dos decimales:

73,58 : 0,24

PIENSA Y CALCULA

a) ¿En qué punto se cortan la gráfica roja y la azul?

b) ¿Tienen algún punto en común las rectas del dibujo? ¿Cómo son estas rectas?

1.1 Sistema lineal de dos ecuaciones con dos incógnitas

Un **sistema lineal de dos ecuaciones con dos incógnitas** es una expresión algebraica de la forma:

$$\left.\begin{aligned} ax + \ \ by &= c \\ a'x + b'y &= c' \end{aligned}\right\}$$

donde a, b, c, a', b' y c' son números conocidos; x e y son las incógnitas.

Una **solución** de un sistema lineal de dos ecuaciones con dos incógnitas es un par de valores (x, y) que verifican las dos ecuaciones.

EJERCICIO RESUELTO

① **Comprueba que $x = 2$, $y = 3$ es solución del sistema:** $\left.\begin{aligned} 4x + \ \ y &= 11 \\ 7x - 6y &= -4 \end{aligned}\right\}$

Comprobación: $\left\{\begin{aligned} &4 \cdot 2 + 3 = 8 + 3 = 11 \\ &7 \cdot 2 - 6 \cdot 3 = 14 - 18 = -4 \end{aligned}\right.$

Dos **sistemas** son **equivalentes** si tienen las mismas soluciones.

1.2 Resolución gráfica de un sistema lineal

a) Se representa la recta correspondiente a la 1.ª ecuación.

b) Se representa la recta correspondiente a la 2.ª ecuación.

c) La solución es el punto de corte de ambas rectas.

EJERCICIO RESUELTO

② **Resuelve gráficamente el sistema:** $\left.\begin{aligned} 2x + \ \ y &= 9 \\ x - 3y &= 1 \end{aligned}\right\}$

$2x + y = 9$
$y = 9 - 2x$

Tabla de valores:

x	y	
2	5	$\Rightarrow A(2, 5)$
5	–1	$\Rightarrow B(5, -1)$

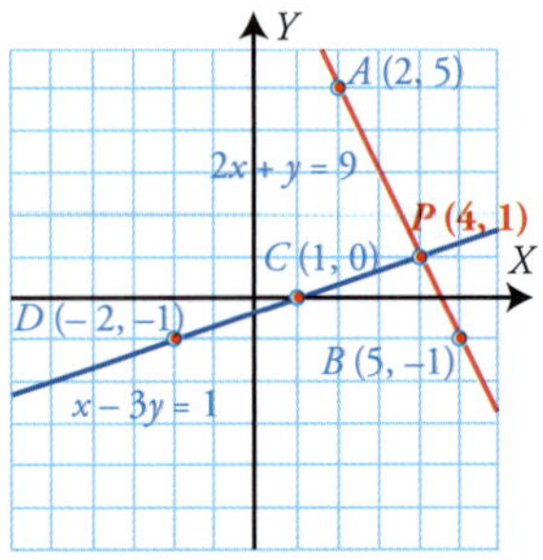

Solución: $x = 4$, $y = 1$

$x - 3y = 1$
$x = 1 + 3y$

Tabla de valores:

x	y	
1	0	$\Rightarrow C(1, 0)$
–2	–1	$\Rightarrow D(-2, -1)$

1.3 Número de soluciones de un sistema lineal

Un sistema lineal se puede clasificar, según el número de soluciones, en:

a) **Compatible determinado:** el sistema tiene **una solución** y las dos rectas se cortan en un punto.

b) **Incompatible:** el sistema **no tiene solución** y las dos rectas son paralelas.

c) **Compatible indeterminado:** el sistema **tiene infinitas soluciones** y las dos rectas son la misma.

La clasificación se puede resumir en la siguiente tabla:

Clasificación de los sistemas	Compatible determinado	Incompatible	Compatible indeterminado
Criterio	$\frac{a}{a'} \neq \frac{b}{b'}$	$\frac{a}{a'} = \frac{b}{b'} \neq \frac{c}{c'}$	$\frac{a}{a'} = \frac{b}{b'} = \frac{c}{c'}$
Interpretación gráfica	Rectas secantes	Rectas paralelas	Rectas coincidentes

EJEMPLO

Sistema	$\left.\begin{array}{r} x + 2y = 8 \\ 3x - y = 3 \end{array}\right\}$	$\left.\begin{array}{r} 2x + 3y = 6 \\ 4x + 6y = -3 \end{array}\right\}$	$\left.\begin{array}{r} 3x - y = -1 \\ -9x + 3y = 3 \end{array}\right\}$
Criterio	$\frac{1}{3} \neq \frac{2}{-1}$	$\frac{2}{4} = \frac{3}{6} \neq \frac{6}{-3}$	$\frac{3}{-9} = \frac{-1}{3} = \frac{-1}{3}$
Interpretación gráfica	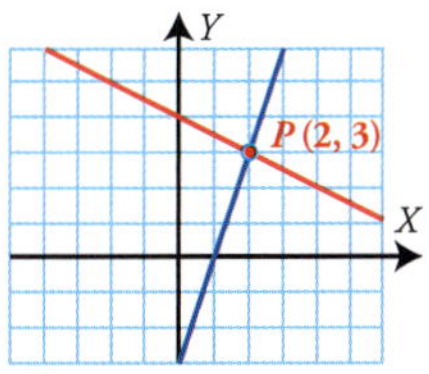 Rectas secantes	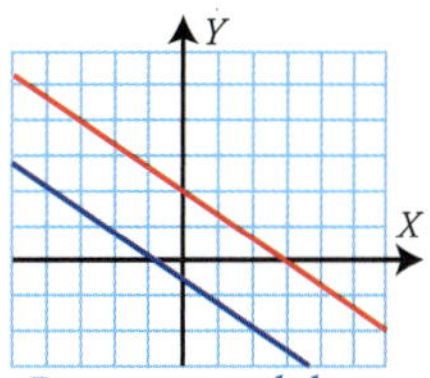 Rectas paralelas	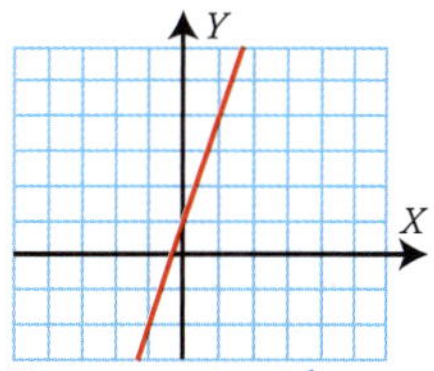 Rectas coincidentes
Clasificación	Sistema compatible determinado	Sistema incompatible	Sistema compatible indeterminado

APLICA LA TEORÍA

1 Comprueba que $x = 2$, $y = -3$ es solución del siguiente sistema:

$$\left.\begin{array}{r} 3x - y = 9 \\ 5x + 2y = 4 \end{array}\right\}$$

2 Resuelve gráficamente el siguiente sistema:

$$\left.\begin{array}{r} 2x + y = 4 \\ x - 3y = -5 \end{array}\right\}$$

3 Aplica el criterio que relaciona los coeficientes del siguiente sistema para hallar cuántas soluciones tiene, haz la interpretación gráfica, clasifícalo y resuélvelo gráficamente:

$$\left.\begin{array}{r} -2x + y = -1 \\ 4x - 2y = 2 \end{array}\right\}$$

4 Aplica el criterio que relaciona los coeficientes del siguiente sistema para hallar cuántas soluciones tiene, haz la interpretación gráfica, clasifícalo y resuélvelo gráficamente:

$$\left.\begin{array}{r} x - 3y = -7 \\ 3x + 2y = 1 \end{array}\right\}$$

5 Aplica el criterio que relaciona los coeficientes del siguiente sistema para hallar cuántas soluciones tiene, haz la interpretación gráfica, clasifícalo y resuélvelo gráficamente:

$$\left.\begin{array}{r} 2x + y = 5 \\ 6x + 3y = 3 \end{array}\right\}$$

6 Escribe un sistema que tenga como solución $x = 2$, $y = 3$

2 Métodos de sustitución e igualación

PIENSA Y CALCULA

Resuelve mentalmente el siguiente sistema sustituyendo el valor de y de la primera ecuación en la segunda:

$$\left.\begin{array}{r} y = 2x \\ x + y = 15 \end{array}\right\}$$

CARNÉ CALCULISTA

Desarrolla: $(2a - 5)^2$

Factoriza: $x^2 - 10x + 25$

2.1 Método de sustitución

Se resuelven fácilmente por **sustitución** los sistemas en los que una de las incógnitas ya esté despejada.

a) Se sustituye el valor de la incógnita despejada en la otra ecuación.

b) Se resuelve la ecuación resultante.

c) El valor obtenido se sustituye en la ecuación donde estaba despejada la 1.ª incógnita.

EJERCICIO RESUELTO

3 Resuelve por sustitución el sistema: $\left.\begin{array}{r} \mathbf{y = 3x} \\ \mathbf{2x + y = 5} \end{array}\right\}$

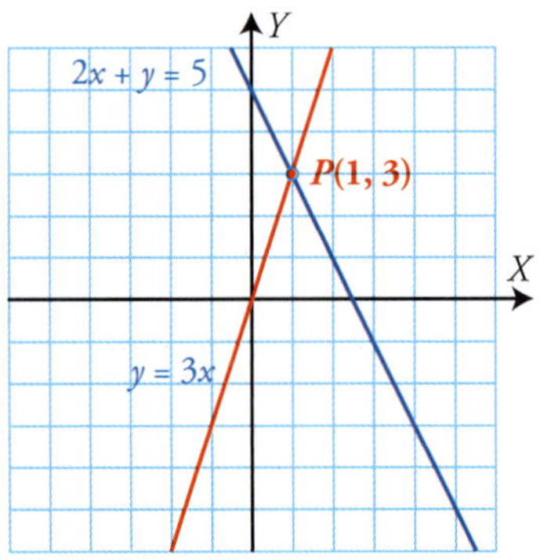

a) Se sustituye el valor de y de la 1.ª ecuación en la 2.ª ecuación.	$2x + 3x = 5$
b) Se resuelve la ecuación resultante.	$5x = 5$ $x = 1$
c) El valor obtenido se sustituye en la ecuación donde estaba despejada la incógnita inicial.	$x = 1$ en $y = 3x$ $y = 3 \cdot 1 = 3$
La solución es $x = 1, y = 3$	

Sistema con denominadores

Cuando un sistema tiene denominadores, primero hay que transformarlo en otro equivalente que no los tenga. Para ello se halla el m.c.m. de los denominadores de cada una de las ecuaciones y se multiplica toda la ecuación por dicho m.c.m.

EJERCICIO RESUELTO

4 Resuelve el sistema: $\left.\begin{array}{r} \dfrac{y}{4} = \dfrac{x}{2} \\ \dfrac{5x}{2} - \dfrac{7y}{6} = \dfrac{1}{2} \end{array}\right\}$

m.c.m. (4, 2) = 4. Se multiplica la 1.ª ecuación por 4

m.c.m. (2, 6) = 6. Se multiplica la 2.ª ecuación por 6

El sistema equivalente es: $\left.\begin{array}{r} y = 2x \\ 15x - 7y = 3 \end{array}\right\}$

Se sustituye el valor de y de la 1.ª ecuación en la 2.ª

$$15x - 7 \cdot 2x = 3$$
$$15x - 14x = 3$$
$$x = 3$$

Sustituyendo $x = 3$ en $y = 2x \Rightarrow y = 6$

La solución es $\mathbf{x = 3, y = 6}$

2.2 Método de igualación

Se resuelven fácilmente por **igualación** los sistemas en los que una de las dos incógnitas ya esté despejada en las dos ecuaciones.

a) Se igualan los valores de la incógnita despejada.

b) Se resuelve la ecuación resultante.

c) El valor obtenido se sustituye en la ecuación más sencilla donde estaba despejada la otra incógnita.

EJERCICIO RESUELTO

5 Resuelve por igualación el sistema:

$$\left.\begin{aligned} y &= 2x \\ y &= 10 - 3x \end{aligned}\right\}$$

a) Se igualan los valores de la y	$2x = 10 - 3x$
b) Se resuelve la ecuación resultante.	$2x + 3x = 10$ $5x = 10$ $x = 2$
c) El valor obtenido se sustituye en la ecuación más sencilla donde estaba despejada la otra incógnita.	$x = 2$ en $y = 2x$ $y = 2 \cdot 2 = 4$
La solución es $x = 2, y = 4$	

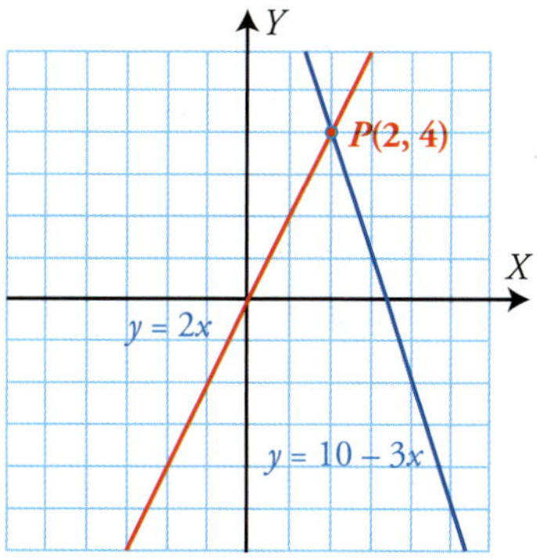

APLICA LA TEORÍA

7 Resuelve por el método más sencillo:

$$\left.\begin{aligned} y &= 3 - 2x \\ 3x - 4y &= 10 \end{aligned}\right\}$$

8 Resuelve por el método más sencillo:

$$\left.\begin{aligned} y &= 3x - 7 \\ y &= 13 - 2x \end{aligned}\right\}$$

9 Resuelve por el método más sencillo:

$$\left.\begin{aligned} 2x + 3y &= 12 \\ x &= 5y - 7 \end{aligned}\right\}$$

10 Resuelve el siguiente sistema:

$$\left.\begin{aligned} x &= 2y + 1 \\ x &= -1 - 6y \end{aligned}\right\}$$

11 Resuelve el siguiente sistema:

$$\left.\begin{aligned} \frac{x}{2} &= 11 - 3y \\ 2x - \frac{y}{3} &= 7 \end{aligned}\right\}$$

12 Resuelve el siguiente sistema:

$$\left.\begin{aligned} y &= 1 - 0{,}5x \\ y &= 0{,}25x + 0{,}25 \end{aligned}\right\}$$

3 Reducción y qué método utilizar

CARNÉ CALCULISTA

Resuelve la ecuación:

$$\frac{2x-1}{4}-\frac{3x+1}{5}=\frac{5x-2}{6}$$

Se resuelven fácilmente por **reducción** los sistemas en los que una incógnita tenga los coeficientes:

a) **Iguales:** restando ambas ecuaciones.

b) **Opuestos:** sumando ambas ecuaciones.

EJEMPLO

$$\left.\begin{aligned}2x+3y&=12\\5x-3y&=9\end{aligned}\right\}$$

$7x = 21 \Rightarrow x = 3$

$2 \cdot 3 + 3y = 12$

$3y = 6 \Rightarrow y = 2$

Solución: $x = 3, y = 2$

c) **Uno es múltiplo del otro:** multiplicando la ecuación que tenga el menor coeficiente por un número para que ambos coeficientes sean opuestos.

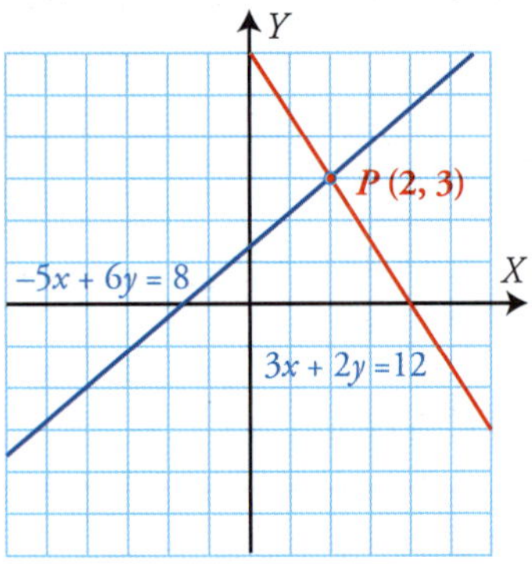

PIENSA Y CALCULA

Suma mentalmente las dos ecuaciones del sistema y halla el valor de x
Sustituye mentalmente este valor en la primera ecuación y halla el valor de y

$$\left.\begin{aligned}5x+2y&=12\\3x-2y&=4\end{aligned}\right\}$$

3.1 Método de reducción

a) Mediante multiplicaciones apropiadas, se obtiene un sistema equivalente que tiene en la misma incógnita los coeficientes opuestos.

b) Se suman las dos ecuaciones.

c) Se resuelve la ecuación resultante.

d) El valor obtenido se sustituye en la ecuación más sencilla y se halla el valor de la otra incógnita.

EJERCICIO RESUELTO

6 Resuelve por reducción el sistema:

$$\left.\begin{aligned}3x+2y&=12\\-5x+6y&=8\end{aligned}\right\}\begin{matrix}3\cdot 1.^a\\-2.^a\end{matrix}$$

a) Se multiplica la 1.ª ecuación por 3, la 2.ª se cambia de signo y se suman las dos ecuaciones.	$9x + \cancel{6y} = 36$ $5x - \cancel{6y} = -8$ $14x = 28$
b) Se resuelve la ecuación resultante.	$x = 2$
c) El valor obtenido se sustituye en la ecuación inicial más sencilla.	$x = 2$ en $3x + 2y = 12$ $3 \cdot 2 + 2y = 12$ $6 + 2y = 12$ $2y = 6$ $y = 3$
La solución es $x = 2, y = 3$	

La mejor estrategia que se puede utilizar en la resolución cuando los coeficientes no sean iguales, opuestos o uno múltiplo del otro consiste en:

a) Si **no son primos entre sí,** se halla el m.c.m. de ambos y se multiplica cada ecuación por un número, de forma que este m.c.m. sea el coeficiente.

EJEMPLO

$$\left.\begin{aligned}4x+5y&=13\\6x-7y&=5\end{aligned}\right\}\text{ m.c.m. }(4, 6) = 12 \Rightarrow \begin{cases}\xrightarrow{12:4=3}\\ \xrightarrow{12:6=2\Rightarrow -2}\end{cases}\left.\begin{aligned}\cancel{12x}+15y&=39\\-\cancel{12x}+14y&=-10\end{aligned}\right\}$$

b) Si **son primos entre sí,** se multiplica cada ecuación por el coeficiente de la incógnita de la otra ecuación.

EJEMPLO

$$\left.\begin{aligned} 7x - 3y &= 11 \\ -9x + 5y &= -13 \end{aligned}\right\} \begin{matrix} 5 \cdot 1.^{a} \\ 3 \cdot 2.^{a} \end{matrix} \Rightarrow \left.\begin{aligned} 35x - \cancel{15y} &= 55 \\ -27x + \cancel{15y} &= -39 \end{aligned}\right\}$$

3.2 ¿Qué método utilizar?

Todos los sistemas se pueden resolver por los tres métodos, pero hay sistemas en los que un método es mucho más sencillo de aplicar que otro. Para elegir un método se debe tener en cuenta:

a) Se resuelven fácilmente por **sustitución** los sistemas en los que solo una de las incógnitas esté despejada.

b) Se resuelven fácilmente por **igualación** los sistemas en los que la misma incógnita esté despejada en las dos ecuaciones.

c) Se resuelven por **reducción** los sistemas en los que no haya ninguna incógnita despejada.

EJERCICIO RESUELTO

7 **¿Por qué método se debería resolver cada uno de los sistemas siguientes?**

a) $\left.\begin{aligned} y &= 3x - 9 \\ y &= -4x + 5 \end{aligned}\right\}$ b) $\left.\begin{aligned} 2x + 3y &= 1 \\ 4x - 5y &= 13 \end{aligned}\right\}$ c) $\left.\begin{aligned} x &= 2y - 7 \\ 3x + 4y &= 9 \end{aligned}\right\}$

a) El sistema se debe resolver por **igualación.** La incógnita y está despejada en las dos ecuaciones.

b) El sistema se debe resolver por **reducción.** No hay ninguna incógnita despejada.

c) El sistema se debe resolver por **sustitución.** La incógnita x está despejada en la 1.ª ecuación y no lo está en la 2.ª.

APLICA LA TEORÍA

13 Resuelve por el método más sencillo:

$$\left.\begin{aligned} 3x + 2y &= 7 \\ 5x - 2y &= 1 \end{aligned}\right\}$$

14 Resuelve por el método más sencillo:

$$\left.\begin{aligned} 3x - 2y &= 8 \\ 3x + 7y &= -1 \end{aligned}\right\}$$

15 Resuelve por el método más sencillo:

$$\left.\begin{aligned} 2x + 3y &= 5 \\ 6x + 5y &= 3 \end{aligned}\right\}$$

16 Resuelve por el método más sencillo:

$$\left.\begin{aligned} 3x - 2y &= 13 \\ 4x + 5y &= 2 \end{aligned}\right\}$$

17 Resuelve el siguiente sistema por el método más sencillo:

$$\left.\begin{aligned} y &= 4x - 1 \\ 2x + 3y &= 25 \end{aligned}\right\}$$

18 Resuelve por el método más sencillo el siguiente sistema:

$$\left.\begin{aligned} 2x + 3y &= 7 \\ 4x - 3y &= -4 \end{aligned}\right\}$$

19 Resuelve el siguiente sistema por el método más sencillo:

$$\left.\begin{aligned} x &= 2y - 1 \\ x &= 3y - 6 \end{aligned}\right\}$$

4 Problemas de sistemas

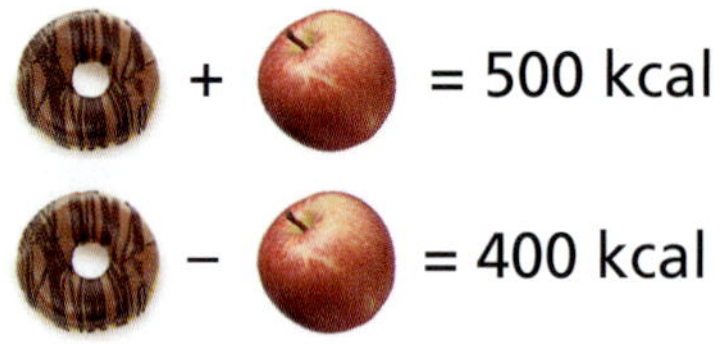

PIENSA Y CALCULA

Averigua por qué debemos comer fruta en vez de bollería. En el margen está planteado un sistema de dos ecuaciones con dos incógnitas.

a) Suma las dos ecuaciones y halla las kcal de un dónut de chocolate.

b) Observando la primera ecuación y sabiendo las kcal de un dónut de chocolate, calcula las kcal de una manzana.

CARNÉ CALCULISTA

Resuelve la ecuación:

$$3x^2 - 6x = 0$$

4.1 Procedimiento de resolución de problemas

Para resolver un problema se debe leer el enunciado varias veces hasta que se entienda muy bien cuáles son las **incógnitas,** los **datos,** las **relaciones** y las **preguntas.** En los problemas geométricos se debe hacer siempre el dibujo, y en los numéricos, un esquema. Este procedimiento se puede dividir en:

a) **Incógnita, datos y pregunta:** se escriben las **incógnitas,** los **datos** y las **preguntas.**

b) **Planteamiento y operaciones:** se plantean las relaciones, se transforman en un sistema y se resuelve este sistema.

c) **Solución y comprobación:** se escriben las respuestas a las preguntas que plantea el problema, se comprueba que son coherentes y que cumplen las relaciones dadas.

Nombres de las incógnitas

Si los 2 objetos comienzan por letras diferentes pondremos como incógnitas las iniciales de los nombres de los 2 objetos. En otro caso, le pondremos x e y

Si conocemos qué valor es el menor y cuál es el mayor, debemos asociar el valor de la 1.ª incógnita x al valor más pequeño y el de la 2.ª incógnita y al valor mayor.

4.2 Problemas numéricos

EJERCICIO RESUELTO

8 Ana tiene el triple de dinero que Pablo y entre los dos tienen 800 €. ¿Cuánto dinero tiene cada uno?

a) Incógnitas, datos y pregunta.

Dinero que tiene Ana: A; dinero que tiene Pablo: P

Ana tiene el triple que Pablo. Entre los dos tienen 800 €

Pregunta: ¿Cuánto dinero tiene cada uno?

b) Planteamiento y operaciones.

Ana tiene el triple que Pablo $\Rightarrow A = 3P$

(Dinero de Ana) + (Dinero de Pablo) = 800 € $\Rightarrow A + P = 800$

Sistema: $\left.\begin{array}{l} A = 3P \\ A + P = 800 \end{array}\right\}$ *Se resuelve el sistema por sustitución.*

$3P + P = 800 \Rightarrow 4P = 800 \Rightarrow P = 200$

Sustituyendo $P = 200$ *en* $A = 3P \Rightarrow A = 3 \cdot 200 = 600$

$A = 600, P = 200$

c) Solución y comprobación.

Ana tiene 600 € y Pablo tiene 200 €. Ana tiene el triple que Pablo.

$600 = 3 \cdot 200$. *Entre los dos tienen:* $600 + 200 = 800$ €

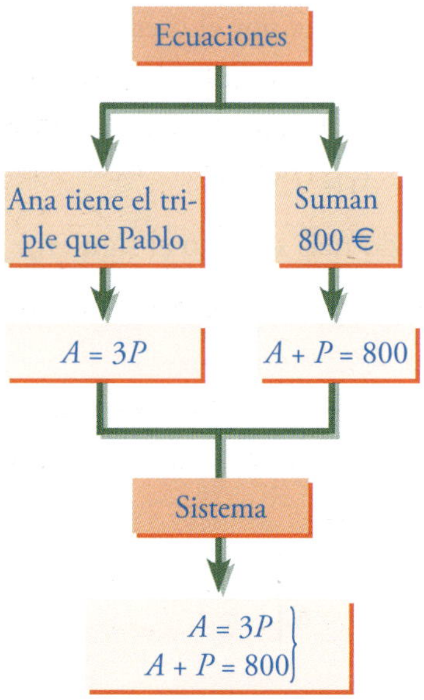

4.3 Problemas geométricos

EJERCICIO RESUELTO

9 **En un rectángulo, la suma de las longitudes de la base y de la altura es 35 m y la longitud de la base menos la longitud de la altura es 7 m. ¿Cuánto mide cada lado?**

a) Incógnitas, datos y pregunta.

Medida de la base: b; medida de la altura: a
La suma de la base y de la altura es 35 m
La base menos la altura es 7 m
Pregunta: ¿Cuánto mide la base y la altura?

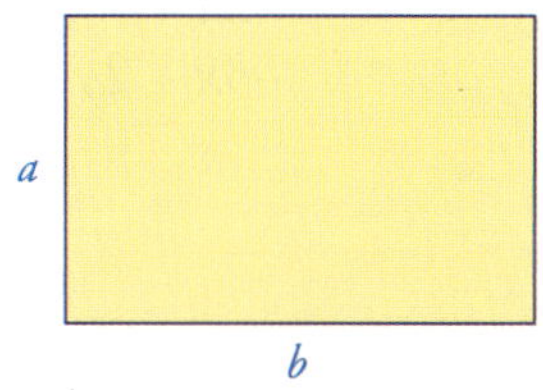

b) Planteamiento y operaciones.

Base + Altura = 35 $\Rightarrow b + a = 35$

Base – Altura = 7 $\Rightarrow b - a = 7$

Sistema: $\left.\begin{array}{l} b + a = 35 \\ b - a = 7 \end{array}\right\}$ *Se resuelve por reducción.*

Sumando las dos ecuaciones se obtiene:

$2b = 42 \Rightarrow b = 21$

Sustituyendo $b = 21$ *en* $b + a = 35$

$21 + a = 35$

$a = 14$

$b = 21,\ a = 14$

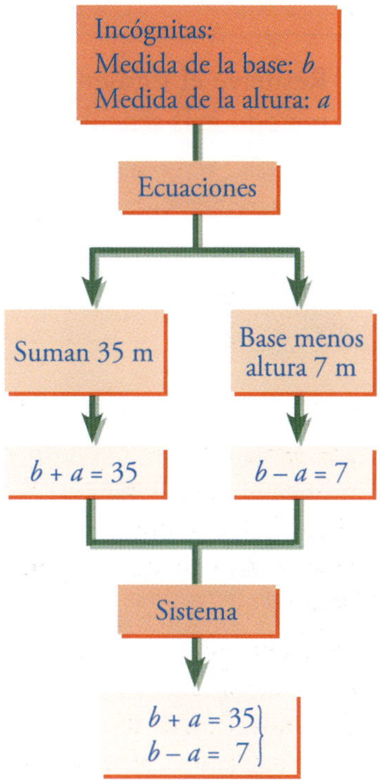

c) Solución y comprobación.

La base mide 21 m; la altura mide 14 m
Suma de la base y de la altura: 21 + 14 = 35 m
Base menos altura: 21 – 14 = 7 m

APLICA LA TEORÍA

20 Halla dos números sabiendo que uno es el doble del otro y que entre los dos suman 51

21 En un garaje hay 18 vehículos entre coches y motos. Sin contar las ruedas de repuesto hay 58 ruedas. ¿Cuántas motos y coches hay?

22 El perímetro de un triángulo isósceles mide 65 m, y cada uno de los lados iguales mide el doble del lado desigual. ¿Cuánto mide cada lado?

23 El doble de un número más el triple de otro número es igual a 80, y el quíntuplo del primero menos la mitad del segundo es igual a 56. ¿De qué números se trata?

24 Los alumnos de un centro van a ir al teatro. El precio de una entrada sin descuento es de 4,5 € y con descuento especial para colegios es de 1,5 €. Se sacan 250 entradas, unas con descuento y otras sin descuento, y en total se pagan 675 €. ¿Cuántas entradas se han comprado con descuento? ¿Y sin descuento?

25 Tres aguacates y 2 mangos cuestan 12 €; 4 aguacates y 4 mangos cuestan 18 €. Calcula cuánto cuestan cada aguacate y cada mango.

26 Halla la ecuación de la recta $ax + by = 2$ sabiendo que pasa por los puntos $A(1, 2)$ y $B(3, 7)$

EJERCICIOS DE SISTEMAS DE ECUACIONES

10 Resuelve gráficamente el siguiente sistema:

$$\left.\begin{array}{r} 2x + y = -1 \\ -3x + 2y = 12 \end{array}\right\}$$

$2x + y = -1$

$y = -2x - 1$

Tabla de valores:

x	y	
0	−1	$A(0, -1)$
2	−5	$B(2, -5)$

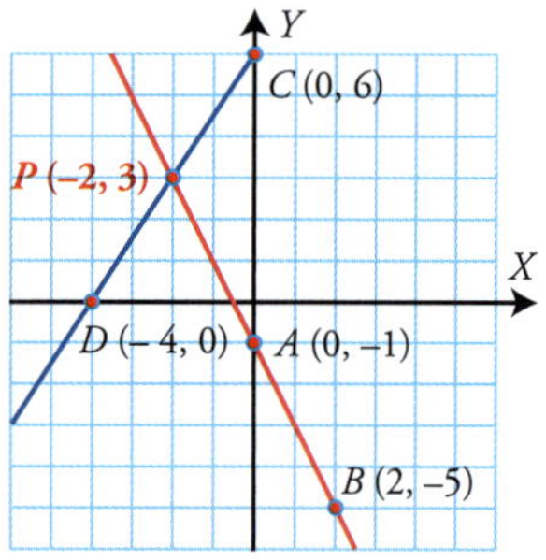

$-3x + 2y = 12$

$y = \dfrac{3}{2}x + 6$

Tabla de valores:

x	y	
0	6	$C(0, 6)$
−4	0	$D(-4, 0)$

La solución es $x = -2$, $y = 3$

11 Resuelve el siguiente sistema por el método más sencillo:

$$\left.\begin{array}{r} y = 3x - 8 \\ 5x - 2y = 13 \end{array}\right\}$$

Se resuelve por sustitución:

a) Se sustituye el valor de y de la 1.ª ecuación en la 2.ª: $5x - 2(3x - 8) = 13$

b) Se resuelve la ecuación resultante:

$5x - 6x + 16 = 13$

$-x = -3 \Rightarrow x = 3$

c) Se sustituye el valor de x en la 1.ª ecuación donde estaba despejada la y

$x = 3$ en $y = 3x - 8 \Rightarrow y = 3 \cdot 3 - 8 = 9 - 8 = 1$

La solución es $x = 3$, $y = 1$

12 Resuelve el siguiente sistema por el método más sencillo:

$$\left.\begin{array}{r} x = 2y + 8 \\ x = -3y - 2 \end{array}\right\}$$

Se resuelve por igualación:

a) Se igualan los valores: $2y + 8 = -3y - 2$

b) Se resuelve la ecuación resultante:

$2y + 3y = -2 - 8$

$5y = -10$

$y = -2$

c) Se sustituye el valor de y en la ecuación inicial más sencilla donde estaba despejada la x

$y = -2$ en $x = 2y + 8 \Rightarrow x = 2 \cdot (-2) + 8 = -4 + 8 = 4$

La solución es $x = 4$, $y = -2$

13 Resuelve el siguiente sistema por el método más sencillo:

$$\left.\begin{array}{r} 4x - 5y = -14 \\ -3x + 7y = 17 \end{array}\right\}$$

Se resuelve por reducción:

a) Como 4 y – 3 son primos entre sí, se multiplica la 1.ª ecuación por 3 y la 2.ª por 4, y se suman las dos ecuaciones:

$$\begin{array}{r} \cancel{12x} - 15y = -42 \\ -\cancel{12x} + 28y = 68 \\ \hline 13y = 26 \end{array}$$

b) Se resuelve la ecuación resultante: $y = 2$

c) Se sustituye el valor de y en la ecuación más sencilla:

$y = 2$ en $4x - 5y = -14 \Rightarrow 4x - 10 = -14 \Rightarrow 4x = -4 \Rightarrow x = -1$

La solución es $x = -1$, $y = 2$

(14) Resuelve el siguiente sistema:

$$\left.\begin{array}{r} \dfrac{3x}{4} - \dfrac{y}{3} = \dfrac{1}{2} \\ \dfrac{x+1}{3} + \dfrac{y-1}{2} = 2 \end{array}\right\}$$

a) Se eliminan denominadores:

m.c.m.(4, 3, 2) = 12. Se multiplica la 1.ª ecuación por 12

m.c.m.(3, 2) = 6. Se multiplica la 2.ª ecuación por 6

$$\left.\begin{array}{r} 9x - 4y = 6 \\ 2(x+1) + 3(y-1) = 12 \end{array}\right\} \Rightarrow \left.\begin{array}{r} 9x - 4y = 6 \\ 2x + 3y = 13 \end{array}\right\}$$

b) Se resuelve por reducción. Se multiplica la 1.ª ecuación por 3 y la 2.ª por 4, y se suman las ecuaciones.

$$\left.\begin{array}{r} 27x - \cancel{12y} = 18 \\ 8x + \cancel{12y} = 52 \end{array}\right\}$$
$$35x = 70 \Rightarrow x = 2$$

c) Sustituyendo $x = 2$ en $2x + 3y = 13 \Rightarrow 4 + 3y = 13 \Rightarrow 3y = 9 \Rightarrow y = 3$

La solución es **$x = 2$, $y = 3$**

PROBLEMAS DE SISTEMAS DE ECUACIONES

(15) En la compra de 6 lámparas y 5 cuadros iguales se pagan 310 €. Si en el precio de las lámparas se realiza un 20 % de descuento y en el de los cuadros un 40 %, se pagan 228 €. ¿Cuál es el precio de las lámparas y el de los cuadros?

Incógnitas, datos y pregunta

Precio de las 6 lámparas = L; precio de los 5 cuadros = C

Por las 6 lámparas y los 5 cuadros se pagan 310 €

Hechos los descuentos se pagan 228 €

Pregunta: ¿Cuál es el precio de cada objeto?

Planteamiento y operaciones

$$\left.\begin{array}{r} L + C = 310 \\ 0{,}8L + 0{,}6C = 228 \end{array}\right\} \Rightarrow \left.\begin{array}{r} L + C = 310 \\ 8L + 6C = 2\,280 \end{array}\right\} \Rightarrow \left.\begin{array}{r} -6L - 6C = -1\,860 \\ 8L + 6C = 2\,280 \end{array}\right\}$$
$$2L = 420$$
$$L = 210$$

Si $L = 210$ en $L + C = 310 \Rightarrow 210 + C = 310 \Rightarrow C = 100$

Solución

Una lámpara cuesta 210 : 6 = **35 €**

Un cuadro cuesta 100 : 5 = **20 €**

(16) José tiene 9 años más que su hermana Ana y hace tres años tenía el doble. ¿Cuántos años tiene actualmente cada uno?

Incógnitas, datos y pregunta

	Edad actual	Hace 3 años
José	J	$J - 3$
Ana	A	$A - 3$

Planteamiento y operaciones

$$\left.\begin{array}{r} J = A + 9 \\ J - 3 = 2(A - 3) \end{array}\right\} \Rightarrow \left.\begin{array}{r} J = A + 9 \\ J - 3 = 2A - 6 \end{array}\right\} \Rightarrow \left.\begin{array}{r} J = A + 9 \\ J = 2A - 3 \end{array}\right\}$$

Se resuelve por igualación:

$2A - 3 = A + 9 \Rightarrow A = 12$, como $J = A + 9 \Rightarrow J = 21$

Solución

La edad de José es **21 años,** y la de Ana, **12 años.**

EJERCICIOS Y PROBLEMAS RESUELTOS

17 Al mezclar un limpiador A cuyo precio es 7 €/L con un limpiador B de 14 €/L, la mezcla cuesta 10 €/L. Calcula cuántos litros de cada limpiador se han mezclado sabiendo que del limpiador B se han usado 3 L menos.

Incógnitas, datos y pregunta

Cantidad de litros del limpiador A = A
Cantidad de litros del limpiador B = B
Precio del limpiador A: 7 €/L
Precio del limpiador B: 14 €/L
Precio de la mezcla: 10 €/L
Del limpiador B se han usado 3 L menos.
Pregunta: ¿Cuántos litros se han usado de cada limpiador?

Planteamiento y operaciones

	Limpiador A	Limpiador B	Mezcla
Precio (€/L)	7	14	10
Capacidad (L)	A	B	$A + B$
Dinero (€)	$7A + 14B = 10(A + B)$		

$$\left.\begin{aligned} 7A + 14B &= 10(A + B) \\ B &= A - 3 \end{aligned}\right\} \Rightarrow \left.\begin{aligned} 7A + 14B &= 10A + 10B \\ B &= A - 3 \end{aligned}\right\} \Rightarrow \left.\begin{aligned} -3A + 4B &= 0 \\ B &= A - 3 \end{aligned}\right\}$$

Se resuelve por sustitución:
Sustituimos $B = A - 3$ en $-3A + 4B = 0$
$-3A + 4(A - 3) = 0$
$-3A + 4A - 12 = 0$
$A = 12$
Sustituimos $A = 12$ en $B = A - 3 \Rightarrow B = 12 - 3 = 9$

Solución

Se han usado **12 L del limpiador A** y **9 L del limpiador B.**

18 Calcula lo que mide cada uno de los lados del siguiente rectángulo. Las unidades están en metros.

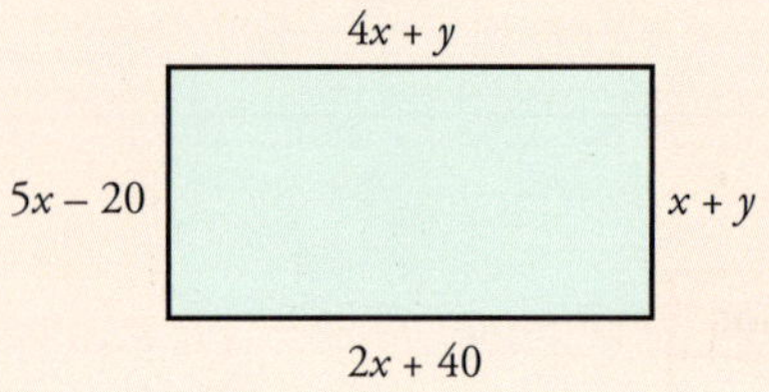

Incógnitas, datos y pregunta

Las incógnitas están en el dibujo.
Las longitudes de los lados paralelos tienen que ser iguales.
Pregunta: ¿Cuánto miden los lados?

Planteamiento y operaciones

$$\left.\begin{aligned} 4x + y &= 2x + 40 \\ 5x - 20 &= x + y \end{aligned}\right\} \Rightarrow \left.\begin{aligned} 2x + y &= 40 \\ 4x - y &= 20 \end{aligned}\right\}$$

Se resuelve por reducción:
Sumando obtenemos: $6x = 60 \Rightarrow x = 10$
Sustituimos $x = 10$ en $2x + y = 40$
$2 \cdot 10 + y = 40 \Rightarrow 20 + y = 40 \Rightarrow y = 20$

Solución y comprobación

La base mide: $2 \cdot 10 + 40 = 20 + 40 =$ **60 m**
La altura mide: $5 \cdot 10 - 20 = 50 - 20 =$ **30 m**
Comprobación:
La otra base mide: $4 \cdot 10 + 20 = 40 + 20 = 60$ m
La otra altura mide: $10 + 20 = 30$ m

19 Isabel ha recorrido en su coche la distancia entre la ciudad A y la ciudad B a 100 km/h. El regreso de B a A lo hace a 80 km/h y tarda 24 minutos más. Calcula el tiempo empleado en la ida y la distancia entre las ciudades A y B

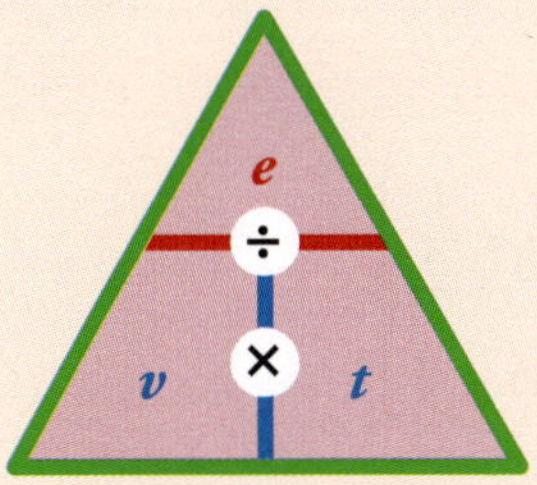

e = Espacio
v = Velocidad
t = Tiempo
La línea vertical multiplica (×):
$e = v \times t$

Incógnitas, datos y pregunta

Tiempo que tarda en la ida = x
Tiempo que tarda en la vuelta = y
Velocidad de ida: 100 km/h; velocidad de vuelta: 80 km/h
En la vuelta tarda 24 min más, es decir $\frac{24}{60} = \frac{2}{5} = 0{,}4$ h más.

Preguntas: ¿Cuánto tiempo empleó en la ida? ¿Qué distancia hay entre las ciudades A y B?

Planteamiento y operaciones

	Velocidad (km/h)	Tiempo (h)	Espacio (km)
Ida	100	x	$100x$
Vuelta	80	y	$80y$

$$\left.\begin{array}{l} 100x = 80y \\ y = x + 0{,}4 \end{array}\right\}$$

Se resuelve por sustitución:
Sustituimos $y = x + 0{,}4$ en $100x = 80y$
$100x = 80(x + 0{,}4) \Rightarrow 100x = 80x + 32 \Rightarrow 20x = 32 \Rightarrow x = 1{,}6$
Sustituimos $x = 1{,}6$ en $y = x + 0{,}4 \Rightarrow y = 1{,}6 + 0{,}4 = 2$ h
Espacio = $100 \cdot 1{,}6 = 160$ km

Solución

El tiempo de ida ha sido de **1,6 h** y el espacio recorrido es de **160 km**

20 Calcula dos números enteros sabiendo que los cinco sextos del menor es inferior en 8 unidades a los tres quintos del mayor y que ambos números son proporcionales a 2 y 5

Incógnitas, datos y pregunta

Número menor = x; número mayor = y
Cinco sextos del menor es 8 unidades inferior a tres quintos del mayor. Son proporcionales a 2 y 5
Pregunta: ¿Cuáles son los números?

Planteamiento y operaciones

$$\left.\begin{array}{r} \frac{5}{6}x + 8 = \frac{3}{5}y \\ \frac{x}{2} = \frac{y}{5} \end{array}\right\} \Rightarrow \left.\begin{array}{r} 25x + 240 = 18y \\ 5x = 2y \end{array}\right\} \Rightarrow \left.\begin{array}{r} 25x - 18y = -240 \\ 5x - 2y = 0 \end{array}\right\}$$

Se resuelve por reducción, cambiando de signo la 1.ª ecuación y multiplicando la 2.ª ecuación por 5 y sumando:

$$\begin{array}{rcrcr} -\cancel{25x} & + & 18y & = & 240 \\ \cancel{25x} & - & 10y & = & 0 \\ \hline & & 8y & = & 240 \end{array} \Rightarrow y = 30$$

Sustituimos $y = 30$ en $5x - 2y = 0$
$5x - 2 \cdot 30 = 0 \Rightarrow 5x = 60 \Rightarrow x = 12$

Solución

El número **menor es 12** y el **mayor es 30**

EJERCICIOS Y PROBLEMAS PROPUESTOS

1. Sistemas lineales. Resolución gráfica

27 Comprueba que $x = -1$, $y = 5$ es solución del siguiente sistema:

$$\left.\begin{aligned} -3x + 2y &= 13 \\ 4x + y &= 1 \end{aligned}\right\}$$

Resuelve gráficamente los siguientes sistemas:

28 $\left.\begin{aligned} 3x - y &= 5 \\ 2x + 3y &= -4 \end{aligned}\right\}$

29 $\left.\begin{aligned} x + y &= 1 \\ x - 2y &= -8 \end{aligned}\right\}$

30 $\left.\begin{aligned} x - 2y &= -4 \\ 2x + y &= 7 \end{aligned}\right\}$

31 $\left.\begin{aligned} 2x + y &= -6 \\ 3x - y &= 1 \end{aligned}\right\}$

32 $\left.\begin{aligned} x - 4y &= 12 \\ x + 3y &= -2 \end{aligned}\right\}$

33 $\left.\begin{aligned} 3x + y &= 10 \\ 2x + 3y &= 9 \end{aligned}\right\}$

Aplica el criterio que relaciona los coeficientes de cada sistema para hallar cuántas soluciones tiene, haz la interpretación gráfica, clasifícalo y resuélvelo gráficamente:

34 $\left.\begin{aligned} 2x + y &= 1 \\ 2x + y &= -1 \end{aligned}\right\}$

35 $\left.\begin{aligned} x + 2y &= 3 \\ 2x + 4y &= 6 \end{aligned}\right\}$

36 $\left.\begin{aligned} 3x - y &= -5 \\ x + 2y &= -4 \end{aligned}\right\}$

37 $\left.\begin{aligned} x + 3y &= 7 \\ 3x + 9y &= -5 \end{aligned}\right\}$

38 $\left.\begin{aligned} -2x + y &= -1 \\ 4x - 2y &= 2 \end{aligned}\right\}$

39 $\left.\begin{aligned} 2x - y &= 9 \\ 3x - 5y &= 10 \end{aligned}\right\}$

40 Escribe un sistema que tenga como solución:

$$x = -1,\ y = 2$$

2. Métodos de sustitución e igualación

Resuelve por el método más sencillo:

41 $\left.\begin{aligned} x &= -2y \\ 3x + 7y &= 1 \end{aligned}\right\}$

42 $\left.\begin{aligned} 7x + 2y &= 4 \\ y &= 1 - 5x \end{aligned}\right\}$

43 $\left.\begin{aligned} y &= 3x - 5 \\ y &= 1 - 2x \end{aligned}\right\}$

44 $\left.\begin{aligned} y &= -2x + 3 \\ y &= 5x - 4 \end{aligned}\right\}$

45 $\left.\begin{aligned} 2x - 3y &= 1 \\ y &= 7 - 3x \end{aligned}\right\}$

46 $\left.\begin{aligned} x &= 3 - 0{,}75y \\ x &= 0{,}5y + 5 \end{aligned}\right\}$

3. Reducción y qué método utilizar

Resuelve por el método más sencillo:

47 $\left.\begin{aligned} 3x + 2y &= 17 \\ -3x + 5y &= 11 \end{aligned}\right\}$

48 $\left.\begin{aligned} y &= 3 - 2x \\ 3x - 4y &= 10 \end{aligned}\right\}$

49 $\left.\begin{aligned} 4x - 5y &= 22 \\ 3x - 5y &= 19 \end{aligned}\right\}$

50 $\left.\begin{aligned} x &= 2y + 3 \\ 3x + 4y &= 5 \end{aligned}\right\}$

51 $\left.\begin{aligned} 3x - 4y &= 3 \\ 5x + 6y &= 5 \end{aligned}\right\}$

52 $\left.\begin{aligned} y &= 3x + 1 \\ y &= 4x - 2 \end{aligned}\right\}$

53 $\left.\begin{aligned} 2x - 3y &= 9 \\ 5x + 4y &= 11 \end{aligned}\right\}$

54 $\left.\begin{aligned} y &= 2x + 8 \\ y &= -x - 1 \end{aligned}\right\}$

55 $\left.\begin{aligned} \frac{x}{3} + \frac{y}{2} &= 5 \\ \frac{x}{2} - \frac{y}{4} &= 1 \end{aligned}\right\}$

56 $\left.\begin{aligned} \frac{x-2}{4} - \frac{y}{5} &= \frac{1}{2} \\ 3(x - 1) + 2(y + 3) &= 4 \end{aligned}\right\}$

4. Problemas de sistemas

57 Halla dos números sabiendo que uno es el cuádruplo del otro y que entre los dos suman 55

58 Dos hogazas de pan y 8 barras pesan 6 kg, y 12 barras y una hogaza pesan 4 kg. ¿Cuánto pesa cada barra de pan y cada hogaza?

59 El triple de un número menos el doble de otro número es igual a 45 y el doble del primero menos la cuarta parte del segundo es igual a 43. ¿De qué números se trata?

60 El perímetro de un romboide mide 42 m y un lado mide 7 m más que el otro. ¿Cuánto mide cada lado?

61 Un ángulo de un rombo mide el doble que el otro. ¿Cuánto mide cada ángulo?

Para ampliar

62 Resuelve gráficamente los sistemas:

a) $\left.\begin{array}{l} x + y = 0 \\ x - y = 0 \end{array}\right\}$ b) $\left.\begin{array}{l} 2x - y = 0 \\ x - 2y = 0 \end{array}\right\}$

Resuelve por el método más sencillo los siguientes sistemas:

63 $\left.\begin{array}{l} 3x + 2y = 2 \\ 5x - 4y = 40 \end{array}\right\}$

64 $\left.\begin{array}{l} x = 16 - y \\ x = y - 2 \end{array}\right\}$

65 $\left.\begin{array}{l} 2x + 3y = 12 \\ 3x - 2y = 5 \end{array}\right\}$

66 $\left.\begin{array}{l} 3x - 5y = 4 \\ y = 7 - 2x \end{array}\right\}$

67 $\left.\begin{array}{l} x = y - 7 \\ x = 5 - 2y \end{array}\right\}$

68 $\left.\begin{array}{l} 5x + 3y = 11 \\ 3x + 5y = 13 \end{array}\right\}$

69 $\left.\begin{array}{r} \dfrac{x}{3} = \dfrac{y}{4} \\ 2x + 3y = 9 \end{array}\right\}$

70 $\left.\begin{array}{r} \dfrac{x}{2} + \dfrac{y}{3} = 3 \\ 5x + 2y = 4x + 10 \end{array}\right\}$

71 $\left.\begin{array}{r} \dfrac{x + 2y}{5} = 3 \\ 2x + 5y - 8 = 4(y + 1) \end{array}\right\}$

72 $\left.\begin{array}{l} 0{,}25x + 0{,}5y = 2 \\ 0{,}75x - 0{,}5y = 5 \end{array}\right\}$

73 Escribe un sistema que tenga la solución:

$$x = 3,\ y = -1$$

74 Calcula el valor de k para que $x = 2$, $y = 1$ sea solución del sistema:

$$\left.\begin{array}{l} x + 2y = 4 \\ kx - y = 9 \end{array}\right\}$$

75 Calcula dos números sabiendo que suman 92 y que su diferencia es 22

76 Para una fiesta se compran refrescos a 0,85 € y bolsas de frutos secos a 1,25 €. Por cada refresco se compran tres bolsas de frutos secos y en total se pagan 230 €. ¿Cuántos refrescos y bolsas se han comprado?

77 Halla dos números cuya suma sea 12 y el primero más el doble del segundo sea igual a 19

78 Un ángulo de un rombo mide el triple que el otro. ¿Cuánto mide cada ángulo?

79 Halla la edad de un padre y la de su hijo sabiendo que la edad del padre es el triple de la del hijo y la diferencia de las edades entre ambos es de 28 años.

80 Halla los lados de un rectángulo sabiendo que el perímetro mide 130 m y que la base es 3/2 de la altura.

81 Un pantalón y una camisa cuestan 60 € y he pagado por ellos 52,8 €. Si en el pantalón me han hecho el 10 % de descuento, y en la camisa el 15 %, ¿cuánto costaba cada prenda?

82 Halla dos números cuya suma es 72 y son proporcionales a 5 y 3

Problemas

83 Se mezcla café de calidad extra de 12 €/kg con café normal de 7 €/kg para obtener una mezcla de 40 kg a 9 €/kg. ¿Cuántos kilos hemos mezclado de cada clase?

84 Halla la ecuación de la recta $y = ax + b$ sabiendo que pasa por los puntos $A(1, 5)$ y $B(-1, 1)$

85 José ha comprado en el mercado 3 kg de manzanas y 2 kg de higos y ha pagado 14 € por toda la fruta. Sabiendo que el precio del kilo de higos es el doble que el de manzanas, halla el precio del kilo de manzanas y del kilo de higos.

86 El perímetro de un triángulo isósceles mide 27,5 m y cada uno de los lados iguales mide 2,5 m más que el desigual. ¿Cuánto mide cada lado?

87 Por una camisa y un pantalón se han pagado 120 €, y por dos camisas y tres pantalones se han pagado 312 €. ¿Cuánto cuestan cada camisa y cada pantalón?

88 El ángulo desigual de un triángulo isósceles mide la mitad de cada uno de los iguales. ¿Cuánto mide cada uno de los ángulos?

89 Pedro y María van a comprar cuadernos y bolígrafos. Pedro paga 30 € por 5 cuadernos y 6 bolígrafos, y María paga 34 € por 7 cuadernos y 2 bolígrafos. ¿Cuánto cuestan cada cuaderno y cada bolígrafo?

90 Una fábrica hace bicicletas del tipo A, que llevan 1 kg de acero y 3 kg de aluminio, y otras del tipo B, que llevan 2 kg de acero y 2 kg de aluminio. Si la empresa tiene 240 kg de acero y 360 kg de aluminio, ¿cuántas bicicletas puede construir de cada modelo?

91 Se mezcla aceite puro de oliva de 3,5 €/L con aceite de orujo de 2,5 €/L, para obtener 400 litros de mezcla a 2,75 €/L. ¿Cuántos litros hemos mezclado de cada aceite?

92 Halla dos números sabiendo que al dividir el mayor entre el menor se obtiene de cociente 2 y de resto 3, y que la suma de los dos números es 39

93 Entre conejos y gallinas hay 48 animales en un corral. Sabiendo que en total hay 86 patas, ¿cuántos conejos y gallinas hay? Interpreta el resultado.

94 El triple de un número más otro número es igual a 29 y el doble del primero menos la mitad del segundo es igual a 10. ¿De qué números se trata?

95 Reparte 55 € proporcionalmente a 2 y 3

96 En una tienda, 2 pares de zapatos y 3 pares de deportivos cuestan 170 €, y se han pagado por ellos 132 €. Si en los zapatos han hecho el 25 % de descuento y en los deportivos el 20 %, ¿cuánto costaba cada par?

97 El perímetro de un rectángulo mide 21 m y uno de los lados mide el doble del otro. ¿Cuánto mide cada lado?

98 Dos revistas deportivas y una de automóviles cuestan 6 €. Cuatro revistas deportivas y dos de automóviles cuestan 12 €. Calcula cuánto cuestan cada revista deportiva y cada revista de automóviles. Interpreta el resultado que se obtiene.

Para profundizar

99 Halla dos números tales que su suma sea 25 y la sexta parte del primero más cinco veces el segundo sea igual a 38

100 Entre Juan y Antonio hacen un trabajo por el que cobran 654 €. Si Juan ha hecho los 2/3 del trabajo que ha hecho Antonio, ¿cuánto tiene que cobrar cada uno?

101 En un puesto se venden melones y sandías por unidades. Por la compra de 3 melones y 2 sandías se pagan 8 €, y por la compra de 6 melones y 4 sandías se pagan 15 €. Calcula el precio de cada melón y de cada sandía e interpreta el resultado que obtengas.

102 Calcula las dimensiones de un rectángulo cuyo perímetro es 306 m y cuya altura mide los 3/4 de la base.

103 Se mezcla cebada de 0,15 €/kg con trigo de 0,2 €/kg para obtener 500 kg de pienso para animales a 0,17 €/kg. ¿Cuántos kilos de cebada y de trigo hemos mezclado?

104 El perímetro de un rectángulo mide 24 m y la suma de dos lados contiguos mide 12 m. Calcula la longitud de los lados del rectángulo e interpreta el resultado que obtengas.

105 Halla dos números directamente proporcionales a 5 y 7 cuya suma sea 36

106 La suma de las edades de un padre y su hijo es de 75 años y la diferencia es de 45 años. ¿Qué edad tienen el padre y el hijo?

107 Un número está compuesto de dos cifras que suman 6 unidades. Si cambiamos las dos cifras de orden, el número aumenta en 18 unidades. ¿De qué número se trata?

Matematización en contextos reales

Problemas de velocidades

108 Dos ciudades, A y B, distan entre sí 600 km. De la ciudad A sale hacia la ciudad B un coche a 80 km/h. Al mismo tiempo sale de la ciudad B hacia la ciudad A una moto a 120 km/h. Calcula el tiempo que tardarán en encontrarse y la distancia que ha recorrido cada vehículo.

El tiempo t es el mismo para los dos y hay que aplicar la fórmula $e = v \cdot t$

109 Dos ciudades, A y B, distan entre sí 800 km. De la ciudad A sale hacia la ciudad B un tren de mercancías a 80 km/h. Tres horas más tarde sale de la misma estación A otro tren de pasajeros a 120 km/h. Calcula el tiempo que tardará el segundo tren en alcanzar al primero y la distancia que han recorrido los dos trenes.

Autoevaluación

1 Clasifica un sistema a partir del número de soluciones y pon un ejemplo de un sistema incompatible.

2 Resuelve gráficamente el sistema: $\left.\begin{array}{r} 2x + y = 5 \\ x - 3y = -1 \end{array}\right\}$

3 Resuelve por el método más sencillo el siguiente sistema:

$$\left.\begin{array}{r} y = -3x \\ 2x - 3y = 11 \end{array}\right\}$$

4 Resuelve por el método más sencillo el siguiente sistema:

$$\left.\begin{array}{r} y = 2 - 2x \\ 3x - y = -7 \end{array}\right\}$$

5 Resuelve por el método más sencillo el siguiente sistema:

$$\left.\begin{array}{r} 2x + 3y = 7 \\ 5x - 6y = 4 \end{array}\right\}$$

6 Resuelve por el método más sencillo el siguiente sistema:

$$\left.\begin{array}{r} x = 2y - 1 \\ x = 3y - 6 \end{array}\right\}$$

7 Halla dos números sabiendo que entre los dos suman 66 y que uno es la mitad del otro. Resuélvelo utilizando un sistema de ecuaciones.

8 Un prado tiene forma rectangular. La altura del rectángulo mide 5 m menos que la base, y el perímetro mide 82 m. Halla el área del prado. Resuélvelo utilizando un sistema de ecuaciones.

1. Ejercicio (Calificación: 2,5 puntos)

Dibuja las siguientes rectas y, a la vista de la solución, clasifica el sistema: $\left.\begin{array}{r} 2x - y = 5 \\ 8x - 4y = -8 \end{array}\right\}$

SOLUCIÓN

En **GeoGebra** elige el *applet:* **Número de soluciones de un sistema lineal.**

Tienes que escribir cada ecuación donde se indica recta roja y recta azul.
El sistema es: **Incompatible ▼** **No tiene solución ▼**

2. Ejercicio (Calificación: 2,5 puntos)

Resuelve algebraicamente el siguiente sistema: $\left.\begin{array}{r} 2x - \dfrac{y+2}{5} = 9 \\ \dfrac{x-2}{3} + 4y = 13 \end{array}\right\}$

SOLUCIÓN

Abre **CalcMe** y resuelve el sistema. También se puede hacer en **GeoGebra.**

$x =$ **5** $y =$ **3**

3. Problema (Calificación: 2,5 puntos)

Un ángulo de un romboide mide el cuádruple que el otro. ¿Cuánto mide cada ángulo?

Resuélvelo mediante un sistema de dos ecuaciones. Escribe primero el ángulo menor.

SOLUCIÓN

Se puede hacer en **CalcMe** o en **GeoGebra** con el *applet:* **Procedimiento de resolución de problemas.**

$x =$ **36** ° ▼ $y =$ **144** ° ▼

4. Problema (Calificación: 2,5 puntos)

El perímetro de una parcela rectangular mide 400 m y uno de los lados mide 20 m más que el otro. Calcula las dimensiones de la parcela. Resuélvelo mediante un sistema de dos ecuaciones. Escribe primero el lado menor.

SOLUCIÓN

Se puede hacer en **CalcMe** o en **GeoGebra** con el *applet:* **Procedimiento de resolución de problemas.**

Escribe las incógnitas, las condiciones y transforma cada condición en una ecuación.

$x =$ **90** **m ▼** $y =$ **110** **m ▼**

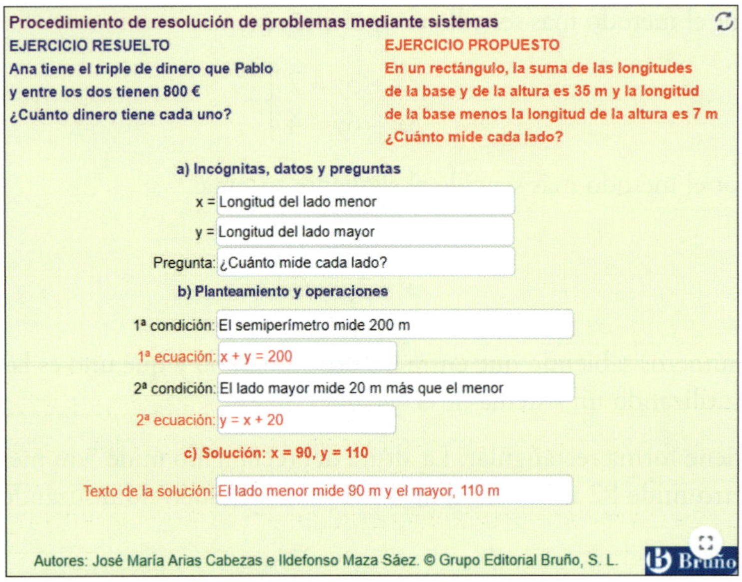

BLOQUE III

GEOMETRÍA

CONTENIDOS DEL BLOQUE

La geometría (*geo* = tierra; *metrón* = medida) comenzó siendo la ciencia de la medida de los terrenos o parcelas. Sirve para resolver múltiples problemas de nuestra vida cotidiana. Gracias a la geometría se pueden representar y estudiar las formas en el plano y en el espacio; se resuelven problemas de semejanza, se calculan longitudes inaccesibles, y las áreas y volúmenes de los cuerpos en el espacio. Gracias a la geometría se observan los mosaicos y los frisos del arte árabe. También en la naturaleza se ven ejemplos geométricos en la simetría de flores, estrellas de mar, mariposas, etcétera.

GRANDES EN MATEMÁTICAS

1000 a. C.

Los egipcios se centraron principalmente en el cálculo de áreas y volúmenes. Su desarrollo geométrico adolece de falta de teoremas y demostraciones formales. También tenían nociones básicas de semejanza de triángulos.

600

582

500 a. C.

Thales es considerado como uno de los siete sabios de Grecia. Teniendo en cuenta los conocimientos adquiridos en Egipto, elaboró un conjunto de teoremas generales y de razonamientos deductivos a partir de estos. Todo ello fue recopilado posteriormente por Euclides en su obra *Elementos,* pero se debe a Thales el mérito de haber introducido en Grecia el interés por los estudios geométricos.

THALES
(624 a. C.-546 a. C.)

0

Pitágoras fundó una escuela a cuyos miembros se les conocía como los Pitagóricos. Pensaban que el universo era aritmética y geometría. La demostración del teorema de Pitágoras, que ya se usaba anteriormente, se debe a su escuela.

PITÁGORAS
(582 a. C.-507 a. C.)

500

En la época del dominio romano destacan algunas reglas que permitían el cálculo de algunas áreas y volúmenes; y en especial la conocida fórmula de Herón para calcular el área de un triángulo conocidos los tres lados.

1000

1220

Con la obra *Practica Geometriae* (Geometría práctica) de Fibonacci (1220) se considera el punto de arranque de la geometría en Europa.

1500

1600

A partir del siglo xv la geometría se separa de la trigonometría y la astronomía. Las leyes de Kepler, que fueron enunciadas por Johannes **Kepler** para explicar el movimiento de los planetas en sus órbitas alrededor del Sol, se publican en 1609, las dos primeras y 1618, la tercera.

JOHANNES KEPLER
(1571-1630)

1970

2000

Emma Castelnuovo ha realizado una gran aportación al aprendizaje de las matemáticas en general y de la geometría en particular. De ella recibe el nombre la SMPM (Sociedad Madrileña de Profesores de Matemáticas).

8 Teoremas de Pitágoras y Thales

Utilizamos las distancias y los ángulos con mucha frecuencia en muchas actividades relacionadas con STEAM (Ciencia, Tecnología, Ingeniería, Arte y Matemáticas). En los móviles disponemos de la tecnología GPS que, mediante distancias y ángulos, es capaz de llevarnos a cualquier lugar del globo terráqueo.

1 Lugares geométricos y ángulos

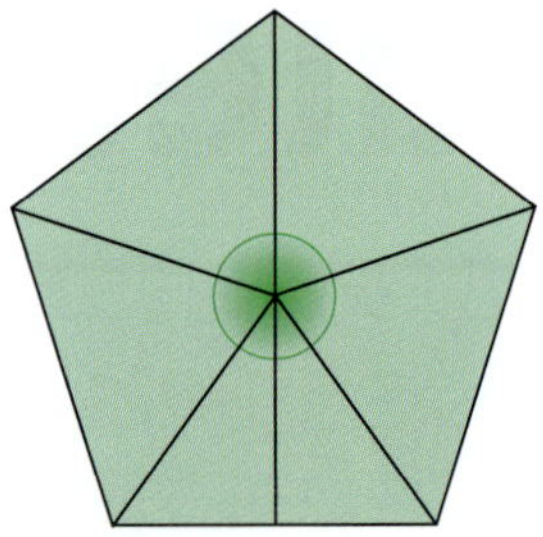

CARNÉ CALCULISTA

Desarrolla: $\left(\frac{x}{2}+4\right)\left(\frac{x}{2}-4\right)$

Factoriza: $9x^2 + 6x + 1$

EJEMPLO

La bisectriz de un ángulo es el lugar geométrico de los puntos del plano que equidistan de los lados:

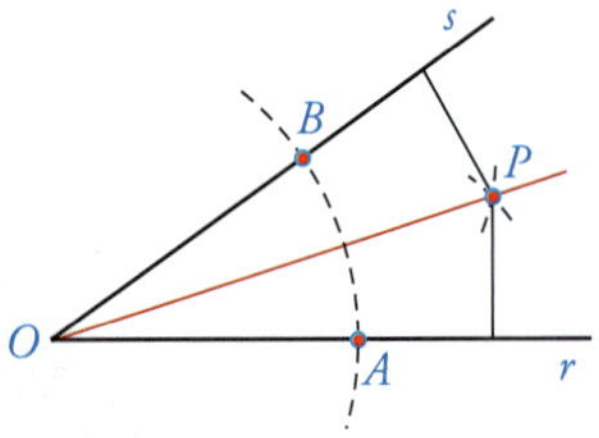

$d(P, r) = d(P, s)$

PIENSA Y CALCULA

¿Cuánto mide cada uno de los cinco ángulos centrales de un pentágono regular?

1.1 Lugares geométricos

Un **lugar geométrico** es un conjunto de puntos que verifica una determinada propiedad.

EJERCICIO RESUELTO

① **Define y dibuja la mediatriz de un segmento como un lugar geométrico.**

La mediatriz de un segmento es el lugar geométrico de los puntos del plano que equidistan de los extremos.

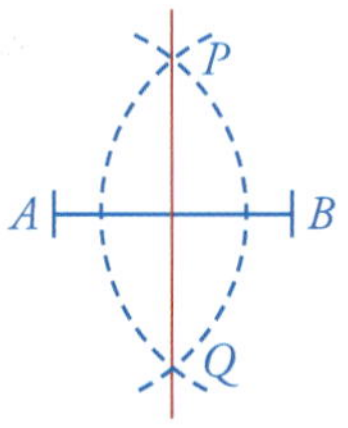

$d(P, A) = d(P, B)$

$d(Q, A) = d(Q, B)$

1.2 Ángulos complementarios y suplementarios

- **Ángulos complementarios.**

Dos ángulos son **complementarios** si entre los dos suman 90°, es decir, un ángulo recto.

EJERCICIO RESUELTO

② **Dibuja un ángulo de 60° y su complementario.**

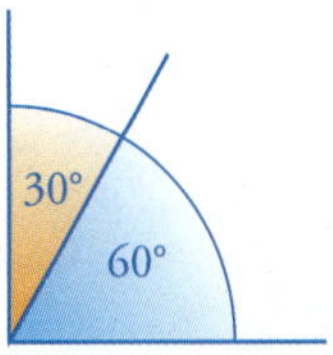

- **Ángulos suplementarios.**

Dos ángulos son **suplementarios** si entre los dos suman 180°, es decir, un ángulo llano.

EJERCICIO RESUELTO

③ **Dibuja un ángulo de 45° y su suplementario.**

180 °''' − 45 °''' = 135°

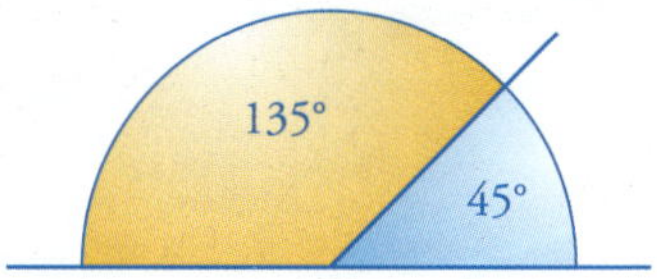

1.3 Ángulos formados por una recta secante que corta a dos rectas paralelas

Los **ángulos que forman una recta secante que corta a otras paralelas** son iguales o suplementarios.

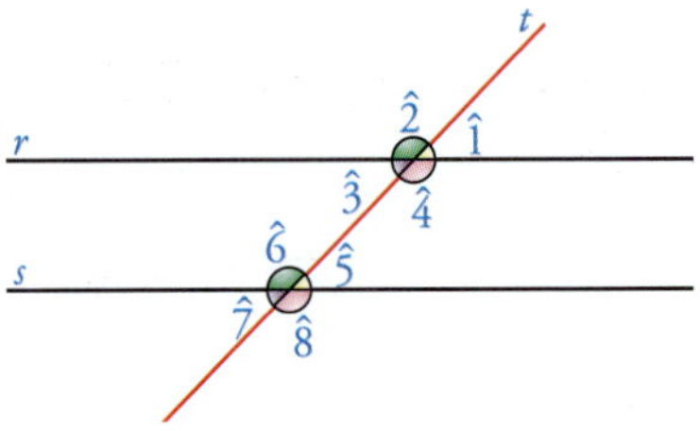

EJERCICIO RESUELTO

④ **Dibuja dos rectas paralelas y una secante. Clasifica los ángulos que se forman en iguales y suplementarios.**

- Ángulos iguales: $\hat{1} = \hat{3} = \hat{5} = \hat{7}$ y $\hat{2} = \hat{4} = \hat{6} = \hat{8}$
- Ángulos suplementarios: cada uno de los impares con cada uno de los pares, ya que cada ángulo impar forma con cada ángulo par un ángulo llano, es decir, suman 180°

1.4 Ángulos de lados paralelos y perpendiculares

- **Ángulos de lados paralelos.**

Si dos ángulos tienen los lados paralelos, son iguales o suplementarios.

- **Ángulos de lados perpendiculares.**

Si dos ángulos tienen los lados perpendiculares, son iguales.

EJERCICIO RESUELTO

(5) **Dibuja dos ángulos de lados paralelos.**

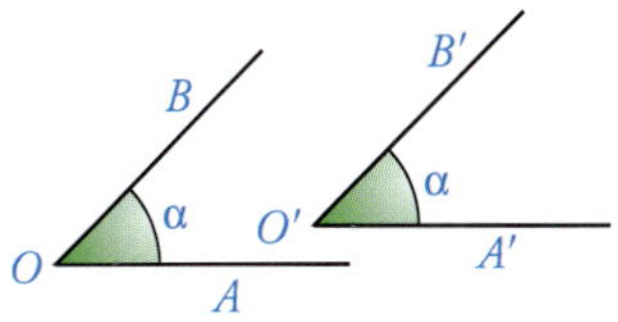

EJERCICIO RESUELTO

(6) **Dibuja dos ángulos de lados perpendiculares.**

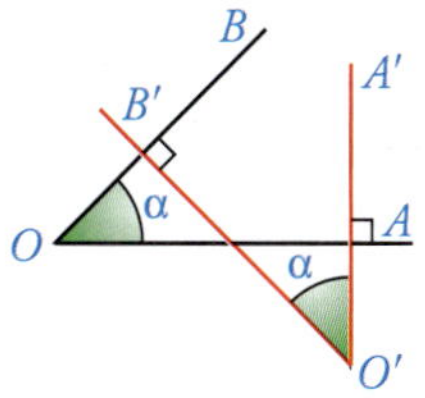

EJEMPLO

La suma de los ángulos de un triángulo es 180°

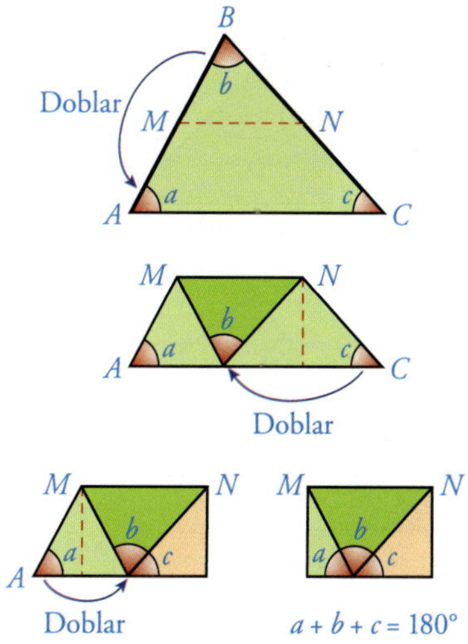

1.5 Suma de los ángulos de un triángulo

La suma de los ángulos de un triángulo es 180°

1.6 Suma de los ángulos de un polígono convexo

La suma de los ángulos de un polígono convexo es igual a tantos llanos como lados tenga menos dos:

$$S = (n - 2) \cdot 180°$$

EJERCICIO RESUELTO

(7) **Demuestra que la suma de los ángulos de cualquier polígono convexo es igual a tantos llanos como lados tenga menos dos.**

La demostración se obtiene dividiendo el polígono en tantos triángulos como lados tiene menos dos.

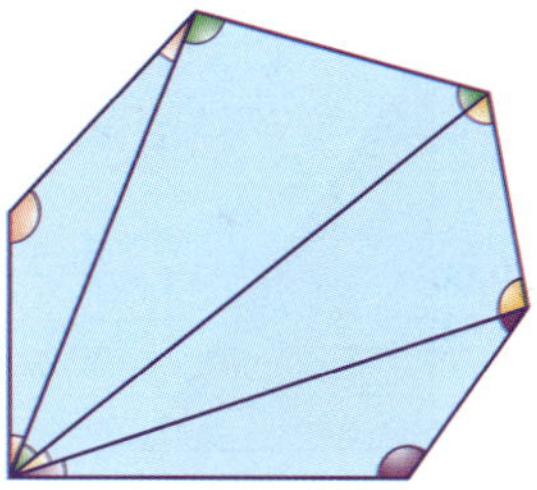

(8) **Halla cuánto mide cada uno de los ángulos de un pentágono regular.**

Entre todos los ángulos suman:

$S = (n - 2) \cdot 180°$

$S = (5 - 2) \cdot 180° = 3 \cdot 180° = 540°$

Cada uno de los cinco ángulos mide:

$$540° : 5 = 108°$$

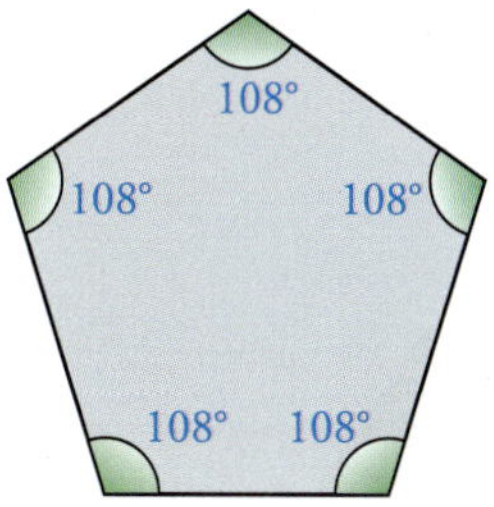

APLICA LA TEORÍA

1. Define circunferencia como un lugar geométrico.
2. Dibuja un ángulo de 20° y su complementario. ¿Cuánto vale?
3. Dibuja dos rectas secantes y los ángulos que forman, di cuáles son iguales y cuáles suplementarios.
4. Dibuja dos ángulos de lados paralelos y que sean suplementarios.
5. Dibuja un hexágono y todos sus ángulos. ¿Cuánto suman entre todos ellos?
6. ¿Cuánto mide cada uno de los ángulos de un heptágono regular?

2 Teorema de Pitágoras

CARNÉ CALCULISTA

Resuelve la ecuación:

$$\frac{x+2}{3} \cdot \frac{x-2}{3} = 5$$

PIENSA Y CALCULA

Calcula tres números enteros positivos menores que 6 de forma que el cuadrado del mayor sea igual a la suma de los cuadrados de los otros dos.

2.1 Teorema de Pitágoras

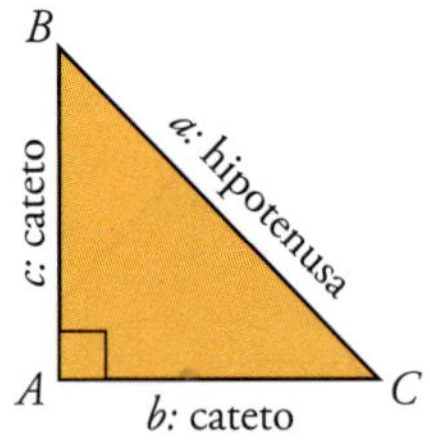

El **teorema de Pitágoras** dice que, en un triángulo rectángulo, la hipotenusa al cuadrado es igual a la suma de los cuadrados de los catetos.

$$\boldsymbol{a^2 = b^2 + c^2}$$

La **interpretación geométrica del teorema de Pitágoras** es que el área del cuadrado que se construye sobre la hipotenusa es igual a la suma de las áreas de los cuadrados que se construyen sobre los catetos.

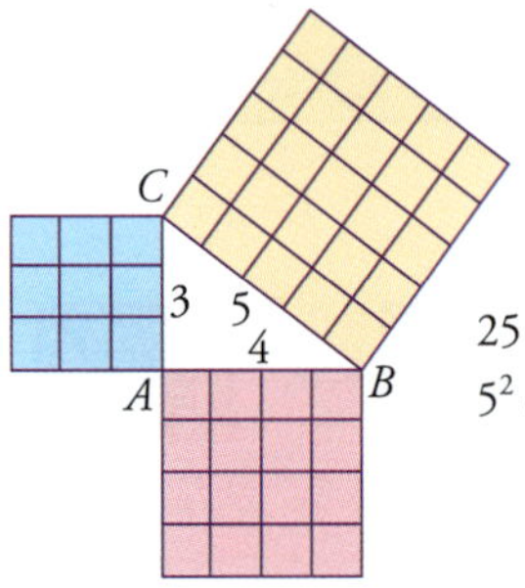

$25 = 16 + 9$

$5^2 = 4^2 + 3^2$

2.2 Cálculo de la hipotenusa conocidos los catetos

La mejor manera de resolver estos problemas consiste en escribir el teorema de la forma $\boldsymbol{a^2 = b^2 + c^2}$

EJERCICIO RESUELTO

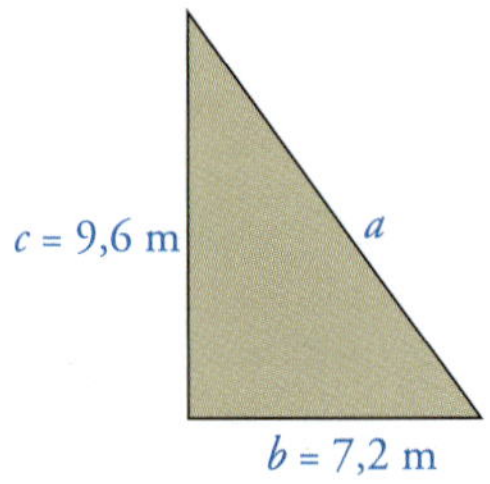

(9) **Halla la hipotenusa de un triángulo rectángulo en el que los catetos miden 7,2 m y 9,6 m**

$a^2 = b^2 + c^2 \Rightarrow a^2 = 7{,}2^2 + 9{,}6^2 = 51{,}84 + 92{,}16 = 144$

$a = \sqrt{144} = 12$ m   [√] [(] [7.2] [x^2] [+] [9.6] [x^2] [)] [=] **12**

2.3 Cálculo de un cateto

La mejor manera de resolver estos problemas consiste en escribir el teorema de la forma $\boldsymbol{b^2 + c^2 = a^2}$

EJERCICIO RESUELTO

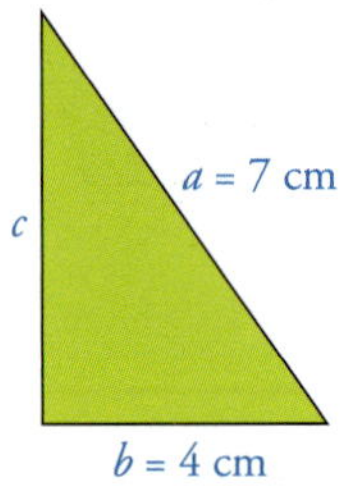

(10) **Halla un cateto de un triángulo rectángulo, sabiendo que la hipotenusa mide 7 cm, y el otro cateto, 4 cm**

$b^2 + c^2 = a^2 \Rightarrow 4^2 + c^2 = 7^2 \Rightarrow 16 + c^2 = 49 \Rightarrow c^2 = 33$

$c = \sqrt{33} = 5{,}74$ cm   [√] [(] [7] [x^2] [−] [4] [x^2] [)] [=] **5,74**

2.4 Ternas pitagóricas

EJEMPLO

Una terna pitagórica son los números 3, 4 y 5:

$3^2 + 4^2 = 5^2 \Rightarrow 9 + 16 = 25$

Una **terna pitagórica** son tres números enteros que verifican el teorema de Pitágoras. Así, dados tres números, forman un triángulo acutángulo, rectángulo u obtusángulo si el cuadrado del lado mayor es respectivamente menor, igual o mayor a la suma de los cuadrados de los otros dos.

2.5 Problemas de aplicación del teorema de Pitágoras

EJERCICIO RESUELTO

(11) **Calcula la apotema de un hexágono regular de lado 8 m**

En el hexágono regular el radio es igual al lado.

$a^2 + 4^2 = 8^2 \Rightarrow a^2 + 16 = 64 \Rightarrow a^2 = 48$

$a = \sqrt{48} = 6,93$ m

√ (8 x² − 4 x²) = **6,93**

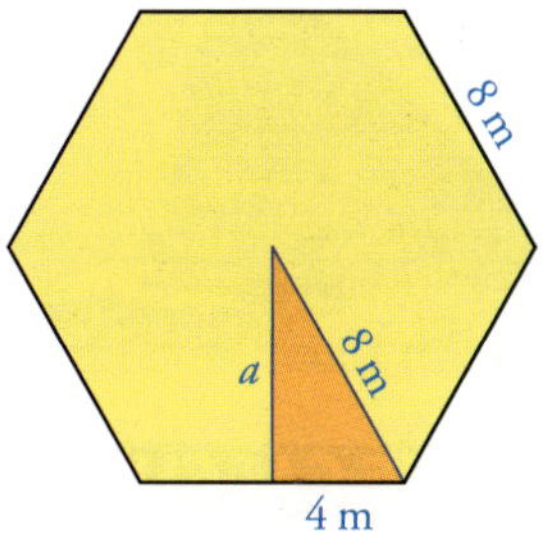

(12) **Calcula la generatriz de un cono en el que el radio de la base mide 5 m, y la altura, 7 m**

La generatriz *G*, el radio *R* y la altura *H* forman un triángulo rectángulo.

$G^2 = R^2 + H^2 \Rightarrow G^2 = 5^2 + 7^2 = 25 + 49 = 74$

$G = \sqrt{74} = 8,60$ m

√ (5 x² + 7 x²) = **8,60**

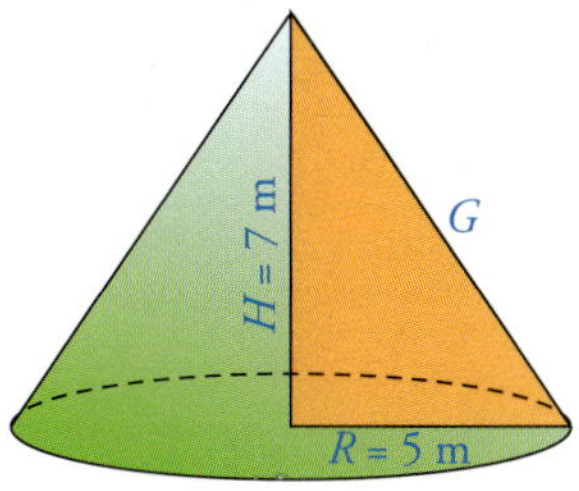

2.6 Teorema de Pitágoras en el espacio

El **teorema de Pitágoras en el espacio** dice que en un ortoedro la diagonal al cuadrado es igual a la suma de los cuadrados de las aristas:

$$D^2 = a^2 + b^2 + c^2$$

EJERCICIO RESUELTO

(13) **Calcula la diagonal de un ortoedro de aristas 8 m, 4 m y 5 m**

$D^2 = 8^2 + 4^2 + 5^2 = 64 + 16 + 25 = 105$

$D = \sqrt{105} = 10,25$ m

√ (8 x² + 4 x² + 5 x²) = **10,25**

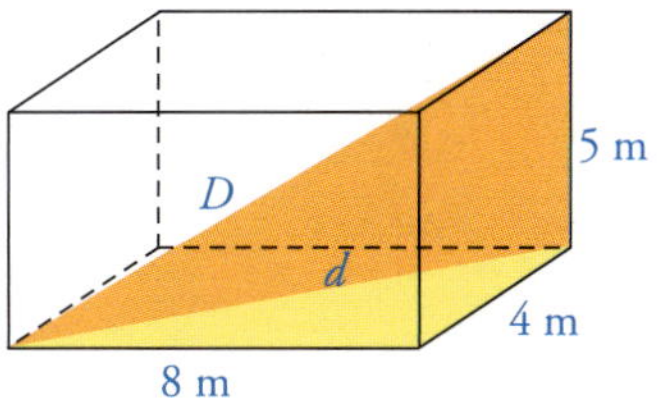

APLICA LA TEORÍA

7. Halla la hipotenusa de un triángulo rectángulo en el que los catetos miden 12,5 cm y 14,7 cm

8. En un triángulo rectángulo se conoce un cateto, que mide 6,45 cm, y la hipotenusa, que mide 9,55 cm. Halla cuánto mide el otro cateto.

9. Halla una terna pitagórica en la que el número mayor es 13

10. Los lados de un triángulo miden 4 m, 5 m y 6 m. ¿Qué clase de triángulo es?

11. Halla la altura de un cono en el que el radio de la base mide 2,7 m, y la generatriz, 3,5 m

12. Halla el perímetro de un rombo cuyas diagonales miden 8 m y 6 m

13. ¿A qué altura se llega con una escalera de 3 m colocando la base a 2 m de la pared?

3 Teorema de Thales

CARNÉ CALCULISTA

Resuelve la ecuación:

$$\frac{x}{2} - \frac{3x-5}{6} = 1 - \frac{2x-1}{4}$$

PIENSA Y CALCULA

Dicen que Pitágoras para medir la altura de la pirámide Keops colocó un palo de un metro en el centro de una circunferencia de radio 1 m y esperó hasta que la sombra midiese exactamente 1 m, instante en el que la sombra de la pirámide medía 147 m. ¿Cuánto mide de alto la pirámide?

3.1 Teorema de Thales

El **teorema de Thales** dice: si dos rectas *r* y *s* se cortan por rectas paralelas *a, b, c*…, los segmentos que se determinan sobre las rectas *r* y *s* son proporcionales.

$$\frac{A'B'}{AB} = \frac{B'C'}{BC} = k$$

A', B', C' se llaman los **homólogos** de los puntos *A, B, C* y *k* es la **razón de semejanza.**

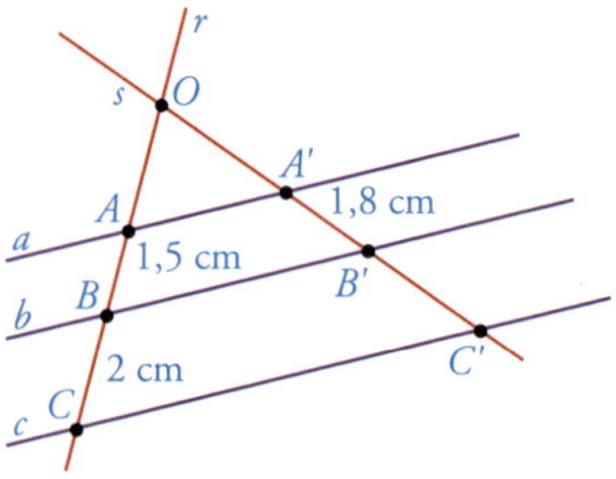

EJERCICIO RESUELTO

14 **En el dibujo del margen sabemos que AB = 1,5 cm, BC = 2 cm y $A'B'$= 1,8 cm. Halla cuánto mide $B'C'$. Halla también la razón de semejanza *k***

$$\frac{A'B'}{AB} = \frac{B'C'}{BC} \Rightarrow \frac{1,8}{1,5} = \frac{B'C'}{2} \Rightarrow B'C' = \frac{1,8 \cdot 2}{1,5} = 2,4 \text{ cm}$$

$$k = \frac{A'B'}{AB} = \frac{1,8}{1,5} = 1,2$$

3.2 Medidas indirectas

En la vida real, en multitud de ocasiones, se puede aplicar el teorema de Thales para el cálculo de distancias cuando uno de los extremos es inaccesible; por ejemplo, medir la altura de un árbol, de una catedral, de una pirámide de Egipto…

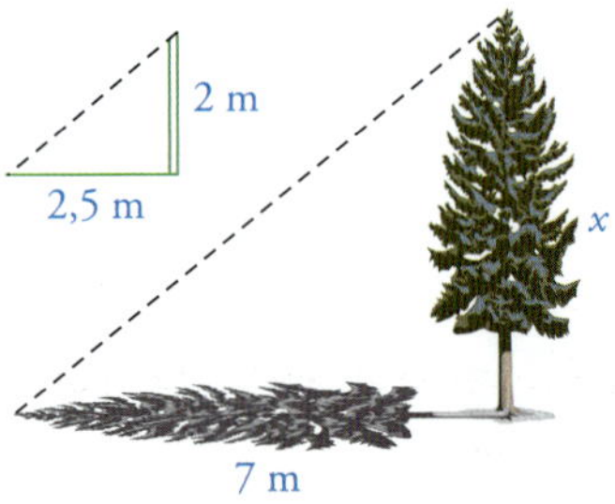

EJERCICIO RESUELTO

15 **Halla la altura del árbol del dibujo del margen, sabiendo que su sombra mide 7 m y que en ese mismo instante la sombra de un palo de 2 m es 2,5 m**

$$\frac{\text{Sombra del palo}}{\text{Altura del palo}} = \frac{\text{Sombra del árbol}}{\text{Altura del árbol}} \Rightarrow \frac{2,5}{2} = \frac{7}{x} \Rightarrow x = \frac{2 \cdot 7}{2,5} = 5,6 \text{ m}$$

3.3 Triángulos en posición de Thales

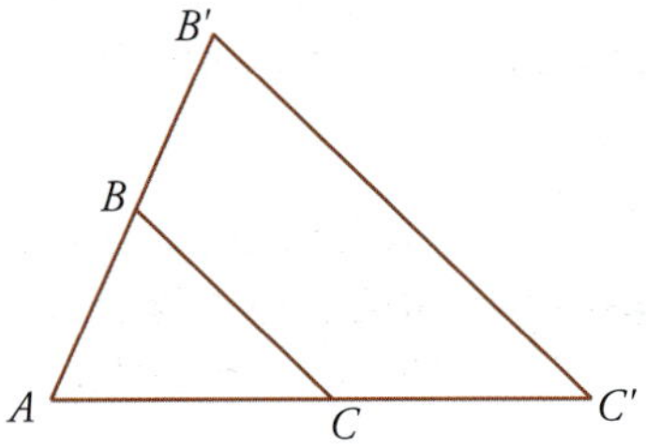

Dos **triángulos están en posición de Thales** si tienen un ángulo común y los lados opuestos a ese ángulo son paralelos. Los triángulos *ABC* y *AB'C'* de la figura del margen están en posición de Thales.

Dos triángulos en posición de Thales son semejantes, es decir:

a) Los ángulos son iguales.

b) Los lados correspondientes son proporcionales.

3.4 División de un segmento en partes proporcionales

Para dividir un segmento *a* en partes proporcionales a otros segmentos *b*, *c*, *d*… se aplica el siguiente procedimiento:

a) Se dibuja una semirrecta oblicua, *r*, por uno de los extremos del segmento *a*

b) Se llevan sobre dicha semirrecta los segmentos dados *b*, *c*, *d*…, uno a continuación de otro.

c) Se dibuja la recta que une el extremo del último segmento con el otro extremo del segmento *a*

d) Se trazan paralelas a dicha recta por los extremos de los segmentos *b*, *c*, *d*…, respectivamente.

En particular, para **dividir un segmento en partes iguales** se lleva la misma medida sobre la recta oblicua, se une la última con el extremo del segmento y se trazan paralelas.

EJEMPLO

Divide el segmento *a* en partes proporcionales a los segmentos *b*, *c* y *d*

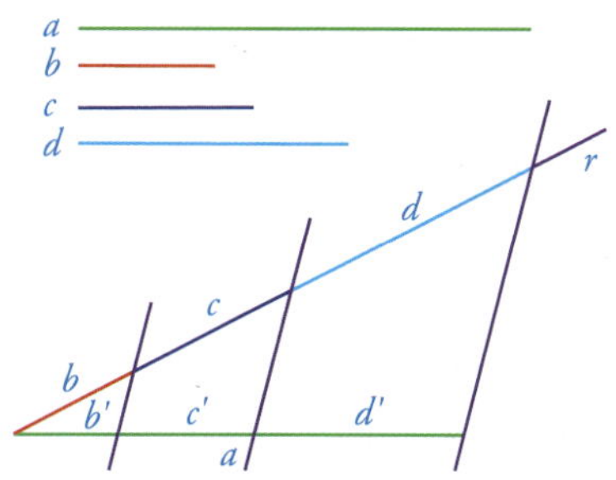

3.5 Polígonos semejantes

Dos **polígonos son semejantes** si los ángulos son iguales, y los lados, proporcionales. En particular, dos **triángulos son semejantes** si tienen los ángulos iguales y los lados proporcionales.

Tenemos como figuras semejantes las fotos, fotocopias, planos, mapas y maquetas. La **escala** es la razón de semejanza.

EJERCICIO RESUELTO

16 **Dibuja un polígono semejante al *ABCDE* de razón de semejanza $r = 1{,}5$**

Se toma un punto cualquiera *O*, se une con cada vértice y se prolonga de forma que $OA' = 1{,}5 \cdot OA$

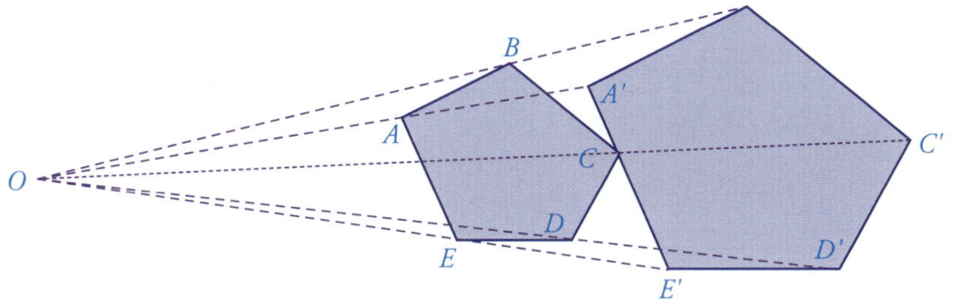

APLICA LA TEORÍA

14 Calcula la altura de un molino eólico, sabiendo que su sombra mide 25 m y que en ese mismo instante un objeto de 1,5 m proyecta una sombra de 1,2 m

15 Dibuja en tu cuaderno tres segmentos de medidas 5 cm, 4 cm y 3 cm. Divide el primer segmento en partes proporcionales a los otros dos.

16 ¿Por qué los triángulos equiláteros son siempre semejantes?

17 Dibuja en tu cuaderno un segmento de 4 cm y divídelo en 5 partes iguales.

18 Dibuja en tu cuaderno un triángulo equilátero de 1,5 cm de lado. Dibuja otro semejante de razón de semejanza dos.

19 Sara está en una foto con su padre Ismael; en la foto Sara mide 3 cm e Ismael 3,5 cm. Si en la realidad Ismael mide 1,75 m, ¿cuánto mide Sara?

4 Área de figuras planas

CARNÉ CALCULISTA

Resuelve el sistema por el método más sencillo:

$$\left.\begin{aligned}5x - 2y &= 17\\ 3x + 4y &= 5\end{aligned}\right\}$$

PIENSA Y CALCULA

Halla mentalmente las áreas de un cuadrado de 7 m de lado y de un rectángulo de 9 m de largo y 5 m de alto.

4.1 Perímetro y área de polígonos

Polígono	Dibujo	Perímetro	Área
Triángulo	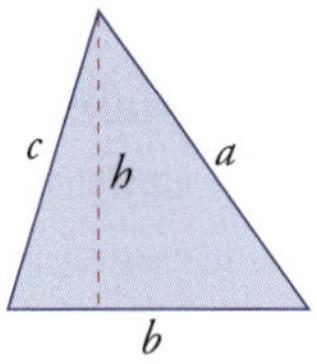	$P = a + b + c$	$A = \dfrac{b \cdot h}{2}$ Fórmula de Herón: $A = \sqrt{p(p-a)(p-b)(p-c)}$ p = Semiperímetro = $P/2$
Cuadrado		$P = 4a$	$A = a^2$
Rectángulo	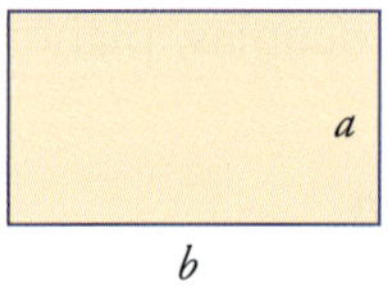	$P = 2(b + a)$	$A = b \cdot a$
Rombo	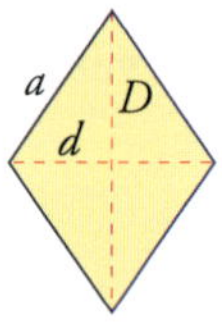	$P = 4a$	$A = \dfrac{D \cdot d}{2}$
Romboide	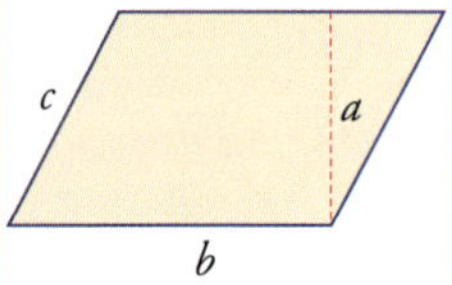	$P = 2(b + c)$	$A = b \cdot a$
Trapecio	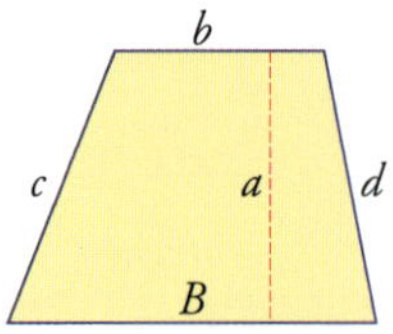	$P = B + c + b + d$	$A = \dfrac{B + b}{2} \cdot a$
Trapezoide	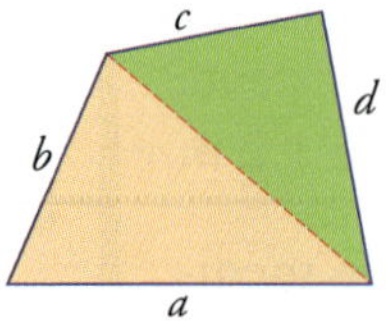	$P = a + b + c + d$	A = Suma de las áreas de los dos triángulos
Polígono regular	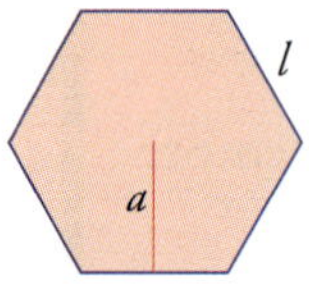	$P = nl$ n = n.º de lados	$A = \dfrac{P \cdot a}{2}$

Secciones cónicas

Son los lugares geométricos que se obtienen al cortar un cono doble con un plano que no pase por el vértice. Se obtienen la circunferencia, la elipse, la hipérbola y la parábola.

Circunferencia

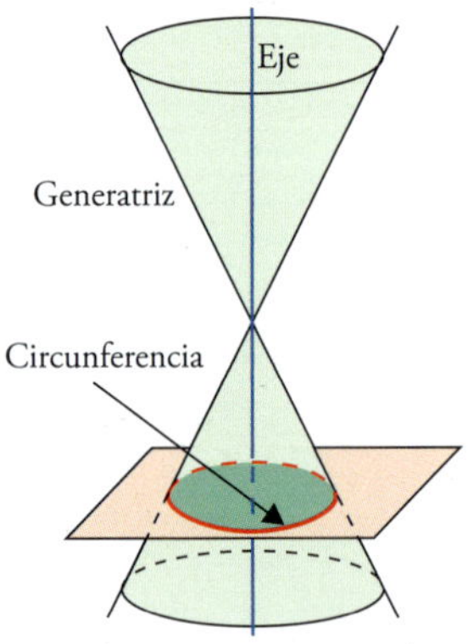

El plano es perpendicular al eje.

Elipse

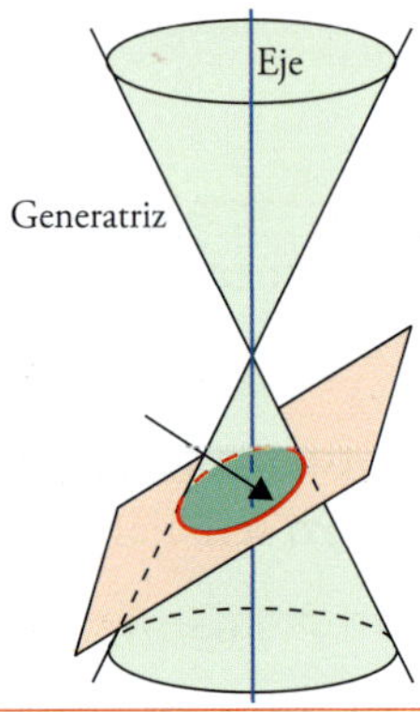

El plano es oblicuo al eje y no es paralelo a la generatriz.

4.2 Longitud y área de figuras circulares

Nombre	Dibujo	Longitud	Área
Circunferencia	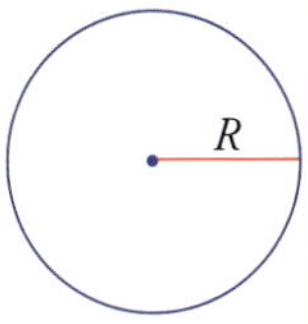	$L = 2\pi R$	
Arco	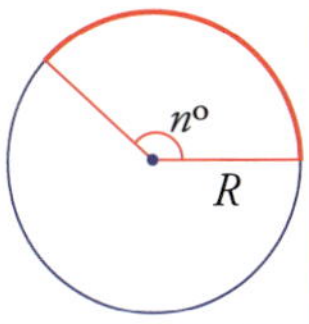	$L_{\text{Arco}} = 2\pi R \cdot \dfrac{n^\circ}{360^\circ}$	
Círculo	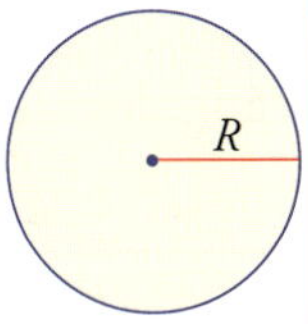		$A = \pi R^2$
Sector circular	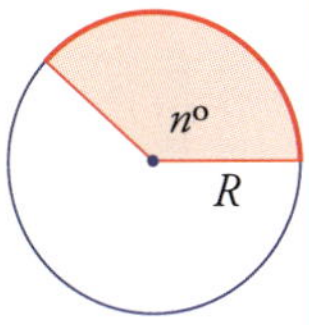		$A_{\text{Sector}} = \pi R^2 \cdot \dfrac{n^\circ}{360^\circ}$
Segmento circular	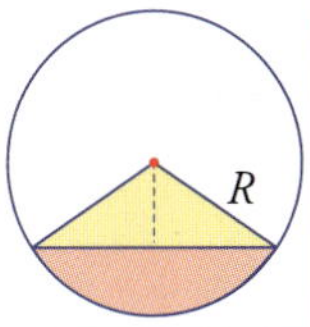		$A_{\text{Segmento}} = A_{\text{Sector}} - A_{\text{Triángulo}}$
Corona circular	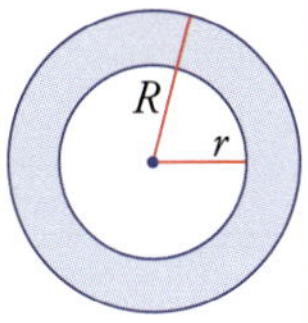		$A_{\text{Corona}} = \pi\left(R^2 - r^2\right)$
Trapecio circular	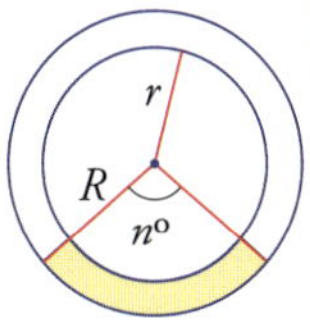		$A_{\text{Trapecio circular}} = \pi\left(R^2 - r^2\right) \cdot \dfrac{n^\circ}{360^\circ}$

Hipérbola

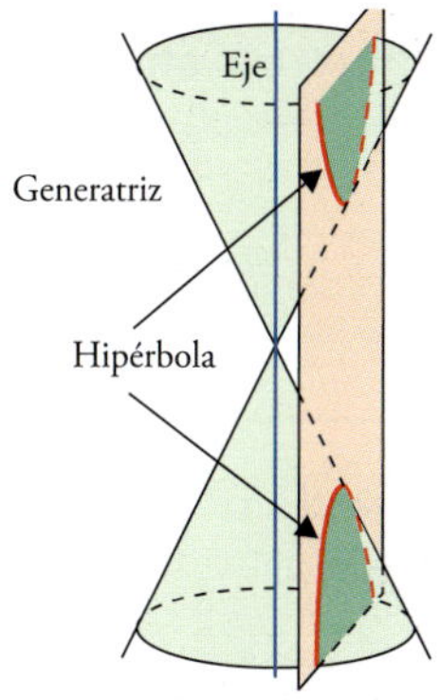

El plano es paralelo al eje. Se obtienen dos curvas.

Parábola

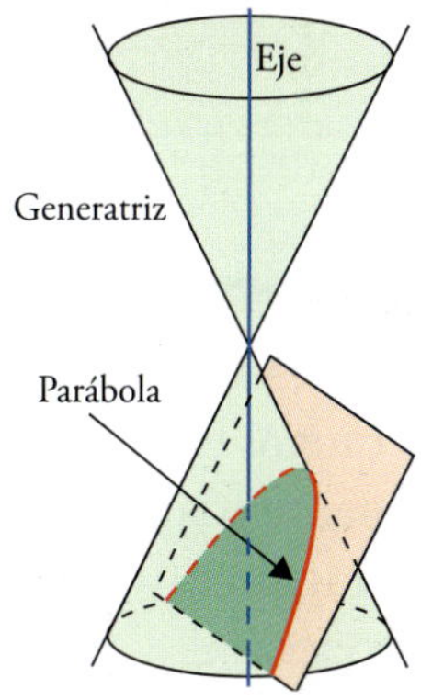

El plano es oblicuo al eje y paralelo a la generatriz.

APLICA LA TEORÍA

20 Calcula el área de un triángulo cuyos lados miden 7 m, 8 m y 13 m

21 Calcula mentalmente el área de un rombo cuyas diagonales miden 8 cm y 10 cm

22 Calcula mentalmente el área de un romboide en el que la base mide 12 m y la altura tiene 5 m

23 Calcula el área de un trapecio en el que las bases miden 5,4 cm y 3,5 cm y la altura tiene 4,6 cm

24 Calcula el área de un hexágono regular de lado 6 m

25 Calcula la longitud de una circunferencia cuyo radio mide 5 cm

26 Calcula el área de un círculo cuyo radio mide 3,7 m

27 Calcula la longitud de un arco de 4,6 cm de radio y cuya amplitud es de 120°

28 Calcula el área de un sector circular de 23,5 m de radio y cuya amplitud es de 76,5°

29 Calcula el área de una corona circular cuyos radios miden: $R = 6{,}7$ m y $r = 5{,}5$ m

EJERCICIOS Y PROBLEMAS RESUELTOS

EJERCICIOS DE LUGARES GEOMÉTRICOS Y ÁNGULOS

17 Dibuja un ángulo de 35° y su bisectriz.

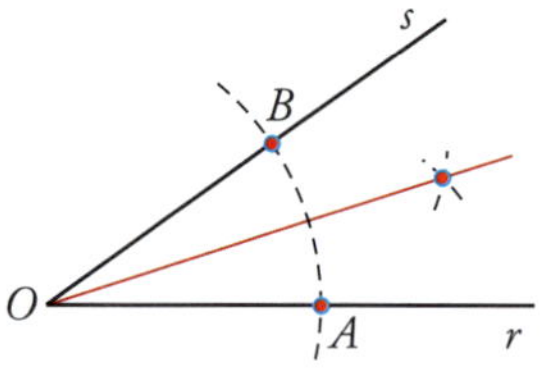

18 Halla el ángulo A

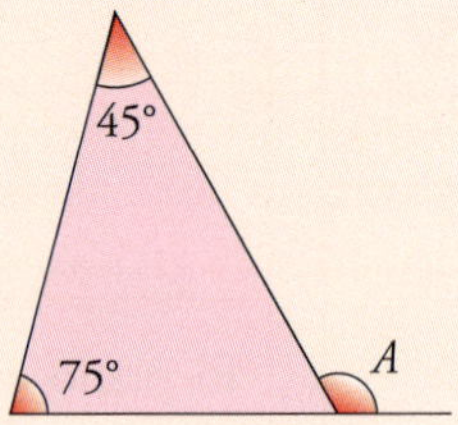

El ángulo A es igual a $75° + 45° =$ **120°** porque:

a) $A + B = 180°$ por ser suplementarios.

b) $75° + 45° + B = 180°$ por ser los tres ángulos de un triángulo.

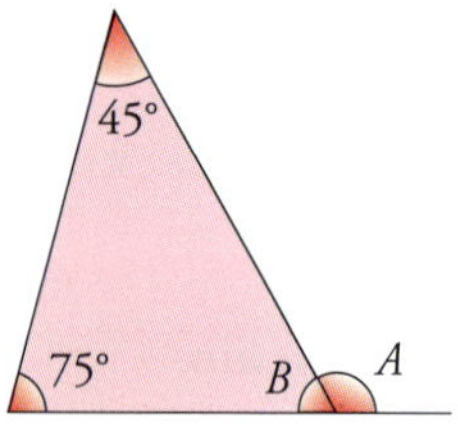

19 Dibuja un dodecágono regular y sus ángulos. ¿Cuánto mide cada uno de ellos?

$S = (n - 2) \cdot 180°$

$S = (12 - 2) \cdot 180° = 10 \cdot 180° = 1\,800°$

Cada uno de los doce ángulos mide:

$1\,800° : 12 =$ **150°**

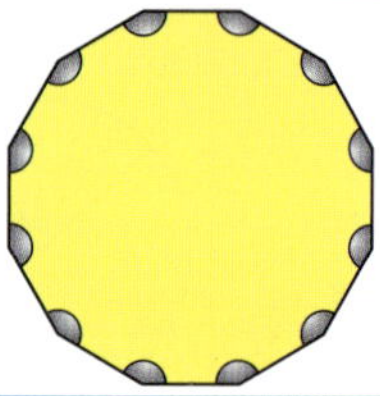

EJERCICIOS DEL TEOREMA DE PITÁGORAS Y THALES

20 Halla el valor de los catetos en el siguiente triángulo rectángulo e isósceles.

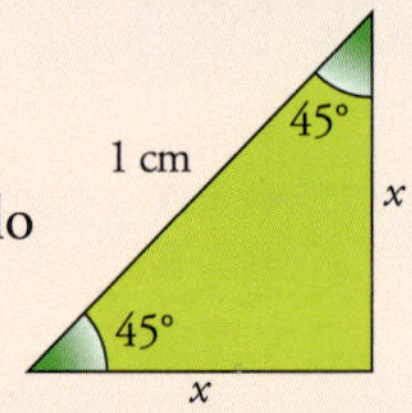

$x^2 + x^2 = 1^2$

$2x^2 = 1$

$x^2 = 0,5$

$x = \sqrt{0,5} =$ **0,71 cm**

21 Dos triángulos están en posición de Thales y sabemos que: $AB = 4$ cm, $AC = 3$ cm y $AB' = 5$ cm. Calcula cuánto mide AC'

$$\frac{AB'}{AB} = \frac{AC'}{AC}$$

$$\frac{5}{4} = \frac{AC'}{3} \Rightarrow AC' = \frac{5 \cdot 3}{4} = \mathbf{3,75\ cm}$$

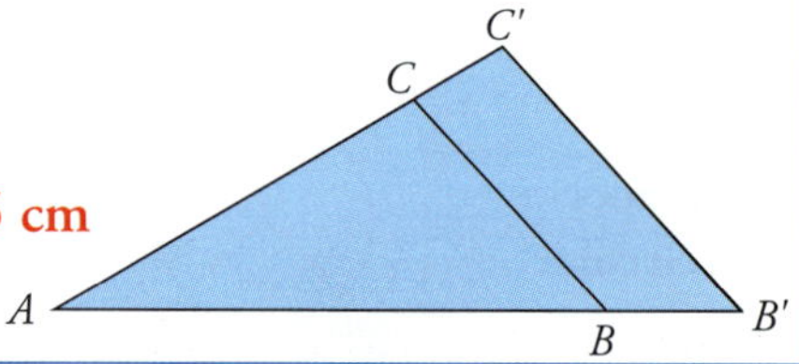

EJERCICIOS DE CÁLCULO DE ÁREAS

22 Dibuja un romboide en el que la base mida 3,5 cm, y la altura, 2,5 cm. Halla su área.

Área $= b \cdot a$

Área $= 3,5 \cdot 2,5 =$ **8,75 cm²**

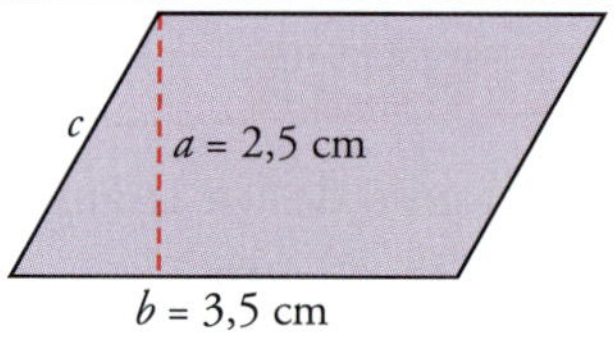

23 Dibuja una corona circular en la que los radios midan $r = 1,5$ cm y $R = 2$ cm. Halla su área.

Área $= \pi(R^2 - r^2)$

Área $= \pi(2^2 - 1,5^2) =$ **5,50 cm²**

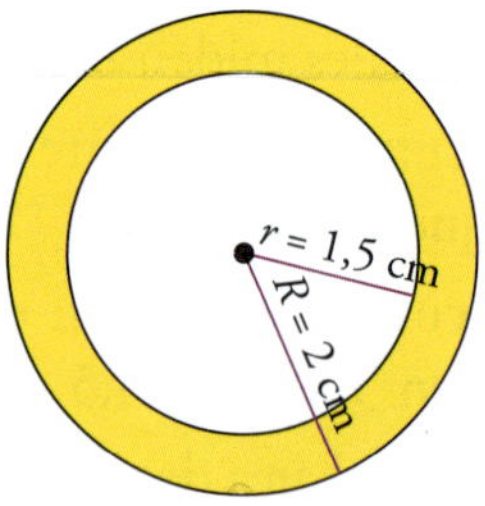

PROBLEMA DEL TEOREMA DE PITÁGORAS

24 Halla la generatriz del siguiente tronco de cono.

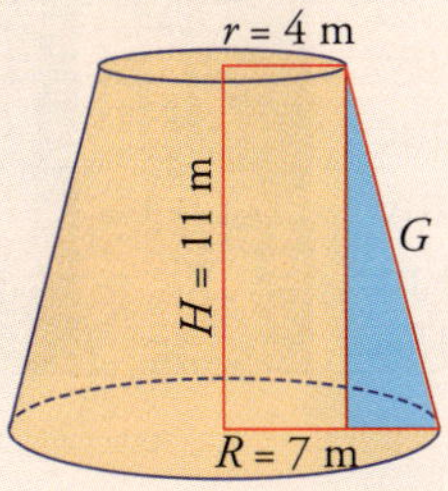

Datos y pregunta

Datos: $H = 11$ m; $R = 7$ m; $r = 4$ m

Pregunta: ¿Cuánto mide la generatriz G?

Planteamiento y operaciones

$R - r = 7 - 4 = 3$ m

Se aplica el teorema de Pitágoras:

$G^2 = 3^2 + 11^2 = 9 + 121 = 130 \Rightarrow G = \sqrt{130} = 11{,}40$ m

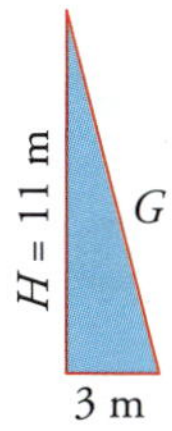

Solución

La generatriz mide **11,40 m**

PROBLEMA DEL TEOREMA DE THALES

25 Dado el siguiente dibujo, calcula la medida de la altura H del cono grande.

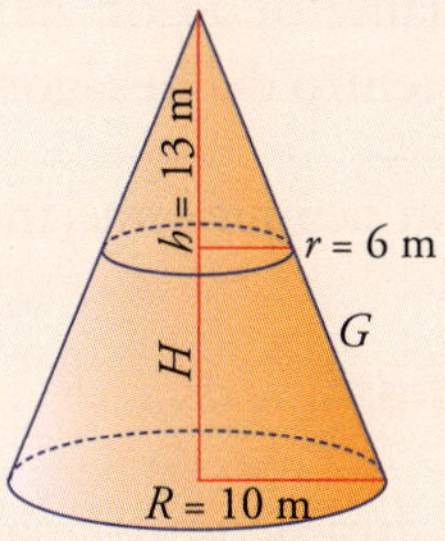

Datos y pregunta

En el cono grande $R = 10$ m

En el cono pequeño $r = 6$ m y $h = 13$ m

Pregunta: ¿Cuánto mide la altura H?

Planteamiento y operaciones

Se aplica el teorema de Thales:

$$\frac{R}{r} = \frac{H}{h}$$

$$\frac{10}{6} = \frac{H}{13} \Rightarrow H = \frac{10 \cdot 13}{6} = 21{,}67$$

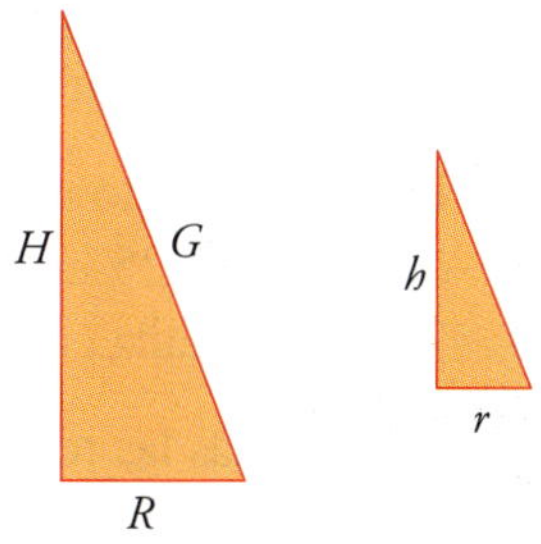

Solución

La altura H del cono grande mide **21,67 m**

PROBLEMA DE ÁREAS

26 Una esfera de radio $R = 20$ cm se corta por un plano que pasa a 16 cm del centro. Calcula el radio del círculo generado y su área.

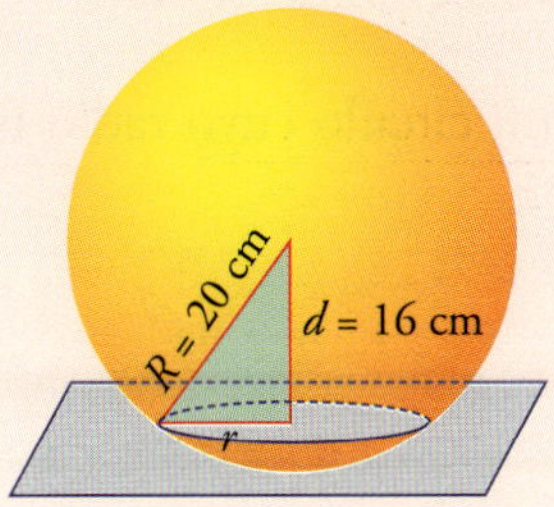

Datos y pregunta

Esfera de radio $R = 20$ cm

Se corta por un plano a una distancia $d = 16$ cm del centro formando una circunferencia.

Pregunta: ¿Cuánto miden el radio y el área del círculo?

Planteamiento y operaciones

Se forma un triángulo rectángulo:

$d^2 + r^2 = R^2 \Rightarrow 16^2 + r^2 = 20^2 \Rightarrow 256 + r^2 = 400$

$r^2 = 144 \Rightarrow r = \sqrt{144} = 12$ cm

$\text{Área} = \pi \cdot r^2 \Rightarrow \text{Área} = 3{,}14 \cdot 144 = 452{,}16 \text{ cm}^2$

Solución

El radio mide **12 cm**

El área mide **452,16 cm²**

EJERCICIOS Y PROBLEMAS PROPUESTOS

1. Lugares geométricos y ángulos

30 Dibuja un segmento de 3 cm y halla su mediatriz.

31 Dibuja un ángulo de 50° y halla su bisectriz.

32 Dibuja un ángulo de 50° y su suplementario. ¿Cuánto vale?

33 Dibuja tres rectas paralelas cortadas por una secante e indica cuáles de los ángulos que se forman son iguales.

34 Dibuja dos ángulos de lados perpendiculares y que sean suplementarios.

35 Dibuja un rectángulo y todos sus ángulos. ¿Cuánto suman entre todos ellos?

36 ¿Cuánto mide cada uno de los ángulos de un octógono regular?

2. Teorema de Pitágoras

37 Halla la hipotenusa de un triángulo rectángulo en el que los catetos miden 10,8 m y 14,4 m

38 En un triángulo rectángulo se conoce un cateto, que mide 5,25 cm, y la hipotenusa, que mide 7,85 cm. Halla cuánto mide el otro cateto.

39 Halla todas las ternas pitagóricas en las que los tres números sean menores o iguales que 10

40 Halla la apotema de un hexágono regular en el que el lado mide 12 m

41 Calcula la altura de un trapecio isósceles en el que las bases miden 9 cm, 7 cm, y los lados oblicuos, 6 cm

42 Halla la apotema de la siguiente pirámide cuadrangular:

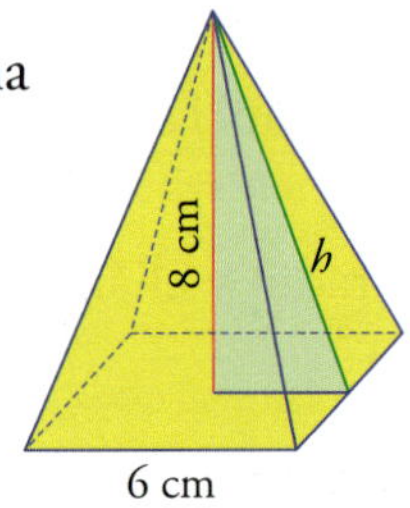

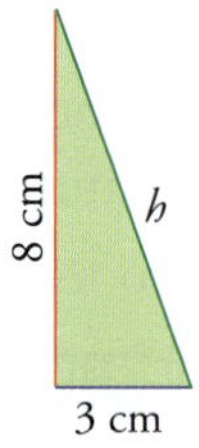

3. Teorema de Thales

43 Calcula la altura de las torres de Hércules en Los Barrios (Cádiz), sabiendo que su sombra mide 42 m y que en ese mismo instante una persona de 1,74 m proyecta una sombra de 58 cm

44 Dibuja en tu cuaderno un segmento de 5 cm y divídelo en 3 partes iguales.

45 En un triángulo equilátero de lado 5 cm, trazamos una recta paralela a la base y a 1 cm de la base. Halla la altura de ambos triángulos.

46 Dibuja un hexágono regular de 1,5 cm de lado. Dibuja otro semejante de razón de semejanza 0,5 y centro el centro del hexágono.

47 ¿Por qué los cuadrados son siempre semejantes?

4. Área de figuras planas

48 Calcula mentalmente el área de un triángulo cuya base mide 7 cm y cuya altura es de 5 cm

49 Calcula mentalmente el área de un cuadrado cuyo lado mide 0,6 m

50 Calcula mentalmente el área de un rectángulo que mide la mitad de alto que de largo y cuya altura es de 5 m

51 Calcula el área de un trapecio rectángulo cuyas bases miden 7,5 cm y 6,4 cm, y el lado perpendicular a las bases mide 5,3 cm

52 Calcula el área de un círculo cuyo radio mide 7,23 m

Para ampliar

53 Dibuja un segmento de 5 cm y halla su mediatriz.

54 Dibuja un ángulo de 60° y halla su bisectriz.

55 ¿Cuánto mide cada uno de los otros tres ángulos de un rombo en el que uno de sus ángulos mide 60°?

56 Dibuja una recta r y un punto P que no esté en dicha recta. Traza la recta paralela a r que pasa por el punto P

57 Dibuja en tu cuaderno un segmento de 3 cm y divídelo en 5 partes iguales.

58 Calcula la longitud de un aspa de un molino eólico, sabiendo que su sombra mide 5 m y que en ese mismo instante una persona de 1,80 m proyecta una sombra de 2,5 m

59 De los siguientes triángulos di cuál es acutángulo, rectángulo y oblicuángulo:

a) a = 6 m, b = 8 m, c = 10 m

b) a = 2 m, b = 3 m, c = 4 m

c) a = 5 m, b = 6 m, c = 7 m

60 Calcula el área de un triángulo isósceles en el que los lados iguales miden 8 cm, y el desigual, 5 cm

61 En la siguiente rampa, el lado horizontal mide 13 m, y la altura, 3 m. ¿Cuánto mide la rampa?

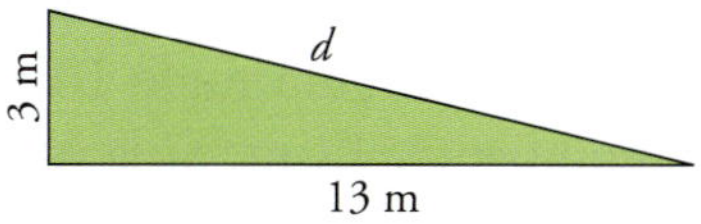

62 Calcula el área de un trapecio isósceles en el que las bases miden 10 cm y 4 cm, y los otros dos lados tienen 5 cm cada uno.

63 Calcula el área del siguiente pentágono:

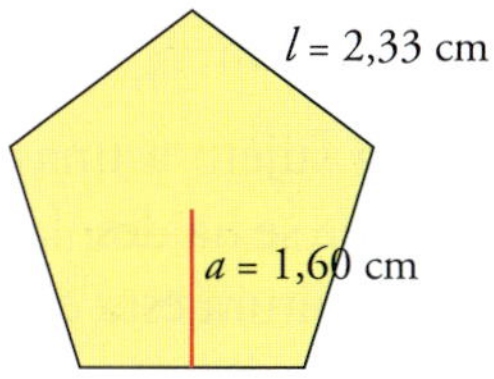

64 Calcula la longitud de un arco cuyo radio mide 5,4 cm y cuya amplitud es de 95°

65 Calcula el área del segmento circular coloreado en la siguiente figura:

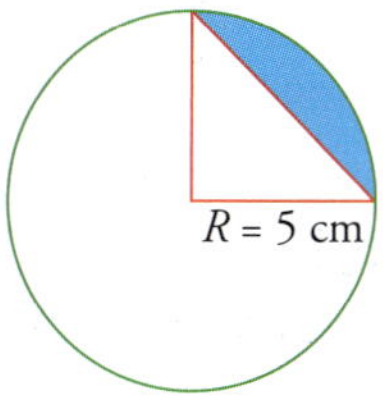

66 Calcula el área de un trapecio circular de radios R = 8,4 m y r = 6,5 m, y de amplitud, 43°

Problemas

67 Dibuja una recta r y un punto P exterior a dicha recta. Traza la recta perpendicular a r que pasa por el punto P

68 ¿Cuánto mide cada uno de los ángulos de un decágono regular?

69 Dibuja tres puntos no alineados y, utilizando las propiedades de los lugares geométricos, traza la circunferencia que pasa por ellos.

70 Dibuja una circunferencia y traza la recta tangente a dicha circunferencia por uno de sus puntos. Utiliza la propiedad de que la recta tangente es perpendicular al radio que une el punto con el centro.

71 Calcula la altura de la Giralda de Sevilla, sabiendo que su sombra mide 49,25 m y que en ese mismo instante un objeto de 4 m proyecta una sombra de 2 m

72 Halla la altura de una pirámide hexagonal en la que la arista de la base mide 3,6 m, y la arista lateral, 5,6 m

73 Se tiene un rectángulo inscrito en un triángulo isósceles en el que un lado del rectángulo está en el lado desigual del triángulo. El lado desigual del triángulo mide 10 m, y la altura correspondiente, 12 m. Si la base del rectángulo mide 4 m, ¿cuánto mide la altura?

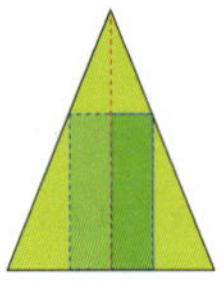

74 Calcula el área de un triángulo equilátero cuyo lado mide 7 m

75 Un globo está sujeto a una cuerda de 5 m y observamos que se ha desplazado 1,2 m por el viento. ¿A qué altura está el globo?

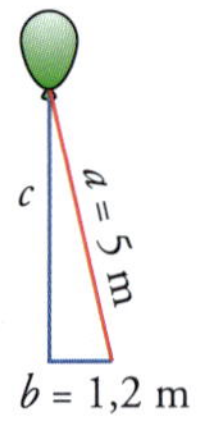

76 Calcula la diagonal del ortoedro de la figura:

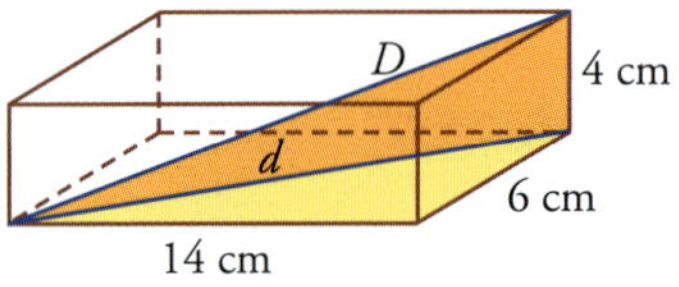

77 Calcula el número de vueltas que da una rueda de bicicleta para recorrer 1 km si el radio de la bicicleta mide 40 cm

78 Calcula el radio de una circunferencia que mide 37,5 m de longitud.

79 Calcula el radio de la Tierra sabiendo que un cuadrante mide 10 000 km

80 Calcula el área de un hexágono regular de lado 6 cm

81 En una circunferencia de radio 1,64 cm se traza una cuerda de 2,55 cm. Haz el dibujo y calcula la distancia del centro de la circunferencia a la cuerda.

82 Calcula el área del siguiente trapezoide:

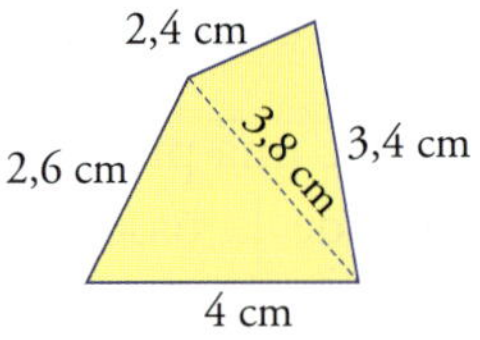

Para profundizar

83 Dibuja un triángulo rectángulo y la circunferencia que pasa por los tres vértices. ¿Dónde está el circuncentro del triángulo?

84 La sombra de una torre de alta tensión mide 15 m. En ese mismo momento la sombra de un objeto de 1,5 m mide 2 m. Calcula la altura de la torre de alta tensión.

85 Calcula el área del siguiente rectángulo inscrito en una semicircunferencia.

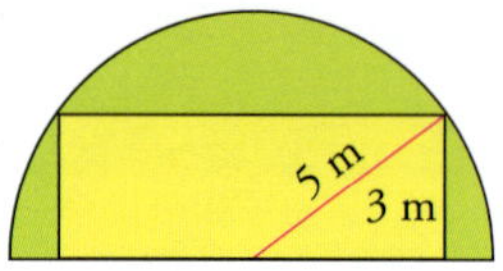

86 Halla la generatriz de un tronco de cono en el que los radios de las bases miden 5,2 m y 3,8 m, y la altura, 6,2 m

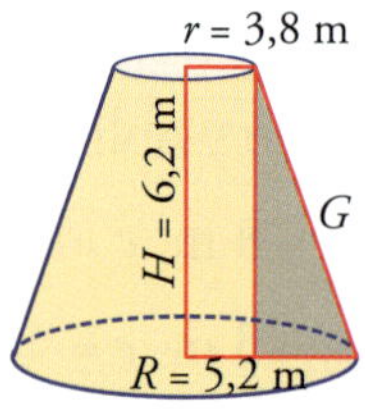

87 Calcula el valor de x en el siguiente dibujo:

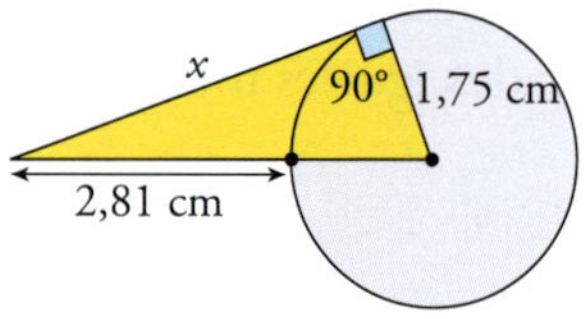

88 Calcula el valor de la altura h del siguiente triángulo equilátero:

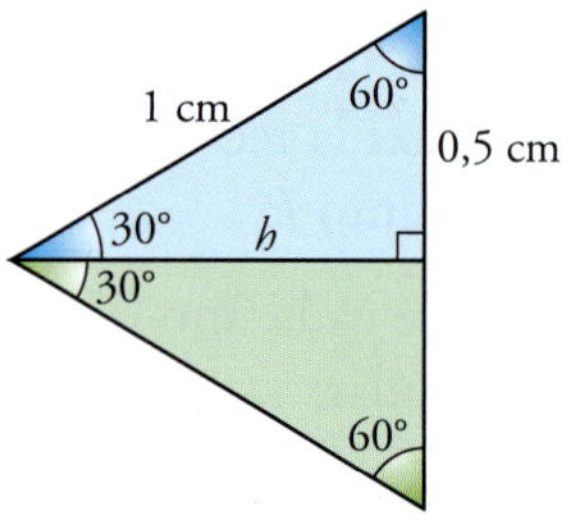

89 Calcula el área del segmento circular coloreado de amarillo en la siguiente figura:

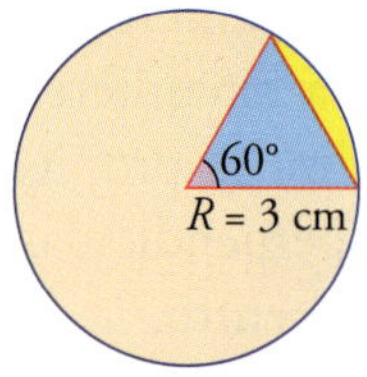

Matematización en contextos reales

Mapas, planos y fotocopias

Los mapas y los planos son figuras semejantes a un determinado terreno. Es un mapa si la escala es inferior a 1:10 000, y es un plano si es superior. La escala es un cociente y cuanto mayor sea el divisor, menor es el cociente.

90 Se dibuja un terreno de forma que 300 m en la realidad son 2 cm en el croquis. Halla la escala y averigua si es un plano o un mapa.

91 Se dibuja un terreno de forma que 100 m en la realidad son 2 cm en el croquis. Halla la escala y averigua si es un plano o un mapa.

92 Una fotocopia está reducida al 25 %. El original era un papel DIN A4 cuyo tamaño es 21 cm × 29,7 cm. Halla el área del original y de la fotocopia.

Autoevaluación

1 ¿Qué es una terna pitagórica? Pon un ejemplo.

2 Dibuja un segmento de 2,5 cm y halla su mediatriz.

3 Dos triángulos están en posición de Thales y sabemos que $AB = 5$ cm, $AC = 3$ cm y $AB' = 4$ cm. Calcula cuánto mide AC'

4 Calcula la altura de un cono en el que el radio de la base mide 3,5 cm, y la generatriz, 7 cm

5 Calcula el área de un sector circular de radio 5 cm, y amplitud, 150°

6 Calcula los tres ángulos del siguiente triángulo que tiene un vértice en el centro del pentágono regular y los otros dos en dos vértices consecutivos.

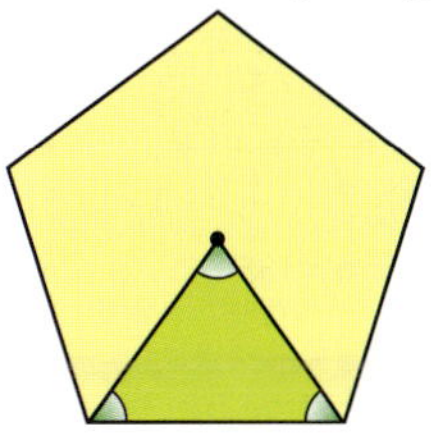

7 Calcula la altura de la torre Eiffel de París sabiendo que cuando su sombra es de 233,58 m, la sombra de una persona de 1,75 m es 1,25 m. Redondea el resultado a metros.

8 Calcula el área de un cuadrado en el que la diagonal mide 6 m

1. Ejercicio (Calificación: 2,5 puntos)

En un decágono regular, calcula:

a) La suma de los ángulos.

b) La amplitud de cada ángulo interior.

SOLUCIÓN

En **GeoGebra** elige el *applet:* **Suma de los ángulos de un polígono regular convexo.**

Tienes que mover el deslizador n para $n = 10$

a) Suma de los ángulos = **1440** °

b) Amplitud de cada ángulo interior = **144** °

2. Ejercicio (Calificación: 2,5 puntos)

Calcula la generatriz de un cono recto en el que el radio de la base mide 5,25 m y la altura 7,4 m

SOLUCIÓN

En **GeoGebra** elige el *applet:* **Cálculo de la hipotenusa conocidos los catetos.**

En un cateto b tienes que introducir **5.25** y en el otro cateto c el valor **7.4**

Apotema = **9,07** m

3. Ejercicio (Calificación: 2,5 puntos)

Halla la altura de la torre Eiffel sabiendo que la sombra mide 223 m y que, en el mismo momento y en el mismo lugar, una persona que mide 1,75 m proyecta una sombra de 1,2 m

SOLUCIÓN

En **GeoGebra** elige el *applet:* **Medidas indirectas.**

En el **Palo** tienes que introducir **1.75,** en la **SombraPalo, 1.2** y en la **SombraObjeto, 2.23**

Altura = **325** m

4. Ejercicio (Calificación: 2,5 puntos)

Calcula el área de un trapecio circular de radios 7,45 m y 5,25 m, y ángulo de 135°

SOLUCIÓN

En **GeoGebra** elige el *applet:* **Trapecio circular.**

En los radios tienes que introducir R **= 7.45,** r **= 5.25,** en el ángulo α **= 135°** y en las unidades **m**

Área = **32,92** m^2

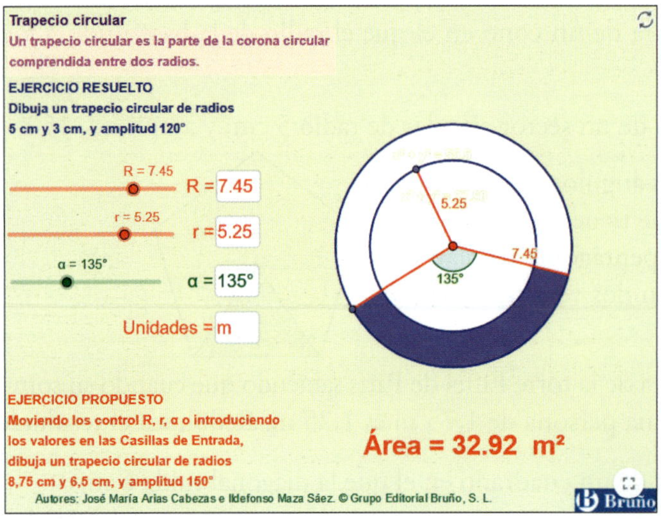

9 Áreas y volúmenes

1. Área y volumen de cuerpos en el espacio
2. Área y volumen de pirámides y conos
3. Área y volumen de troncos y esfera
4. La esfera y el globo terráqueo

Los domos geodésicos son estructuras esféricas construidas sobre marcos triangulares que la dotan de la mayor fortaleza posible con la menor cantidad de material utilizado en su construcción. Al ser esféricas, tienen la mejor relación volumen-superficie; por ejemplo, si se duplica el diámetro de un domo, su volumen se multiplica por ocho y, sin embargo, la superficie solo se multiplica por cuatro. Hoy en día, hay muchos domos construidos: hoteles, centros medioambientales, etc.

Se considera a Buckminster Fuller como el iniciador de estas construcciones por sus trabajos sobre los principios de la eficiencia energética y de materiales en arquitectura, ingeniería y diseño.

1 Área y volumen de cuerpos en el espacio

Nombre	Dibujo	Desarrollo	Área	Volumen
Cubo o hexaedro	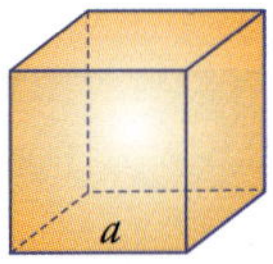	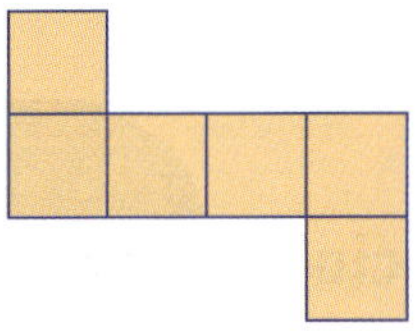	$A = 6a^2$	$V = a^3$
Paralelepípedo u ortoedro	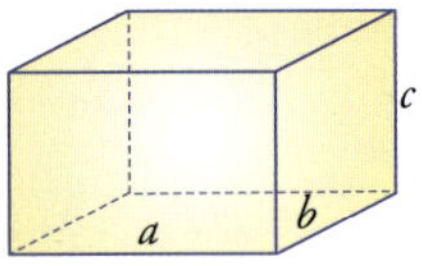	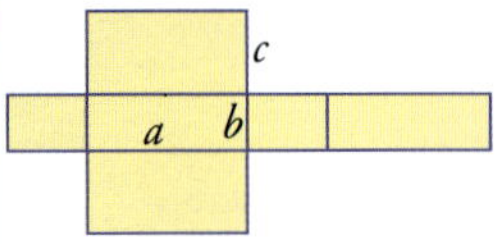	$A = 2(ab + ac + bc)$	$V = abc$
Prisma	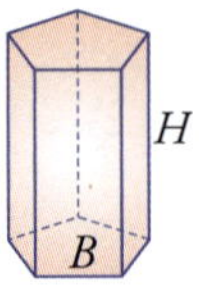	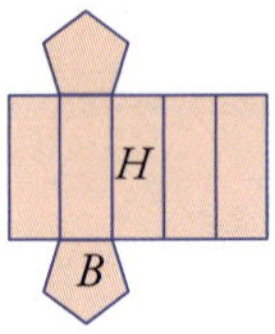	$A_T = 2A_B + A_L$	$V = A_B \cdot H$
Cilindro	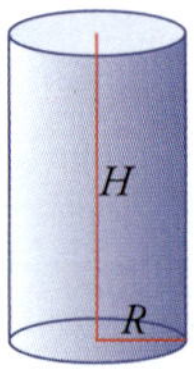	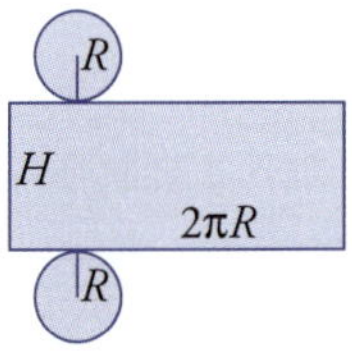	$A_B = \pi R^2$ $A_L = 2\pi RH$ $A_T = 2A_B + A_L$	
Pirámide	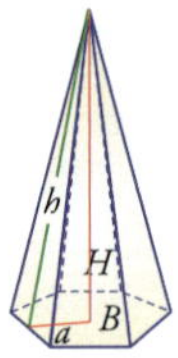	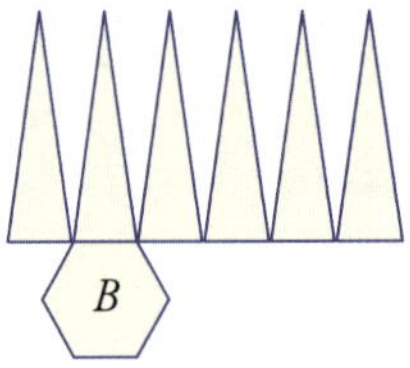	$A_T = A_B + A_L$	$V = \frac{1}{3}A_B \cdot H$
Cono	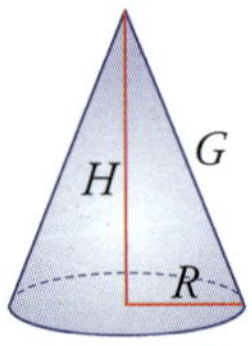	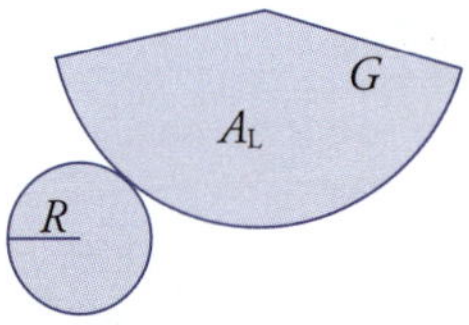	$A_B = \pi R^2$ $A_L = \pi RG$ $A_T = A_B + A_L$	
Tronco de pirámide	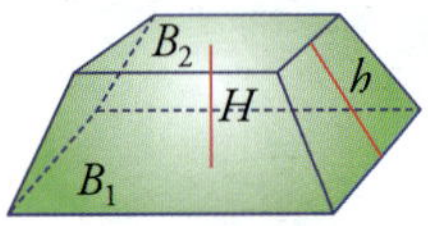	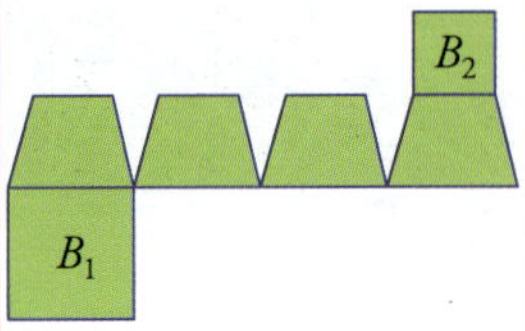	$A_T = A_{B_1} + A_{B_2} + A_L$	$V = \frac{1}{3}\left(A_{B_1} + A_{B_2} + \sqrt{A_{B_1} \cdot A_{B_2}}\right) \cdot H$
Tronco de cono	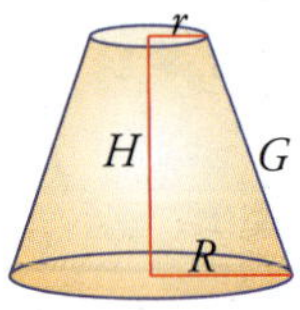	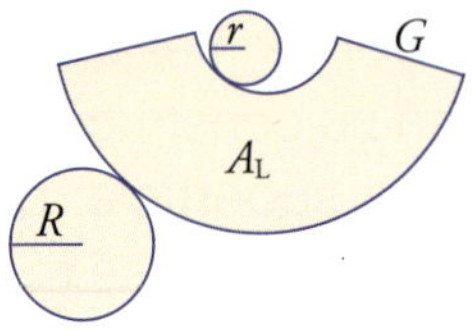	$A_{B_1} = \pi R^2$ $A_{B_2} = \pi r^2$ $A_L = \pi(R + r)G$ $A_T = A_{B_1} + A_{B_2} + A_L$	
Esfera	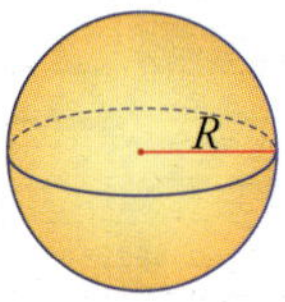	No tiene desarrollo plano.	$A = 4\pi R^2$	$V = \frac{4}{3}\pi R^3$

PIENSA Y CALCULA

Construye todos los poliedros y cuerpos redondos usando recortables.

CARNÉ CALCULISTA

Desarrolla:

$$(3x + \sqrt{5})(3x - \sqrt{5})$$

Factoriza:

$$4x^2 + 2x + \frac{1}{4}$$

1.1 Área y volumen del prisma

- El **área total del prisma** se deduce de su desarrollo plano, formado por dos bases iguales que son polígonos regulares, y tantos rectángulos iguales como aristas tenga la base.
- El **volumen del prisma** se obtiene multiplicando el área de la base por la altura.

Volumen de prismas y cilindros

Todos ellos tienen dos bases iguales; por ello el volumen se calcula aplicando la misma fórmula:

$$V = A_B \cdot H$$

EJERCICIO RESUELTO

1 Halla el área y el volumen de un prisma cuadrangular en el que la arista de la base mide 5 m y la altura, 9 m

- Área total: $A_T = 2A_B + A_L$; $A_B = l^2 \Rightarrow A_B = 5^2 = 25\ m^2$
  $A_L = 4lH \Rightarrow A_L = 4 \cdot 5 \cdot 9 = 180\ m^2$
- $A_T = 2 \cdot 25 + 180 = 50 + 180 =$ **$230\ m^2$**
- Volumen: $V = A_B \cdot H \Rightarrow V = 25 \cdot 9 =$ **$225\ m^3$**

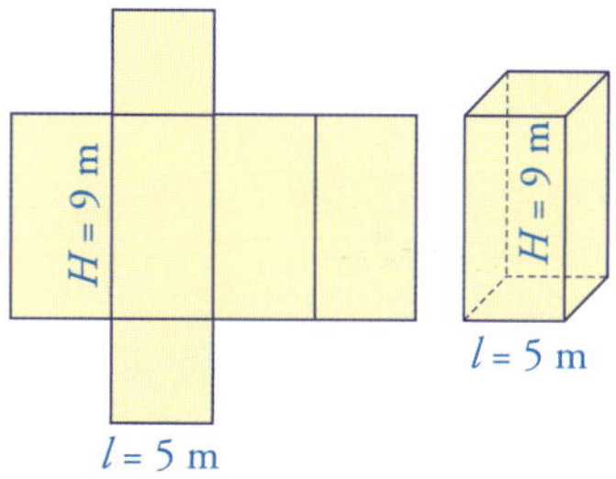

1.2 Área y volumen del cilindro

- El **área total del cilindro** se deduce de su desarrollo plano, formado por dos bases iguales que son círculos, y un rectángulo.
- El **volumen del cilindro** se obtiene multiplicando el área de la base por la altura.

EJERCICIO RESUELTO

2 Halla el área y el volumen de un cilindro recto cuya base tiene 3 m de radio y su altura es de 7 m. Toma π = 3,14

- Área total: $A_T = 2A_B + A_L$; $A_B = \pi R^2 \Rightarrow A_B = 3{,}14 \cdot 3^2 = 28{,}26\ m^2$
  $A_L = 2\pi RH \Rightarrow A_L = 2 \cdot 3{,}14 \cdot 3 \cdot 7 = 131{,}88\ m^2$
- $A_T = 2 \cdot 28{,}26 + 131{,}88 =$ **$188{,}40\ m^2$**
- Volumen: $V = A_B \cdot H \Rightarrow V = 28{,}26 \cdot 7 =$ **$197{,}82\ m^3$**

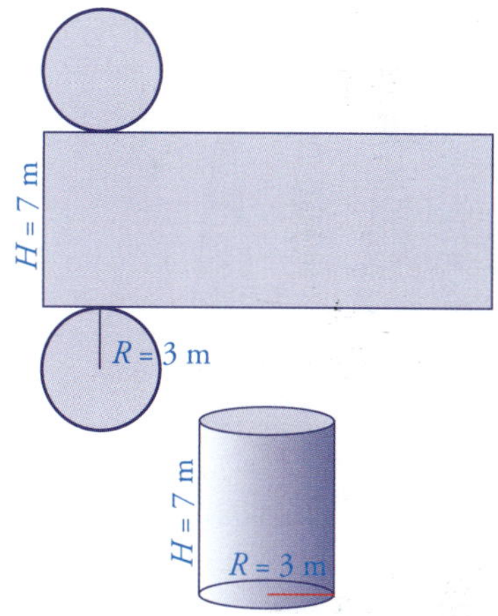

APLICA LA TEORÍA

1. Calcula mentalmente el área y el volumen de un cubo de 5 m de arista.
2. Calcula el área y el volumen de un cilindro recto cuya base mide 7,5 m de radio y cuya altura es el doble del radio de la base. Toma π = 3,14
3. Calcula el área y el volumen de un ortoedro cuyas aristas miden 8,5 cm, 7,4 cm y 5,2 cm
4. Calcula el área y el volumen de un prisma cuadrangular en el que la arista de la base mide 6 m y su altura es de 11 m
5. Calcula el área y el volumen de un prisma hexagonal en el que la arista de la base mide 12 m y su altura es de 25 m
6. El depósito de gasoil de un sistema de calefacción tiene forma de ortoedro, cuyas dimensiones en metros son 1,5 m × 0,75 m × 1,8 m. Calcula cuánto cuesta llenarlo si el precio de cada litro de gasoil es 1,15 €. Si la calefacción consume uniformemente todo el gasoil en 120 días, ¿cuánto se gasta diariamente en calefacción?

2 Área y volumen de pirámides y conos

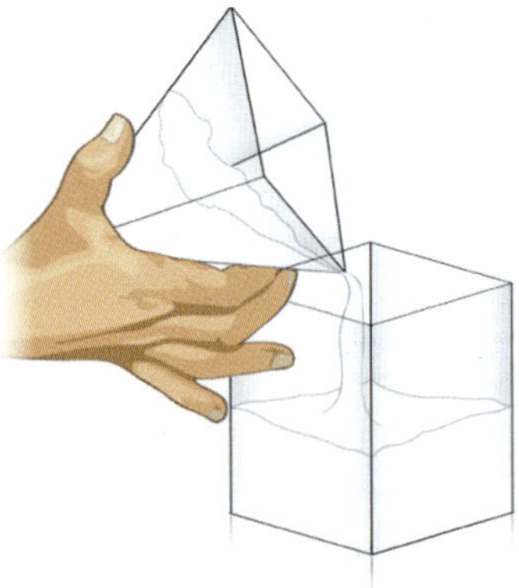

PIENSA Y CALCULA

a) Tienes un recipiente vacío en forma de prisma y otro en forma de pirámide, con la misma base y la misma altura. Compara la fórmula del volumen del prisma con la de la pirámide, y calcula cuántas veces tienes que llenar de sal la pirámide y echarla en el prisma para llenarlo.

b) Tienes un recipiente vacío en forma de cilindro y otro en forma de cono, con la misma base y la misma altura. Compara la fórmula del volumen del cilindro con la del cono, y calcula cuántas veces tienes que llenar de sal el cono y echarla en el cilindro para llenarlo.

CARNÉ CALCULISTA

Resuelve la ecuación:

$$\frac{x^2-5}{2}=x-3$$

2.1 Área y volumen de la pirámide

- El **área total de la pirámide** se deduce de su desarrollo plano, formado por una base que es un polígono regular, y tantos triángulos isósceles iguales como aristas tenga la base:

$$A_T = A_B + A_L$$

- El **volumen de la pirámide** se obtiene multiplicando un tercio por el área de la base y por la altura:

$$V = \frac{1}{3}A_B \cdot H$$

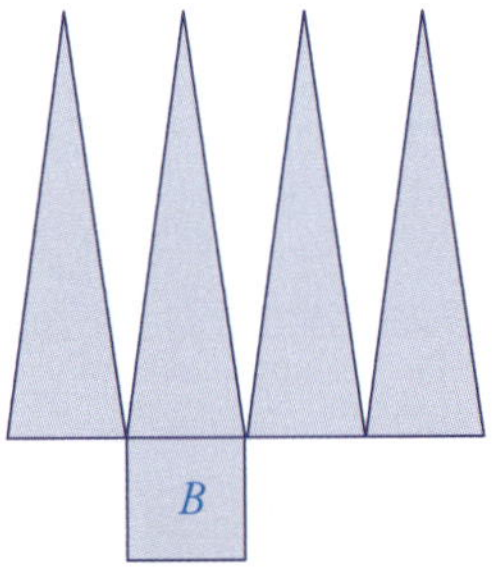

EJERCICIO RESUELTO

3 Halla el área y el volumen de una pirámide cuadrangular cuya base tiene una arista de 6 m y cuya altura es de 10 m

- Área total:

$A_T = A_B + A_L$

Se calcula el área de la base y el área lateral:

$A_B = l^2 \Rightarrow A_B = 6^2 = 36\ \text{m}^2$

$A_L = 4 \cdot \dfrac{l \cdot h}{2}$

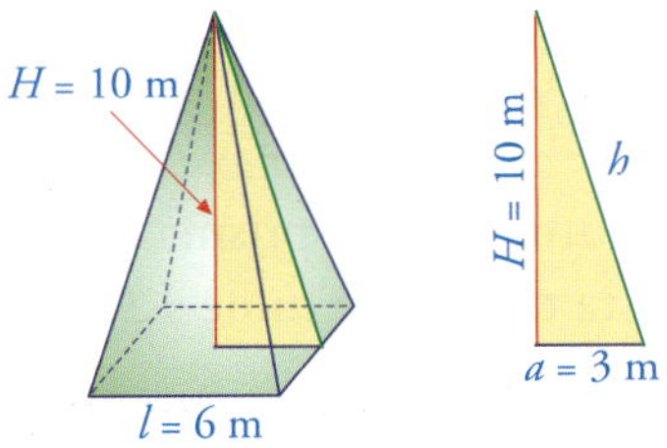

Hay que calcular la apotema de la pirámide, h, aplicando el teorema de Pitágoras:

$h = \sqrt{3^2 + 10^2} = \sqrt{109} = 10{,}44\ \text{m}$ [√] [(] [3] [x²] [+] [10] [x²] [)] [=] **10,44**

$A_L = 4 \cdot \dfrac{6 \cdot 10{,}44}{2} = 125{,}28\ \text{m}^2$ [4] [×] [6] [×] [10,44] [÷] [2] [=] **125,28**

Luego:

$A_T = 36 + 125{,}28 =$ **161,28 m²**

- Volumen:

$V = \dfrac{1}{3}A_B \cdot H$

$V = \dfrac{1}{3} \cdot 36 \cdot 10 =$ **120 m³**

2.2 Área y volumen del cono

- El **área total del cono** se deduce de su desarrollo plano, formado por una base que es un círculo, y un sector circular:

$$A_B = \pi R^2 \qquad A_L = \pi R G \qquad A_T = A_B + A_L$$

- El **volumen del cono** se obtiene multiplicando un tercio por el área de la base y por la altura:

$$V = \frac{1}{3} A_B \cdot H$$

Volumen de pirámides y conos

Todos ellos tienen una base y un vértice; por ello el volumen se calcula aplicando la misma fórmula:

$$V = \frac{1}{3} A_B \cdot H$$

EJERCICIO RESUELTO

4 **Halla el área y el volumen de un cono recto sabiendo que el radio de la base mide 4 m y la altura es de 11 m. Toma π = 3,14**

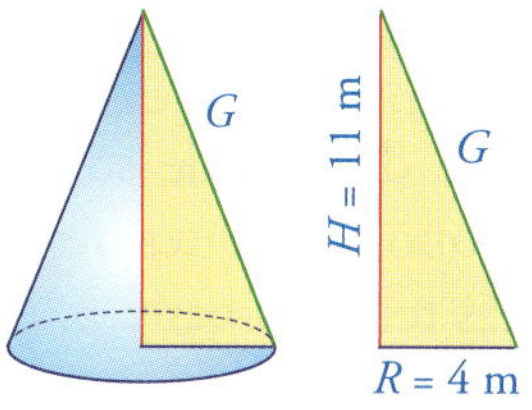

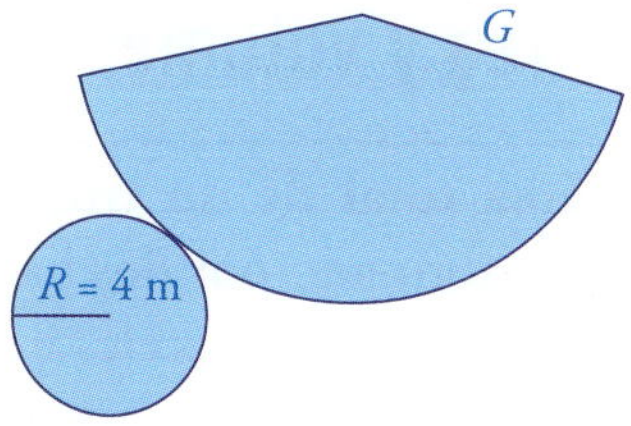

- Área total: $A_T = A_B + A_L$

  Se calcula el área de la base y el área lateral:

  $A_B = \pi R^2 \Rightarrow A_B = 3{,}14 \cdot 4^2 = 50{,}24 \text{ m}^2$

  $A_L = \pi R G$

  Hay que calcular la generatriz, G:

  $G = \sqrt{4^2 + 11^2} = \sqrt{137} = 11{,}70 \text{ m}$

  [√] [(] [4] [x^2] [+] [11] [x^2] [)] [=] **11,70**

  $A_L = 3{,}14 \cdot 4 \cdot 11{,}70 = 146{,}95 \text{ m}^2$

  [3.14] [×] [4] [×] [11.70] [=] **146,95**

  Luego: $A_T = 50{,}24 + 146{,}95 =$ **197,19 m²**

- Volumen: $V = \frac{1}{3} A_B \cdot H \Rightarrow V = \frac{1}{3} \cdot 50{,}24 \cdot 11 =$ **184,21 m³**

  [1] [÷] [3] [×] [50.24] [×] [11] [=] **184,21**

APLICA LA TEORÍA

7 Calcula el área y el volumen de una pirámide cuadrangular cuya base tiene 7 m de arista y cuya altura mide 15 m

8 Calcula el área y el volumen de un cono recto en el que el radio de la base mide 3,5 m y la altura es el triple de dicho radio. Toma π = 3,14

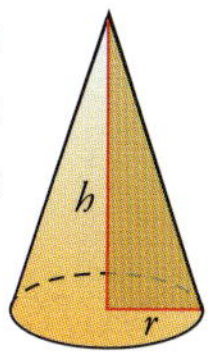

9 Calcula el área y el volumen de una pirámide hexagonal cuya base tiene una arista de 8 m y cuya altura es de 23 m

10 Una tienda de campaña tiene forma de cono recto; el radio de la base mide 1,5 m y la altura es de 3 m. El metro cuadrado de suelo cuesta 15 €, y el de la parte restante, 7 €. ¿Cuánto cuesta el material para construirla? Toma π = 3,14

3 Área y volumen de troncos y esfera

CARNÉ CALCULISTA

Resuelve el sistema:

$$\left.\begin{array}{r} \dfrac{x}{3} = \dfrac{y}{4} \\ \dfrac{x-2}{4} = \dfrac{y-3}{5} \end{array}\right\}$$

PIENSA Y CALCULA

Aplicando las fórmulas del volumen:

a) Calcula el volumen de los siguientes cuerpos en función de *R*: cilindro, cono y semiesfera.

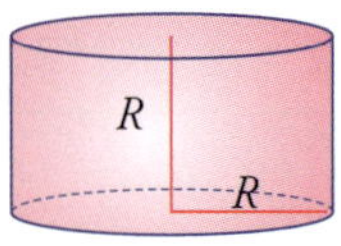

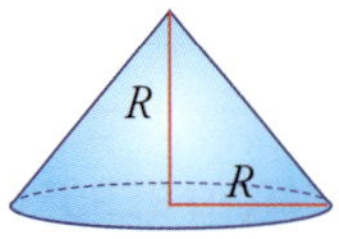

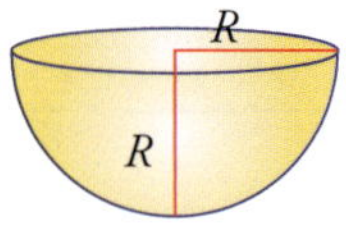

b) El volumen de uno de los cuerpos es igual a la suma de los volúmenes de los otros dos. ¿Cuál es la relación?

3.1 Área y volumen del tronco de pirámide

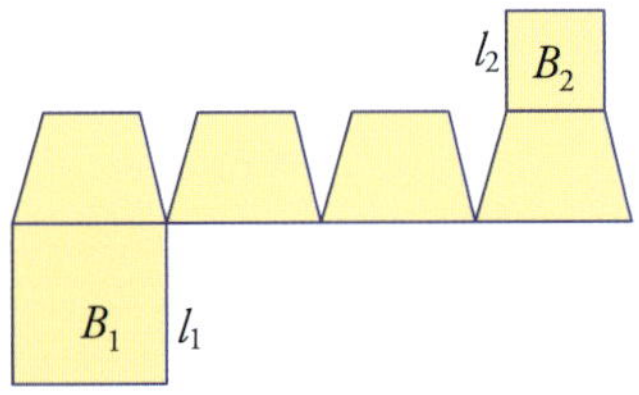

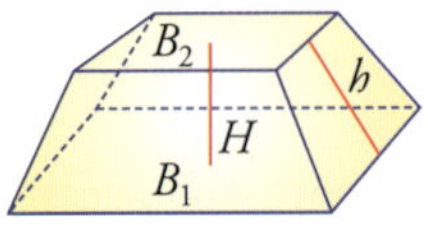

- El **área total de un tronco de pirámide** se deduce de su desarrollo plano, formado por dos bases que son polígonos regulares desiguales, y tantos trapecios isósceles iguales como aristas tenga la base:

$$A_T = A_{B_1} + A_{B_2} + A_L$$

- El **volumen de un tronco de pirámide** se obtiene multiplicando un tercio por la suma de las áreas de las bases, más la raíz cuadrada del producto de dichas áreas, multiplicado todo por la altura:

$$V = \frac{1}{3}\left(A_{B_1} + A_{B_2} + \sqrt{A_{B_1} \cdot A_{B_2}}\right) \cdot H$$

EJERCICIO RESUELTO

5 Halla el área y el volumen de un tronco de pirámide cuadrada, en el que la arista de la base mayor mide 26 cm; la arista de la base menor, 14 cm; y la altura, 8 cm

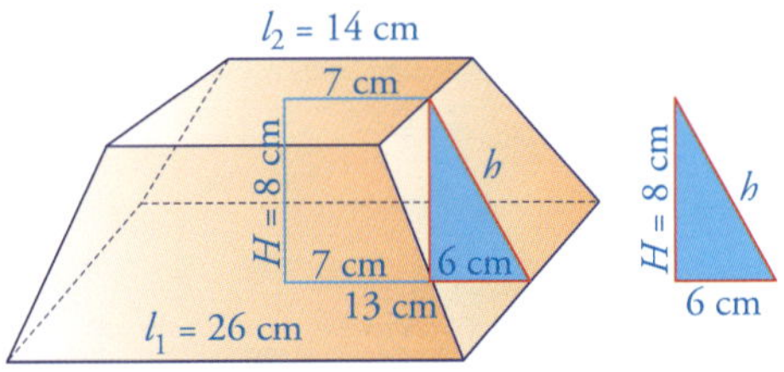

- Área total: $A_T = A_{B_1} + A_{B_2} + A_L$

  Área de las bases y área lateral:

  $A_{B_1} = l_1^2 \Rightarrow A_{B_1} = 26^2 = 676\ \text{cm}^2$

  $A_{B_2} = l_2^2 \Rightarrow A_{B_2} = 14^2 = 196\ \text{cm}^2$

  $$A_L = 4 \cdot \frac{l_1 + l_2}{2} \cdot h$$

  Hay que calcular la apotema del tronco de pirámide, *h*:

  $h = \sqrt{6^2 + 8^2} = \sqrt{100} = 10$ cm

  $$A_L = 4 \cdot \frac{26 + 14}{2} \cdot 10 = 800\ \text{cm}^2$$

  Luego: $A_T = 676 + 196 + 800 =$ **1 672 cm²**

- Volumen: $V = \frac{1}{3}\left(A_{B_1} + A_{B_2} + \sqrt{A_{B_1} \cdot A_{B_2}}\right) \cdot H$

  $V = \frac{1}{3}\left(676 + 196 + \sqrt{676 \cdot 196}\right) \cdot 8 =$ **3 296 cm³**

Volumen de troncos de pirámide y conos

Todos ellos tienen dos bases desiguales; por ello el volumen se calcula aplicando la misma fórmula.

3.2 Área y volumen del tronco de cono

- El **área total de un tronco de cono** se deduce de su desarrollo plano, formado por dos bases que son dos círculos desiguales, y un trapecio circular:

$A_T = A_{B_1} + A_{B_2} + A_L \qquad A_{B_1} = \pi R^2 \qquad A_{B_2} = \pi r^2 \qquad A_L = \pi(R + r)G$

- El **volumen de un tronco de cono** se obtiene multiplicando un tercio por la suma de las áreas de las bases, más la raíz cuadrada del producto de dichas áreas, multiplicado todo por la altura.

$$V = \frac{1}{3}\left(A_{B_1} + A_{B_2} + \sqrt{A_{B_1} \cdot A_{B_2}}\right) \cdot H$$

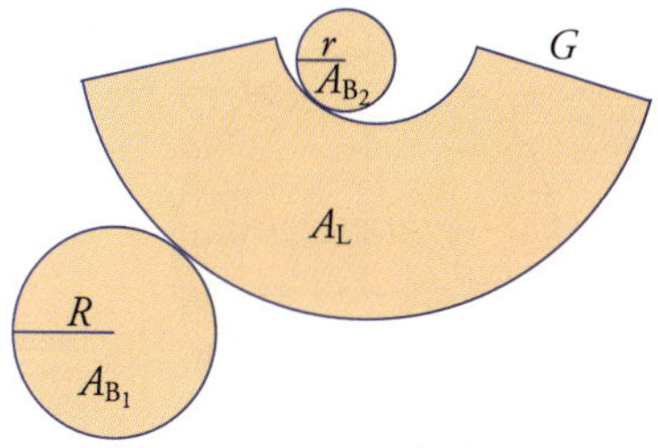

EJERCICIO RESUELTO

6 Halla el área y el volumen de un tronco de cono en el cual el radio de la base mayor mide 9 m; el radio de la base menor, 4 m; y la altura, 12 m. Toma π = 3,14

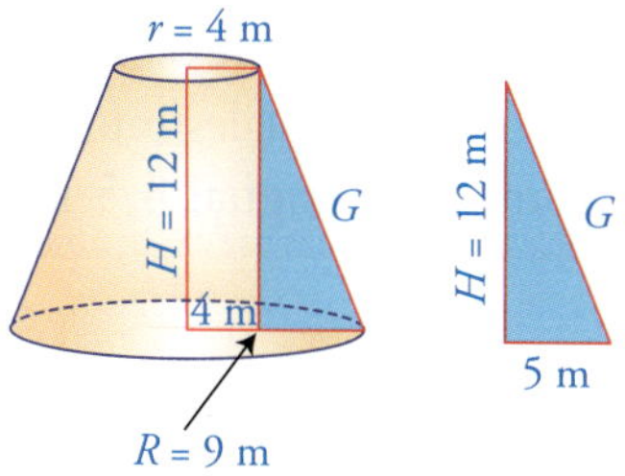

- Área total: $A_T = A_{B_1} + A_{B_2} + A_L$

Área de las bases y área lateral:

$A_{B_1} = \pi R^2 \Rightarrow A_{B_1} = 3{,}14 \cdot 9^2 = 254{,}34 \text{ m}^2$

$A_{B_2} = \pi r^2 \Rightarrow A_{B_2} = 3{,}14 \cdot 4^2 = 50{,}24 \text{ m}^2$

Hay que calcular la generatriz: $G = \sqrt{5^2 + 12^2} = \sqrt{169} = 13 \text{ m}$

$A_L = \pi(R + r)G;\ A_L = 3{,}14 \cdot (9 + 4) \cdot 13 = 530{,}66 \text{ m}^2$

Luego: $A_T = 254{,}34 + 50{,}24 + 530{,}66 =$ **$835{,}24 \text{ m}^2$**

- Volumen:

$$V = \frac{1}{3}\left(A_{B_1} + A_{B_2} + \sqrt{A_{B_1} \cdot A_{B_2}}\right) \cdot H$$

$$V = \frac{1}{3}\left(254{,}34 + 50{,}24 + \sqrt{254{,}34 \cdot 50{,}24}\right) \cdot 12 = \mathbf{1\,670{,}48 \text{ m}^3}$$

3.3 Área y volumen de la esfera

La esfera no tiene desarrollo plano.

- El **área de la esfera** es igual a la de cuatro círculos máximos: $A = 4\pi R^2$
- El **volumen de la esfera** se obtiene multiplicando cuatro tercios por π y por el radio al cubo: $V = \frac{4}{3}\pi R^3$

EJEMPLO

El área y el volumen de la siguiente esfera es:

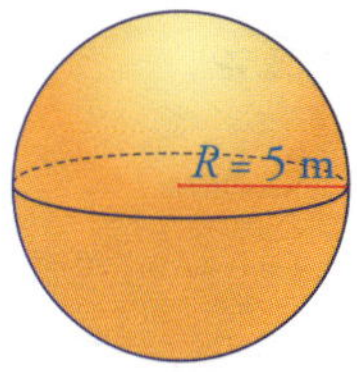

- $A = 4\pi R^2 \Rightarrow$

$A = 4 \cdot 3{,}14 \cdot 5^2 =$ **314 m^2**

- $V = \frac{4}{3}\pi R^3 \Rightarrow$

$V = \frac{4}{3} \cdot 3{,}14 \cdot 5^3 =$ **$523{,}33 \text{ m}^3$**

APLICA LA TEORÍA

11 Calcula el área y el volumen de un tronco de pirámide cuadrangular sabiendo que:

- La arista de la base mayor mide 16 m
- La arista de la base menor, 12 m
- La altura mide 20 m

12 Calcula el área y el volumen de un tronco de cono sabiendo que el radio de la base mayor mide 7 m; el de la base menor, 4 m; y la altura, 11 m. Toma π = 3,14

13 Calcula el área y el volumen de una esfera cuyo radio mide 7,5 m. Toma π = 3,14

4 La esfera y el globo terráqueo

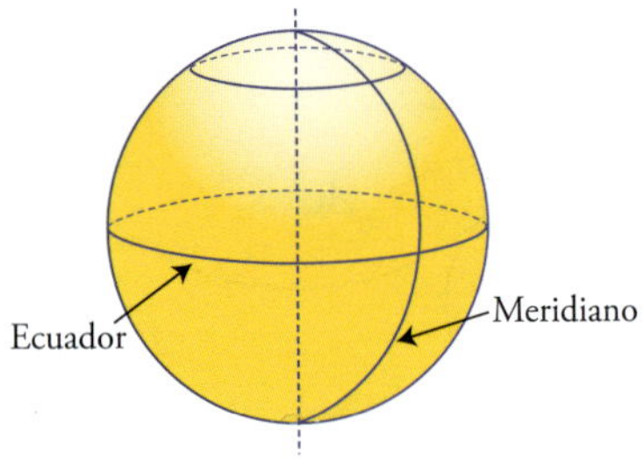

PIENSA Y CALCULA

Sabiendo que un metro es la diezmillonésima parte del cuadrante de un meridiano terrestre, y suponiendo que el globo terráqueo es una esfera perfecta, calcula la longitud de un meridiano y la longitud del Ecuador. Exprésalo en kilómetros.

CARNÉ CALCULISTA

Calcula la altura de un triángulo isósceles en el que los lados iguales miden 7,4 m y el desigual 4,5 m

4.1 La esfera

Una **esfera** es un cuerpo de revolución que se obtiene al girar una semicircunferencia sobre su diámetro.

Una esfera queda determinada por su centro y por su radio.

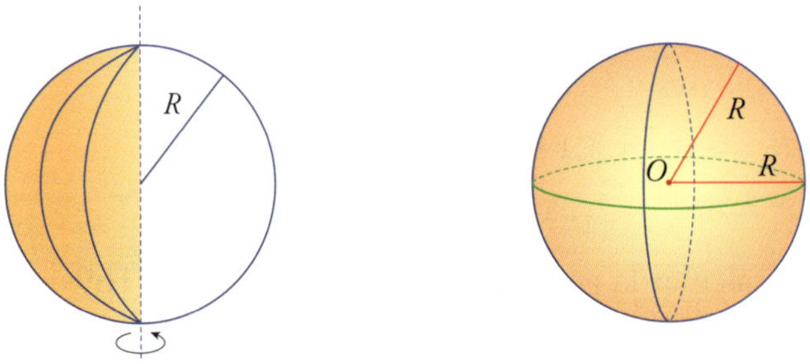

4.2 El globo terráqueo

En el globo terráqueo se dibujan los paralelos y los meridianos para tener un sistema de referencia.

El planeta **Tierra** es casi una esfera en la que se distinguen las siguientes partes:

- **Eje de la Tierra:** recta imaginaria alrededor de la cual gira la Tierra sobre sí misma. Este movimiento se llama de **rotación.**
- **Polos:** puntos de intersección del eje con la superficie terrestre. Se llaman **Polo Norte** y **Polo Sur.**
- **Ecuador:** circunferencia máxima perpendicular al eje. El Ecuador divide la superficie terrestre en **hemisferio norte** y **hemisferio sur.**
- **Paralelos:** circunferencias paralelas al Ecuador.
- **Meridianos:** circunferencias máximas que pasan por los polos.

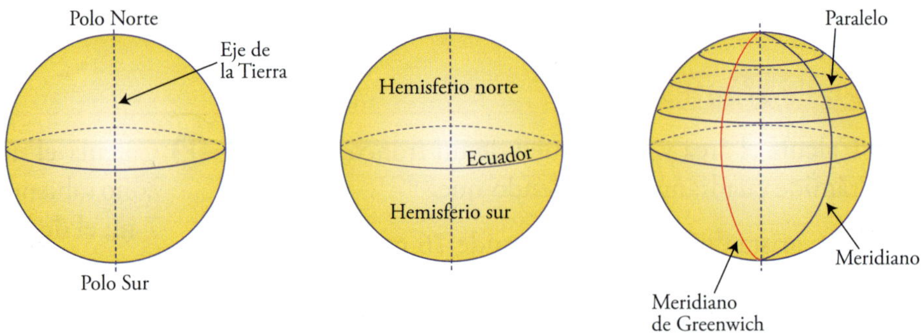

4.3 Coordenadas geográficas

Todo punto de la superficie terrestre queda determinado por el meridiano y el paralelo que pasan por dicho punto.

El Ecuador y el meridiano de Greenwich son el sistema de referencia.

Las **coordenadas geográficas** de un punto de la superficie terrestre son la **longitud** y la **latitud.**

> La **longitud** de un lugar es el arco de paralelo que forman el meridiano de Greenwich y el meridiano que pasa por ese lugar.

La longitud se mide de 0° a 180° a partir del meridiano de Greenwich, distinguiéndose entre este y oeste.

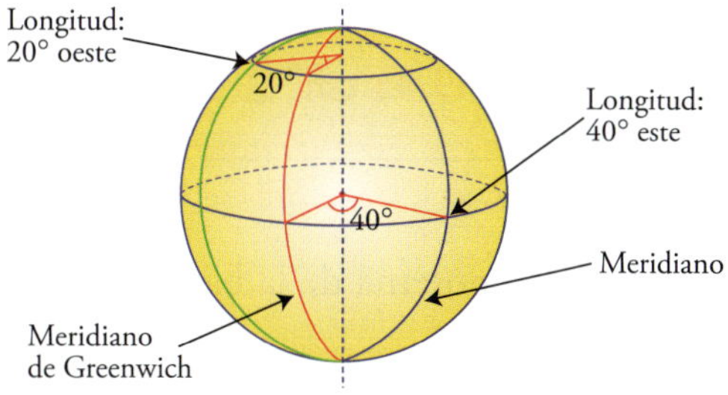

> La **latitud** de un lugar es el arco de meridiano que forman el Ecuador y el paralelo que pasa por ese lugar.

La latitud se mide de 0° a 90° a partir del Ecuador, distinguiéndose entre latitud Norte y latitud Sur.

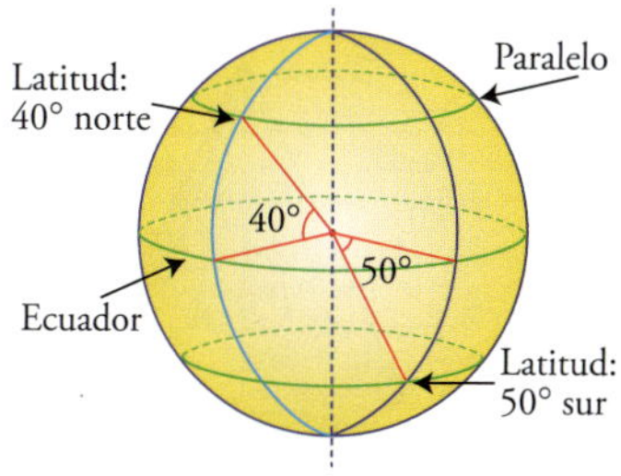

APLICA LA TEORÍA

14 Expresa de forma aproximada en grados y minutos la longitud y la latitud de: Sevilla, Ourense, Castellón y Albacete.

15 Si la longitud del Ecuador es de unos 40 000 km, calcula la distancia que se recorre sobre el Ecuador al avanzar 1° en longitud.

16 Busca en el mapa las ciudades cuyas coordenadas geográficas son las siguientes:

a) 2° 28' O 36° 50' N b) 3° 41' O 40° 24' N

c) 4° 25' O 36° 43' N d) 5° 34' O 42° 36' N

17 Si la longitud de un meridiano es de unos 40 000 km, calcula la distancia que se recorre sobre un meridiano al avanzar 15° en latitud.

18 Calcula de forma aproximada la distancia que hay entre las localidades de Dos Hermanas (Sevilla) y Avilés (Asturias) si las coordenadas geográficas de ambas localidades son más o menos las siguientes:

- Dos Hermanas: 5° 55' O, 37° 17' N
- Avilés: 5° 55' O, 43° 33' N

EJERCICIOS DE ÁREAS Y VOLÚMENES DE PRISMAS, PIRÁMIDES Y CONOS

7 Halla el área y el volumen de un prisma hexagonal en el que la arista de la base mide 8 cm, y la altura, 22 cm

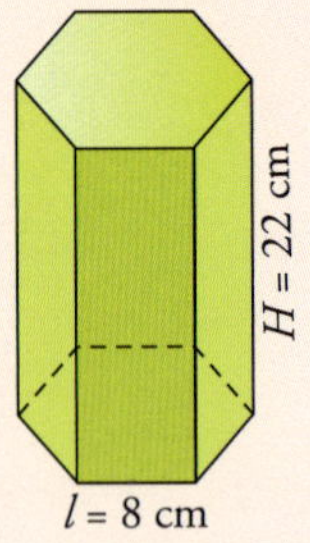

- Área total: $A_T = 2A_B + A_L$

Hay que calcular la apotema de la base aplicando el teorema de Pitágoras.

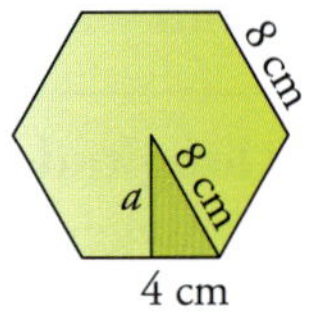

$$a = \sqrt{8^2 - 4^2} = \sqrt{64 - 16} = \sqrt{48} = 6{,}93 \text{ cm}$$

$$A_B = \frac{P \cdot a}{2} \Rightarrow A_B = \frac{6 \cdot 8 \cdot 6{,}93}{2} = 166{,}32 \text{ cm}^2$$

$$A_L = 6 \cdot l \cdot H \Rightarrow A_L = 6 \cdot 8 \cdot 22 = \mathbf{1\,056 \text{ cm}^2}$$

$$A_T = 2 \cdot 166{,}32 + 1056 = \mathbf{1\,388{,}64 \text{ cm}^2}$$

- Volumen: $V = A_B \cdot H$

$$V = 166{,}32 \cdot 22 = \mathbf{3\,659{,}04 \text{ cm}^3}$$

8 Halla el área y el volumen de una pirámide hexagonal en el que la arista de la base mide 7 m, y la altura, 15 m

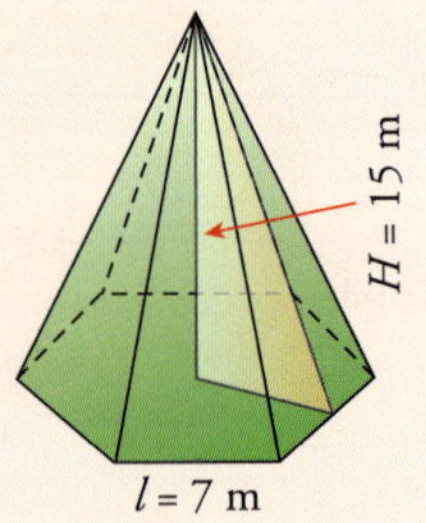

- Área total: $A_T = A_B + A_L$

Hay que calcular la apotema de la base aplicando el teorema de Pitágoras.

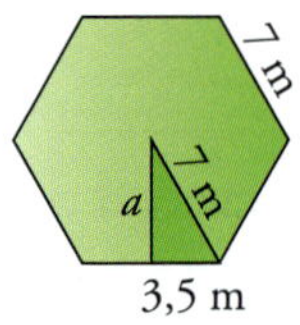

$$a = \sqrt{7^2 - 3{,}5^2} = \sqrt{36{,}75} = 6{,}06 \text{ m}$$

$$A_B = \frac{P \cdot a}{2} \Rightarrow A_B = \frac{6 \cdot 7 \cdot 6{,}06}{2} = 127{,}26 \text{ m}^2$$

$$A_L = 6 \cdot \frac{b \cdot h}{2}$$

Hay que calcular la apotema de la pirámide aplicando el teorema de Pitágoras.

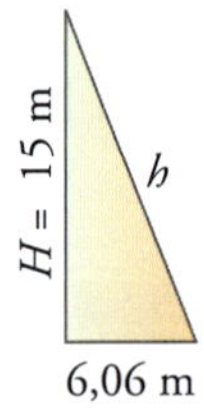

$$h = \sqrt{15^2 + 6{,}06^2} = \sqrt{261{,}72} = 16{,}18 \text{ m}$$

$$A_L = 6 \cdot \frac{7 \cdot 16{,}18}{2} = 339{,}78 \text{ m}^2$$

$$A_T = 127{,}26 + 339{,}78 = \mathbf{467{,}04 \text{ m}^2}$$

- Volumen: $V = \frac{1}{3} A_B \cdot H$

$$V = \frac{1}{3} \cdot 127{,}26 \cdot 15 = \mathbf{636{,}30 \text{ m}^3}$$

9 Halla el área y el volumen de un cono en el que el radio de la base mide 5,23 cm, y la generatriz, 9,65 cm. Toma $\pi = 3{,}14$

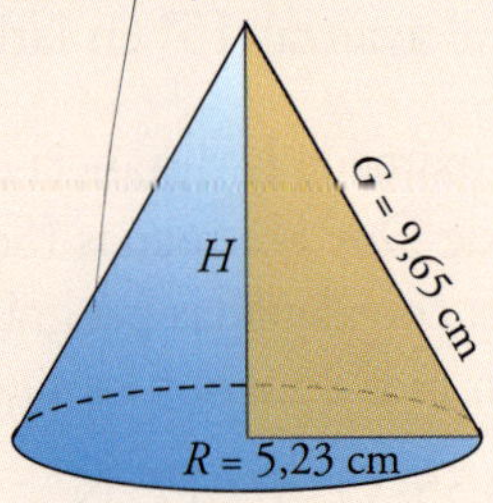

- Área total: $A_T = A_B + A_L$

$$A_B = \pi R^2 \Rightarrow A_B = 3{,}14 \cdot 5{,}23^2 = 85{,}89 \text{ cm}^2$$

$$A_L = \pi R G \Rightarrow A_L = 3{,}14 \cdot 5{,}23 \cdot 9{,}65 = 158{,}47 \text{ cm}^2$$

$$A_T = 85{,}89 + 158{,}47 = \mathbf{244{,}36 \text{ cm}^2}$$

- Volumen: $V = \frac{1}{3} A_B \cdot H$

Hay que calcular la altura del cono aplicando el teorema de Pitágoras.

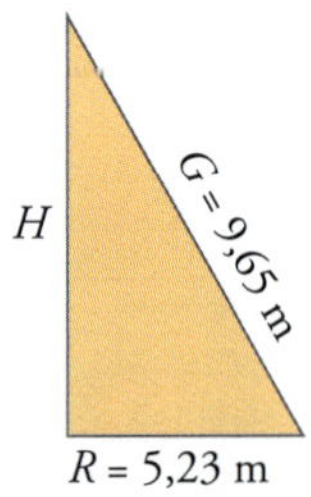

$$H = \sqrt{9{,}65^2 - 5{,}23^2} = \sqrt{65{,}77} = 8{,}11 \text{ cm}$$

$$V = \frac{1}{3} \cdot 85{,}89 \cdot 8{,}11 = \mathbf{232{,}19 \text{ cm}^3}$$

EJERCICIOS DE ÁREAS Y VOLÚMENES DE TRONCOS DE CONOS Y ESFERAS

10 Halla el área y el volumen de un tronco de cono en el que el radio de la base mayor mide 7,25 m, el de la base menor, 4,5 m, y cuya altura mide 14,46 m. Toma $\pi = 3,14$

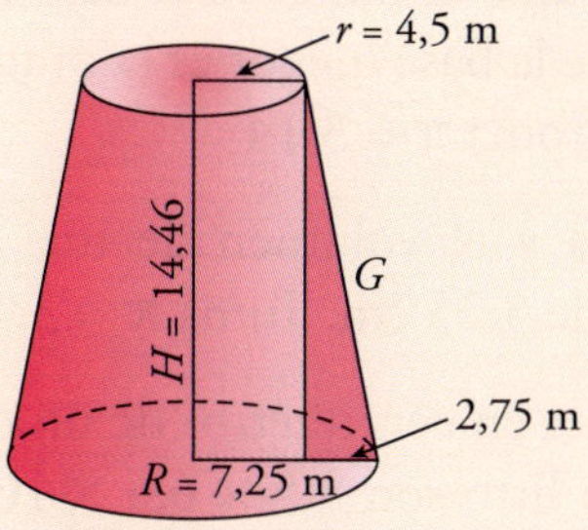

- Área total: $A_T = A_{B_1} + A_{B_2} + A_L$

$A_{B_1} = \pi R^2 \Rightarrow A_{B_1} = 3,14 \cdot 7,25^2 = 165,05 \text{ m}^2$

$A_{B_2} = \pi r^2 \Rightarrow A_{B_2} = 3,14 \cdot 4,5^2 = 63,59 \text{ m}^2$

$A_L = \pi(R + r)G$

Hay que calcular la generatriz del tronco de cono aplicando el teorema de Pitágoras.

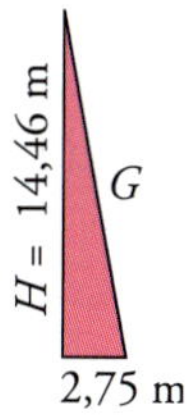

$G = \sqrt{2,75^2 + 14,46^2} = \sqrt{216,65} = 14,72 \text{ m}$

$A_L = 3,14 \cdot (7,25 + 4,5) \cdot 14,72 = 543,09 \text{ m}^2$

$A_T = 165,05 + 63,59 + 543,09 = 771,73 \text{ m}^2$

- Volumen:

$$V = \frac{1}{3}\left(A_{B_1} + A_{B_2} + \sqrt{A_{B_1} \cdot A_{B_2}}\right) \cdot H$$

$$V = \frac{1}{3}\left(165,05 + 63,59 + \sqrt{165,05 \cdot 63,59}\right) \cdot 14,46 = 1\,595,84 \text{ m}^3$$

11 Halla el área y el volumen de una esfera de radio 3,54 cm. Toma $\pi = 3,14$

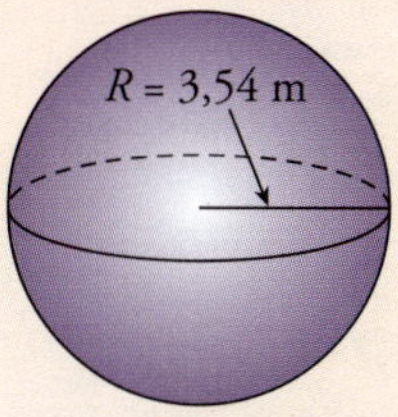

- Área total: $A = 4\pi R^2$

$A = 4 \cdot 3,14 \cdot 3,54^2 = 157,40 \text{ cm}^2$

- $V = \dfrac{4}{3}\pi R^3$

$$V = \frac{4}{3} \cdot 3,14 \cdot 3,54^3 = 185,73 \text{ cm}^3$$

PROBLEMA DE APLICACIONES DE ÁREAS Y VOLÚMENES

12 Supongamos que una lata de conservas es totalmente cilíndrica y que el diámetro de la base mide 10 cm. Si tiene una capacidad de 1 L, ¿cuánto medirá la altura? Toma $\pi = 3,14$

Datos y pregunta

Lata cilíndrica.

Diámetro de la base: 10 cm

Capacidad: 1 L

Pregunta: ¿Cuánto medirá la altura?

Planteamiento y operaciones

$R = 10 : 2 = 5 \text{ cm}$

$A_B = \pi R^2$

$A_B = 3,14 \cdot 5^2 = 78,50 \text{ cm}^2$

$1 \text{ L} = 1 \text{ dm}^3 = 1\,000 \text{ cm}^3$

$$V = A_B \cdot H \Rightarrow 1\,000 = 78,50 \cdot H \Rightarrow H = \frac{1\,000}{78,50} = 12,74 \text{ cm}$$

Solución

La lata medirá de alto 12,74 cm

EJERCICIOS Y PROBLEMAS PROPUESTOS

1. Área y volumen de cuerpos en el espacio

19 Calcula mentalmente el área y el volumen de un cubo de 4 m de arista.

20 Calcula mentalmente el área y el volumen de un ortoedro cuyas aristas miden 10 m, 8 m y 2 m

21 Calcula el área y el volumen del prisma pentagonal del siguiente dibujo:

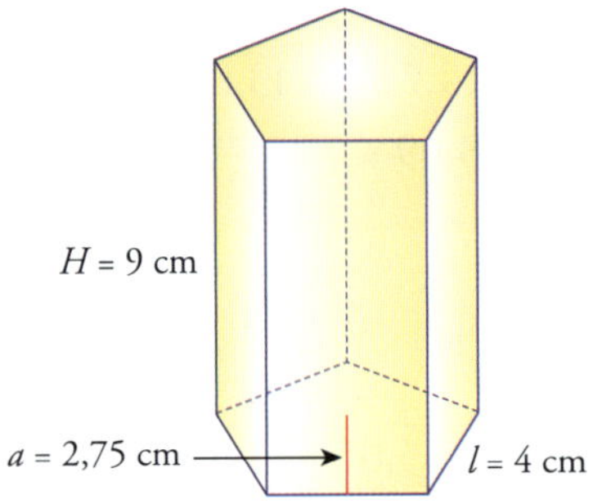

22 Calcula el área y el volumen de un cilindro recto en el que el radio de la base mide 12,5 m y cuya altura es de 27,6 m. Toma π = 3,14

2. Área y volumen de pirámides y conos

23 Calcula el área y el volumen de la pirámide pentagonal del siguiente dibujo:

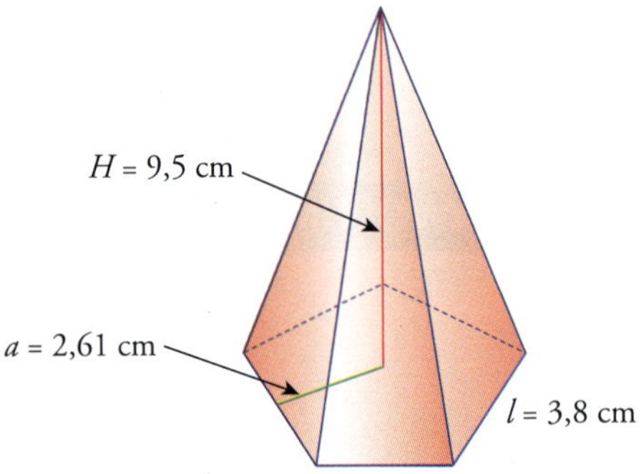

24 Calcula el área y el volumen de un cono recto en el que el radio de la base mide 43,5 m y cuya altura es de 125,6 m. Toma π = 3,14

25 Calcula el valor de una pieza de acero con forma de pirámide cuadrangular en la que la arista de la base mide 3 cm y la altura 7 cm. El precio de las piezas es de 40 €/kg. La densidad del acero es 7,85 kg/L

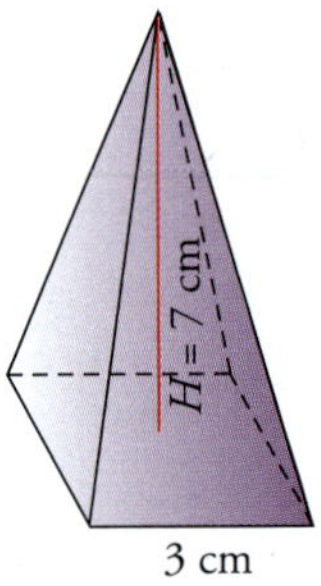

3. Área y volumen de troncos y esfera

26 Calcula el área y el volumen de un tronco de pirámide cuadrangular sabiendo que la arista de la base mayor mide 15 cm; la arista de la base menor, 9 cm; y la altura, 10 cm

27 Calcula el área y el volumen de un tronco de cono sabiendo que el radio de la base mayor mide 4 m, el de la base menor es la mitad y la altura es 7 m. Toma π = 3,14

28 Calcula el área y el volumen de una esfera cuyo radio mide 5,25 cm. Toma π = 3,14

29 Las dimensiones en centímetros de un cartón de leche de un litro son 9,5 × 6,4 × 16,5. Si lo construyésemos de forma esférica, ¿cuántos centímetros cuadrados de cartón ahorraríamos?

4. La esfera y el globo terráqueo

30 Expresa de forma aproximada la longitud y la latitud de Valencia y Zaragoza.

31 Busca en el mapa anterior las ciudades cuyas coordenadas geográficas son las siguientes:

a) 1° 52' O 39° N | b) 2° 11' E 41° 23' N
c) 8° 39' O 42° 26' N | d) 3° 47' O 37° 46' N

32 Calcula la distancia que hay entre las localidades de Carmona (Sevilla) y Aller (Asturias) si las coordenadas geográficas de ambas localidades son:

- Carmona: 5° 38' O, 43° 10' N
- Aller: 5° 38' O, 37° 28' N

Para ampliar

33 Calcula el área y el volumen de un cubo de arista 7,2 cm

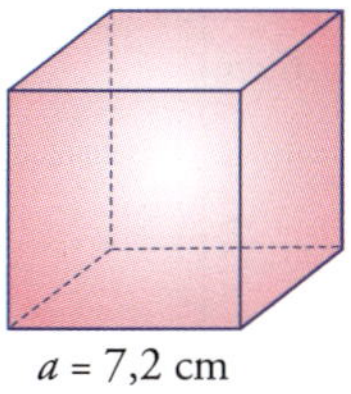

34 Calcula el área y el volumen de un ortoedro de $a = 8{,}4$ cm, $b = 7{,}5$ cm y $c = 4{,}2$ cm

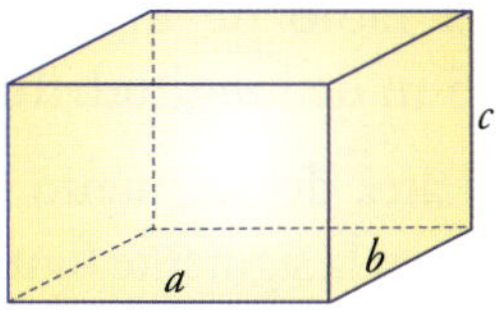

35 Halla el área de la siguiente figura:

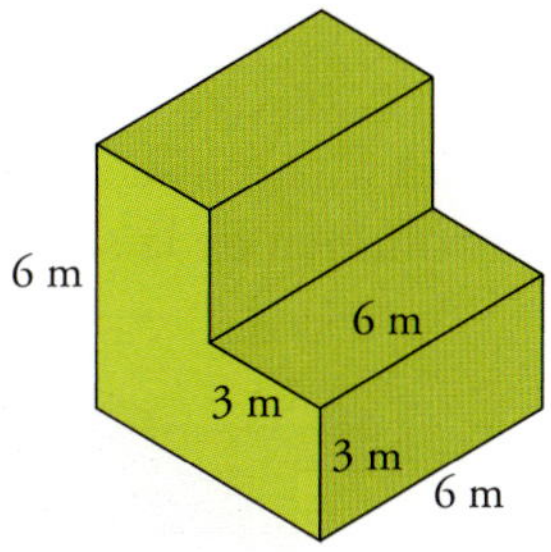

36 Calcula la arista de un cubo de 85 m^2 de área redondeando el resultado a dos decimales.

37 Calcula el área y el volumen del siguiente ortoedro:

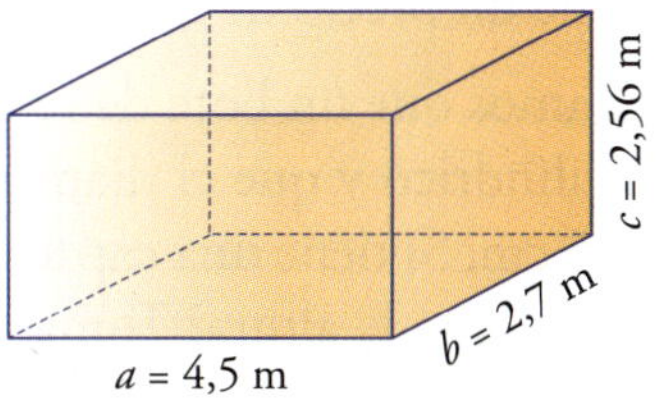

38 Calcula el área y el volumen de un ortoedro sabiendo que sus aristas forman una progresión geométrica decreciente de razón 1/2 y que la arista mayor mide 5 m

39 A un tarro de miel que tiene forma cilíndrica queremos ponerle una etiqueta que lo rodee completamente. El diámetro del tarro mide 9 cm y la altura de la etiqueta es de 5 cm. Calcula el área de la etiqueta. Toma $\pi = 3{,}14$

40 Calcula el área y el volumen de una pirámide heptagonal en la que la arista de la base mide 2 cm; la apotema, 2,08 cm; y la altura, 11 cm

41 Calcula el área y el volumen de un cono recto en el que el diámetro de la base es igual a la altura, que mide 10 m. Toma $\pi = 3{,}14$

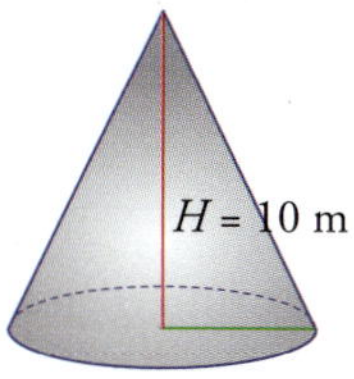

42 Calcula el radio de una esfera de un litro de volumen. Toma $\pi = 3{,}14$

43 Una esfera de 4 cm de diámetro está inscrita en un cilindro. ¿Cuál es la altura del cilindro? Toma $\pi = 3{,}14$

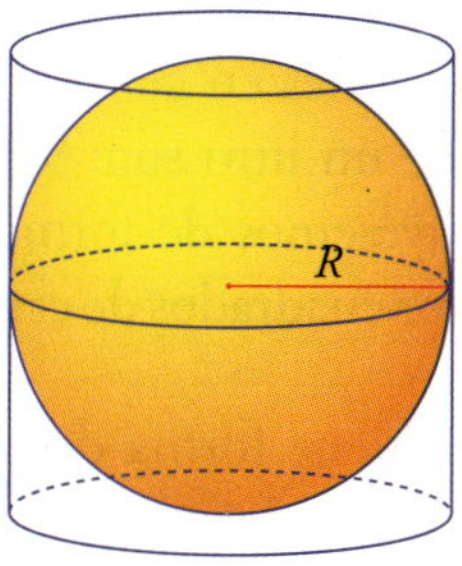

44 Halla el área y el volumen de una esfera de radio 6 400 km. Da el resultado en notación científica. Toma $\pi = 3{,}14$

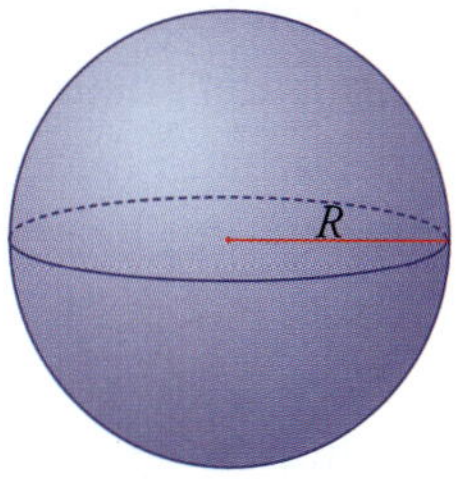

Con calculadora

45 Calcula la arista de un cubo cuyo volumen mide 2 m^3, redondeando el resultado a dos decimales.

46 Calcula el área y el volumen de una pirámide hexagonal en la que la arista de la base mide 7,4 m y la altura tiene 17,9 m

EJERCICIOS Y PROBLEMAS PROPUESTOS

Problemas

47 Calcula el volumen de la siguiente pieza:

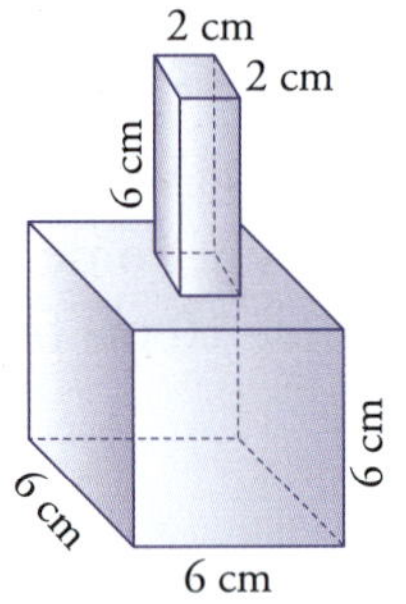

48 Un silo, que es un edificio para almacenar cereales, tiene forma de prisma cuadrangular. Si la arista de la base mide 10 m y la altura es de 25 m, ¿qué volumen contiene?

49 Calcula la altura que ha de tener un bote de conservas de un litro, sabiendo que el diámetro de la base mide 8 cm. Toma $\pi = 3,14$

50 Las dimensiones en centímetros de un cartón de leche de un litro son: $9,5 \times 6,4 \times 16,5$. Si lo construyésemos de forma cúbica, ¿cuántos centímetros cuadrados de cartón ahorraríamos?

51 Un tejado tiene forma de pirámide cuadrangular. La arista de su base mide 15 m y la altura es de 5 m. Si reparar un metro cuadrado cuesta 18 €, ¿cuánto costará reparar todo el tejado?

52 En un helado con forma de cono, 1/5 del contenido sobresale del cucurucho. Si el radio de la base del cucurucho mide 2,5 cm y la altura es de 12 cm, ¿cuántos helados se podrán hacer con 10 L? Toma $\pi = 3,14$

53 Calcula el volumen de un trozo de tronco de árbol, en el que el radio de la base mayor mide 15,9 cm; el radio de la base menor, 12,5 cm; y su altura, 4 m. Toma $\pi = 3,14$

54 Un cubo de basura en forma de tronco de cono tiene las siguientes medidas: radio de la base menor, 10 cm; radio de la base mayor, 12 cm; y altura, 50 cm. Si no tiene tapa, calcula su superficie y su volumen. Toma $\pi = 3,14$

55 Calcula el volumen de la siguiente pieza. Toma $\pi = 3,14$

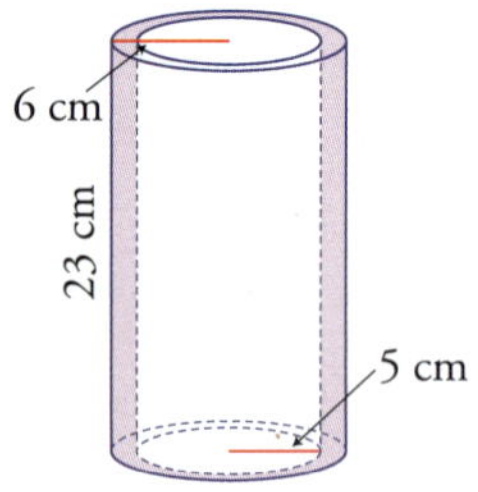

Para profundizar

56 Calcula el radio de una circunferencia que mide 37,5 m de longitud. Toma $\pi = 3,14$

57 Calcula el área del segmento circular coloreado de amarillo en la siguiente figura. Toma $\pi = 3,14$

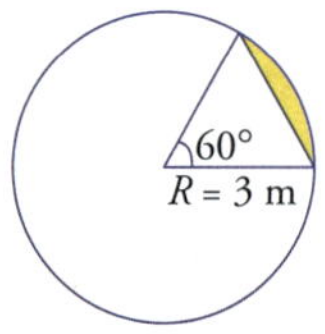

58 Calcula el volumen de la siguiente mesa:

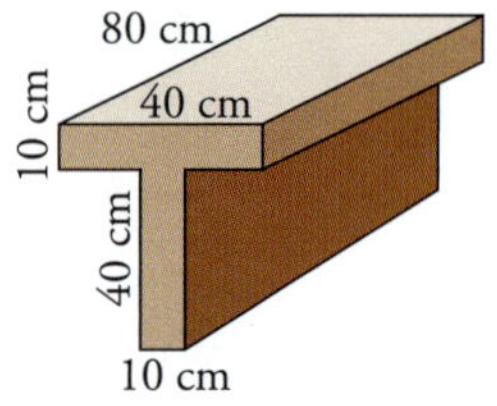

59 Una piscina tiene forma de prisma hexagonal. La arista de su base mide 12 m y la altura tiene 3,5 m. ¿Cuánto costará llenarla si el litro de agua tiene un precio de 0,02 €?

60 Supongamos que un bote de refresco es totalmente cilíndrico y que el diámetro de la base mide 6,5 cm. Si tiene una capacidad de 33 cL, ¿cuánto medirá la altura? Toma $\pi = 3,14$

61 Calcula el volumen de la siguiente pieza. Toma $\pi = 3,14$

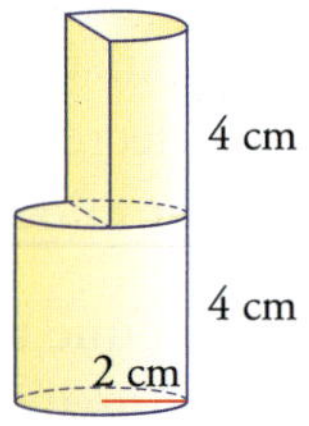

62 Calcula el volumen de la Tierra sabiendo que el radio mide 6 400 km. Da el resultado en notación científica. Toma $\pi = 3,14$

Matematización en contextos reales

Construcción de carreteras

El cálculo de áreas y volúmenes se aplica de forma habitual en la construcción de carreteras. Normalmente, esta comienza con la expropiación de fincas, las cuales es necesario medir para asignarles un precio y pagarlas.

A continuación, hay que hacer los planos con las medidas correspondientes. Si hay montículos, habrán de rebajarse; si hay pozas, habrán de rellenarse; por lo que se ha de calcular la cantidad de tierra que se debe mover. Por último, hay que echar el piso de asfalto, que, según el grosor, poseerá cierto volumen.

63. Calcula el coste de los terrenos que hay que expropiar para hacer una autopista de 50 km con una anchura de 80 m, si se paga a 5 € el metro cuadrado.

64. Hay que rebajar un montículo con forma de semiesfera cuyo radio mide 25 m. Calcula el número de viajes que tiene que hacer un camión que lleva cada vez 5 metros cúbicos. Toma $\pi = 3,14$

65. Calcula los metros cúbicos totales de asfalto que hay que echar en una autopista si tiene 50 km de longitud y dos direcciones, cada una con una anchura de 20 m. El grosor del asfalto es de 5 cm

Autoevaluación

1. Define qué es un paralelo y un meridiano. Pon un ejemplo haciendo un dibujo y marcando varios de ellos.

2. Calcula el área y el volumen de un cubo de arista $a = 5$ m

3. Calcula el área de un prisma hexagonal en el que la arista de la base mide 6 m y cuya altura es de 15 m

4. Calcula el volumen de una pirámide cuadrangular en la que la arista de la base mide 5 m y cuya altura es de 9 m

5. Calcula el área de un tronco de pirámide cuadrangular en el que la arista de la base mayor mide 8 m; la de la base menor, 5 m; y la altura, 12 m

6. Calcula el volumen de un tronco de cono en el que el radio de la base mayor mide 7 m; el de la base menor, 5 m; y la altura, 11 m. Toma $\pi = 3,14$

7. Calcula la altura que ha de tener un bote de refresco de 330 mL, sabiendo que el diámetro de la base mide 6 cm. Toma $\pi = 3,14$

8. Calcula el volumen de un helado con forma de cono, que llena el interior del cono y del que sobresale una semiesfera en la parte superior. El radio del cono mide 2,5 cm y la altura es de 15 cm. Toma $\pi = 3,14$

Mates dinámicas virtuales con GeoGebra en Moodle

1. Ejercicio (Calificación: 2,5 puntos)

Calcula el área de un prisma hexagonal en el que la arista de la base mide 8 m y la altura, 12 m

SOLUCIÓN

En **GeoGebra** elige el *applet:* **Prisma regular.**

Tienes que mover el deslizador ***n*** a ***n*** **= 6**, e introducir ***a*** **= 8** y ***H*** **= 12**

Área = 908,55 m^2 ▼ Volumen = 1995,32 m^3 ▼

2. Ejercicio (Calificación: 2,5 puntos)

Calcula el área total y el volumen de un cono de radio de la base R = 7 m y altura H = 17 m

SOLUCIÓN

En **GeoGebra** elige el *applet:* **Cono recto.**

Introduce ***R*** = 7 y ***H*** **= 17**

Área total = 558,24 m^2 ▼ Volumen = 872,32 m^3 ▼

3. Problema (Calificación: 2,5 puntos)

El planetario más grande del mundo está ubicado en el museo de ciencias de la ciudad de Nagoya. El museo se divide en dos edificios recubiertos de un jardín vertical y entre ellos hay una esfera que alberga el planetario de 35 m de diámetro. Calcula su superficie y su volumen.

SOLUCIÓN

En **GeoGebra** elige el *applet:* **Esfera.**

Introduce ***R*** **= 35/2**

Área = 3848,45 m^2 ▼ Volumen = 22449,3 m^3 ▼

4. Problema (Calificación: 2,5 puntos)

Un monumento tiene forma de tronco de pirámide hexagonal. Si la arista de la base mayor mide 13 m, la arista de la base menor mide 7 m y la altura mide 8 m, calcula cuánto costará pintar las caras laterales si se cobra a 10 € el metro cuadrado.

SOLUCIÓN

En **GeoGebra** elige el *applet:* **Tronco de pirámide.**

Tienes que mover el deslizador ***n*** a ***n*** **= 6**, e introducir, a_1 **= 13**, a_2 = 7, ***H*** **= 8**

Coste: 5723,6 € ▼

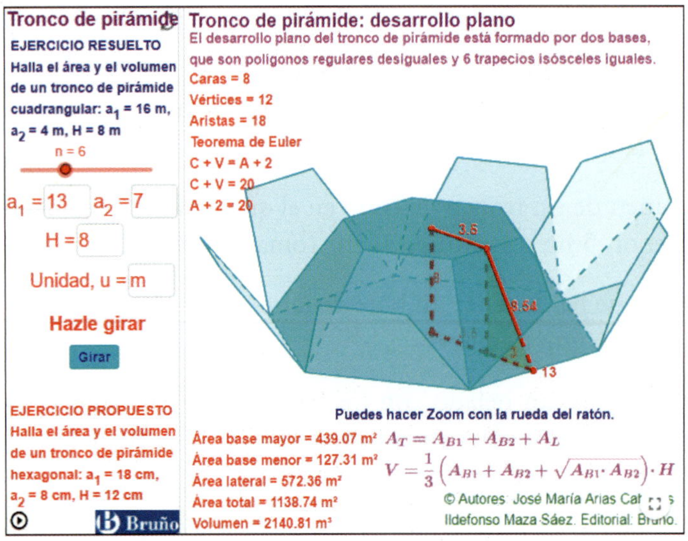

10 Movimientos, frisos y mosaicos

Utilizamos con mucha frecuencia los movimientos en STEAM (Ciencia, Tecnología, Ingeniería, Arte y Matemáticas). Concretamente, en el arte andaluz aparecen en muchas ocasiones mosaicos y frisos que se consiguen aplicando movimientos: Traslaciones, giros y simetrías a un número reducido de figuras. Podemos deleitarnos con este arte típico andaluz en edificios arquitectónicos.

1 Vectores y traslaciones

CARNÉ CALCULISTA

Desarrolla:

$$(3x^2 - 5)^2$$

Factoriza:

$$x^3 + 12x^2 + 36x$$

PIENSA Y CALCULA

Copia en tu cuaderno la pajarita y dibuja otra 10 unidades a la derecha y 2 hacia arriba. Toma como unidad el cuadradito del cuaderno.

Vector de posición

El vector de posición de un punto A es el vector $\overrightarrow{OA}$ y sus componentes coinciden con las coordenadas del punto A

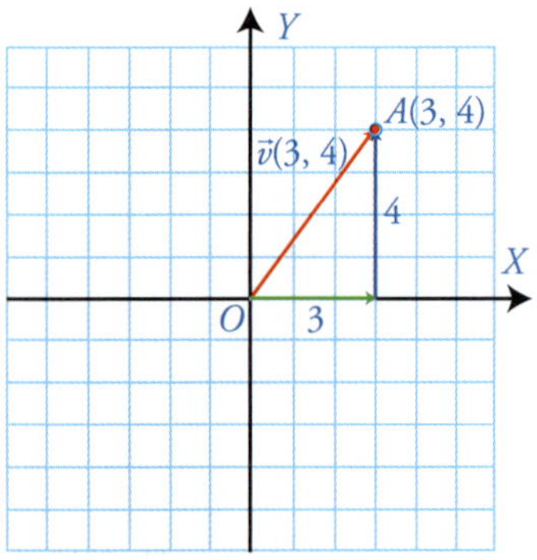

1.1 Vector

- Un **vector fijo** es un segmento orientado. Se representa por $\overrightarrow{OA}$. El punto O es el origen y el punto A es el extremo.
- **Características de un vector:**
  a) El **módulo:** es su longitud. Se representa por $|\overrightarrow{OA}|$
  b) La **dirección:** es la dirección de la recta que lo contiene.
  c) El **sentido:** es el que va del origen al extremo.

EJEMPLO

$\vec{v}(3, 4)$ es un vector que tiene una componente horizontal de 3 unidades y una componente vertical de 4 unidades, O es el origen y A es el extremo.

a) Módulo: se calcula aplicando el teorema de Pitágoras.

$$|\vec{v}| = \sqrt{3^2 + 4^2} = \sqrt{25} = 5 \text{ unidades}$$

b) Dirección: **la de la recta que pasa por O y A**

c) Sentido: **el que va de O hacia A**

Vector libre

Un vector libre es un vector fijo $\overrightarrow{OA}$ que representa a todos los vectores que tienen el mismo módulo, dirección y sentido. Los vectores $\vec{u}$, $\vec{w}$ y $\vec{x}$ están representados por el vector $\vec{v}(4, -3)$

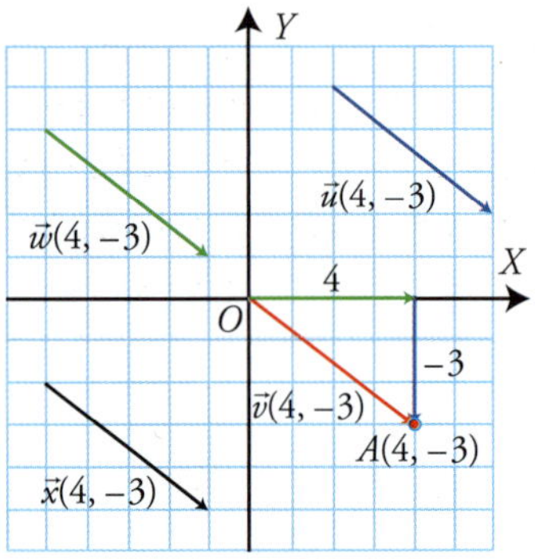

Trabajaremos siempre con vectores libres.

1.2 Suma de vectores

Podemos sumar vectores de forma analítica y geométrica.

a) Para **sumar vectores de forma analítica,** estos se suman componente a componente.

b) Para **sumar vectores de forma geométrica,** se dibuja el segundo vector de forma que su origen coincida con el extremo del primero. El vector suma se obtiene uniendo el origen del primero con el extremo del segundo.

EJERCICIO RESUELTO

1 Suma analítica y geométricamente los vectores $\vec{u}(5, 6)$ y $\vec{v}(4, -2)$

a) Analíticamente:

$$\begin{array}{r} \vec{u}(5, \ \ 6) \\ \vec{v}(4, -2) \\ \hline \vec{w}(9, \ \ 4) \end{array}$$

b) Geométricamente:

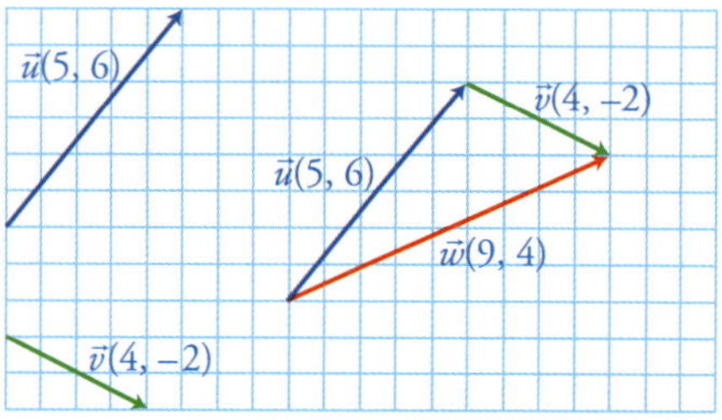

1.3 Traslación

Una **traslación de vector** $\vec{v}$ es un movimiento directo que lleva cada punto A a otro A' de forma que el vector $\overrightarrow{OA'}$ tiene el mismo módulo, dirección y sentido que el $\vec{v}$

1.4 Composición de dos traslaciones

La **composición de dos traslaciones** de vectores $\vec{u}$ y $\vec{v}$ es otra traslación de vector $\vec{w}$ suma de los vectores $\vec{u}$ y $\vec{v}$, es decir, $\vec{w} = \vec{u} + \vec{v}$

EJERCICIO RESUELTO

② Dado el rectángulo R, halla la composición de las traslaciones de vectores $\vec{u}(7, 5)$ y $\vec{v}(5, -3)$, escribe el vector correspondiente y halla las coordenadas del homólogo del punto A

La composición de las dos traslaciones es la traslación de vector suma de los vectores $\vec{u} + \vec{v}$, es decir, $\vec{w}(12, 2)$

$A(7, 0) \rightarrow \overrightarrow{OA}(7, 0) \rightarrow \overrightarrow{OA''} = \overrightarrow{OA} + \vec{w} = (7, 0) + (12, 2) = (19, 2)$

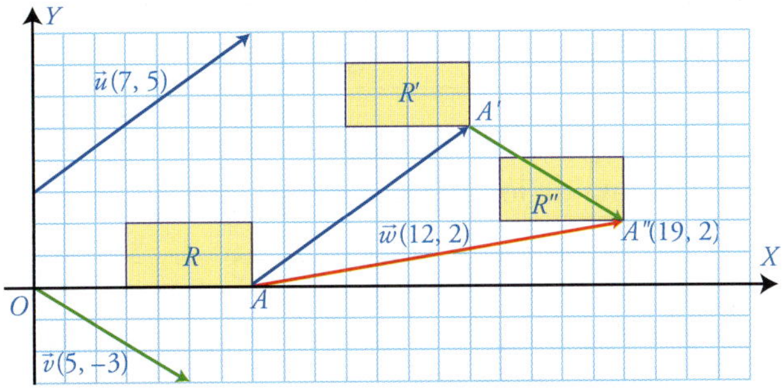

EJEMPLO

Para trasladar el triángulo rectángulo ABC según el vector $\vec{v}(9, 4)$ movemos cada vértice 9 unidades hacia la derecha y 4 hacia arriba:

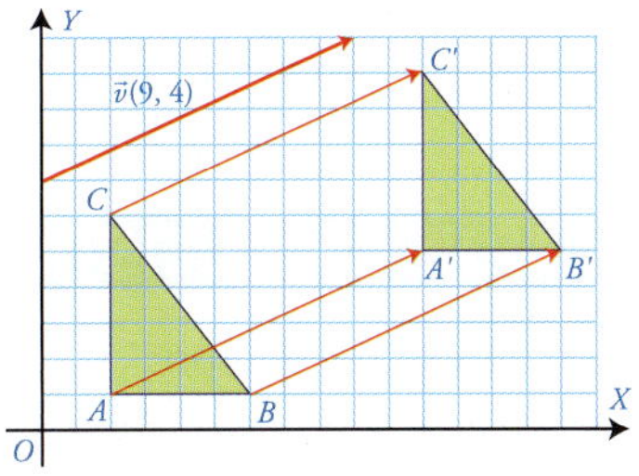

El punto $A(2, 1)$ se transforma en $A'(11, 5)$

APLICA LA TEORÍA

1 Dibuja unos ejes coordenados y representa en ellos los siguientes vectores de forma que el origen de cada vector sea el origen de coordenadas:

a) $\vec{u}(5, 4)$ b) $\vec{v}(-3, 6)$

c) $\vec{w}(0, -5)$ d) $\vec{x}(-2, -3)$

2 Suma de forma analítica y geométrica los vectores $\vec{u}(7, 6)$ y $\vec{v}(-3, 2)$

3 Pon tres ejemplos de la vida real en los que se utilice una traslación.

4 Dada la pajarita del dibujo, cópiala en tu cuaderno y trasládala según el vector $\vec{v}(11, -3)$

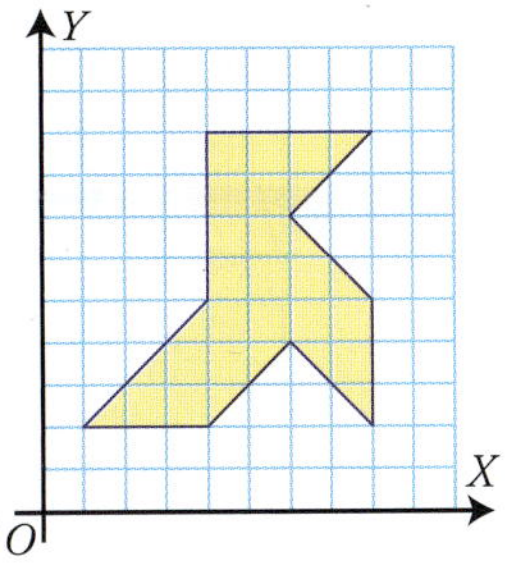

5 Calcula las coordenadas del vector que transforma el trapecio $ABCD$ en el trapecio $A'B'C'D'$

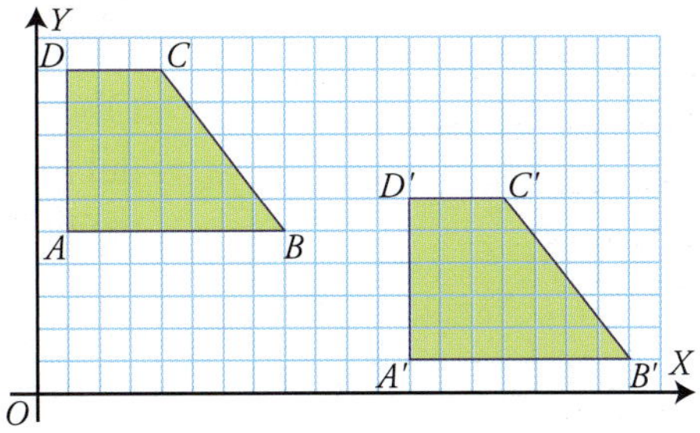

6 Halla la composición de las traslaciones de vectores $\vec{u}(7, 4)$ y $\vec{v}(6, -2)$ y escribe el vector correspondiente. Después aplica la traslación resultante al triángulo del dibujo y calcula las coordenadas de los vértices transformados.

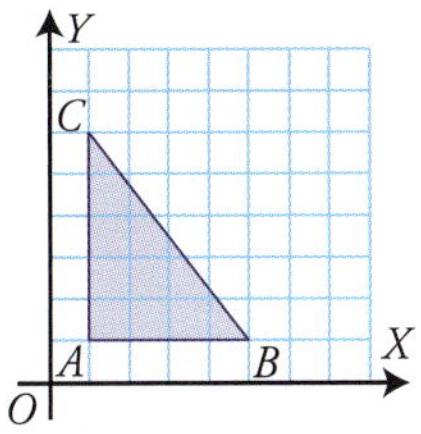

2 Giros y simetría central

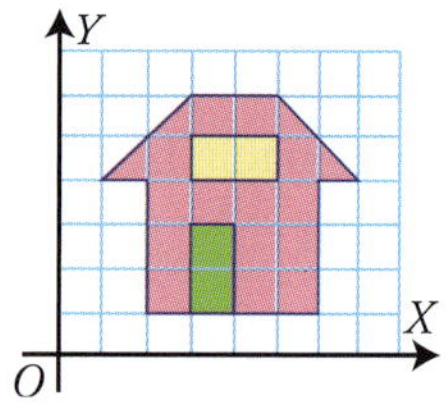

PIENSA Y CALCULA

Dibuja en tu cuaderno la casa simétrica del dibujo respecto del origen de coordenadas. Marca el homólogo de un punto cualquiera y halla el ángulo que ha girado respecto del origen de coordenadas.

CARNÉ CALCULISTA

Resuelve la ecuación:

$$\frac{x}{3} - 5 + \frac{x-1}{4} = x - \frac{3x+1}{6}$$

2.1 Giro

Un **giro o rotación de centro *O* y ángulo** α es un movimiento directo que hace corresponder a un punto *A* otro *A'* de forma que:

$$OA = OA' \quad \text{y} \quad AOA' = \alpha$$

Se representa por $g(O, \alpha)$ y se lee giro de centro *O* y ángulo α.

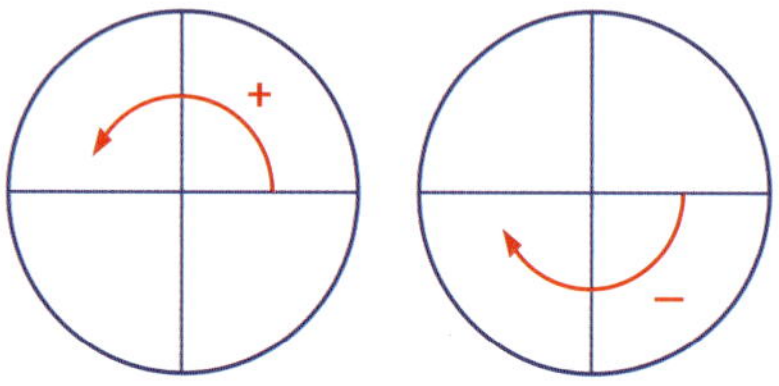

Un giro es positivo cuando va en sentido contrario de las agujas del reloj, y es negativo cuando va en el mismo sentido.

El ángulo de giro se llama también **argumento.**

La composición de dos giros del mismo centro es otro giro del mismo centro y cuyo ángulo es la suma de los ángulos.

EJERCICIO RESUELTO

3 **Gira el triángulo rectángulo *ABC* respecto del centro *O* un ángulo de 90°, es decir, aplícale $g(O, 90°)$**

Hay que girar cada uno de los vértices respecto del centro de giro *O* un ángulo de 90°, y después unirlos.

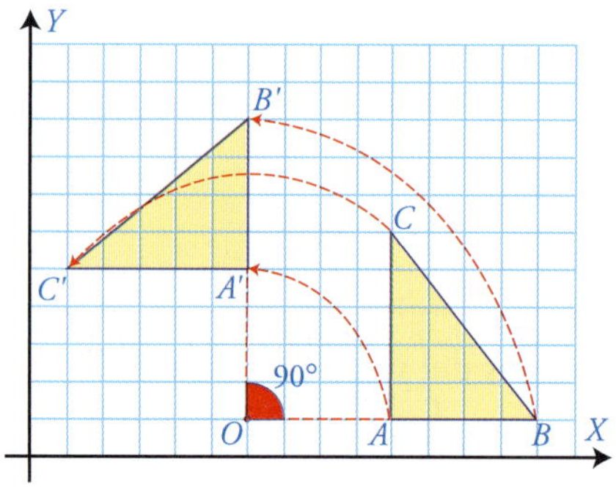

2.2 Cálculo del centro de giro

Observando el giro de una figura se detecta que el centro está en la mediatriz del segmento que forma cada punto con su homólogo. Para calcular el centro de giro, es suficiente con trazar dos mediatrices y hallar su punto de corte.

EJERCICIO RESUELTO

4 **Halla las coordenadas del centro de giro que transforma el trapecio *ABCD* en el *A'B'C'D'***

El centro es el punto de corte de las mediatrices de *AA'* y *BB'*; *O*(3, 1)

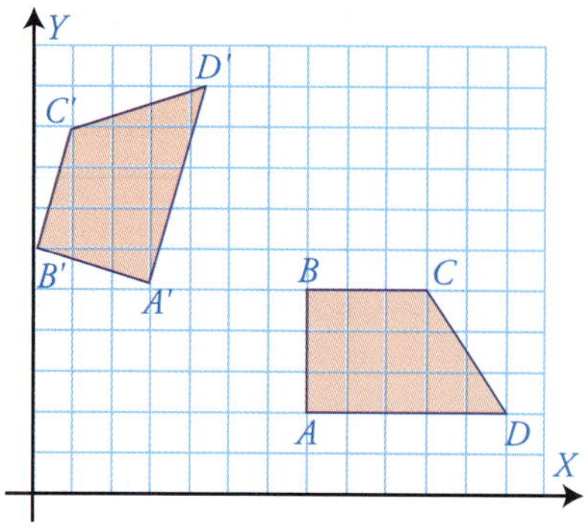

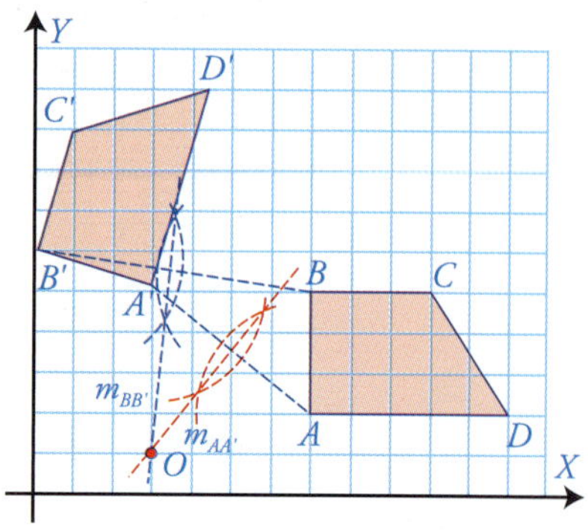

2.3 Figuras con centro de giro

Una figura tiene **centro de giro** si al girarla respecto de un punto un ángulo determinado, se obtiene la misma figura.

Tienen centro de giro el triángulo equilátero, el cuadrado, el rectángulo, el rombo, el romboide, los polígonos regulares, la circunferencia, etc.

Centro de giro del octógono

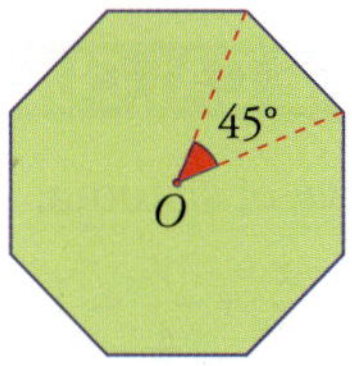

Girando el octógono respecto del centro O un ángulo de 45°, se obtiene el mismo octógono.

2.4 Simetría central

Una **simetría central de centro *O*** es un movimiento directo que hace corresponder a un punto A otro A' de forma que $OA = OA'$ y, además, A, O y A' están en la misma recta. A y A' están uno a cada lado del centro O

Una simetría central es un giro de centro O y ángulo 180°: $g(O, 180°)$

EJERCICIO RESUELTO

5 **Aplica una simetría central al triángulo rectángulo *ABC* respecto del centro *O***

Hay que hallar el simétrico de cada uno de los vértices respecto del centro O

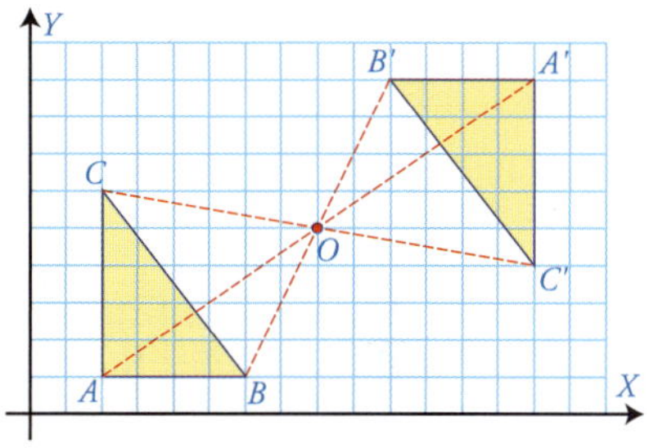

2.5 Figuras con centro de simetría

Una figura tiene **centro de simetría** si al trazar una recta desde cada uno de los puntos de la figura al centro de simetría y prolongarla, se obtiene a igual distancia del centro otro punto de la misma figura.

Tienen centro de simetría: el cuadrado, el rectángulo, el rombo, el romboide, los polígonos regulares de un número par de lados, la circunferencia, etc.

Centro de simetría del romboide

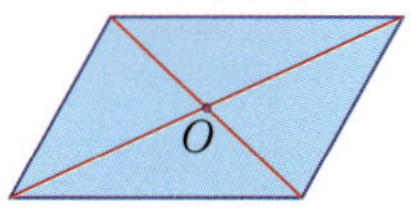

Es el punto donde se cortan las diagonales.

APLICA LA TEORÍA

7 Aplica al rombo de la figura un giro de 90° respecto del centro O

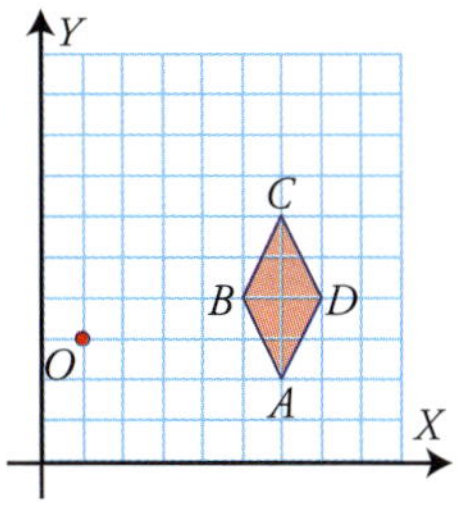

8 Calcula las coordenadas del centro de giro que transforma la pajarita F en la pajarita F'

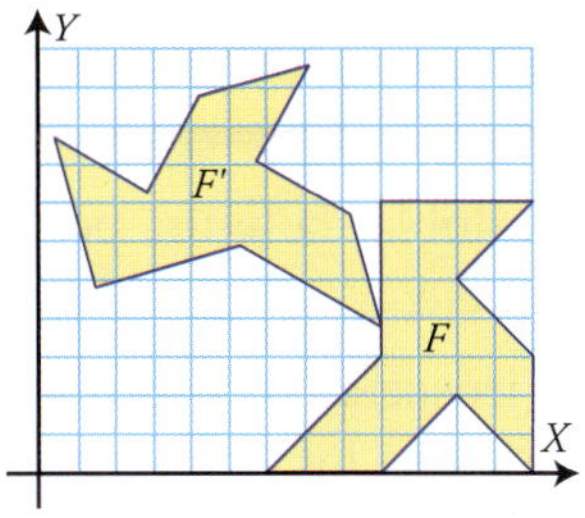

9 Aplica al cuadrado de la figura una simetría central de centro el punto O

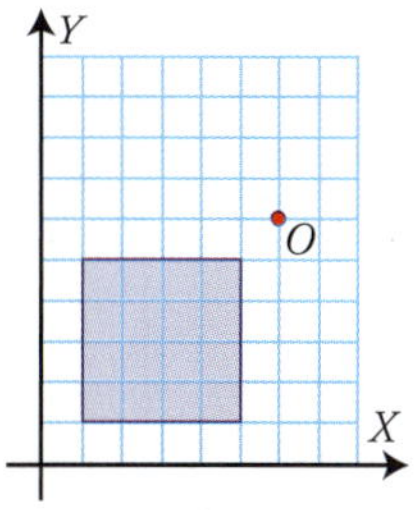

10 Dibuja un triángulo equilátero y halla su centro de giro. ¿Cuánto tiene que girar para que coincida consigo mismo?

11 Dibuja un romboide y su centro de simetría.

12 Dibuja un rectángulo. Halla un centro y un argumento de giro para que sea doble o invariante.

13 Pon tres ejemplos de la vida real en los que se utilice un giro.

3 Simetría axial. Frisos y mosaicos

CARNÉ CALCULISTA

Resuelve el sistema:

$$\frac{x}{2} + \frac{y}{4} = 1$$

$$2x - 3y = 4$$

PIENSA Y CALCULA

Dibuja la simétrica de la pajarita respecto de la recta *r*, y luego de la obtenida respecto de la recta *s*. Define el movimiento que transforma la pajarita de la izquierda en la de la derecha.

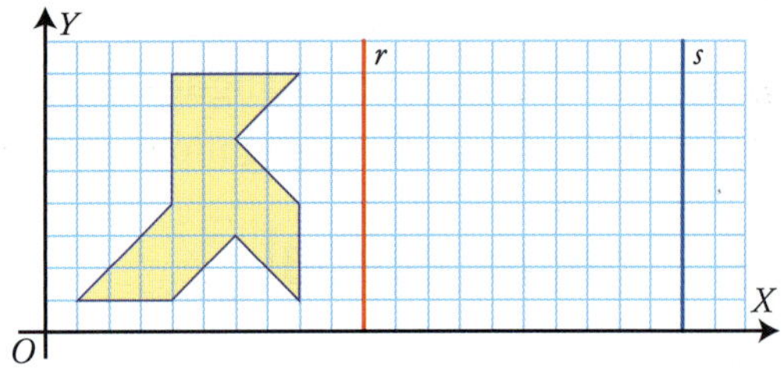

3.1 Simetría axial

Una **simetría axial de eje la recta *r*** es un movimiento inverso que lleva cada punto *A* a otro *A'* de forma que la recta *r* es la mediatriz del segmento *AA'*

Para hallar el simétrico de un punto *A* respecto de la recta *r*, se traza una perpendicular a la recta *r* por el punto *A*. El punto *A'* se encontrará a igual distancia que el punto *A* de *r*, pero al otro lado de la recta.

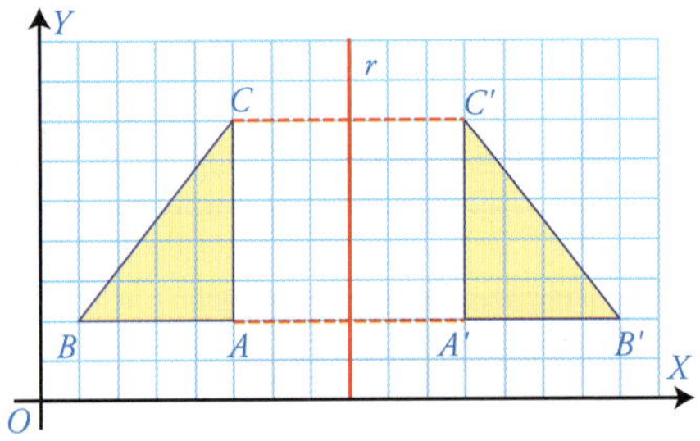

EJERCICIO RESUELTO

6 **Halla el simétrico del triángulo rectángulo *ABC* respecto de la recta *r***

Hay que hallar el simétrico de cada vértice respecto de la recta *r*, y después unirlos.

3.2 Composición de dos simetrías axiales de ejes paralelos

La **composición de dos simetrías axiales de ejes paralelos** es una traslación cuyo vector tiene por módulo el doble de la distancia que hay entre los dos ejes, dirección perpendicular a los ejes y sentido desde el primer eje al segundo.

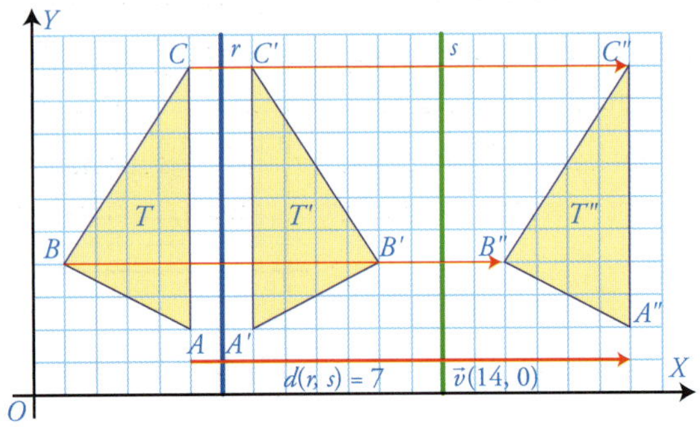

EJERCICIO RESUELTO

7 **Dado el triángulo *T*, halla la composición de las simetrías cuyos ejes son las rectas *r* y *s***

La composición de las dos simetrías cuyos ejes son las rectas *r* y *s* es la traslación de vector $\vec{v}(14, 0)$. Observa que 14 es el doble de la distancia que hay entre los dos ejes, pues $d(r, s) = 7$. La dirección es perpendicular a los ejes y el sentido va desde el primer eje al segundo.

3.3 Figuras con eje de simetría

Una figura tiene **eje de simetría** si al doblar la figura por una recta, una parte coincide con la otra. Dicha recta es el eje.

Tienen eje de simetría el triángulo isósceles y el equilátero, el cuadrado, el rectángulo, el rombo, el trapecio isósceles, los polígonos regulares, la circunferencia, etcétera.

Ejes de simetría del hexágono regular

El hexágono regular tiene 6 ejes de simetría.

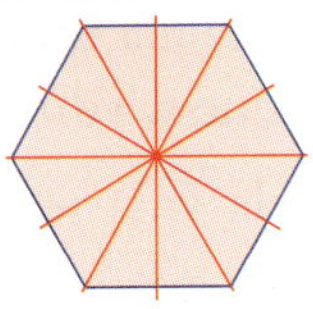

3.4 Frisos

Un **friso** es un rectángulo decorado al que se le aplica reiteradamente una traslación.

Construcción de un friso con papel y tijeras: se coge una tira de papel y se dobla varias veces en forma de acordeón, se recorta un trozo con la mitad de la forma de la imagen que se desee, y después se estira.

Friso decorativo tallado en piedra arenisca en la pared.

3.5 Mosaicos

- Un **mosaico** está formado por un conjunto de figuras que recubren el plano mediante traslaciones.
- Un **mosaico** se llama **regular** si está generado por un polígono regular. Los únicos polígonos regulares que recubren el plano son: el triángulo equilátero, el cuadrado y el hexágono regular.
- Un **mosaico** se llama **semirregular** si está compuesto por dos o más polígonos regulares.

Mosaico con azulejos de la Alhambra de Granada.

EJEMPLOS

Mosaico

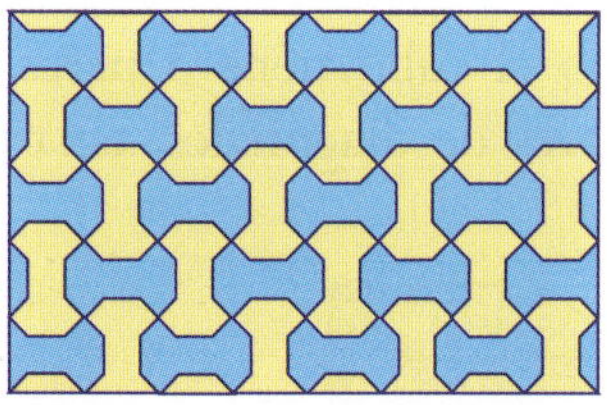

Mosaico regular

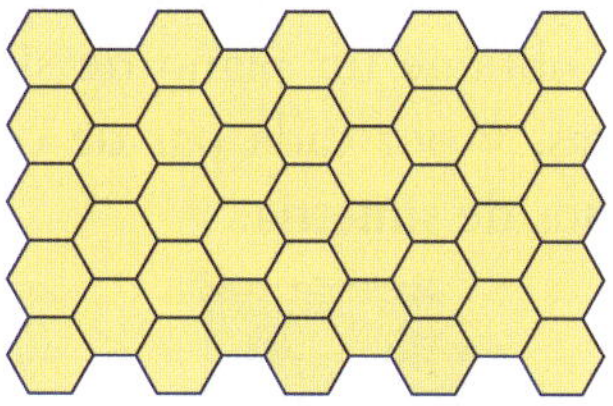

Mosaico semirregular

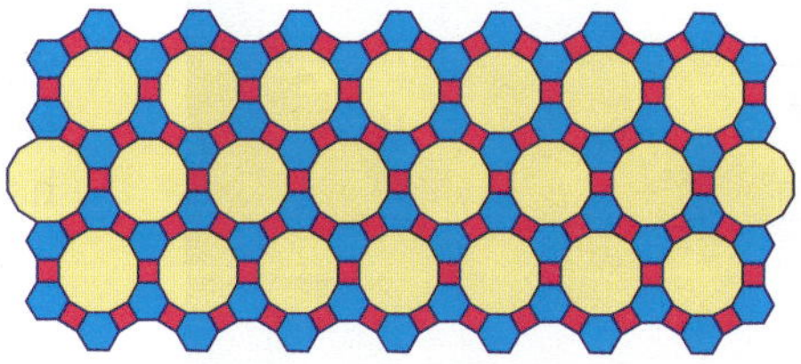

APLICA LA TEORÍA

14 Dibuja en tu cuaderno la figura simétrica de la del dibujo respecto del eje *r*

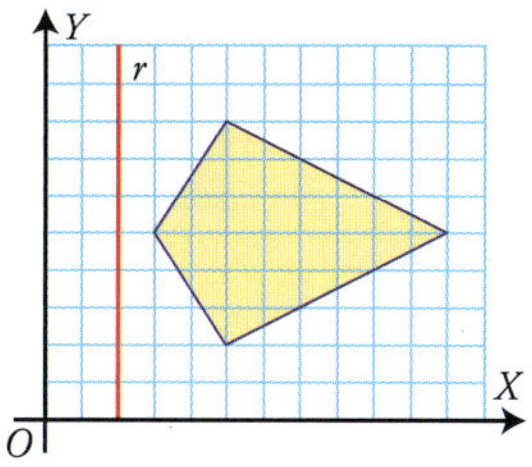

15 Dibuja en tu cuaderno el simétrico del rectángulo siguiente respecto de la recta *r*

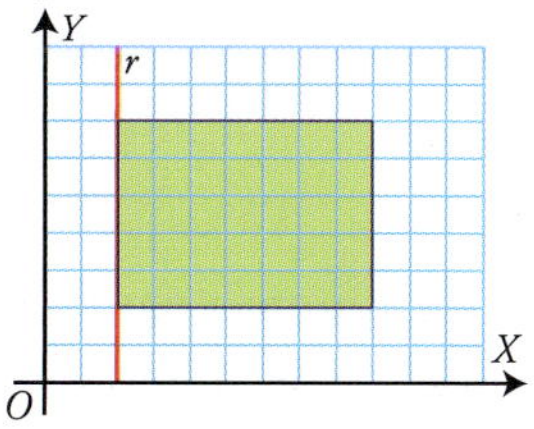

16 Dibuja un trapecio isósceles y su eje de simetría.

17 Dibuja en tu cuaderno el simétrico del barco respecto de la recta *r*, y después el simétrico del obtenido respecto de la recta *s*. ¿A qué movimiento corresponde la composición de las dos simetrías?

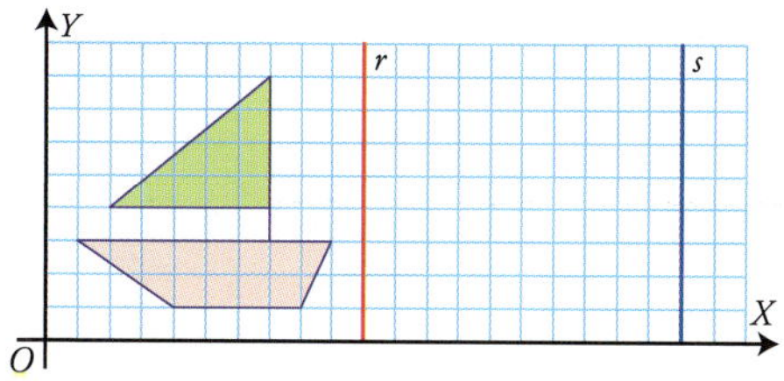

18 Dibuja un friso.

19 Haz un friso recortando una tira de papel doblada varias veces.

20 Dibuja un mosaico regular.

4 Planos y ejes de simetría

PIENSA Y CALCULA

Observa la flor de la fotografía y explica cómo sería un plano que divida a la flor en dos partes iguales o simétricas.

CARNÉ CALCULISTA

Calcula el lado de un rombo cuyas diagonales miden 24 m y 10 m

4.1 Plano de simetría de poliedros y cuerpos redondos

Un **plano de simetría de un poliedro o un cuerpo redondo** es aquel que lo divide en dos mitades simétricas. Es decir, el plano es como un espejo en el que se dibuja una parte especular (reflejada) de la otra.

Planos de simetría en el cubo

Si en un cubo se traza un plano que pasa por el punto medio de una arista y es paralelo a dos caras opuestas, se obtiene un plano de simetría. De esta forma se pueden obtener tres planos de simetría.

Si en un cubo se traza un plano que pasa por las diagonales de dos caras opuestas, se obtiene un plano de simetría. Como el cubo tiene 3 pares de caras opuestas, y por cada par de caras hay 2 pares de diagonales, en total habrá 6 planos de simetría.

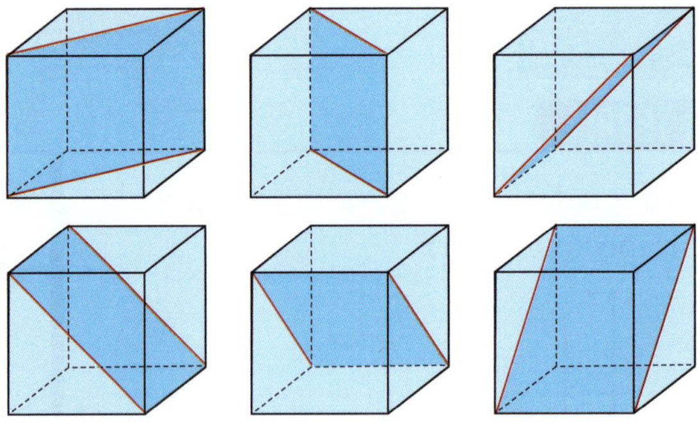

Planos de simetría en prismas

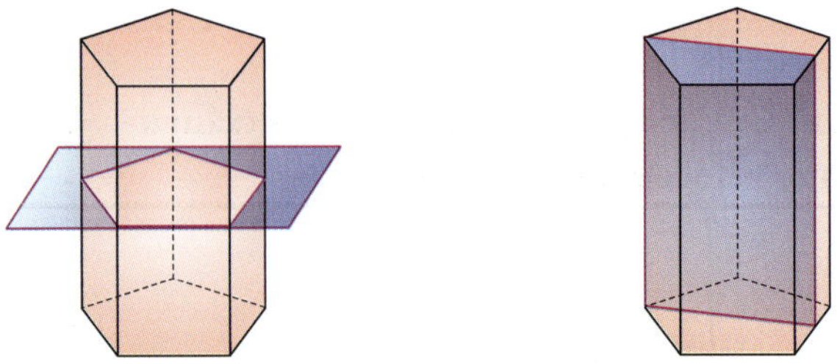

El prisma pentagonal tiene un plano de simetría paralelo a las bases que pasa por el centro. También tiene tantos planos de simetría como ejes de simetría tienen sus bases, es decir, 5

EJEMPLO

Se puede imaginar que el agua es un plano de simetría que divide a la fotografía en dos partes simétricas. Una es la imagen de la otra.

▶ Planos de simetría en cilindros y conos

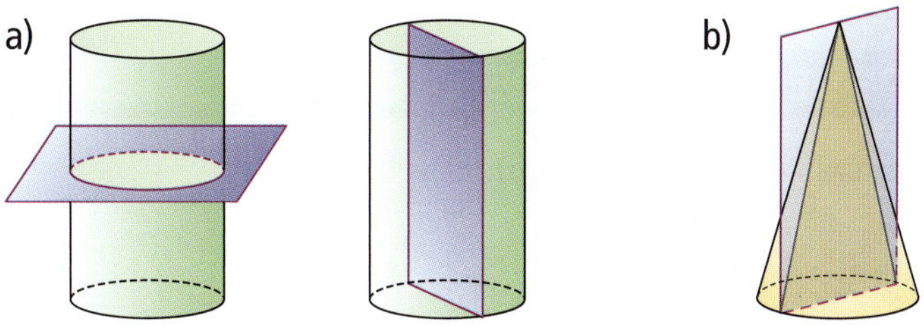

a) El cilindro tiene un plano de simetría paralelo a sus bases e infinitos planos de simetría perpendiculares a las bases, cualquier plano que contenga al eje del cilindro.

b) El cono tiene infinitos planos de simetría perpendiculares a la base, cualquier plano que contenga a un eje de simetría de la base y que pase por el vértice del cono.

4.2 Ejes de simetría en poliedros y cuerpos redondos

Un **eje de simetría de un cuerpo** es una recta tal que si se gira el cuerpo alrededor de dicha recta, antes de dar una vuelta completa, este aparece con el mismo aspecto que en la posición inicial.

EJEMPLO

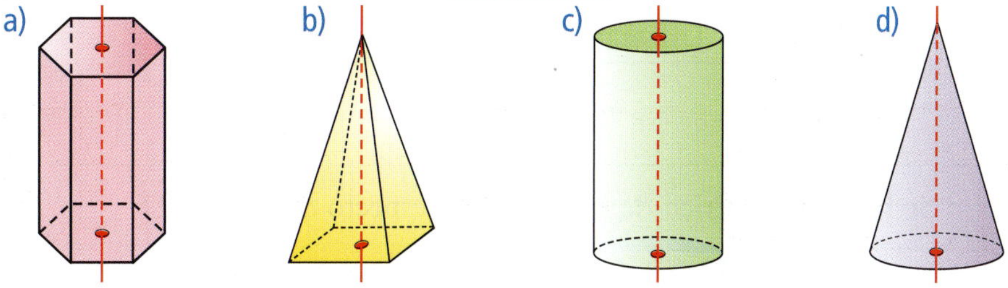

a) En el prisma hexagonal el eje pasa por el centro de las dos bases. Un giro de 60°, 120°, 180°, 240° y 300° deja al prisma con el mismo aspecto.

b) En la pirámide cuadrangular el eje pasa por el centro de la base. Un giro de 90°, 180° y 270° deja la pirámide con el mismo aspecto.

c) En el cilindro el eje pasa por el centro de las dos bases. Cualquier giro deja al cilindro con el mismo aspecto.

d) En el cono el eje pasa por el centro de la base y el vértice. Cualquier giro deja al cono con el mismo aspecto.

Hay construcciones que tienen planos y ejes de simetría como esta de la fotografía. El eje de simetría del cono pasa por el centro de la base y el vértice.

APLICA LA TEORÍA

21 Dibuja en tu cuaderno el siguiente tetraedro. ¿Cuántos planos de simetría tiene?

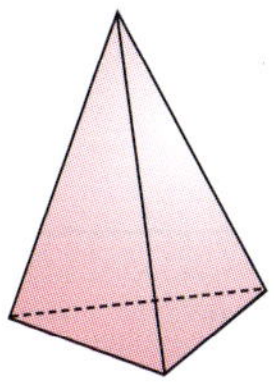

22 Dibuja en tu cuaderno una pirámide hexagonal regular. ¿Cuántos planos de simetría tiene?

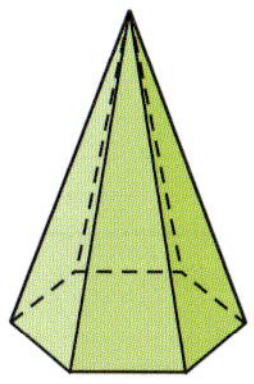

EJERCICIOS DE MOVIMIENTOS

8 Dado el cuadrado del dibujo, trasládalo según el vector $\vec{v}(10, 5)$ y halla las coordenadas del transformado de C

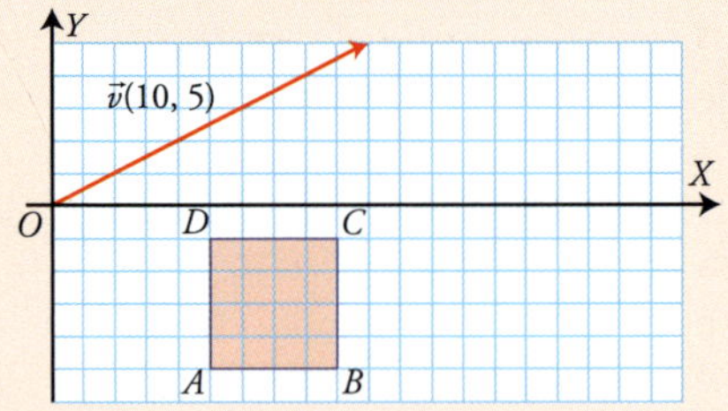

Se traslada cada vértice según el vector $\vec{v}$

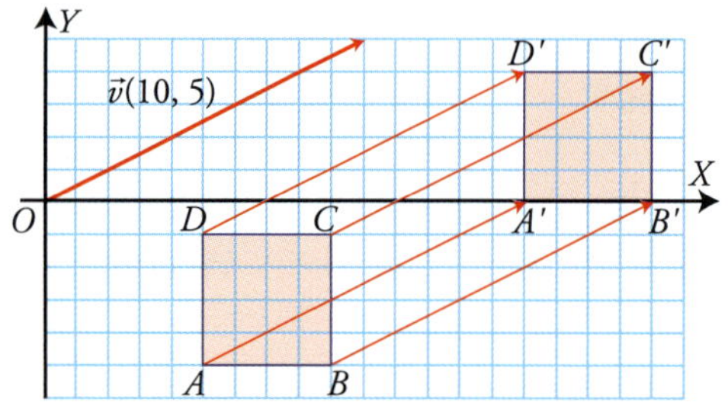

$$C(9, -1) \Rightarrow \overrightarrow{OC}(9, -1)$$

$$\overrightarrow{OC'} = \overrightarrow{OC} + \vec{v} = (9, -1) + (10, 5) = (19, 4)$$

9 Aplica un giro a la izquierda de 90° al rombo de la figura respecto del centro O

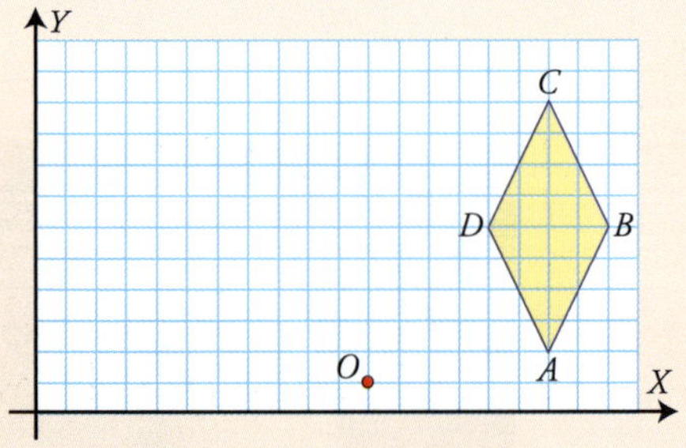

Se gira 90° cada vértice respecto del centro O

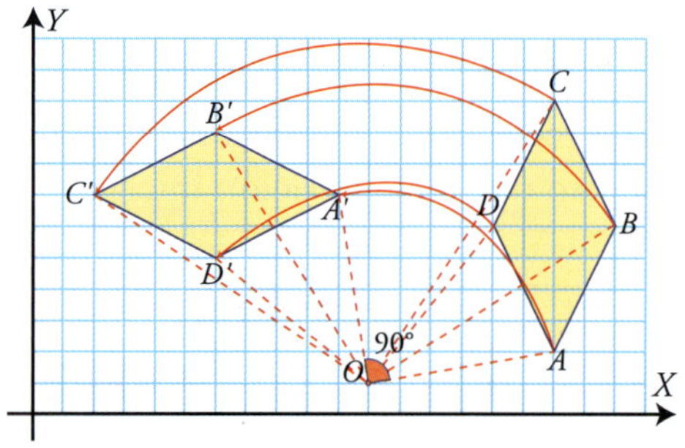

10 Dado el triángulo de la figura, dibuja el simétrico respecto del centro de simetría O

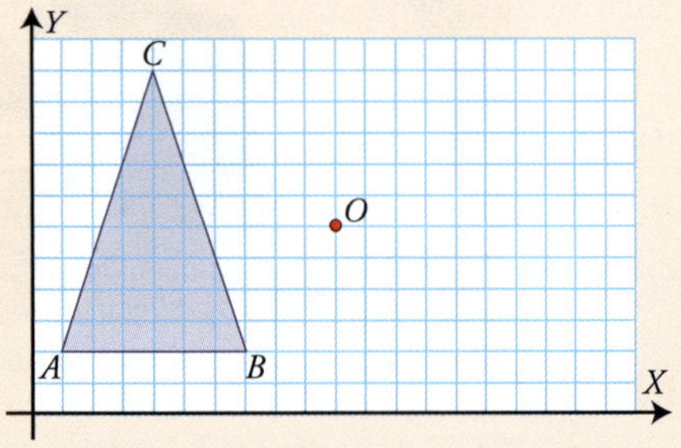

Se halla el simétrico de cada vértice respecto del centro O

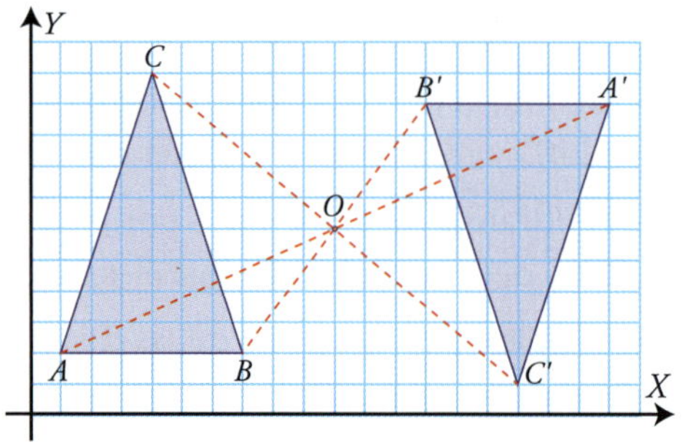

11 Dibuja el simétrico del paralelogramo de la figura respecto de la recta r

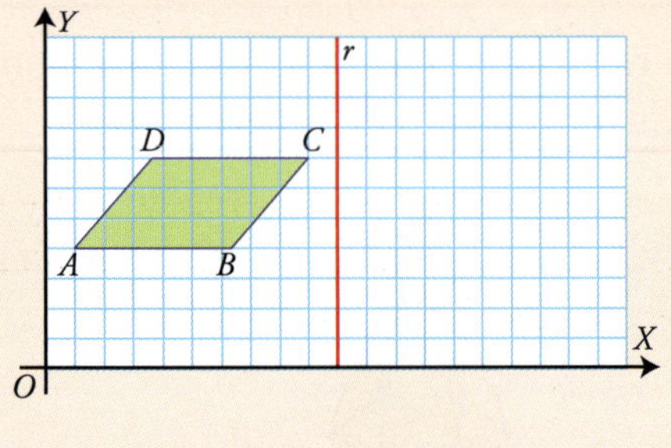

Se halla el simétrico de cada vértice respecto de la recta r

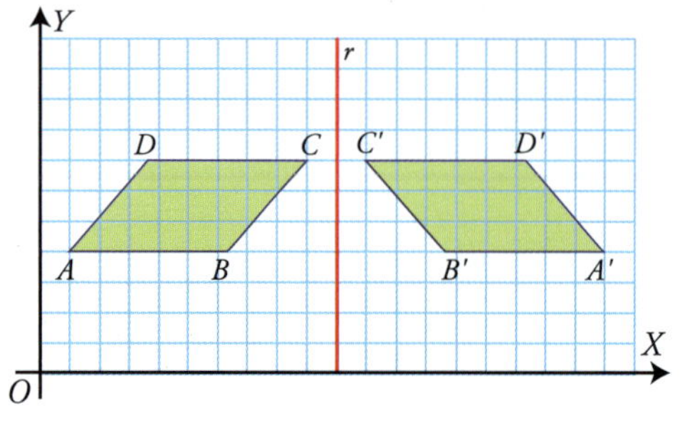

12 Dibuja un triángulo equilátero y sobre él:

a) Sus ejes de simetría.

b) Un centro de giro y un argumento para que sea invariante.

a)

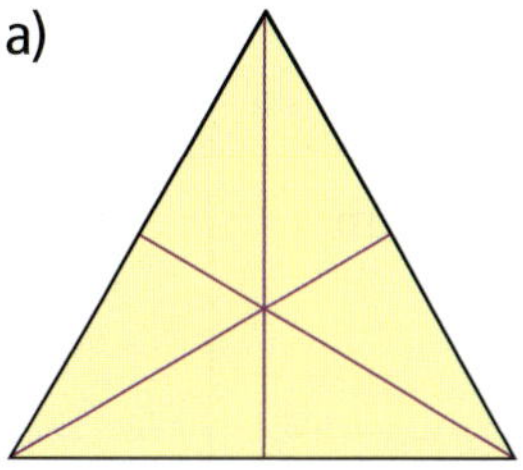

b)

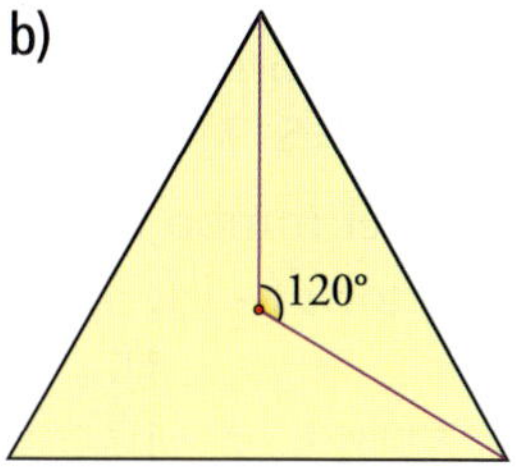

PROBLEMAS DE MOVIMIENTOS

13 Dado el triángulo del dibujo, halla la composición de las traslaciones de vectores $\vec{u}(7, 4)$ y $\vec{v}(5, -2)$ y escribe el vector correspondiente.

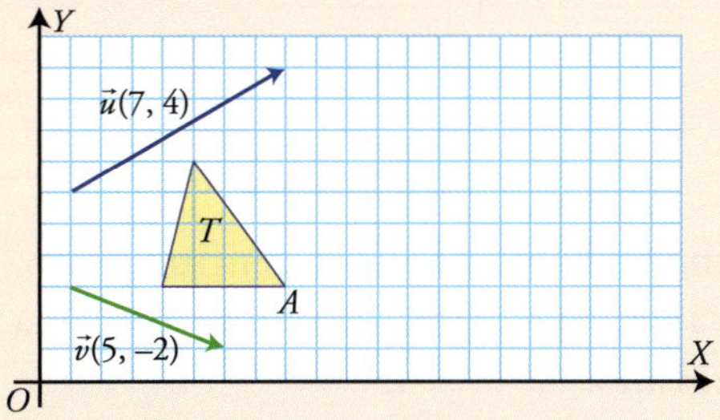

El vector $\vec{w} = \vec{u} + \vec{v} \Rightarrow \vec{w} = (7, 4) + (5, -2) = (12, 2)$

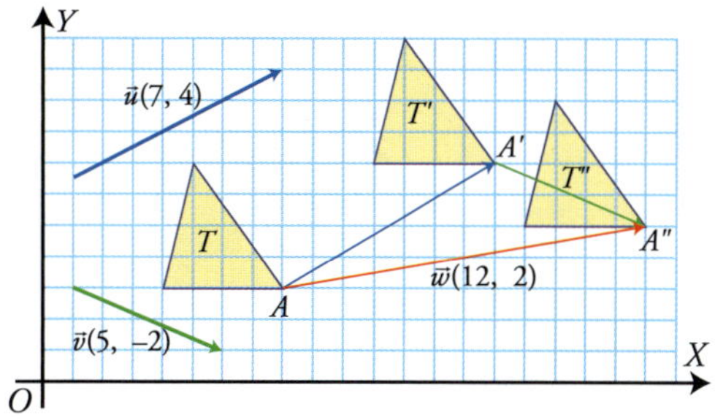

14 Halla las coordenadas del centro de giro que transforma la letra M de la figura de la izquierda en la letra M de la derecha.

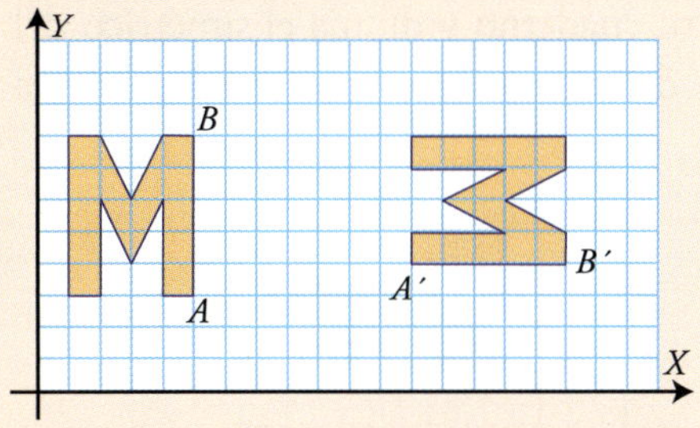

El centro de giro es el punto de corte de las mediatrices de los segmentos AA' y BB'

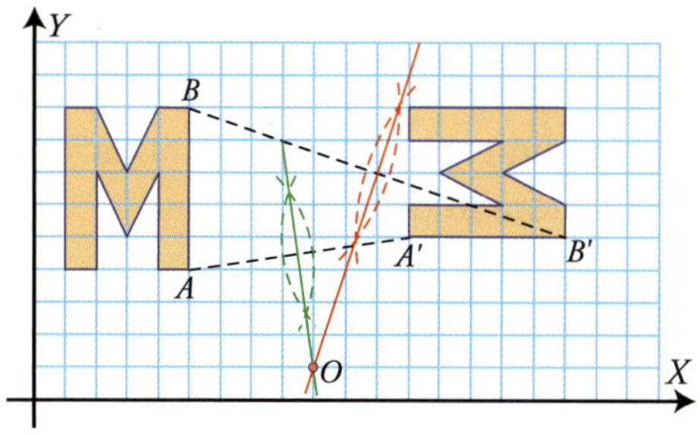

El centro de giro es $O(9, 1)$

15 Dibuja la figura simétrica de F respecto de la recta r y después la simétrica de la obtenida respecto de la recta s. ¿A qué movimiento corresponde la composición de las dos simetrías?

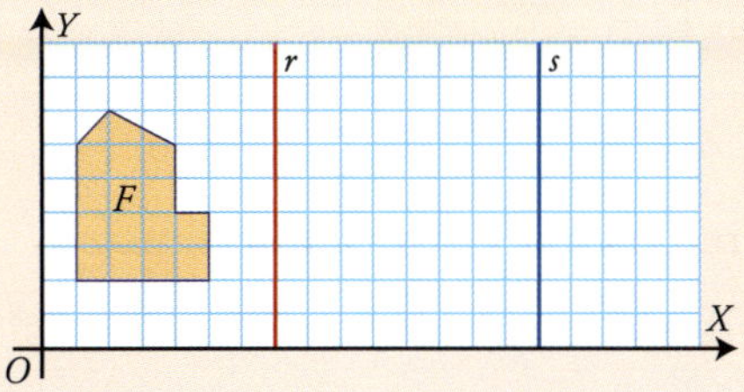

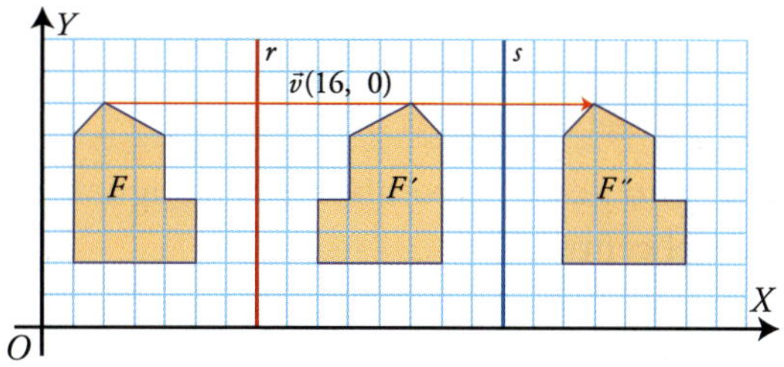

La composición de las dos simetrías de ejes las rectas paralelas r y s es la traslación de vector $\vec{v}(16, 0)$, cuya dirección es perpendicular a los ejes y el sentido va del primer eje al segundo.

1. Vectores y traslaciones

23 Suma de forma analítica y geométrica los vectores $\vec{u}(-5, 3)$ y $\vec{v}(3, -7)$

24 Dado el rombo de la figura, trasládalo según el vector $\vec{v}(-14, 3)$

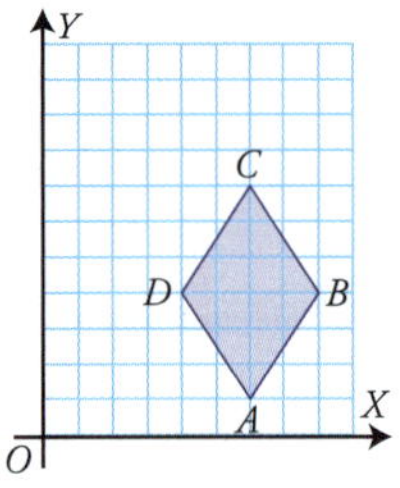

25 Calcula las coordenadas del vector que transforma el romboide *ABCD* en el romboide *A'B'C'D'*

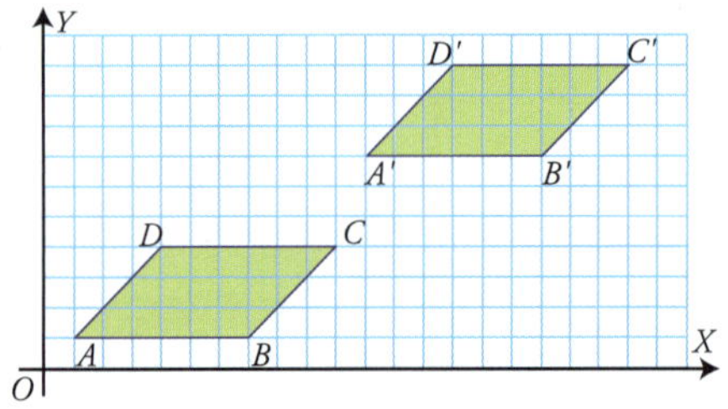

26 Dibuja unos ejes coordenados y representa en ellos los siguientes vectores de forma que su origen sea el origen de coordenadas:

a) $\vec{u}(5, -6)$ b) $\vec{v}(-3, -4)$ c) $\vec{w}(5, 0)$

27 Halla la composición de las traslaciones de vectores $\vec{u}(-7, 5)$ y $\vec{v}(14, -2)$ y escribe el vector correspondiente. Aplica la traslación resultante al cuadrado del dibujo.

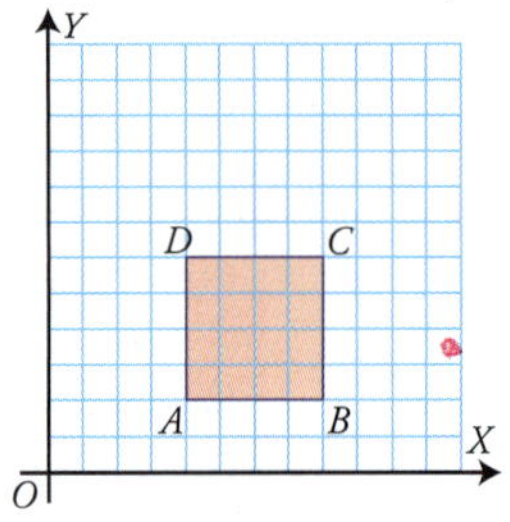

2. Giros y simetría central

28 Aplica un giro de 60° al romboide de la figura respecto del centro *O*

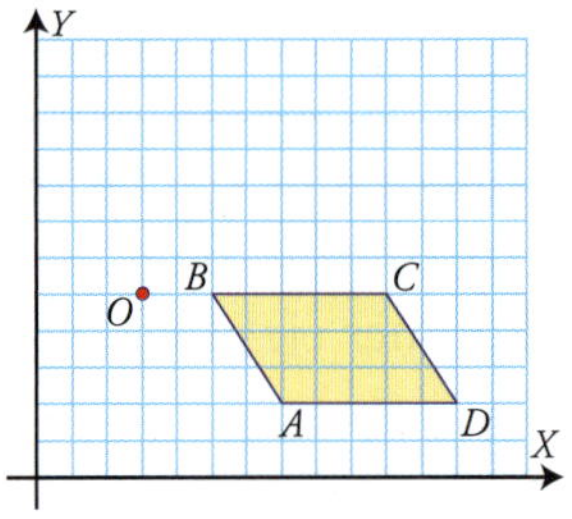

29 Calcula las coordenadas del centro de giro que transforma el triángulo rectángulo *ABC* en el *A'B'C'*

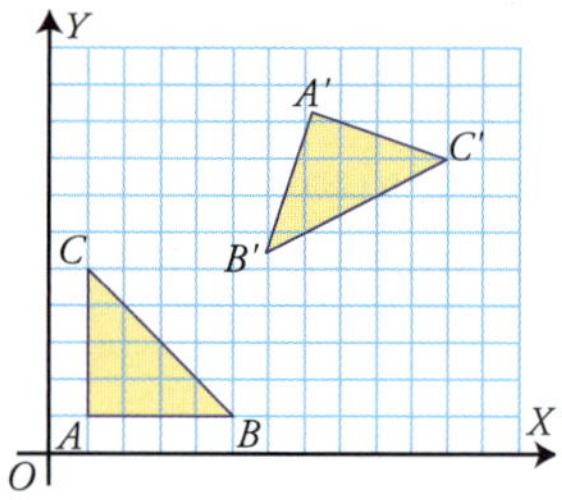

30 Aplica al rectángulo de la figura siguiente una simetría central de centro el punto *O*

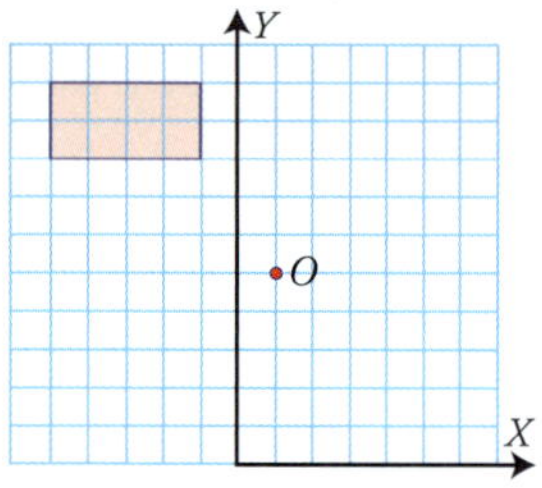

31 Dibuja un romboide y halla su centro de giro. ¿Cuánto tiene que girar para que coincida consigo mismo?

32 Dibuja un rombo y su centro de simetría.

33 Dibuja un cuadrado. Halla un centro y un argumento de giro para que sea doble o invariante.

3. Simetría axial. Frisos y mosaicos

34 Copia en tu cuaderno y dibuja el simétrico del romboide del dibujo siguiente respecto de la recta *r*

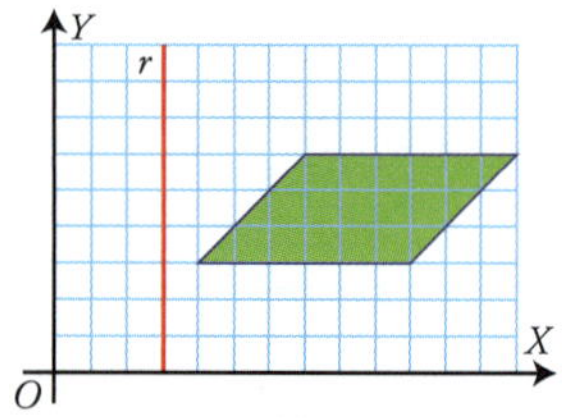

35 Copia en tu cuaderno y dibuja el simétrico del trapecio rectángulo del dibujo respecto de la recta *r*

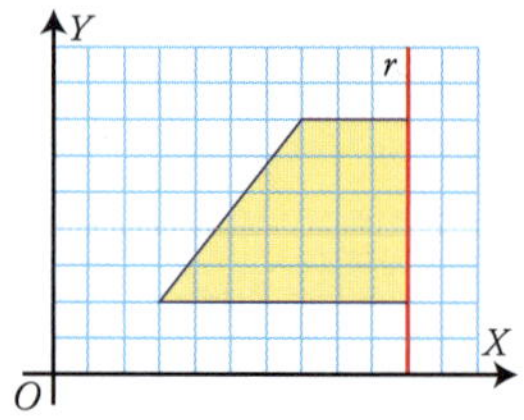

36 Dibuja un rectángulo y sus ejes de simetría.

37 Dibuja un friso.

38 Dibuja un mosaico que no sea regular ni semirregular.

39 Dibuja la pajarita simétrica del dibujo respecto de la recta r y después la simétrica de la obtenida respecto de la recta s. ¿A qué movimiento corresponde la composición de ambas simetrías?

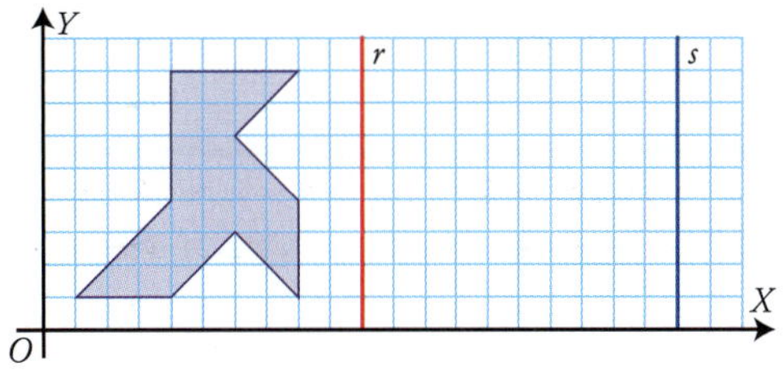

40 Dibuja el eje de simetría de las siguientes parábolas y halla su fórmula o ecuación.

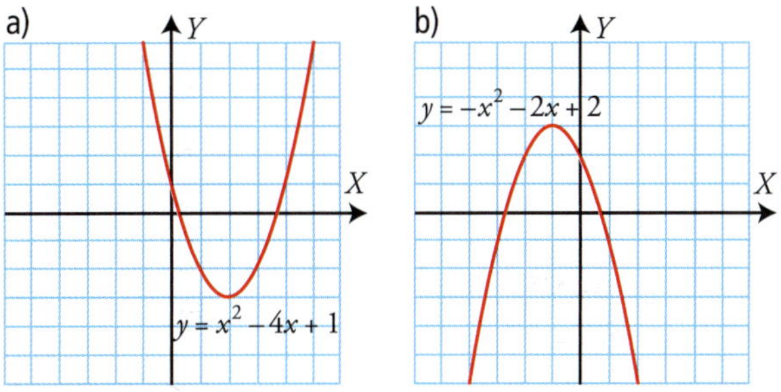

4. Planos y ejes de simetría

41 Copia la siguiente figura y encuentra los planos y los ejes de simetría.

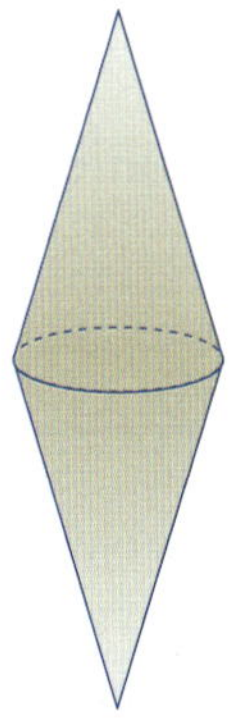

42 El cubo y el octoedro son dos poliedros duales. Teniendo esto en cuenta, ¿cuántos planos de simetría tiene el octoedro?

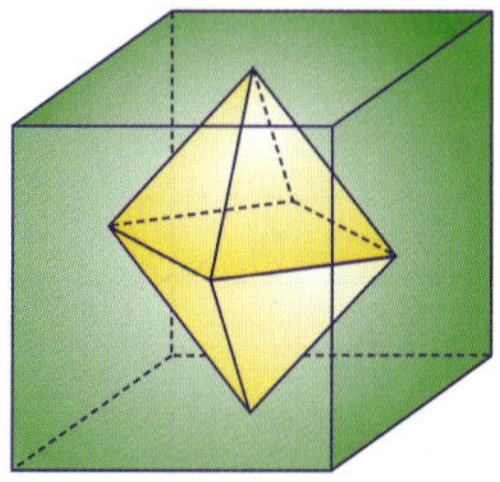

Para ampliar

43 Escribe las coordenadas de los vectores del siguiente dibujo y calcula sus módulos:

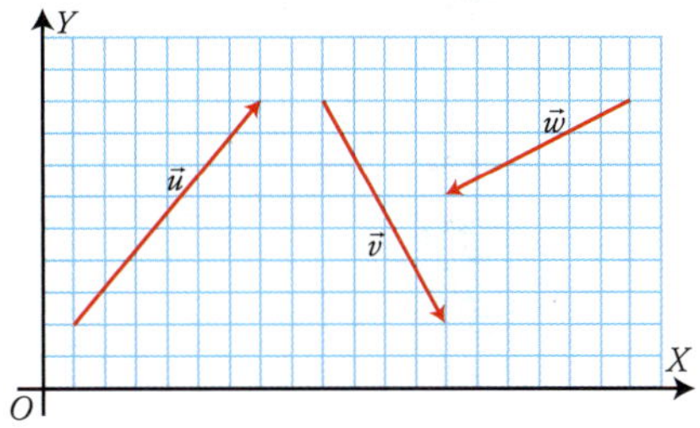

44 Dado el triángulo rectángulo de la figura, trasládalo según el vector $\vec{v}(12, 0)$ y calcula sus coordenadas.

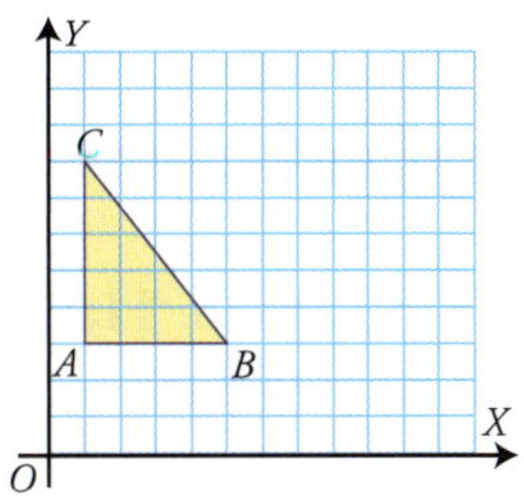

45 Dibuja en tu cuaderno el contorno de una mariposa y explica si posee simetría especular.

46 Dibuja unos ejes coordenados y aplica reiteradamente al punto $A(0, 5)$ un giro de centro el origen de coordenadas $O(0, 0)$ y argumento 120°. Une mediante segmentos los puntos que vas obteniendo. ¿Qué figura has generado?

47 Dibuja un rombo. Halla un centro y un argumento de giro para que sea doble o invariante.

48 Dibuja unos ejes coordenados y aplica reiteradamente al punto $A(5, 0)$ un giro de centro el origen de coordenadas $O(0, 0)$ y argumento 45°. Une mediante segmentos los puntos que vas obteniendo. ¿Qué figura has generado?

49 Dibuja una circunferencia y su centro de simetría.

50 Dibuja un pentágono regular y halla su centro de giro. ¿Cuánto tiene que girar para que coincida consigo mismo?

51 Dibuja un hexágono regular y sus ejes de simetría.

52 Dibuja un mosaico semirregular.

Problemas

53 Dibuja en unos ejes coordenados una recta que sea doble o invariante por la traslación del vector $\vec{v}(3, 4)$. ¿Qué pendiente tiene?

54 Halla la ecuación de la parábola que se obtiene al trasladar $y = x^2$ según el vector $\vec{v}(2, -5)$

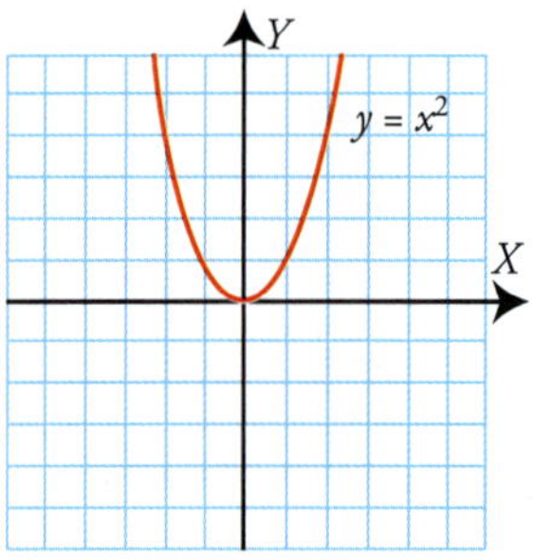

55 Demuestra el teorema de Pitágoras aplicando traslaciones a las superficies numeradas como 1, 2, 3, 4 y 5

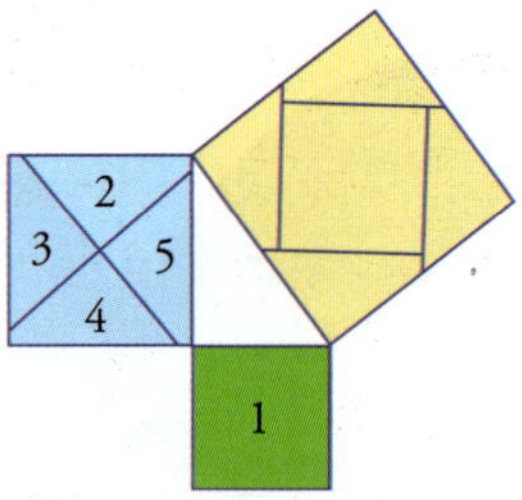

56 Dibuja unos ejes coordenados y aplica reiteradamente al punto $A(5, 0)$ un giro de centro el origen de coordenadas $O(0, 0)$ y argumento 60°. Une mediante segmentos los puntos que vas obteniendo. ¿Qué figura has generado?

57 Dibuja una circunferencia. Halla un centro y un argumento de giro para que sea doble o invariante.

58 Dibuja un pentágono regular y sus ejes de simetría. ¿Cuántos tiene?

59 Halla el simétrico del barco respecto de la recta r

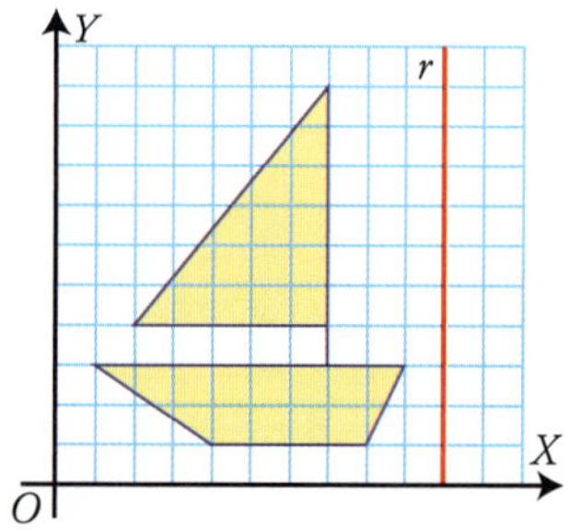

Para profundizar

60 Calcula el vector que transforma la parábola roja, $y = x^2$, en la parábola azul del siguiente dibujo y halla la ecuación de la nueva parábola.

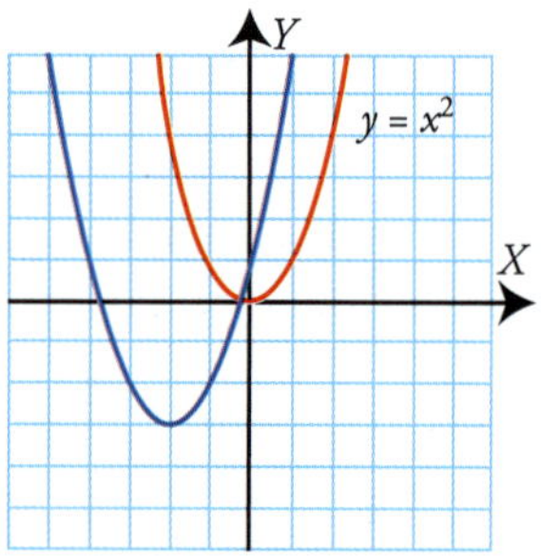

61 Dibuja unos ejes coordenados y aplica reiteradamente al punto $A(0, 5)$ un giro de centro el origen de coordenadas $O(0, 0)$ y argumento 72°. Une mediante segmentos los puntos que vas obteniendo. ¿Qué figura has generado?

62 Dibuja un hexágono. Halla un centro y un argumento de giro para que sea doble o invariante.

Demostración de fórmulas matemáticas

63 ¿Qué movimientos hay que aplicar a la figura F para transformar un romboide en un rectángulo que tiene la misma base y la misma altura?

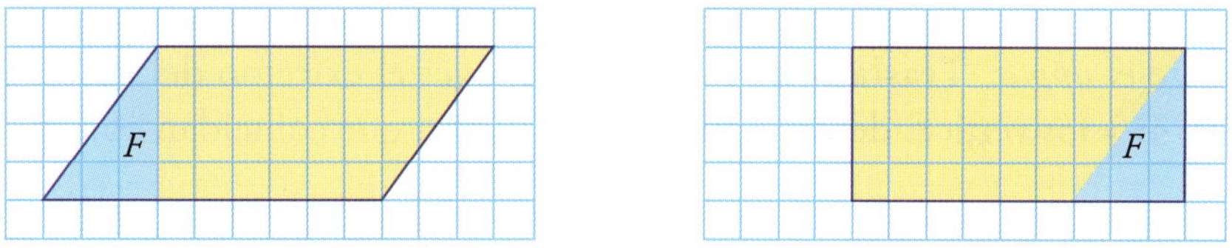

64 ¿Qué movimientos hay que aplicar a las figuras F y G para transformar un trapecio en un rectángulo que tiene por base la media de las dos bases del trapecio y por altura la misma del trapecio?

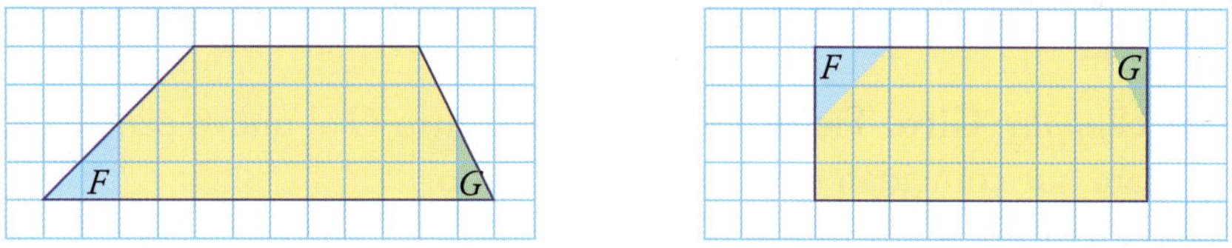

Autoevaluación

1 Define qué es un vector y di cuáles son sus características. Pon un ejemplo.

2 Dibuja un ortoedro y traza los ejes y los planos de simetría.

3 Dibuja en unos ejes coordenados el triángulo que tiene los vértices en los puntos $A(0, 0)$, $B(4, -2)$ y $C(3, 4)$ y trasládalo según el vector $\vec{v}(-13, 3)$

4 Dibuja en unos ejes coordenados el cuadrado que tiene los vértices en los puntos $A(1, 1)$, $B(5, 1)$, $C(5, 5)$ y $D(1, 5)$ y aplícale un giro de centro el origen $O(0, 0)$ y amplitud 80°

5 Dibuja en unos ejes coordenados el triángulo que tiene los vértices en los puntos $A(1, 2)$, $B(4, 5)$ y $C(-3, 4)$ y aplícale una simetría central de centro el origen $O(0, 0)$

6 Dibuja un mosaico regular.

7 Dibuja la parábola $y = x^2$, trasládala según el vector $\vec{v}(3, -5)$ y escribe la nueva ecuación de la parábola.

8 Dibuja el simétrico del trapecio respecto de la recta r y después el simétrico del obtenido respecto de la recta s. ¿A qué movimiento corresponde la composición de las dos simetrías?

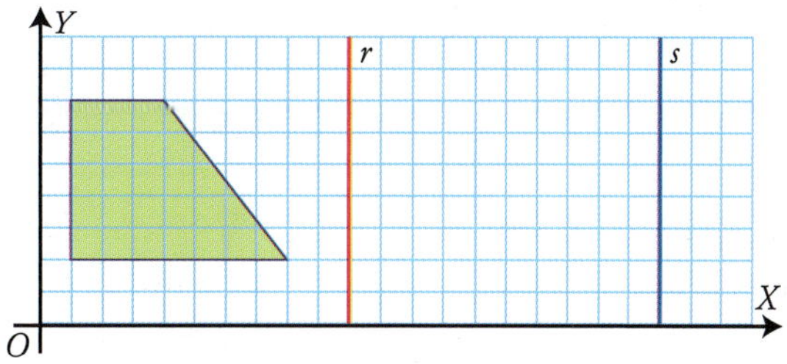

1. Ejercicio (Calificación: 2,5 puntos)

Dibuja el vector $\vec{v}$ = (10, 3) y el triángulo de vértices A = (1, 1), B = (5, 1) y C = (3, 6). Traslada el triángulo ABC según el vector $\vec{u}$. Halla las coordenadas de C'

SOLUCIÓN

En **GeoGebra** elige el *applet:* **Traslación.** Tienes que mover el extremo del vector $\vec{v}$ para que tenga de componentes (10, 3) y los vértices del triángulo A, B y C para que coincidan con los del enunciado.

C' = (13 , 9)

2. Ejercicio (Calificación: 2,5 puntos)

Dibuja el centro de giro ***O***(8, 1) y el triángulo de vértices A = (12, 1), B = (16, 1) y C = (14, 5). Gira con el centro en ***O*** el triángulo ABC un ángulo de 60°. Halla las coordenadas de A'

SOLUCIÓN

En **GeoGebra** elige el *applet:* **Giro.** Tienes que mover el centro ***O*** al nuevo centro (8, 1) y los vértices del triángulo A, B y C para que coincidan con los del enunciado.

A' = (10 , 4,46)

3. Problema (Calificación: 2,5 puntos)

¿Cuántos ejes de simetría tiene un heptágono regular? Escribe las características de los ejes de simetría.

SOLUCIÓN

En **GeoGebra** elige el *applet:* **Figuras con ejes de simetría.** Tienes que detener la animación y mover el deslizador para que ***n*** = 7

N.º de ejes de simetría = 7

Cada uno pasa: Por un vértice y el punto medio del lado opuesto ▼

4. Problema (Calificación: 2,5 puntos)

Dibuja la recta r de ecuación y = 0 y el triángulo de vértices A = (10, 0), B = (14, 0) y C = (12, 5). Halla las coordenadas de C' simétrico de C respecto del eje de simetría y = 0. ¿Qué figura geométrica es $ACBC'$?

SOLUCIÓN

En **GeoGebra** elige el *applet:* **Simetría axial.** Tienes que mover los puntos que definen la recta ***P*** y ***Q*** para que estén en la recta y = 0 y los vértices del triángulo A, B y C para que coincidan con los del enunciado.

C' = (12 , –5) $ACBC'$ es un Rombo

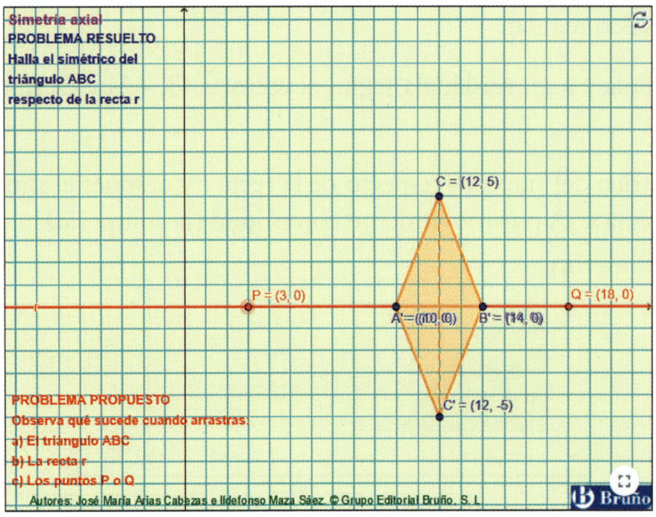

BLOQUE IV

FUNCIONES

CONTENIDOS DEL BLOQUE

El bloque comienza con el estudio de las características globales de las funciones desde un punto de vista gráfico e intuitivo. Se pasa a estudiar las funciones que, por su importancia en los estudios posteriores y en la resolución de problemas, resultan vitales. Son la función constante, la función lineal o de proporcionalidad directa y la función afín, cuyas representaciones gráficas son rectas, la función cuadrática, cuya representación gráfica es una parábola y la función de proporcionalidad inversa, cuya representación es una hipérbola.

GRANDES EN MATEMÁTICAS

1300

El concepto de función actual es relativamente moderno. No obstante, una idea de las funciones se puede encontrar en las matemáticas babilónicas (1600 a.C.) que tenían tablas de cuadrados, cubos y recíprocos de los números naturales. Estas tablas son esencialmente funciones de los números naturales.

También en *El Almagesto,* nombre árabe de un tratado astronómico escrito en el siglo II por Ptolomeo, se encuentran muchas funciones que se usaron en la antigüedad.

1350

Oresme, en 1350, trabajó de forma intuitiva el concepto actual de función.

1500

1600

Galileo usó el concepto de función en sus trabajos sobre el movimiento. Demostró que los proyectiles en su movimiento recorren parábolas.

GALILEO (1564-1642)

1637

En 1637, Descartes publica *La Géométrie* donde desarrolló la geometría analítica que permite relacionar las curvas con ecuaciones. A partir de entonces, las curvas se pueden representar por ecuaciones en las variables x e y. Por ejemplo, una parábola se podía escribir $y = ax^2$

1690

Las funciones se usaban en todas las Ciencias. La ley de los gases perfectos de Boyle (1627-1691) dice: «A temperatura constante el producto $PV = k$». Es una hipérbola equilátera.

1700

1748

Se puede decir que **Euler** en 1748 al publicar *Introductio in analysin infinitorum* establece el concepto de función.

EULER (1707-1783)

En 1748 se publica también el libro *Instituciones Analíticas,* de **María Gaetana Agnesi.** La Academia de Ciencias de París consideró esta obra como el mejor tratado de cálculo desde Euler. Era la primera obra sistemática de su tiempo y fue ampliamente traducida. Cincuenta años después seguía siendo el mejor texto que existía.

MARÍA GAETANA AGNESI (1718-1799)

1900

1923

En el siglo XIX el concepto de función se fue gestando por matemáticos como Lagrange, Cauchy, Dirichlet y otros muchos. Fue Goursat, en 1923, quien dio la definición que aparece hoy en día en la mayoría de los libros de texto.

11 Características de las funciones. Rectas

1. Funciones
2. Características de las funciones
3. Funciones constantes y lineales
4. Función afín

Una persona sale a las ocho de la mañana de su pueblo y comienza el ascenso hasta una ermita cercana. En el camino se detiene en diversas ocasiones para contemplar el paisaje y su velocidad varía caminando un rato muy lento y otro, muy rápido. Llega a la ermita y decide pasar allí la noche. Al día siguiente, a las ocho de la mañana, emprende el regreso a su pueblo y camina también a distintas velocidades, parando de vez en cuando. ¿Existe algún punto del camino por el que se pase exactamente a la misma hora en la subida y en la bajada?

Resolver este clásico problema es muy sencillo si se hace interpretando dos funciones de espacio-tiempo conjuntamente: una de subida y otra de bajada.

1 Funciones

CARNÉ CALCULISTA

Desarrolla: $\left(\dfrac{x}{3}+3\right)^2$

Factoriza: $9x^2 - 49$

PIENSA Y CALCULA

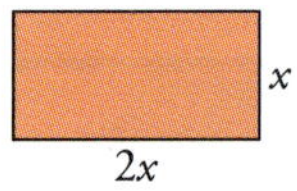

Considera los rectángulos con un lado de doble longitud que el otro. Expresa el perímetro y el área en función del lado menor.

1.1 Función

- Una **función** es una relación entre dos variables de forma que a cada valor de la variable independiente x le corresponde **un único** valor de la variable dependiente y
- El **dominio de una función** es el conjunto de valores que toma la variable independiente x
- La **imagen o recorrido de una función** es el conjunto de valores que toma la variable dependiente y

EJEMPLO

La siguiente gráfica no es función. Para algunos valores de x hay dos valores de y

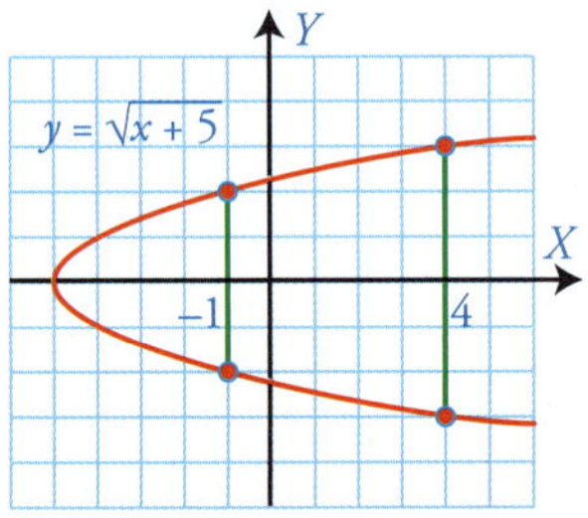

1.2 Formas de expresar una función

Una función se puede expresar por un **enunciado,** una **tabla,** una **gráfica** y una **fórmula, ecuación** o **expresión algebraica.**

a) Un enunciado

Una función se expresa a través de un **enunciado** cuando se describe verbalmente.

EJEMPLO

Relación entre la base y la altura de un rectángulo de perímetro 16 m

La base más la altura mide 8 m

b) Una tabla

Una función se expresa a través de una **tabla** cuando se dan algunos valores de la variable independiente, x, con los correspondientes de la variable dependiente, y

EJEMPLO

Base (m): x	1	2	3	4	5	6	…
Altura (m): y	7	6	5	4	3	2	…

c) Una gráfica

Una función se expresa a través de una **gráfica** cuando se representan los pares (x, y) en unos ejes cartesianos.

EJEMPLO

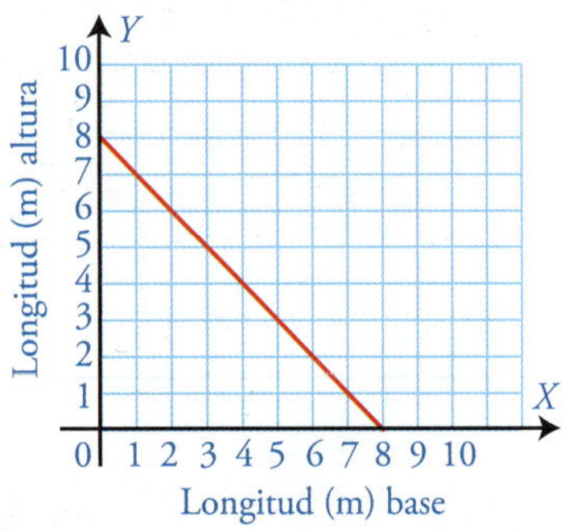

d) Una fórmula, ecuación o expresión algebraica

Una función se expresa a través de una **fórmula, ecuación** o **expresión algebraica** cuando se da una ecuación que relaciona algebraicamente las dos variables que intervienen. Se representa por:

$$y = f(x)$$

y se lee «y es función de x»

EJEMPLO

$y = 8 - x$

Algunas funciones se pueden expresar de manera sencilla de las cuatro formas. Por lo general, cada función se ajusta mejor a un modo determinado.

1.3 Continuidad

- Una **función** es **continua** si la gráfica se puede dibujar de un solo trazo, es decir, la gráfica no se rompe.
- Una **función** es **discontinua** si la gráfica no se puede dibujar sin levantar el lápiz del papel.

Las discontinuidades pueden presentarse cuando:

a) **La variable independiente es discreta:** la gráfica será una función de puntos.

b) **Hay un salto:** la función da un salto en un punto.

EJEMPLOS

- Función discontinua. Variable discreta.

Consulta médica

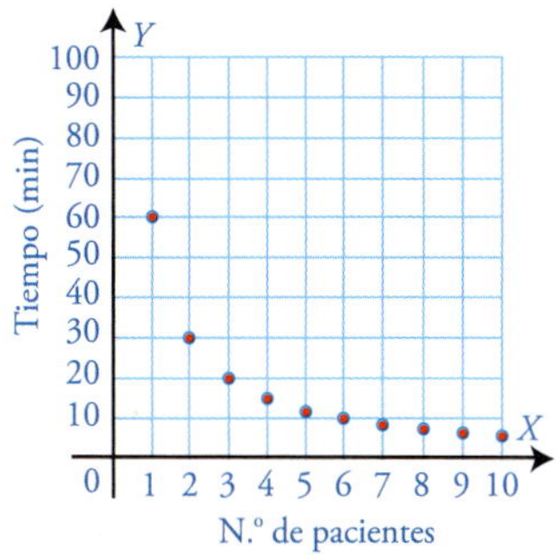

- Función discontinua. Salto.

Coste aparcamiento zona azul restringida

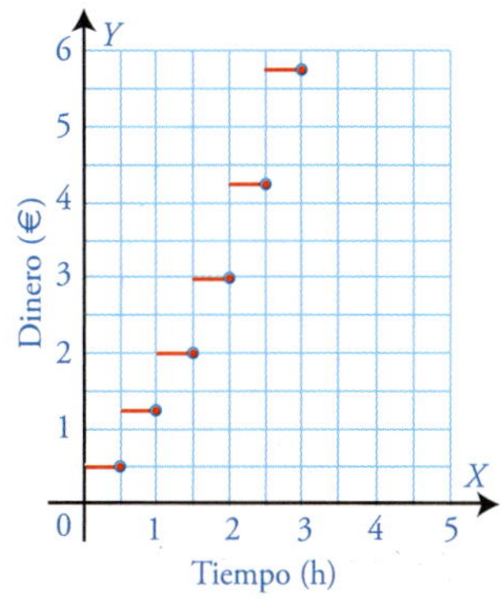

1.4 Funciones periódicas

Una **función** es **periódica** si su gráfica se repite en intervalos de amplitud constante. Se llama **periodo** a la longitud de dicho intervalo.

EJEMPLO

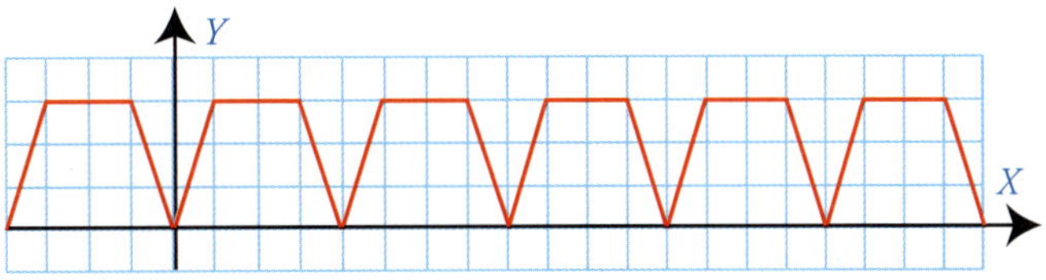

La gráfica es periódica de periodo 4 unidades.

APLICA LA TEORÍA

1 Dibuja una gráfica que sea función y otra que no.

2 Un rectángulo tiene 20 m de perímetro.

a) Escribe el área del rectángulo, y, en función de la longitud de la base, x

b) Haz una tabla de valores.

c) Halla el dominio y la imagen o recorrido.

Cada una de las siguientes funciones está expresada de una de las cuatro formas. Halla en cada una de ellas la expresión de las otras tres formas:

3 El precio de unas almendras es de 5 €/kg

4

Lado (m): x	1	2	3	…
Perímetro (m): y	4	8	12	…

5

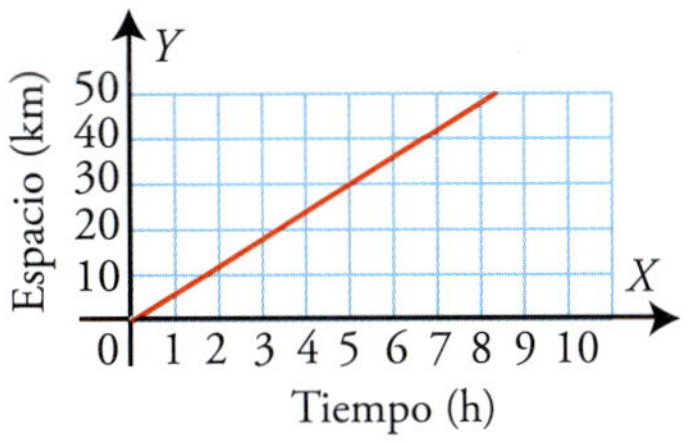

6 $y = 6x$

7 Un funicular emplea 15 min en subir desde la base de una montaña a la cima, que se encuentra a 600 m. Espera 30 min y vuelve a bajar en otros 15 min. En la base espera 20 min y comienza de nuevo el recorrido.

a) Representa la función que expresa la altura a la que se encuentra el funicular en función del tiempo.

b) Analiza si la función es continua y periódica.

8 En un aparcamiento público se cobran 2 € por cada hora o fracción, con un máximo de 24 € por un día. Representa la función que expresa el coste por aparcar un coche en función del tiempo durante un día y analiza si es continua.

Analiza si las siguientes gráficas son periódicas, y en caso afirmativo calcula el periodo:

9

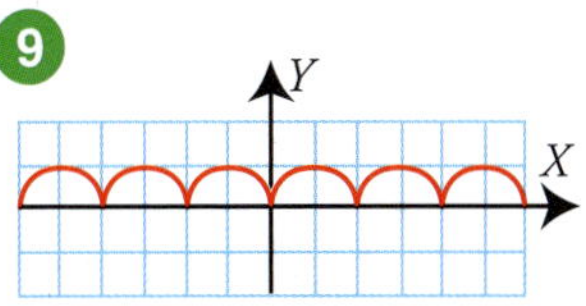

10

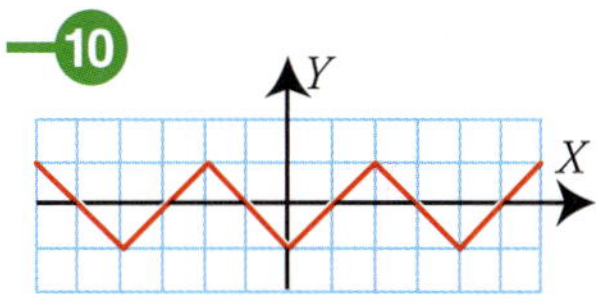

2 Características de las funciones

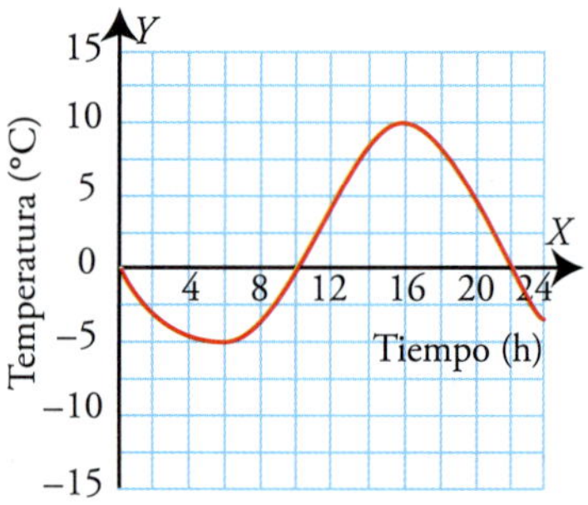

PIENSA Y CALCULA

La gráfica adjunta recoge la evolución de la temperatura en una ciudad durante las 24 horas de un día.

a) ¿En qué momento del día se alcanzó la temperatura máxima? ¿Y la mínima?

b) ¿En qué intervalos del día aumenta la temperatura? ¿En cuáles disminuye?

c) ¿En qué momentos se hace cero la temperatura?

CARNÉ CALCULISTA

Resuelve la ecuación:

$$\frac{7x+2}{4} - \frac{3x-5}{3} = x + \frac{5}{2}$$

2.1 Monotonía. Máximos y mínimos relativos

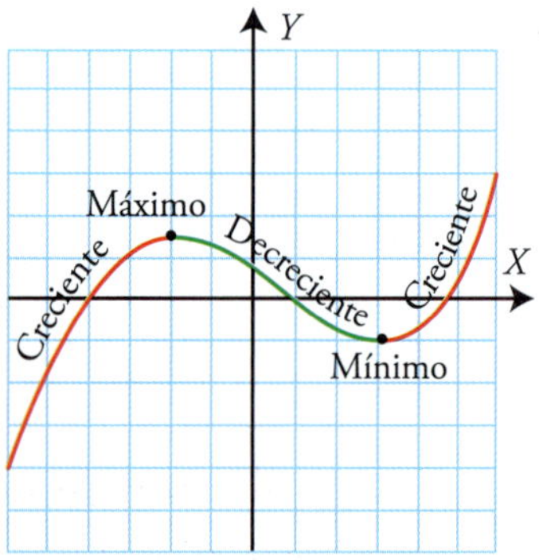

- Una **gráfica** es **creciente** cuando, al aumentar los valores de la variable independiente x, la variable dependiente y aumenta.
- Una **gráfica** es **decreciente** cuando, al aumentar los valores de la variable independiente x, la variable dependiente y disminuye.
- **Máximo relativo:** punto en que el valor de la función es mayor que en los puntos que están muy próximos.
- **Mínimo relativo:** punto en que el valor de la función es menor que en los puntos que están muy próximos.

2.2 Concavidad y convexidad

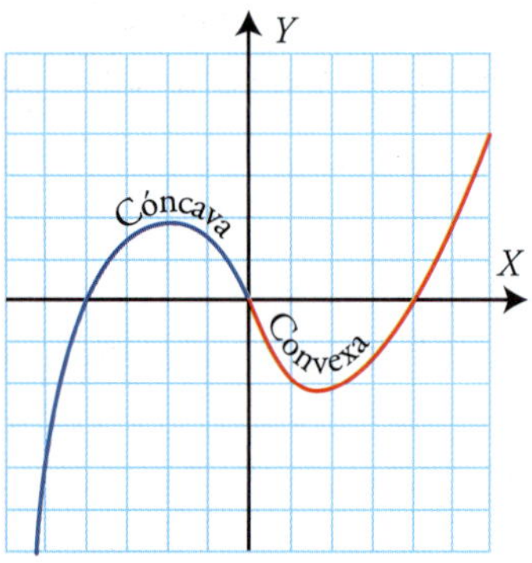

- Una función es **convexa** si su gráfica tiene la forma (∪)
- Una función es **cóncava** si su gráfica tiene la forma (∩)

2.3 Puntos de corte con los ejes

- Los **puntos de corte de una función con el eje *X*** se obtienen igualando a cero la expresión de la función y resolviendo la ecuación.
- Los **puntos de corte de una función con el eje *Y*** se obtienen sustituyendo el valor $x = 0$ en la fórmula de la función.

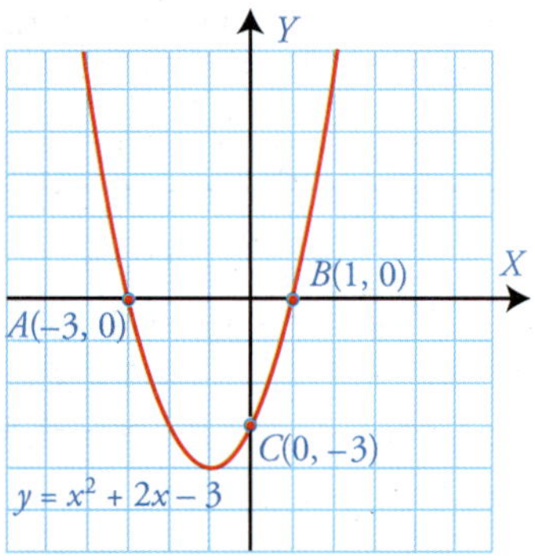

EJERCICIO RESUELTO

1 **Halla los puntos de corte de la función $y = x^2 + 2x - 3$ con los ejes.**

- Corte con el eje *X*:

Se resuelve $x^2 + 2x - 3 = 0 \Rightarrow x = \frac{-2 \pm \sqrt{4+12}}{2} = \frac{-2 \pm 4}{2} = \begin{cases} 1 \\ -3 \end{cases}$

Los puntos de corte son **$A(-3, 0)$** y **$B(1, 0)$**

- Corte con el eje *Y*:

Para $x = 0$: $y = x^2 + 2x - 3 \Rightarrow y = -3 \Rightarrow$ El punto de corte es **$C(0, -3)$**

2.4 Simetría respecto del eje de ordenadas *Y*

- Una **función es par** cuando se cumple que $f(-x) = f(x)$, es decir, al cambiar el valor de x por su opuesto $-x$ se obtiene el mismo valor de la ordenada y
- Una **función par** tiene la gráfica **simétrica** respecto del eje *Y*

EJEMPLO

La función $y = x^2$ es par. Al cambiar x por $-x$ se obtiene:

$$y = (-x)^2 = x^2$$

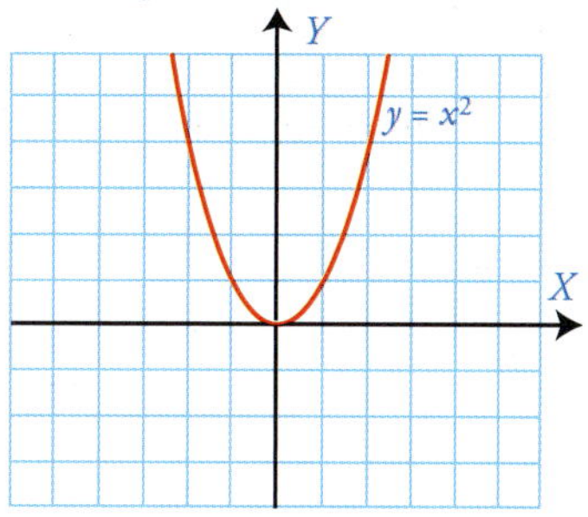

2.5 Interpretación conjunta de gráficas

Para interpretar conjuntamente dos gráficas, se recorre el eje *X* de izquierda a derecha según los valores de las abscisas, prestando especial atención a los puntos de corte de las gráficas y a lo que sucede entre estos puntos.

EJERCICIO RESUELTO

(2) **Dos ciclistas salen desde la misma ciudad con velocidades constantes. Observa las gráficas y contesta:**

a) ¿Cuántas horas después que el primer ciclista salió el segundo?

b) ¿Alcanza el segundo ciclista al primero? ¿Al cabo de cuánto tiempo? ¿Dónde?

a) El segundo ciclista sale **3 horas después** que el primero.

b) El segundo ciclista alcanza al primero **5 horas después** de su salida, **a los 80 km**

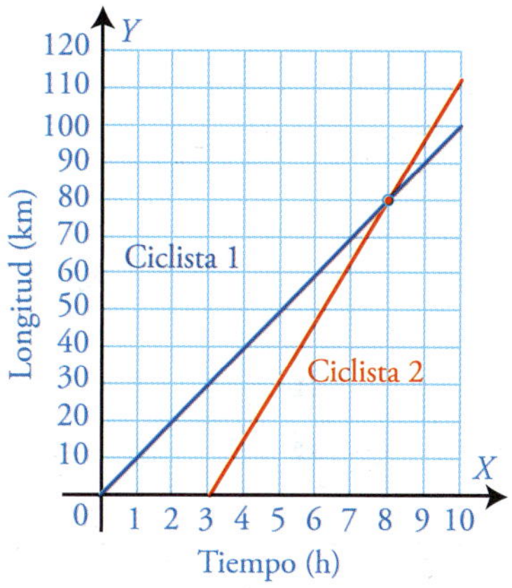

APLICA LA TEORÍA

11 Analiza la gráfica siguiente y contesta:

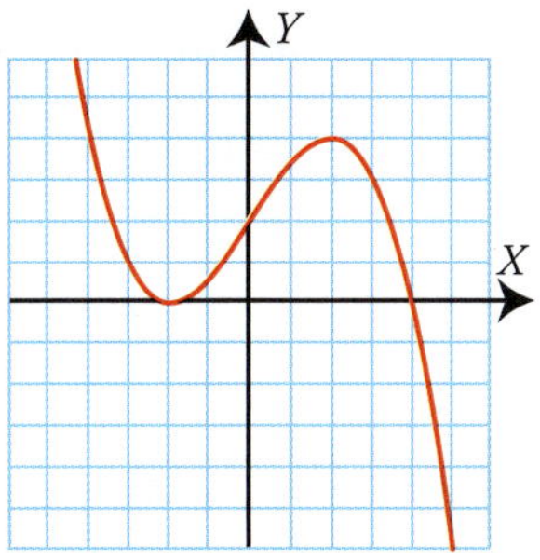

a) ¿Dónde es creciente y dónde decreciente?

b) ¿En qué puntos alcanza el máximo y el mínimo?

c) ¿Dónde es convexa (∪) y cóncava (∩)?

Halla los puntos de corte con los ejes *X* e *Y*:

12

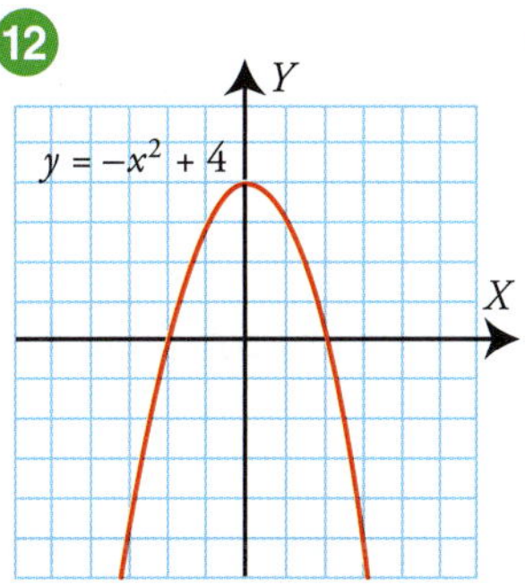

13

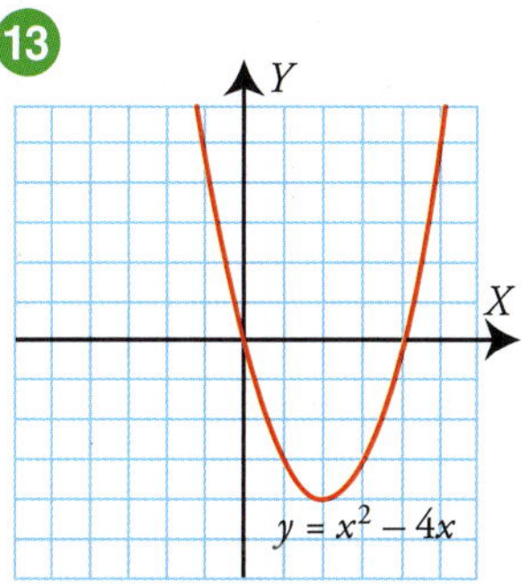

Calcula los puntos de corte con los ejes *X* e *Y*:

14 $y = 2x - 1$

15 $y = x^2 - 5x$

16 $y = x^2 - 25$

17 $y = x^2 + 2x - 15$

18 Las gráficas siguientes recogen el recorrido de dos ciclistas. Analízalas y contesta: ¿Qué distancia recorren? ¿Salen a la vez? ¿Qué ciclista ha ido más rápido? ¿Se encuentran en algún momento?

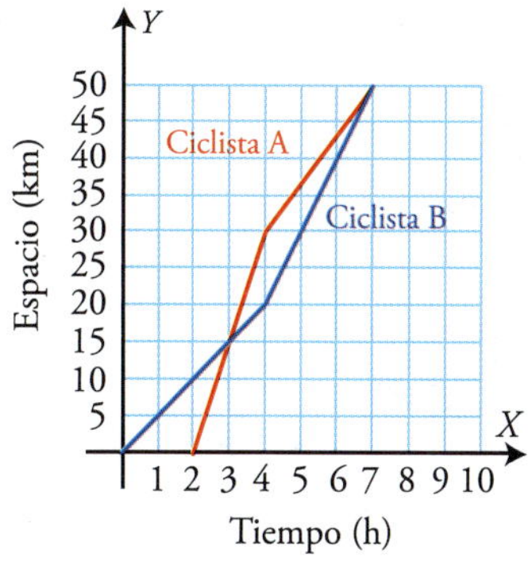

19 En una localidad hay dos compañías de reparaciones. La compañía A cobra 15 € por desplazamiento y 30 € por cada hora trabajada. La compañía B cobra 25 € por desplazamiento y 20 € por cada hora trabajada. Representa las gráficas de las funciones del coste de una reparación en función de las horas trabajadas para cada compañía, y deduce qué compañía es más económica para hacer la reparación.

3 Funciones constantes y lineales

CARNÉ CALCULISTA

Resuelve la ecuación:

$$x^2 - \frac{13x}{6} - \frac{5}{2} = 0$$

a)

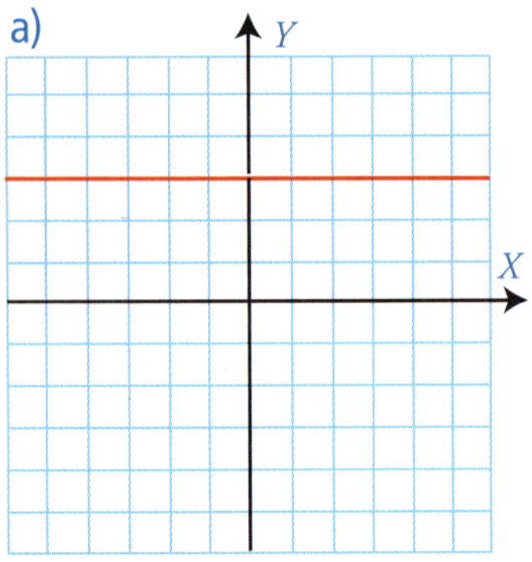

b)

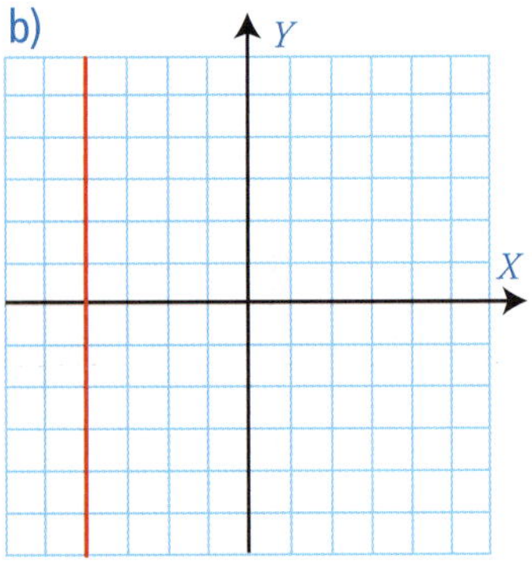

c)

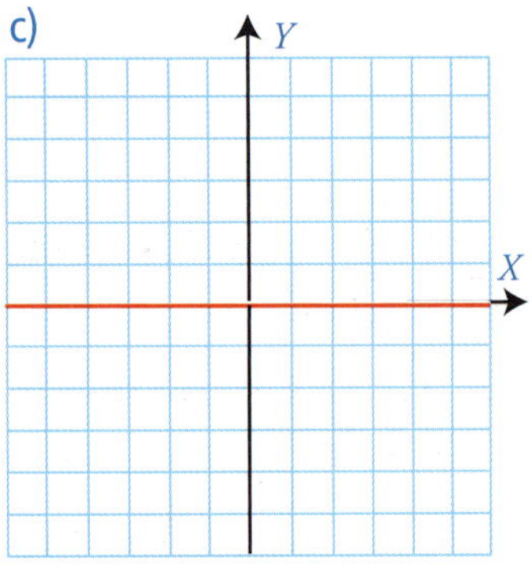

d)

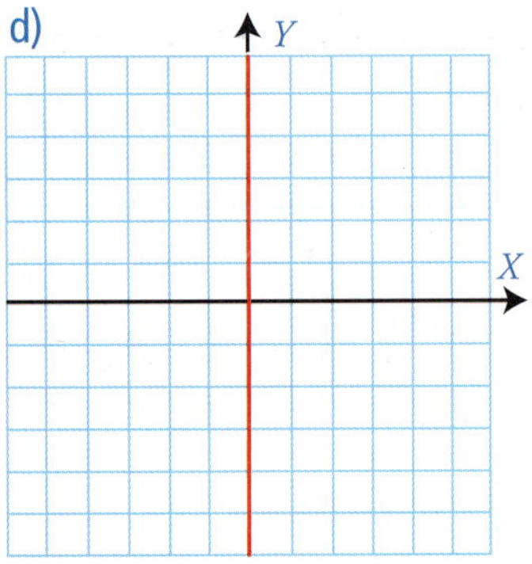

PIENSA Y CALCULA

Halla mentalmente el valor de la constante de proporcionalidad directa en la compra de peras sabiendo que 5 kg de peras cuestan 10 €

3.1 Rectas horizontales y verticales

- La ecuación de una **recta horizontal** es:

  $\boldsymbol{y = k}$ (siendo k la ordenada del punto en el que la recta corta al eje Y)

  Representa a una **función constante,** porque para cualquier valor de la variable independiente x, la variable dependiente y es siempre la misma.

  En particular, la ecuación del **eje de abscisas** X es $y = 0$
- La ecuación de una **recta vertical** es:

  $\boldsymbol{x = k}$ (siendo k la abscisa del punto en el que la recta corta al eje X)

  No es una función, porque para el valor de $x = k$ existen infinitos valores de y

  En particular, la ecuación del **eje de ordenadas** Y es $x = 0$

EJERCICIO RESUELTO

3 En las dos primeras gráficas del margen, calcula la ecuación, di si son funciones y de qué tipo. Escribe la ecuación de las rectas que contienen a los ejes de los apartados c) y d).

a) Corta al eje Y en $(0, 3) \Rightarrow$ Ecuación: $\boldsymbol{y = 3} \Rightarrow$ Función constante.

b) Corta al eje X en $(-4, 0) \Rightarrow$ Ecuación: $\boldsymbol{x = -4} \Rightarrow$ No es función.

c) Eje $X \Rightarrow$ Ecuación: $\boldsymbol{y = 0}$

d) Eje $Y \Rightarrow$ Ecuación: $\boldsymbol{x = 0}$

3.2 Función lineal o de proporcionalidad directa

- Una **función es lineal o de proporcionalidad directa** si al multiplicar la variable independiente x por un número, la variable dependiente y queda multiplicada por dicho número. Su ecuación es:

  $\boldsymbol{y = mx}$ **(**$\boldsymbol{m} \neq 0$, $\boldsymbol{m}$ es la **constante de proporcionalidad directa)**
- Su representación gráfica es una recta que pasa por $O(0, 0)$
- La **pendiente** de una recta es la inclinación que tiene respecto al eje X. En las funciones lineales, coincide con el valor de m

  a) Si la pendiente es positiva **(**$\boldsymbol{m > 0}$**),** la recta es **creciente.**

  b) Si la pendiente es negativa **(**$\boldsymbol{m < 0}$**),** la recta es **decreciente.**

Para dibujar una función lineal se calculan las coordenadas de un punto y se une con el origen de coordenadas. El punto más eficaz es el que toma la función para $x = 1$, que será $P(1, m)$. Si m es fraccionario, se toma como x el denominador de la fracción.

EJERCICIO RESUELTO

4 **Pagamos 3 € por 2 kg de manzanas. Halla el coste de las manzanas en función de su masa.**

La masa y el coste de las manzanas son directamente proporcionales.

a) Constante de proporcionalidad y pendiente: $m = 3/2 > 0$; la recta es creciente (que la pendiente sea 3/2 quiere decir que cuando la abscisa x aumenta 2 unidades, la ordenada y aumenta 3 unidades).

b) Ecuación: $y = \frac{3}{2}x$

c) Gráfica: se da a x el valor del denominador, $x = 2 \Rightarrow y = 3 \Rightarrow P(2, 3)$. Se dibuja la recta que pasa por este punto y el origen de coordenadas.

El enunciado del problema solo tiene sentido para valores positivos, pero la gráfica de $y = 3x/2$ se puede generalizar para valores negativos.

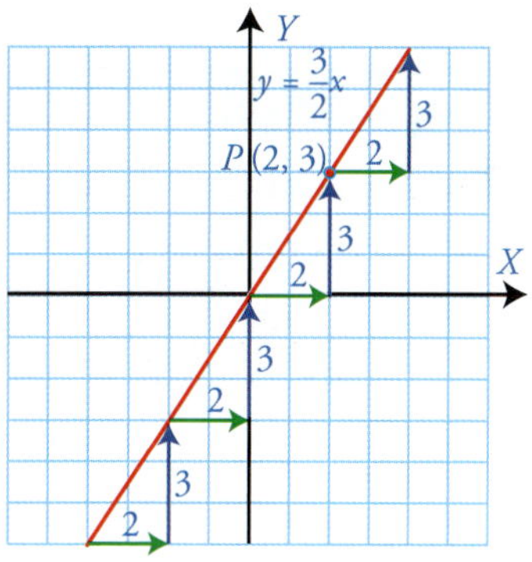

3.3 Función lineal: Paso de gráfica a ecuación

Si una **función lineal o de proporcionalidad directa** viene dada por una tabla o una gráfica, para hallar m se tiene en cuenta que despejando m de $y = mx$ se obtiene $m = \frac{y}{x}$; $x \neq 0$

Luego m es el cociente de cualquier valor de y dividido entre el valor correspondiente de x, siempre que $x \neq 0$

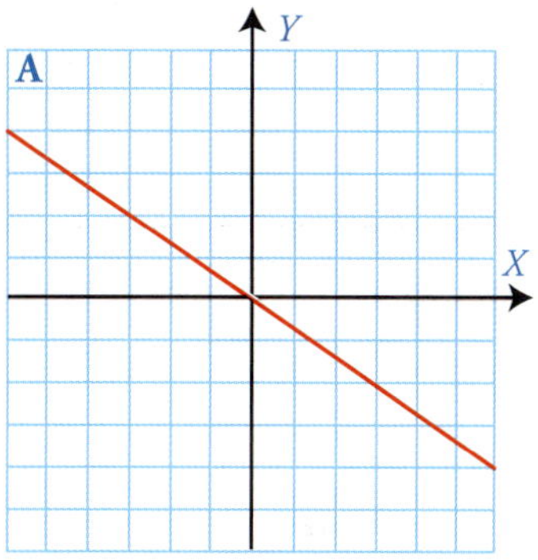

EJERCICIO RESUELTO

5 **Halla la ecuación de la recta de la gráfica A.**

Sobre la gráfica A se añaden datos para obtener el dibujo B.

El primer punto en el que las coordenadas son enteras y la abscisa es positiva es $P(3, -2)$; cuando la abscisa x aumenta 3 unidades, la ordenada y disminuye 2

$$P(3, -2) \Rightarrow m = -\frac{2}{3} \Rightarrow y = -\frac{2}{3}x$$

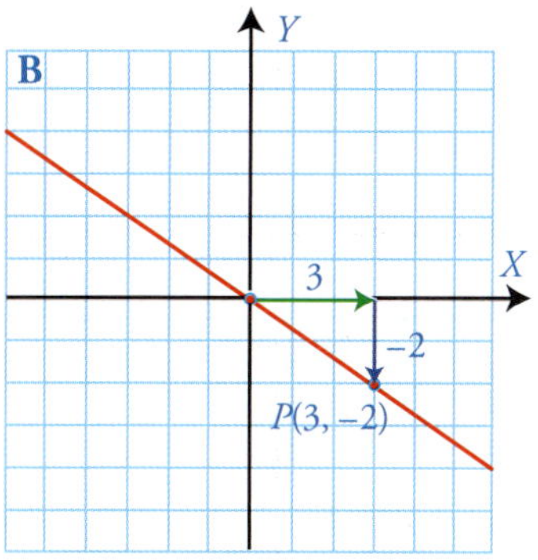

APLICA LA TEORÍA

Halla mentalmente la pendiente de las siguientes funciones lineales, y di si son crecientes o decrecientes:

20 $y = 3x$

21 $y = -\frac{x}{3}$

22 $y = \frac{3x}{2}$

23 $y = -\frac{4x}{3}$

24 Halla la ecuación de la siguiente función definida por una tabla de valores y clasifícala:

x	1	2	5	10
y	1,2	2,4	6	12

Halla las ecuaciones de las siguientes funciones definidas verbalmente y clasifícalas:

25 La temperatura baja 2 grados cada hora. Halla la temperatura en función del tiempo.

26 La entrada al zoo cuesta 5 €. Halla el coste en función del tiempo que dura la visita.

Representa gráficamente las siguientes ecuaciones. Di cuáles son funciones y clasifícalas:

27 $y = 2x$ **28** $y = -3$ **29** $x = 5$ **30** $y = x$

Halla las ecuaciones de las siguientes rectas, di cuáles son funciones y clasifica estas:

31

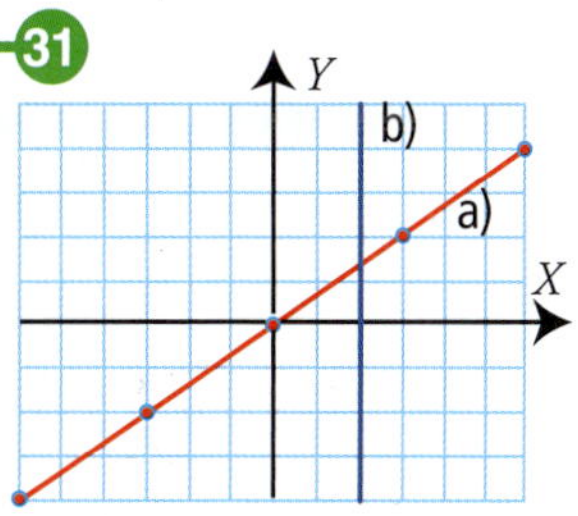

32

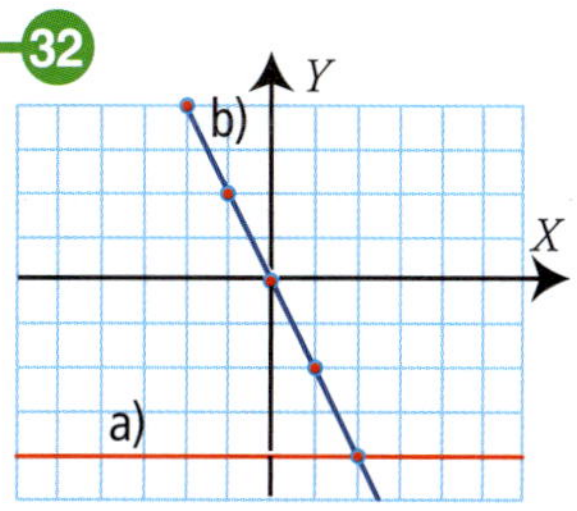

4 Función afín

CARNÉ CALCULISTA

Resuelve el sistema por el método más sencillo:

$$\left.\begin{aligned} 2x - 3y &= 12 \\ 4x + \ \ y &= 10 \end{aligned}\right\}$$

PIENSA Y CALCULA

Dibuja la recta que pasa por el punto $A(0, 2)$ y tiene de pendiente $m = 2/3$

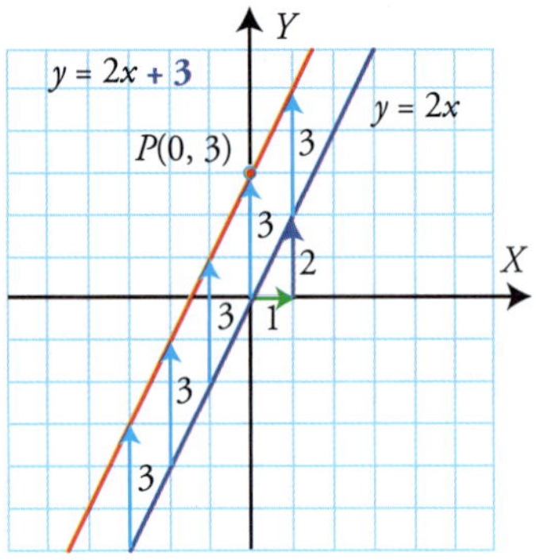

4.1 Función afín

Una **función** es **afín** si su ecuación es del tipo:

$\boldsymbol{y = mx + b}$ (siendo m y b números reales, $m \neq 0$, $b \neq 0$)

Su representación gráfica es una recta que tiene de pendiente m y pasa por el punto $P(0, b)$. A b se le llama **valor de la ordenada en el origen.**

La gráfica de la función afín se obtiene al hacer una traslación vertical de b unidades de la recta que corresponde a la función lineal.

Para dibujar la gráfica de una función afín de forma sencilla, se hace una tabla con los valores de $x = 0$ y $x = 1$. Si la pendiente es un número fraccionario, se toma como segundo valor de x el denominador de la pendiente, y así se hacen los cálculos fácilmente.

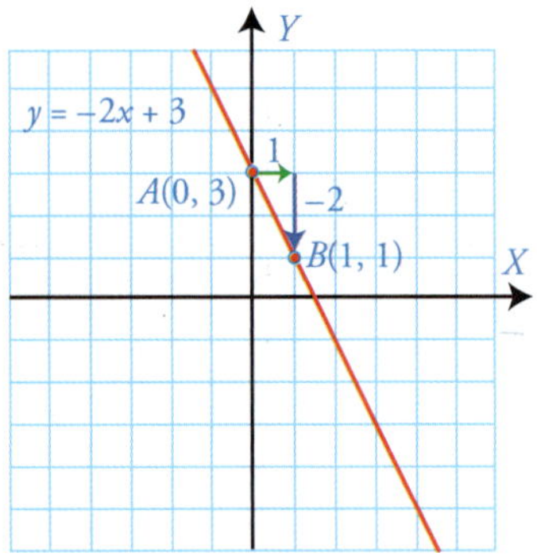

EJERCICIO RESUELTO

6 Dibuja la recta $y = -2x + 3$, halla la pendiente y la ordenada en el origen.

x	$y = -2x + 3$
0	3
1	1

$\Rightarrow$ Pendiente: $m = -2$

$\Rightarrow A(0, 3) \Rightarrow$ Ordenada en el origen: 3

$\Rightarrow B(1, 1)$

La **ecuación general de la recta es $ax + by = c$**

Para representar una recta dada por su ecuación general, se despeja y y se aplica el procedimiento anterior.

Ecuación explícita

La **ecuación explícita** de una función es aquella en la que la variable dependiente y está despejada.

4.2 Ecuación punto-pendiente

La **ecuación punto-pendiente** de la recta es:

$$\boldsymbol{y = m(x - x_1) + y_1}$$

donde $P(x_1, y_1)$ es un punto de la recta y m es la pendiente.

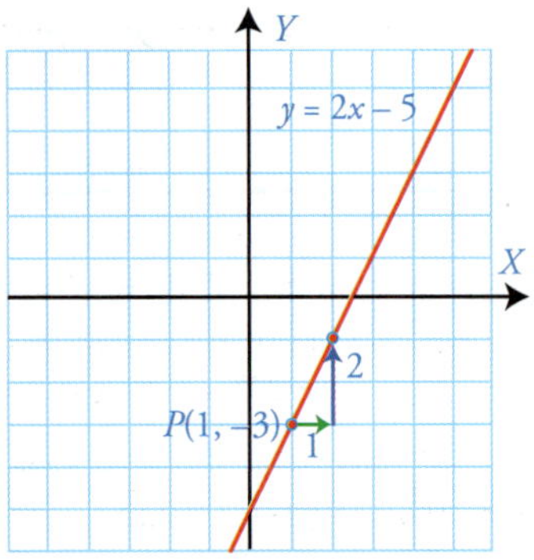

EJERCICIO RESUELTO

7 Dibuja la recta que pasa por el punto $P(1, -3)$ y tiene de pendiente $m = 2$. Halla su ecuación.

$y = m(x - x_1) + y_1$

$y = 2(x - 1) - 3$

$y = 2x - 2 - 3 \Rightarrow y = 2x - 5$

4.3 Pendiente de la recta que pasa por dos puntos

La pendiente de la recta que pasa por dos puntos $A(x_1, y_1)$ y $B(x_2, y_2)$ se halla aplicando la fórmula:

$$m = \frac{y_2 - y_1}{x_2 - x_1}$$

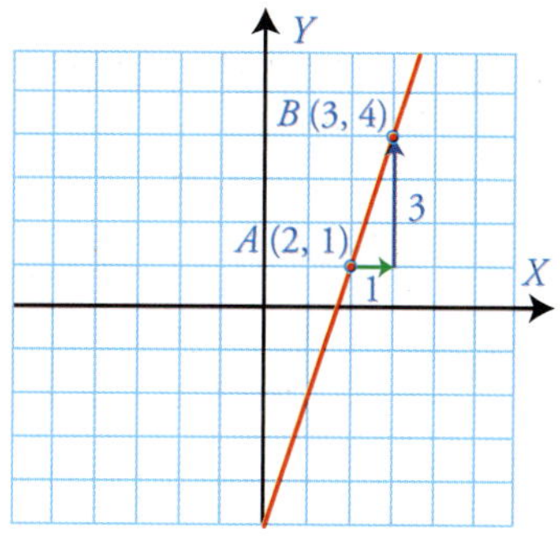

EJERCICIO RESUELTO

(8) Halla la pendiente de la recta que pasa por los puntos $A(2, 1)$ y $B(3, 4)$

$$m = \frac{4-1}{3-2} = \frac{3}{1} = 3$$

4.4 Función afín: Paso de gráfica a ecuación

Para hallar la ecuación de una recta a partir de su gráfica, se utiliza la ecuación $\boldsymbol{y = mx + b}$, donde m es la pendiente y b es la ordenada en el origen.

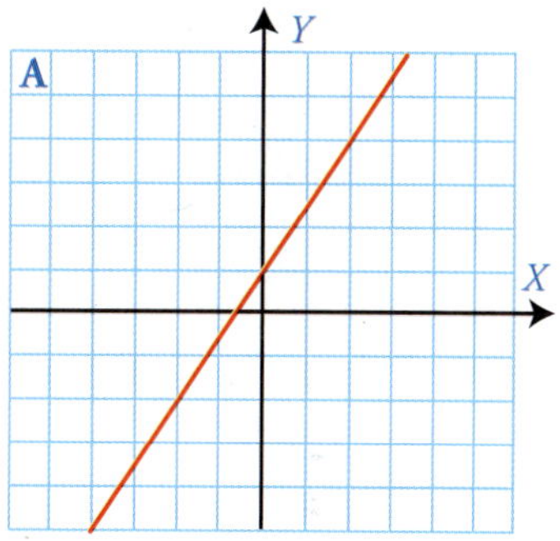

EJERCICIO RESUELTO

(9) Halla la ecuación de la recta de la gráfica A.

Sobre el dibujo se añaden datos para obtener el dibujo B.

Se señala el punto en el que corta al eje Y, $A(0, 1)$; luego $b = 1$

Se elige y se señala el punto $B(2, 4)$, que es el primer punto en el que las coordenadas son enteras y la abscisa es positiva, y se halla la pendiente:

$$A(0, 1) \text{ y } B(2, 4) \Rightarrow m = \frac{4-1}{2-0} = \frac{3}{2}$$

Se observa que del punto A al punto B la abscisa x aumenta 2 unidades y la ordenada y aumenta 3, lo que corresponde a una pendiente $m = 3/2$

La ecuación de la recta es $y = \dfrac{3}{2}x + 1$

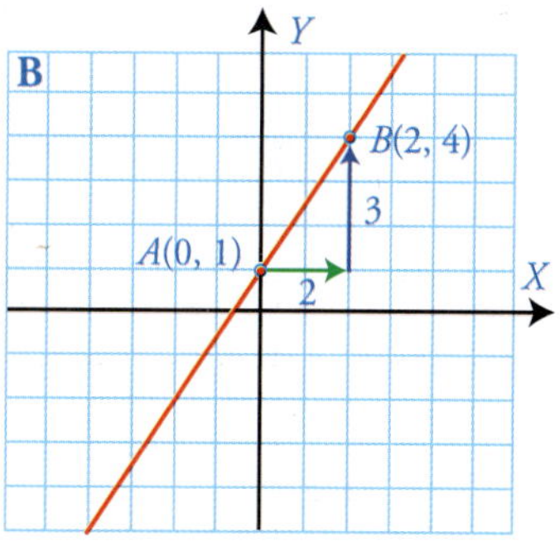

APLICA LA TEORÍA

Halla mentalmente la pendiente y la ordenada en el origen de las funciones afines siguientes:

33 $y = 2x + 1$

34 $y = -\dfrac{x}{2} + 3$

35 $y = \dfrac{2x}{3} - 4$

36 $y = -\dfrac{3x}{4} - 2$

Dibuja la gráfica de las funciones afines siguientes. Halla en cada una de ellas la pendiente y la ordenada en el origen. ¿Cuál es creciente? ¿Cuál es decreciente?

37 $y = \dfrac{3x}{2} - 1$

38 $y = -\dfrac{x}{3} + 2$

Representa las siguientes rectas:

39 $2x - y = 3$

40 $2x + 3y = 6$

41 Representa la recta que pasa por el punto $P(-2, 1)$, cuya pendiente es $m = 3$. Halla su ecuación.

42 Representa la recta que pasa por los puntos $A(-2, 3)$ y $B(4, 5)$. Halla su ecuación.

Halla las ecuaciones de las rectas siguientes:

43

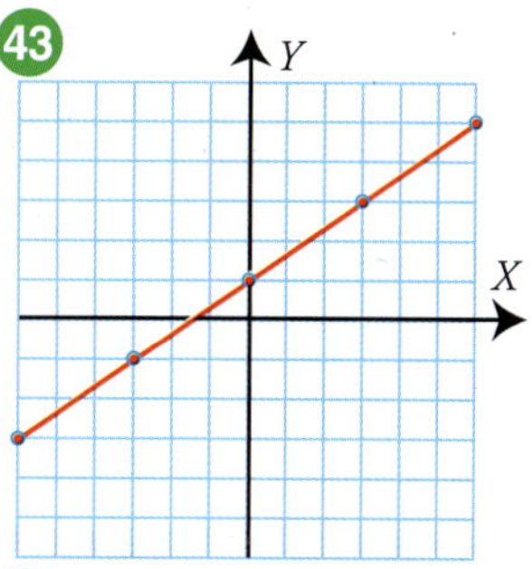

44

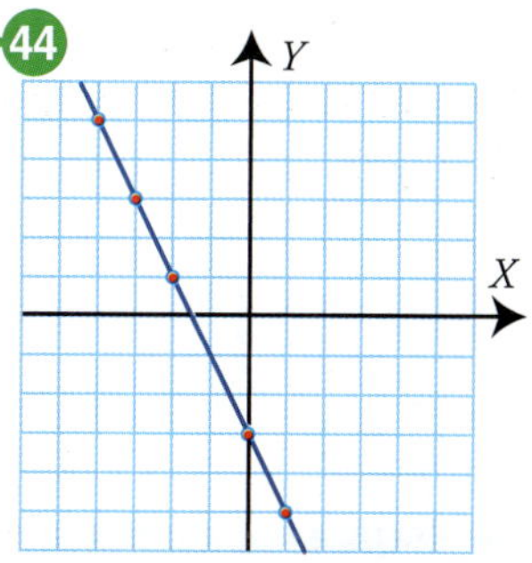

45 Un fontanero cobra 18 € por ir a domicilio, más el tiempo que trabaja, de forma proporcional, a razón de 30 € por cada hora. Halla la ecuación que calcula el coste en función del tiempo que tarda en hacer el trabajo. ¿Qué tipo de función es?

EJERCICIOS DE FUNCIONES

10 Dada la función de la gráfica:

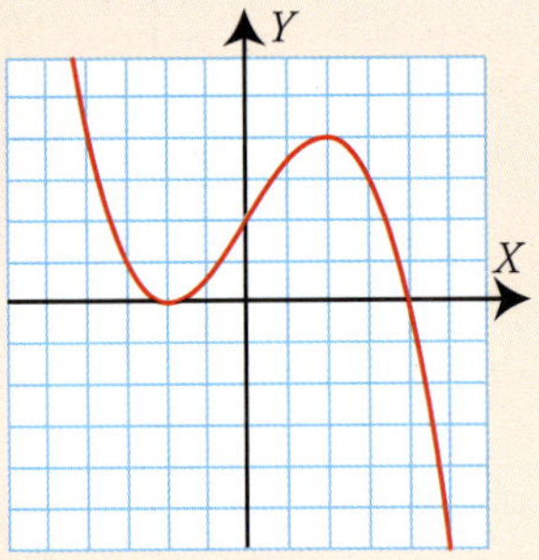

a) ¿Dónde es creciente y dónde decreciente?

b) ¿En qué puntos alcanza el máximo y el mínimo relativos?

c) ¿Dónde es convexa (∪) y dónde cóncava (∩)?

d) Halla los puntos de corte con los ejes.

a) Es creciente **entre $x = -2$ y $x = 2$**

Es decreciente **antes de $x = -2$** y **después de $x = 2$**

b) El máximo relativo es **$A(2, 4)$**, y el mínimo relativo, **$B(-2, 0)$**

c) Es convexa (∪) **antes de $x = 0$**

Es cóncava (∩) **después de $x = 0$**

d) Corta al eje X en los puntos **$A(-2, 0)$** y **$B(4, 0)$**

Corta al eje Y en el punto **$C(0, 2)$**

11 Halla los puntos de corte con los ejes de la función:

$$y = x^2 - 3x - 10$$

- Puntos de corte con el eje X:

$$y = 0 \Rightarrow x = \frac{3 \pm \sqrt{9 + 40}}{2} = \frac{3 \pm 7}{2} = \begin{cases} 5 \Rightarrow A(5, 0) \\ -2 \Rightarrow B(-2, 0) \end{cases}$$

- Puntos de corte con el eje Y:

$$x = 0 \Rightarrow y = 0^2 - 3 \cdot 0 - 10 = -10 \Rightarrow C(0, -10)$$

12 Clasifica la siguiente función, halla la pendiente, la ordenada en el origen y represéntala:

$$y = -\frac{2}{3}x + 1$$

Función **afín.**

x	$y = -\frac{2}{3}x + 1$
0	1
3	−1

$\Rightarrow$ Pendiente: $m = -\frac{2}{3}$

$\Rightarrow A(0, 1) \Rightarrow$ **Ordenada en el origen: 1**

$\Rightarrow B(3, -1)$

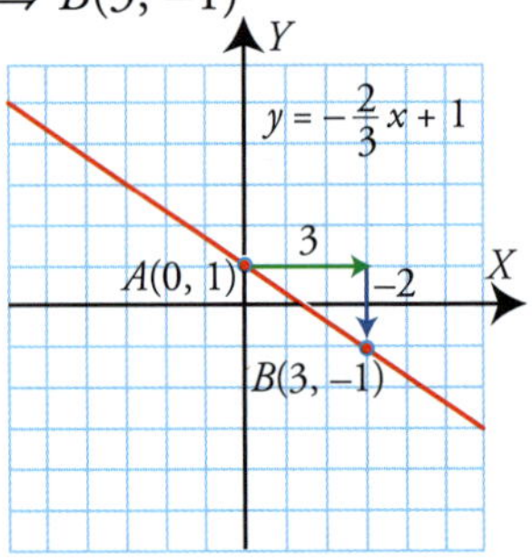

13 Halla la ecuación de la recta que sea paralela a:

$$y = \frac{3x}{4} - 2$$

y que pasa por $A(1, 3)$

Como la recta pedida es paralela a la dada, la pendiente es la misma y pasa por $A(1, 3)$. Se aplica la ecuación punto-pendiente.

$$y = m(x - x_1) + y_1 \Rightarrow y = \frac{3}{4}(x - 1) + 3 \Rightarrow y = \frac{3}{4}x - \frac{3}{4} + 3 = \frac{3}{4}x + \frac{9}{4}$$

$$y = \frac{3}{4}x + \frac{9}{4}$$

14 Representa la recta que pasa por los puntos $A(-3, 1)$ y $B(3, -2)$. Halla su ecuación.

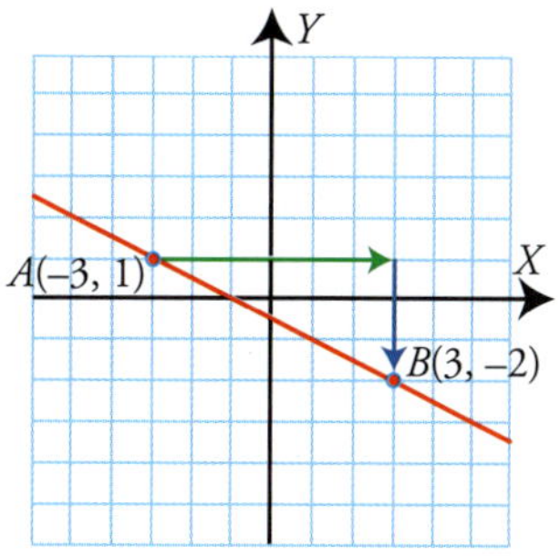

$$m = \frac{y_2 - y_1}{x_2 - x_1} \Rightarrow m = \frac{-2 - 1}{3 - (-3)} = \frac{-3}{6} = -\frac{1}{2}$$

Se toma el punto $A(-3, 1)$ y la pendiente. La ecuación en forma punto-pendiente es:

$$y = m(x - x_1) + y_1$$

$$y = -\frac{1}{2}(x + 3) + 1$$

$$y = -\frac{1}{2}x - \frac{3}{2} + 1$$

$$y = -\frac{1}{2}x - \frac{1}{2}$$

PROBLEMAS DE FUNCIONES

15 Halla la ecuación de la recta:

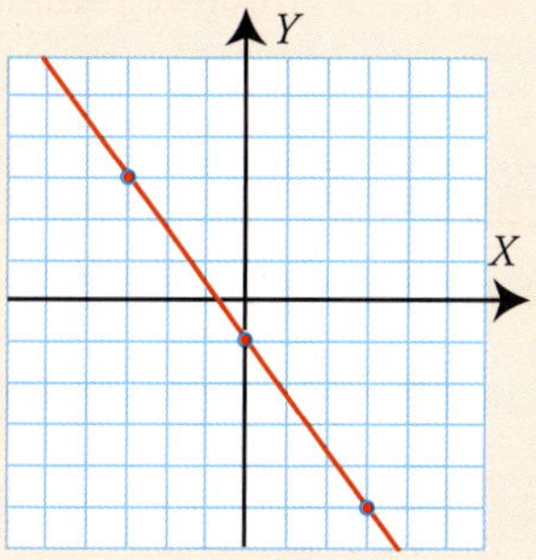

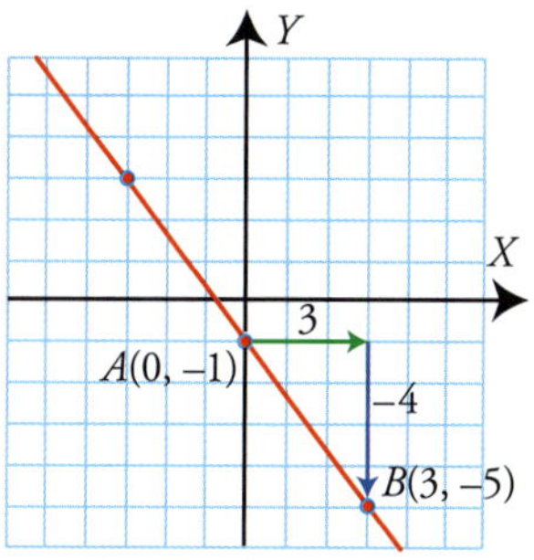

Añadimos los puntos:

$A(0, -1)$ y $B(3, -5)$

$$m = \frac{-5 - (-1)}{3 - 0} = -\frac{4}{3}$$

La ecuación es: $y = -\frac{4}{3}x - 1$

16 Un vendedor recibe dos ofertas de trabajo. La empresa A le ofrece un salario fijo de 1 200 € y la empresa B le ofrece un sueldo de 600 € fijos más un plus de 50 € por cada lavadora que venda.

a) Expresa, en cada caso, el salario en función del número de lavadoras que venda.

b) ¿Cuándo le interesa trabajar en la empresa A?

c) ¿Cuándo le interesa trabajar en la empresa B?

Incógnita, datos y preguntas

Un vendedor recibe dos ofertas de trabajo: en la empresa A cobraría fijo 1 200 € al mes y en la empresa B cobraría fijo 600 € al mes más 50 € por cada lavadora que vendiera.

Preguntas:

a) Expresar el salario y en función del número de lavadoras x

b) ¿Cuándo interesa trabajar en A?

c) ¿Cuándo interesa trabajar en B?

Planteamiento y operaciones

En la empresa A: $y = 1\,200$; en la empresa B: $y = 600 + 50x$

$600 + 50x = 1\,200 \Rightarrow 50x = 600 \Rightarrow x = 12$

Solución

a) En la empresa A: $y = 1\,200$; en la empresa B: $y = 600 + 50x$

b) Le interesa trabajar en la empresa A si piensa que va a **vender menos de 12 lavadoras al mes.**

c) Le interesa trabajar en la empresa B si piensa que va a **vender más de 12 lavadoras al mes.**

1. Funciones

Indica cuál de las dos siguientes gráficas es una función:

46

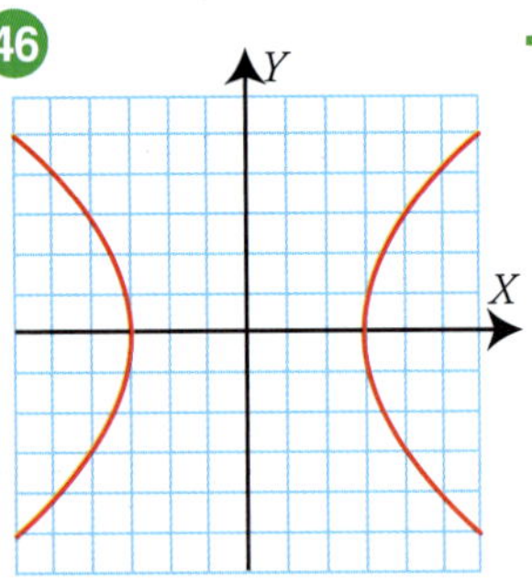

47

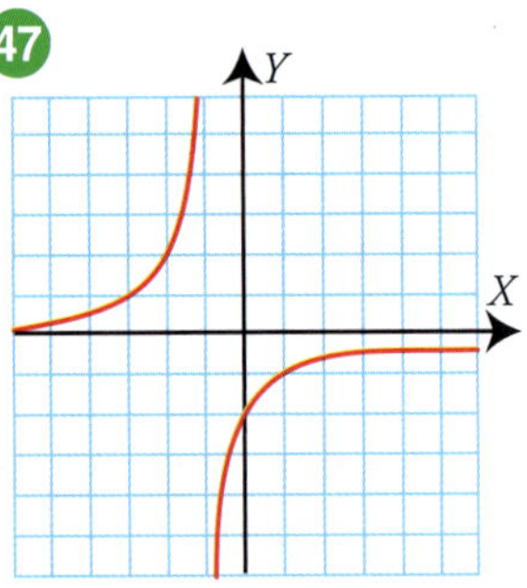

Cada una de las siguientes funciones está expresada de una de las cuatro formas. Halla en cada una de ellas la expresión de las otras tres formas:

48 El perímetro de un rombo en función de la medida del lado.

49 Tabla:

Masa (kg): x	1	2	3	…
Dinero (€): y	3	6	9	…

50 Gráfica:

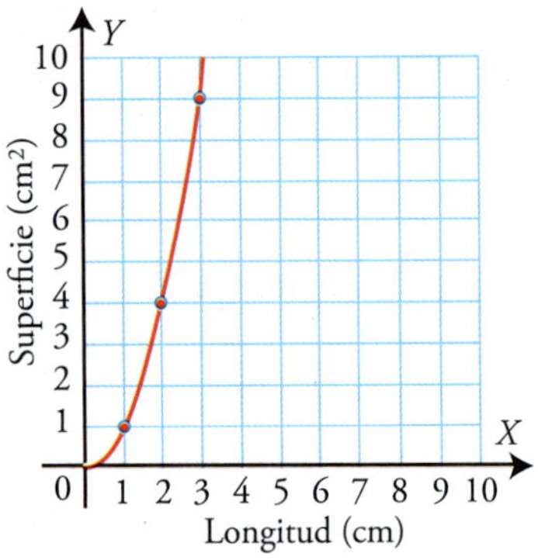

51 Fórmula: $y = 5x$

Indica cuál de las siguientes gráficas es continua y cuál no lo es:

52

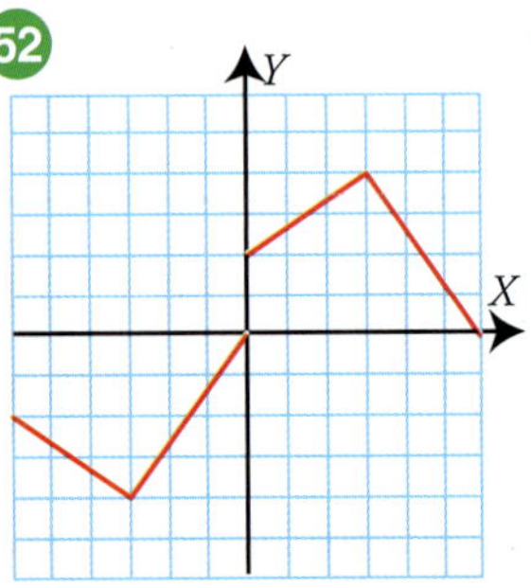

53

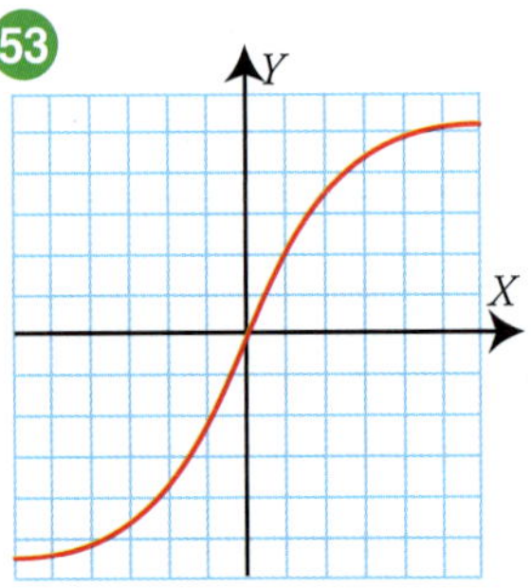

54 En una ferretería cobran 3 € por un modelo de bombilla que venden. Escribe la fórmula que expresa el dinero cobrado en función de las bombillas vendidas. Represéntala y analiza si es continua.

Analiza si las siguientes gráficas son periódicas y, en caso afirmativo, calcula el periodo:

55

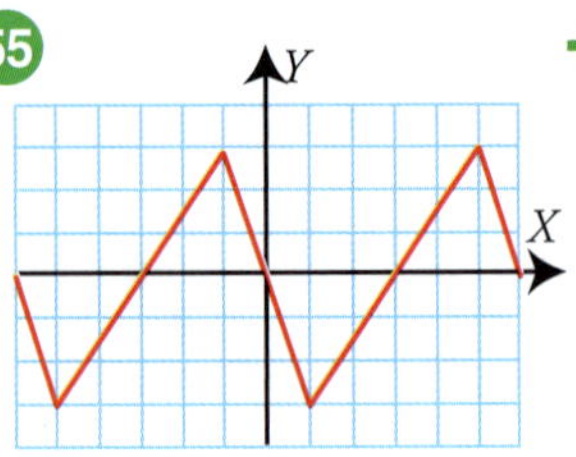

56

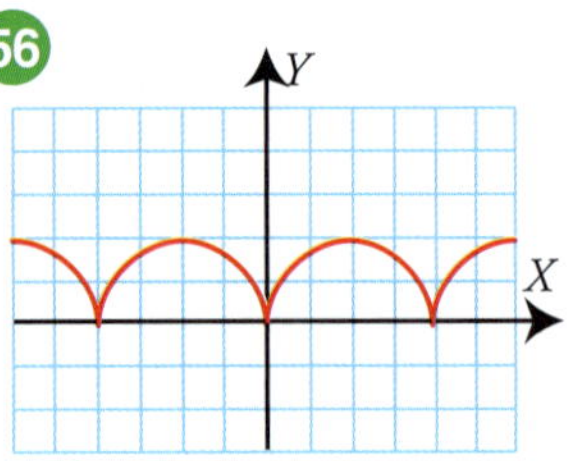

57 Un robot de una cadena de montaje completa una pieza en 5 minutos. Expresa el número de piezas que hace el robot en función del tiempo, esboza la gráfica de la función y analiza si es continua.

2. Características de las funciones

58 Analiza la gráfica siguiente y contesta:

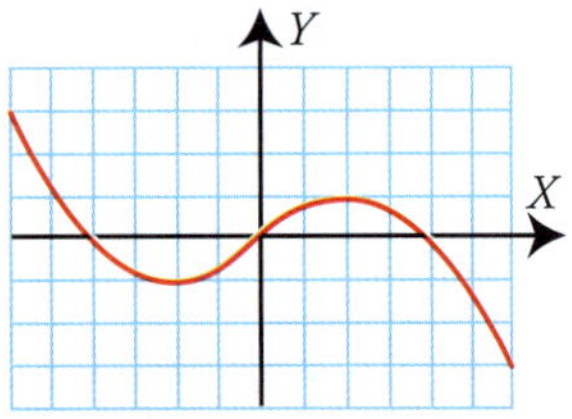

a) ¿Dónde es creciente? ¿Dónde es decreciente?

b) ¿En qué punto alcanza el máximo? ¿En cuál el mínimo?

c) ¿Dónde es convexa (∪) y cóncava (∩)?

Halla los puntos de corte con el eje X y con el Y:

59 $y = -2x + 6$

60 $y = 2x^2 - 8x$

61 $y = x^2 - 81$

62 $y = x^2 - x - 12$

63 $y = 5$

64 $y = x - 4$

65 $y = x^2 + 3x - 40$

66 $y = -x^2 + 36$

67 $y = x^2 + 2x + 1$

68 $y = x^2 - 4x + 3$

69 ¿Cuáles de las siguientes funciones son pares?

a) $y = x + 5$ b) $y = x^2 - 6$

¿Alguna de ellas es simétrica respecto del eje Y? ¿Por qué?

70 Las gráficas siguientes recogen el recorrido de dos ciclistas. Analízalas y contesta:

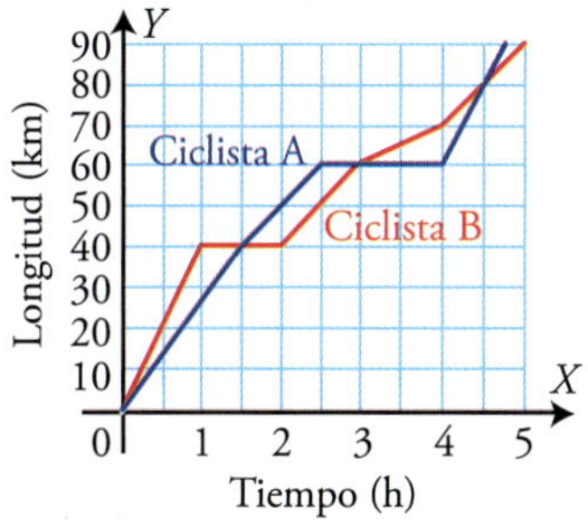

a) ¿Qué distancia recorre cada uno? ¿Salen a la vez?

b) ¿Qué ciclista ha ido más rápido? ¿Dónde ha llegado? ¿Se encuentran en algún momento?

3. Funciones constantes y lineales

Halla mentalmente la pendiente de las siguientes funciones lineales o de proporcionalidad directa, y di si son crecientes o decrecientes:

71 $y = 2x$

72 $y = -3x$

73 $y = -x$

74 $y = \frac{x}{2}$

Halla las ecuaciones de las siguientes funciones definidas verbalmente y clasifica estas:

75 La entrada a un parque de atracciones cuesta 6 €. Obtén el coste en función del tiempo de estancia.

76 Un kilo de plátanos cuesta 1,5 €. Obtén el coste en función del peso.

77 Halla la ecuación de la siguiente función definida por una tabla de valores y clasifícala:

x	1	−2	5	−10
y	−0,5	1	−2,5	5

Representa gráficamente las siguientes ecuaciones, di cuáles son funciones y clasifícalas:

78 $y = 2$

79 $y = \frac{x}{3}$

80 $y = -2x$

81 $x = -3$

Halla las ecuaciones de las siguientes rectas, di cuáles son funciones y clasifícalas:

82

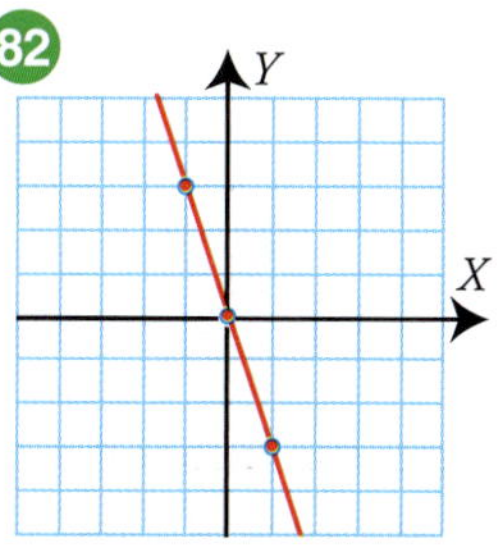

83

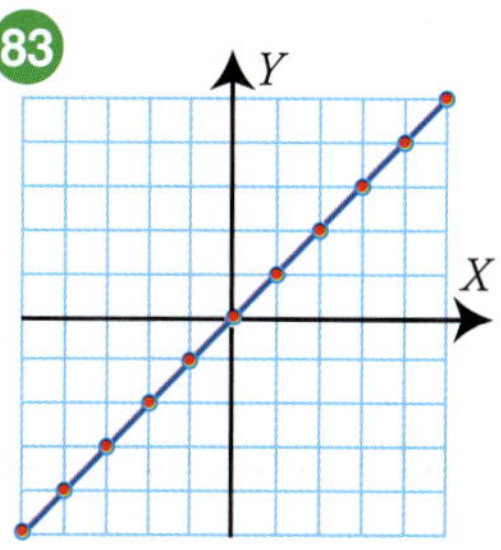

Halla la pendiente de las siguientes funciones lineales o de proporcionalidad directa y di si son crecientes o decrecientes.

84 $y = 1{,}5x$

85 $y = -\frac{x}{2}$

86 $y = -3x$

87 $y = x$

4. Función afín

Halla mentalmente la pendiente y la ordenada en el origen de las siguientes funciones afines:

88 $y = -3x + 2$

89 $y = \frac{x}{3} - 2$

90 $y = \frac{5x}{4} - 3$

91 $y = -\frac{2x}{3} + 1$

Dibuja la gráfica de las funciones afines siguientes y halla en cada una de ellas la pendiente y la ordenada en el origen. ¿Cuál es creciente y cuál decreciente?

92 $y = \frac{2x}{3} - 4$

93 $y = -\frac{x}{2} + 3$

Representa las siguientes rectas:

94 $3x - y = 2$

95 $3x + 2y = 4$

96 Representa la recta que pasa por el punto $P(4, -5)$ y tiene de pendiente $m = -3/2$. Halla su ecuación.

97 Representa la recta que pasa por los puntos $A(-2, 5)$ y $B(4, -3)$. Halla su ecuación.

Halla las ecuaciones de las siguientes rectas:

98

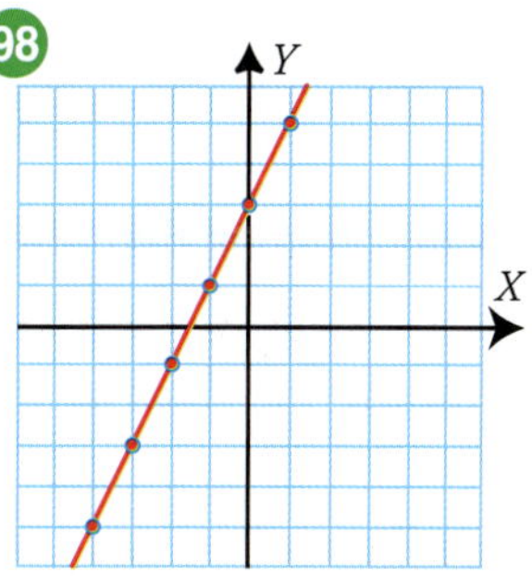

99

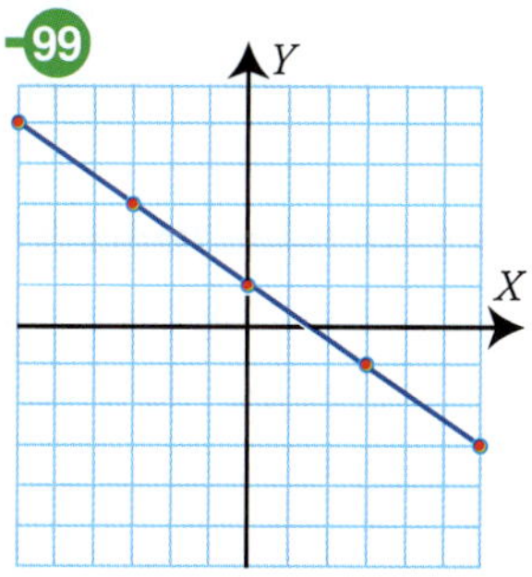

EJERCICIOS Y PROBLEMAS PROPUESTOS

Para ampliar

100 Representa la siguiente función definida por una tabla de valores:

x	1	–2	5	–10
y	2	2	2	2

101 Halla la ecuación de la siguiente función definida por una tabla de valores y clasifícala:

x	1	–2	5	–10
y	3	3	3	3

102 Haz una tabla de valores para la siguiente gráfica:

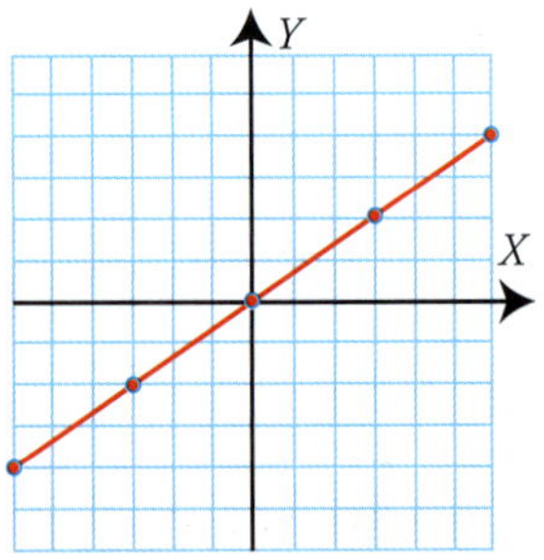

Halla mentalmente la pendiente y la ordenada en el origen de las siguientes funciones afines:

103 $y = x + 2$

104 $y = -x + 2$

105 $y = 5x + 1$

106 $y = -\frac{x}{5} - 1$

Halla mentalmente la pendiente y la ordenada en el origen de las siguientes funciones afines:

107 $y = 2x + 1$

108 $y = -\frac{x}{3} + 4$

109 $y = 6x - 2$

110 $y = -\frac{2x}{5} - 3$

Halla las ecuaciones de las siguientes rectas:

111

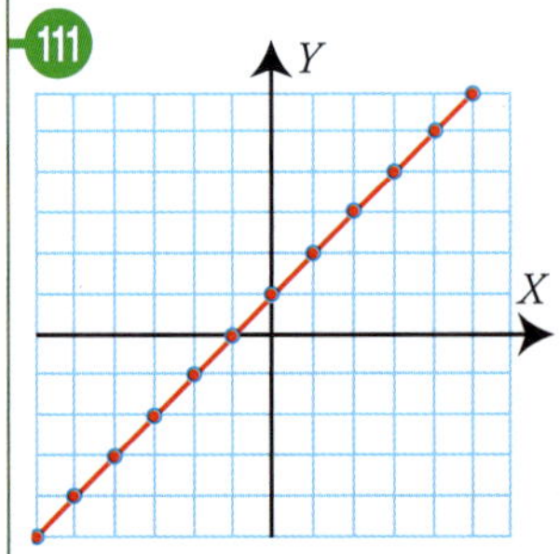

112

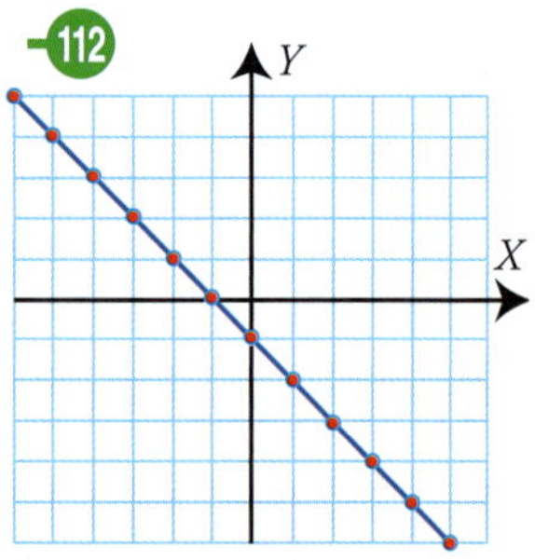

Problemas

113 La siguiente gráfica representa la duración y el coste de ciertas llamadas telefónicas:

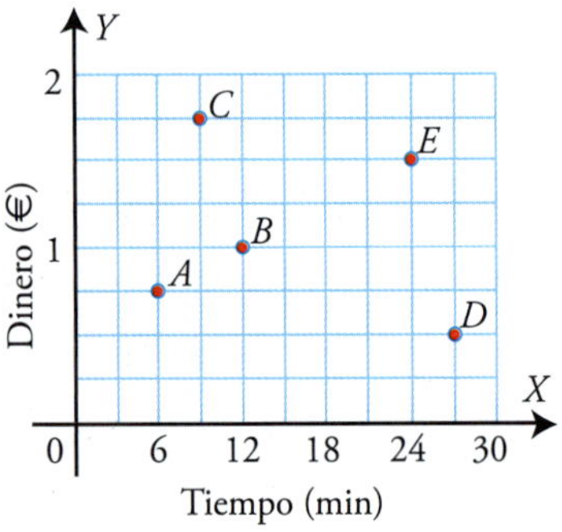

a) ¿Esta gráfica representa una función?

b) ¿Es continua?

c) ¿Qué llamada es la que más tiempo ha durado?

d) ¿Qué llamada es la que menos tiempo ha durado?

e) ¿Qué llamada telefónica ha sido la más cara?

f) ¿Qué llamada ha sido la más barata?

114 Un camión circula con velocidad constante de 80 km/h. Obtén la fórmula del espacio que recorre en función del tiempo que está circulando. ¿Qué tipo de función es?

115 Una función de proporcionalidad directa pasa por el punto $P(2, 5)$. Halla la constante de proporcionalidad y la ecuación correspondiente.

116 Escribe un enunciado verbal para una función lineal de ecuación $y = 2{,}5x$

117 Halla la ecuación de la función que obtiene el perímetro de un triángulo equilátero en función de la medida del lado. ¿Qué tipo de función es?

118 En una tienda hacen un 15 % de descuento en todos los artículos durante las rebajas. Escribe la ecuación que expresa el descuento en función del precio. Halla también la ecuación de la función que da el precio final que se paga en función del precio inicial. ¿Qué tipo de funciones son?

Halla las ecuaciones de las siguientes rectas, di cuáles son funciones y clasifícalas:

119

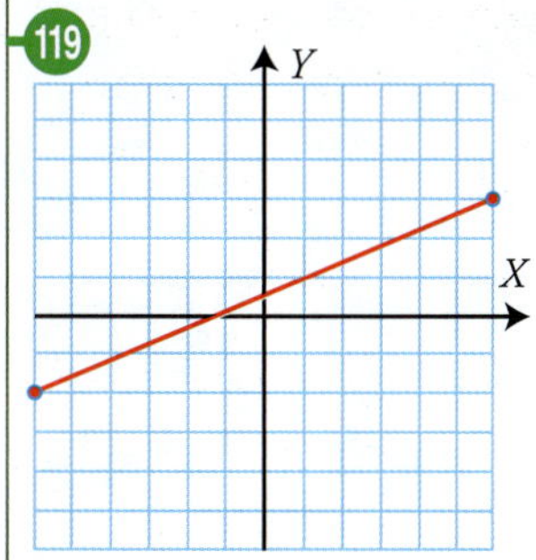

120

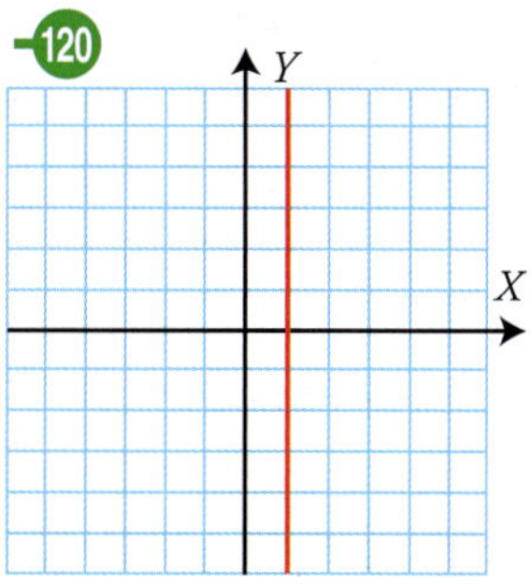

121

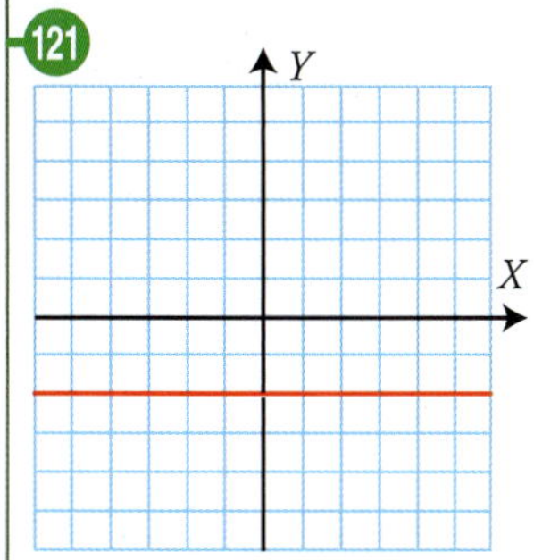

122

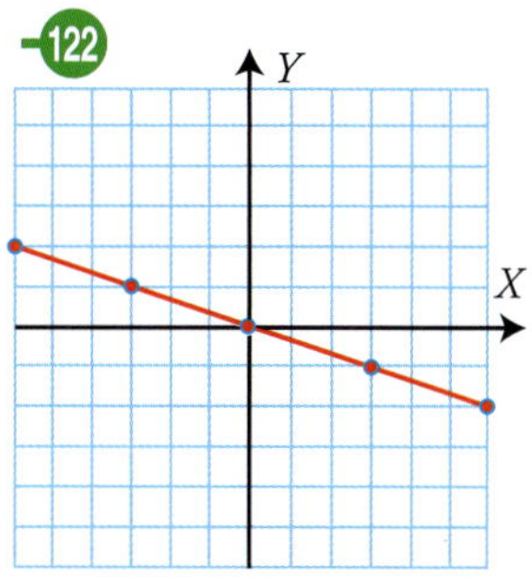

123 Un técnico cobra 18 € por ir a domicilio, más 35 € por cada hora de trabajo. Expresa el coste en función del tiempo que tarda en hacer el trabajo. ¿Qué tipo de función es?

Halla las ecuaciones de las siguientes rectas, di cuáles son funciones y clasifícalas:

124

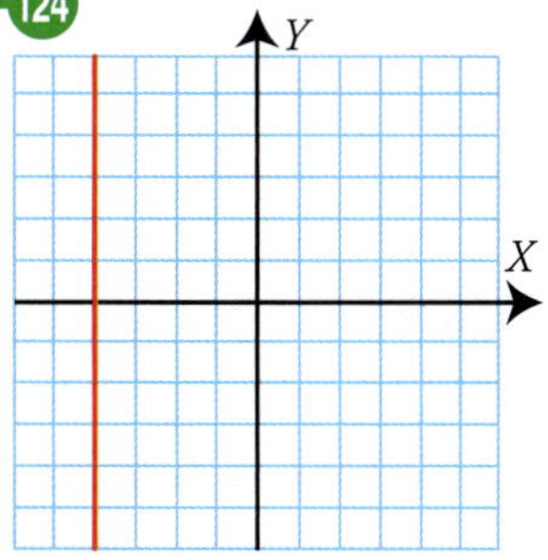

125

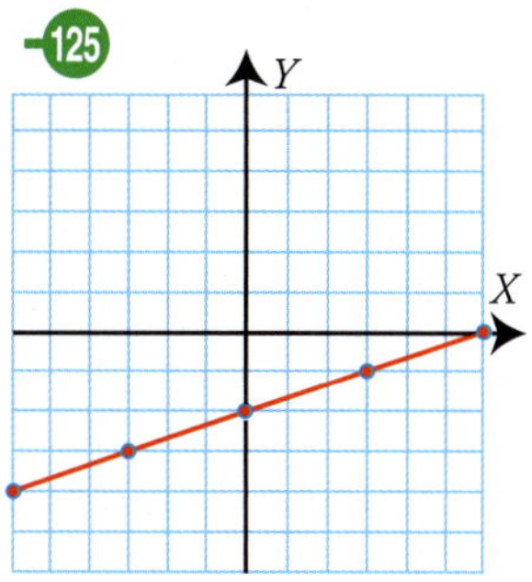

126

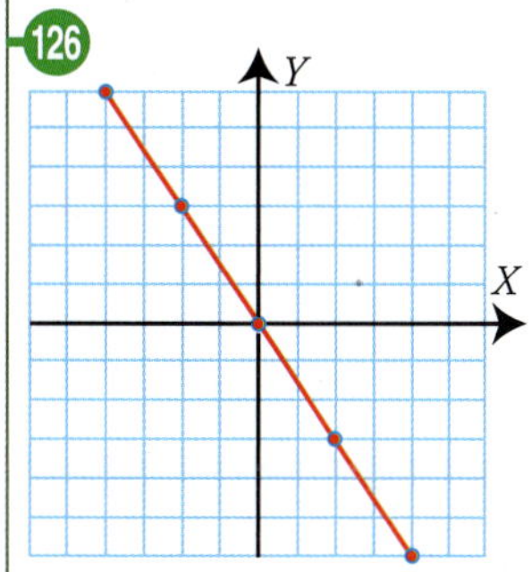

127

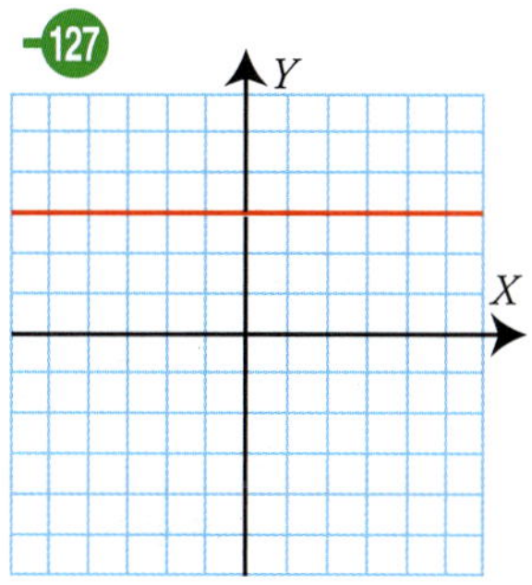

128 Halla la ecuación de una recta que pasa por el punto $A(3, -4)$ y es paralela a la recta $y = 2x$. Represanta ambas rectas.

Para profundizar

129 Los ingresos y los gastos de una empresa en millones de euros, en función del número de años que lleva en activo, vienen dados por las fórmulas:

$$I(x) = 3x \qquad G(x) = 2x + 5$$

Halla la ecuación que obtiene los beneficios.

130 La dosis de un medicamento es de 10 mg/kg por toma hasta un máximo de 5 tomas al día, sin sobrepasar los 2 500 mg al día.

a) Haz una tabla de valores en la que se recoja la cantidad máxima de medicamento en función del peso del paciente.

b) Representa la gráfica que expresa la máxima cantidad de medicamento en función del peso.

c) ¿A partir de qué peso se toma la dosis máxima diaria?

131 La siguiente gráfica representa la relación que hay entre el coste inicial de un producto y el coste final que pagamos en temporada de rebajas:

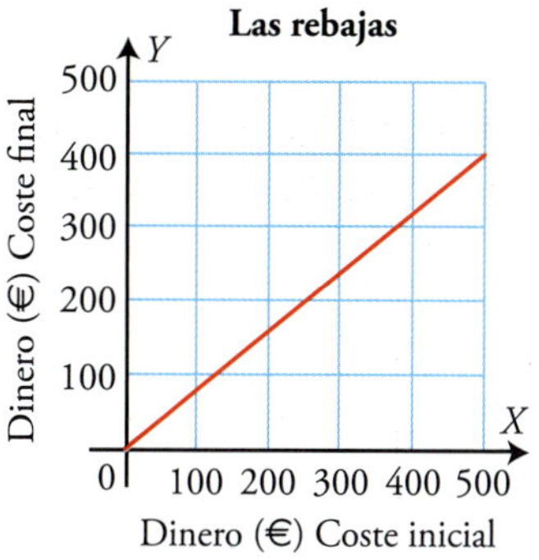

a) ¿Es creciente o decreciente?

b) ¿Cuánto pagamos por un artículo que costaba inicialmente 500 €?

c) ¿Qué tanto por ciento descuentan?

d) Si hemos pagado por un artículo 200 €, ¿cuánto costaba antes de la rebaja?

132 Una casa A de alquiler de coches cobra 4 € por cada hora. Otra casa B cobra una cantidad fija de 9 € más 3 € por cada hora. Representa las funciones del coste en función del número de horas y razona cuándo interesa alquilar un coche en la casa A y cuándo en la casa B.

Baloncesto

En un equipo de baloncesto femenino se han incrementado los recursos para los entrenamientos y preparación de los partidos. Se trabajan los aspectos físicos, el seguimiento de las estadísticas del equipo y de cada jugadora individualmente, etc. Por ejemplo, se estudian porcentajes de rebotes, de asistencias, de pérdidas, de recuperaciones, de tapones, de faltas cometidas en defensa y en ataque y de lanzamientos de 3 puntos.

En el plano individual, para cada jugadora, se estudian su eficiencia individual según la productividad por minuto, el impacto que tiene en el rendimiento del equipo, la estimación del número de victorias que genera basándose en sus estadísticas individuales, etc.

133 El entrenador ha calculado los siguientes datos de cada una de las 12 jugadoras de la plantilla. Si se considera que una jugadora es rentable si anota 7 o más puntos por partido y se pierde por lesión menos de 6 partidos, indica cuáles son las jugadoras más rentables.

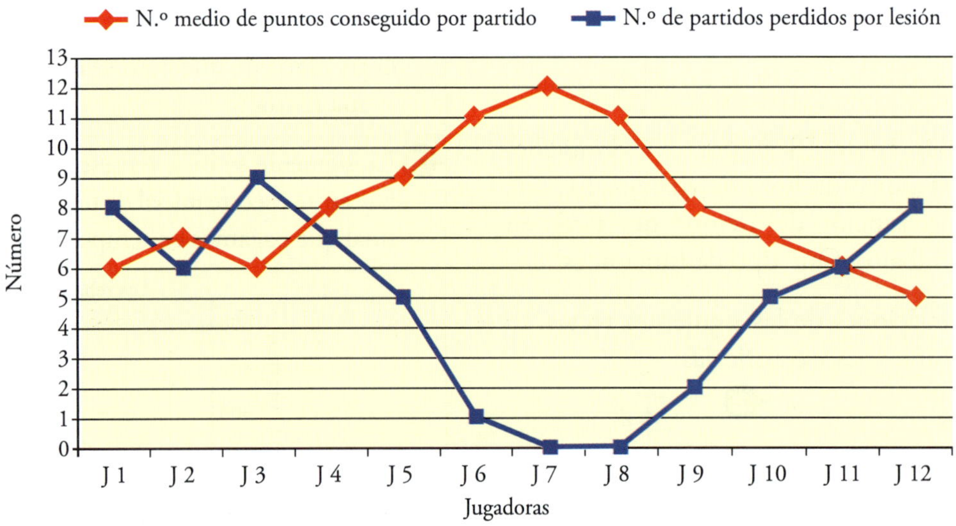

134 El entrenador divide a sus jugadoras en dos grupos para realizar un trabajo de resistencia física, que consiste en subir un puerto de 12 km. En la siguiente gráfica se representan los recorridos y tiempos de los dos grupos. Escribe las ecuaciones de la funciones que expresan los kilómetros recorridos en función de las horas empleadas para los dos grupos.

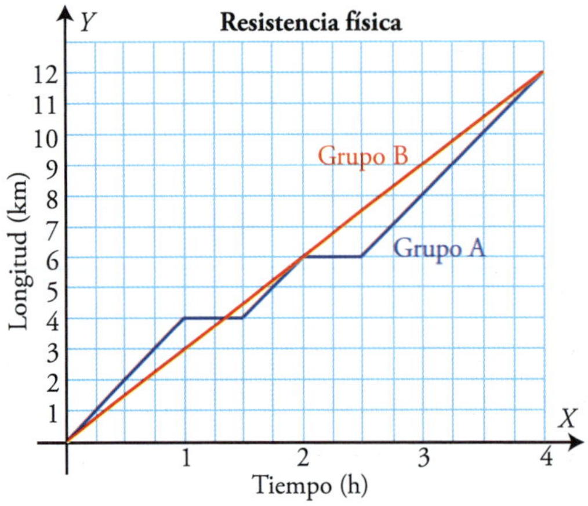

Autoevaluación

1. Escribe las distintas formas de expresar una función. Pon un ejemplo de una gráfica.

2. Indica cuál de las siguientes funciones es continua y cuál no:

a)

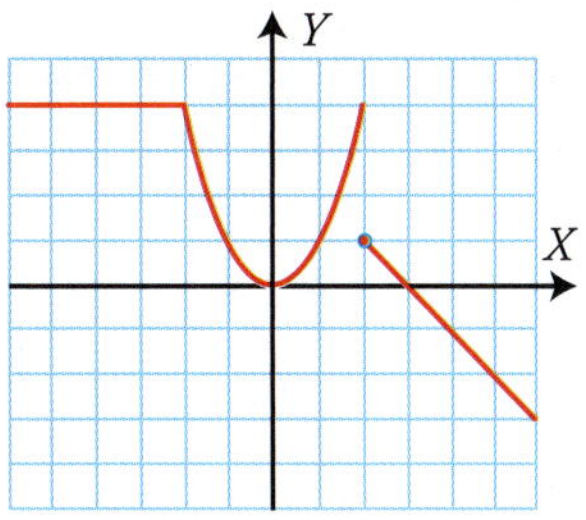

b)

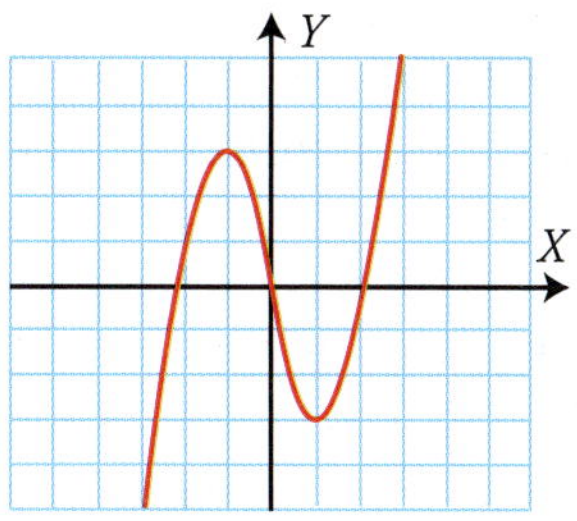

3. Calcula los puntos de corte con los ejes de las siguientes funciones:

a) $y = -3x + 6$

b) $y = 3x^2 + 4x - 4$

4. Representa gráficamente las siguientes ecuaciones, di cuáles son funciones y clasifícalas:

a) $y = 4$ b) $y = -\frac{x}{2}$

c) $x = 5$ d) $y = 2x - 3$

5. Halla las ecuaciones de las siguientes rectas, di cuáles son funciones y clasifícalas:

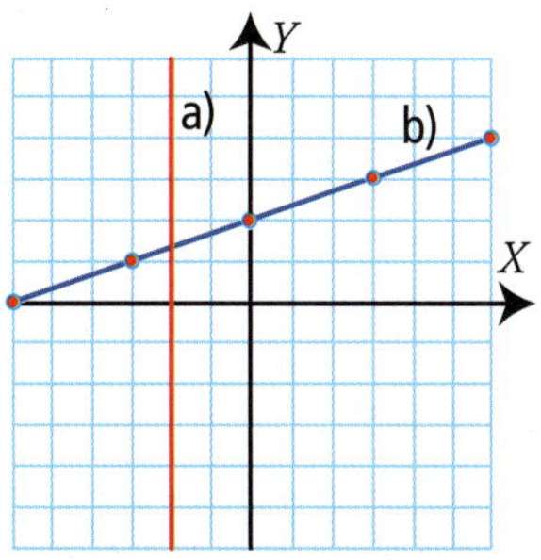

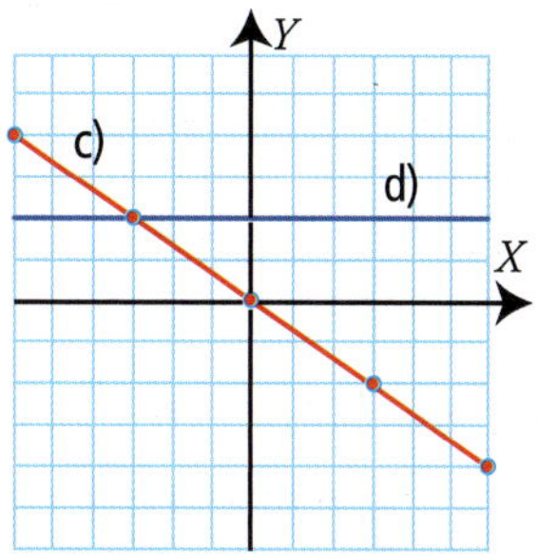

6. Representa la recta que pasa por los puntos $A(-2, 3)$ y $B(4, -5)$. Halla su ecuación.

7. Un técnico en calefacción cobra 18 € por ir a domicilio, más 40 € por cada hora de trabajo. Halla la ecuación que calcula lo que cobra en función del tiempo que tarda en hacer el trabajo. ¿Qué tipo de función es? Escribe sus características fundamentales.

8. Un vendedor recibe dos ofertas de trabajo: la empresa A le ofrece un sueldo mensual de 600 € y 60 € por cada ordenador que venda y la empresa B le ofrece 500 € y 80 € por cada ordenador que venda.

a) Expresa, en cada caso, el salario en función del número de ordenadores que venda.

b) ¿Cuándo le interesa trabajar en la empresa A?

c) ¿Cuándo le interesa trabajar en la empresa B?

Mates dinámicas virtuales con GeoGebra y CalcMe en Moodle

1. Ejercicio (Calificación: 2,5 puntos)

Dibuja la función $f(x) = x^3 - 3x^2 + 4$ y contesta.

SOLUCIÓN

En **GeoGebra** elige el *applet*: **Monotonía. Máximos y mínimos relativos.**

Introduce en $\boldsymbol{f(x)}$ = la función $\boldsymbol{x^3 - 3x^2 + 4}$

Corta al eje X en: **(– 1, 0) y (2, 0)** ▼ Corta al eje Y en: **(0, 4)** ▼

El máximo relativo es: **(0, 4)** ▼ El mínimo relativo es: **(2, 0)** ▼

2. Ejercicio (Calificación: 2,5 puntos)

Halla mediante *ensayo-acierto* la fórmula de la siguiente gráfica:

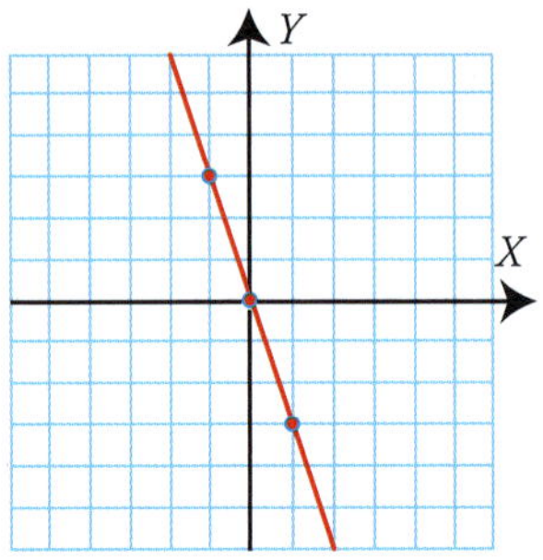

SOLUCIÓN

En **GeoGebra** elige el *applet*: **Función lineal: Paso de gráfica a ecuación.**

$y =$ $\boldsymbol{-3x}$

3. Ejercicio (Calificación: 2,5 puntos)

Halla mediante *ensayo-acierto* la fórmula de la siguiente gráfica:

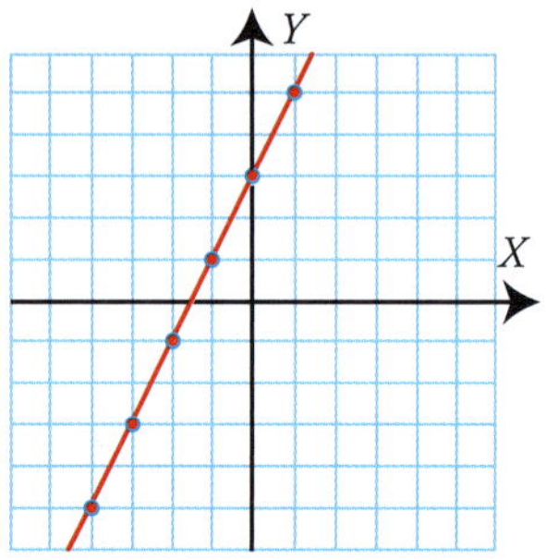

SOLUCIÓN

En **GeoGebra** elige el *applet*: **Función afín: Paso de gráfica a ecuación.**

$y =$ $\boldsymbol{2x + 3}$

4. Problema (Calificación: 2,5 puntos)

Ana tiene que desplazarse en transporte público y ha consultado los precios. Un billete sencillo para un viaje tiene un precio de 1,5 €. Si compra un bono de 10 viajes le cuesta 12,2 €. Escribe las funciones que dan el coste en función del número de viajes cuando se hace con billetes sencillos o con el bono y represéntalas. ¿A partir de qué número de viajes conviene comprar el bono de 10 viajes? (Llama x al número de viajes)

SOLUCIÓN

Billete sencillo: $f(x) =$ $\boldsymbol{1{,}5x}$ Bono 10 viajes: $g(x) =$ **12,20** Conviene el bono a partir de **8** viajes.

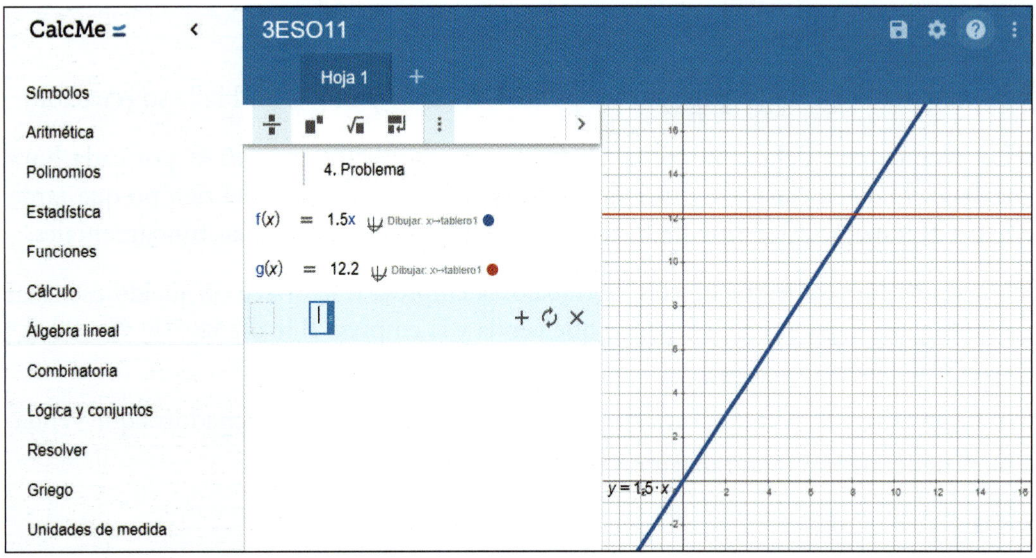

12 Parábola e hipérbola

Utilizamos las parábolas e hipérbolas en STEAM (Ciencia, Tecnología, Ingeniería, Arte y Matemáticas) con mucha frecuencia. Las antenas de seguimiento espacial tienen forma de paraboloide porque las ondas que llegan paralelas al eje se reflejan en el foco. Al cortar una antena parabólica por un plano que contenga al eje se obtiene una parábola.

1 Función cuadrática

CARNÉ CALCULISTA

Desarrolla:

$$\left(\frac{x}{2} + \frac{1}{4}\right)^2$$

Factoriza:

$$x^2 - 5$$

EJEMPLOS

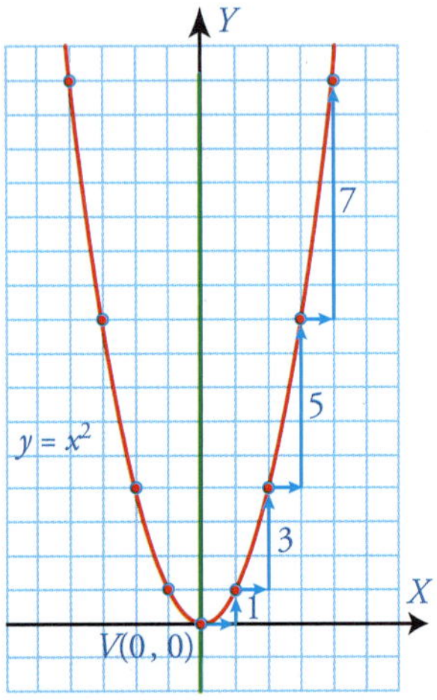

Los números impares son:

1, 3, 5, 7…

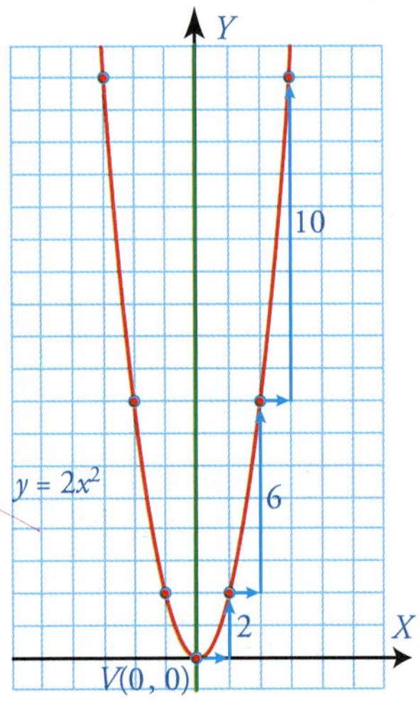

Los números impares multiplicados por 2 son:

2, 6, 10, 14…

PIENSA Y CALCULA

¿Qué números son los que aparecen en la *escalera* de la primera imagen representada en el margen: 1, 3, 5, 7…?

1.1 Función cuadrática

Una **función cuadrática** es la que está definida por un polinomio de segundo grado y cuya forma es:

$$y = ax^2 + bx + c \text{ con } a \neq 0$$

La representación gráfica de una función cuadrática es una **parábola.**

1.2 Representación de $y = x^2$, $y = ax^2$

Se representa el vértice, que es el punto $V(0, 0)$, y se construye la rama derecha contando. Se va aumentando de uno en uno en el eje X; en el eje Y, se va aumentando según los números impares. La rama izquierda se construye por simetría.

Si en vez de ser la parábola $y = x^2$ fuese $y = ax^2$, se multiplicarían los números impares por a

Las características de las funciones cuadráticas $y = ax^2$ son:

a) Están definidas para todo número real y son continuas.

b) Son pares y, por tanto, simétricas respecto del eje Y

c) Por un lado del eje son crecientes, y por el otro, decrecientes.

d) El vértice es el origen de coordenadas $O(0, 0)$, que es un **mínimo** si a es positivo, $a > 0$, y un **máximo** si a es negativo, $a < 0$

e) Son **convexas** ($\cup$) si $a > 0$ y **cóncavas** ($\cap$) si $a < 0$

1.3 Traslación vertical $y = ax^2 + c$

La fórmula o ecuación de la parábola $y = ax^2$ **trasladada verticalmente** ***c* unidades** es $y = ax^2 + c$

- Si c es positivo, $c > 0$, la traslación es hacia arriba.
- Si c es negativo, $c < 0$, la traslación es hacia abajo.

EJEMPLOS

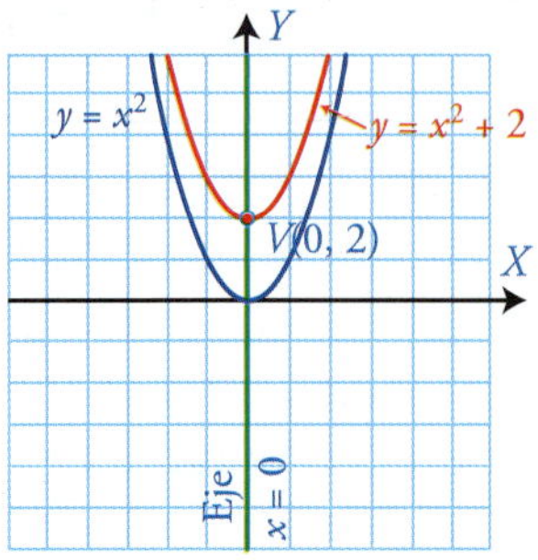

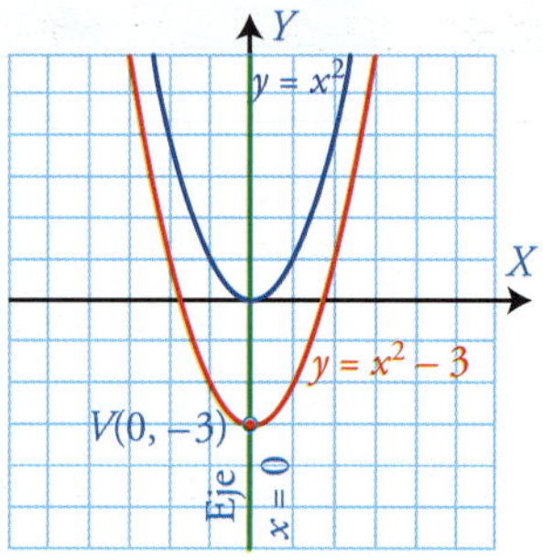

1.4 Traslación horizontal $y = a(x - p)^2$

La fórmula o ecuación de la parábola $y = ax^2$ **trasladada horizontalmente** ***p* unidades** es $y = a(x - p)^2$

- El eje de simetría es la recta $x = p$
- El vértice es el punto $V(p, 0)$

Evitar errores

En la traslación, a la **derecha** se pone el número **restando,** y a la **izquierda, sumando.**

EJEMPLOS

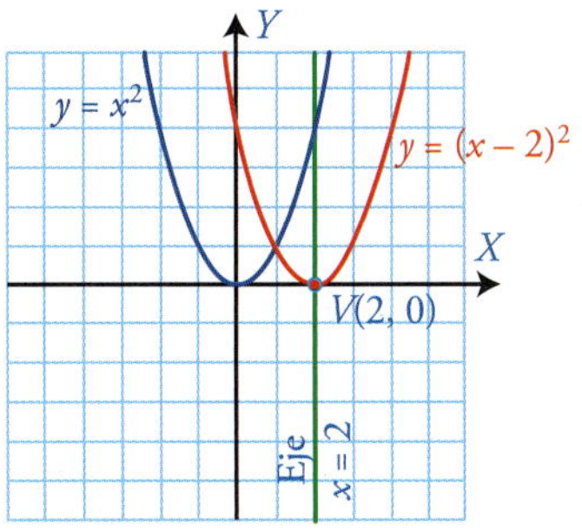

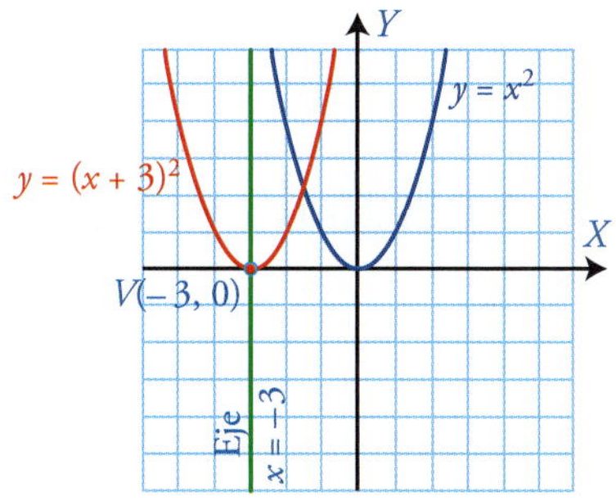

Desarrollo de las fórmulas

$y = (x - 2)^2$
$y = x^2 - 4x + 4$

$y = (x + 3)^2$
$y = x^2 + 6x + 9$

1.5 Traslación horizontal y vertical $y = a(x - p)^2 + k$

La fórmula o ecuación de la parábola $y = ax^2$ **trasladada horizontalmente** ***p* unidades y verticalmente *k* unidades,** o viceversa, es $y = a(x - p)^2 + k$

- El eje de simetría es la recta $x = p$
- El vértice es el punto $V(p, k)$

EJEMPLOS

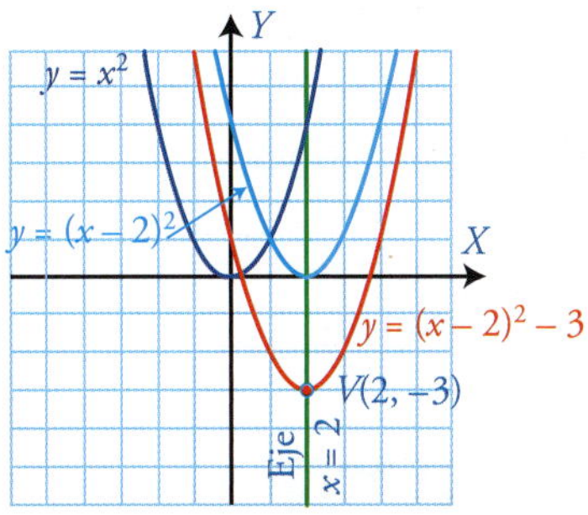

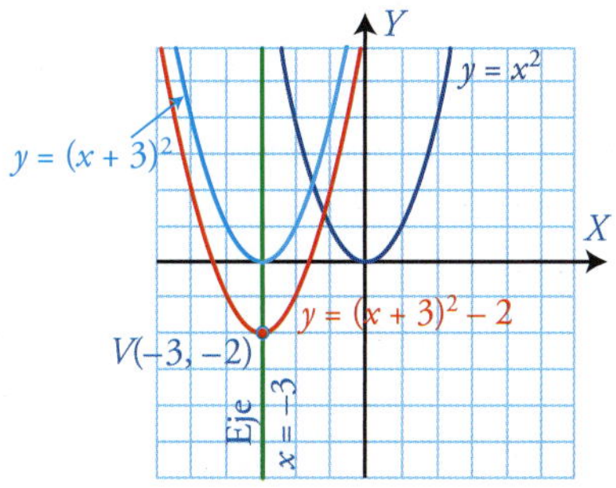

Desarrollo de las fórmulas

$y = (x - 2)^2 - 3$
$y = x^2 - 4x + 4 - 3$
$y = x^2 - 4x + 1$

$y = (x + 3)^2 - 2$
$y = x^2 + 6x + 9 - 2$
$y = x^2 + 6x + 7$

APLICA LA TEORÍA

1 Representa la parábola $y = -2x^2$

a) Escribe su eje de simetría.

b) ¿Cuándo es creciente?

c) ¿Cuándo es decreciente?

d) Escribe el vértice y di si es máximo o mínimo.

e) ¿Es convexa (∪) o cóncava (∩)?

2 Representa la parábola $y = -x^2$. A partir de ella dibuja la parábola $y = -x^2 + 4$. De esta:

a) Escribe el eje de simetría.

b) ¿Cuándo es creciente? ¿Y decreciente?

c) Escribe el vértice y di si es máximo o mínimo.

d) ¿Es convexa (∪) o cóncava (∩)?

3 Representa la parábola $y = 3x^2$. A partir de ella, dibuja la parábola: $y = 3(x - 2)^2$. De esta halla:

a) El eje de simetría.

b) El vértice y di si es máximo o mínimo.

4 Representa la parábola $y = -3x^2$

A partir de ella, dibuja la parábola:

$$y = -3(x - 2)^2$$

A partir de esta, dibuja la parábola:

$$y = -3(x - 2)^2 + 4$$

De esta última halla:

a) El eje de simetría.

b) El vértice y di si es máximo o mínimo.

2 Parábola general $y = ax^2 + bx + c$

CARNÉ CALCULISTA

Resuelve la ecuación:

$$2 - \frac{3x-7}{6} = \frac{11}{4} - \frac{4x-3}{7}$$

PIENSA Y CALCULA

Copia y completa la siguiente tabla en tu cuaderno sustituyendo los símbolos ✎ por el valor del área de un cuadrado y sus diferencias:

Longitud del lado: x	0		1		2		3		4		5		6	…
Área: $y = x^2$	0		1		4		9		✎		✎		✎	…
Diferencia de áreas		1		3		5		✎		✎		✎		…

2.1 La parábola y los números impares

En la función cuadrática $y = x^2$, cuando x recorre los números naturales, y recorre los cuadrados perfectos. Si se resta a cada cuadrado perfecto el anterior, se obtienen los números impares:

x	0		1		2		3		4	…
$y = x^2$	0		1		4		9		16	…
Diferencias		1 – 0		4 – 1		9 – 4		16 – 9		…
Números impares		1		3		5		7		…

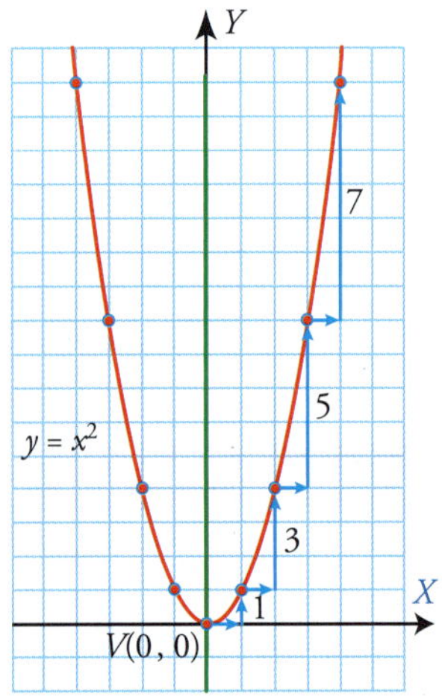

Esto quiere decir que a partir del vértice $V(0, 0)$ de la parábola $y = x^2$, se puede construir la rama derecha contando. En el eje X se aumentan los valores de uno en uno, y en el eje Y se aumentan siguiendo la **sucesión de los números impares.** La rama izquierda se construye por simetría.

Como la parábola $y = x^2 + bx + c$ se obtiene por traslación horizontal y vertical de $y = x^2$, esta también aumenta según los números impares.

Si en vez de ser $y = x^2$ fuese $y = ax^2$, aumentarían según los números impares multiplicados por a, y lo mismo sucede con la parábola: $y = ax^2 + bx + c$

2.2 Representación de la parábola general

a) Se halla el eje de simetría aplicando la fórmula $x = -\frac{b}{2a}$

b) Se halla el vértice; para ello se sustituye el valor x del eje de simetría en la fórmula de la parábola.

c) A partir del vértice, utilizando los números impares, se dibuja la rama derecha.

d) La rama izquierda se dibuja por simetría.

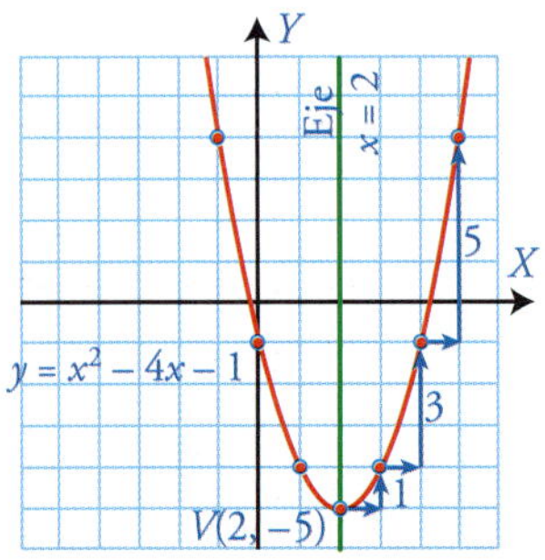

EJERCICIOS RESUELTOS

① **Representa la parábola $y = x^2 - 4x - 1$**

a) Eje de simetría $x = -\frac{b}{2a} \Rightarrow x = -\frac{-4}{2} = 2 \Rightarrow x = 2$

b) Vértice, $x = 2 \Rightarrow y = 2^2 - 4 \cdot 2 - 1 = 4 - 8 - 1 = -5 \Rightarrow V(2, -5)$

② **Representa la parábola $y = -2x^2 + 4x + 3$**

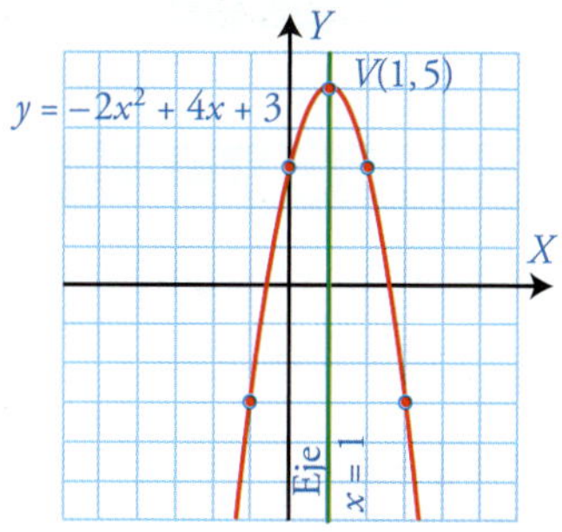

a) Eje de simetría $x = -\dfrac{b}{2a} \Rightarrow x = -\dfrac{4}{2 \cdot (-2)} = 1 \Rightarrow x = 1$

b) Vértice, $x = 1 \Rightarrow y = -2 \cdot 1^2 + 4 \cdot 1 + 3 = -2 + 4 + 3 = 5 \Rightarrow V(1, 5)$

2.3 Parábola: Paso de gráfica a ecuación $y = ax^2 + bx + c$

a) El coeficiente a es el valor que aumenta o disminuye la ordenada y cuando la abscisa x aumenta una unidad desde el vértice.

b) El coeficiente b se halla despejándolo en la fórmula del eje de simetría:

$$x = -\frac{b}{2a} \Rightarrow b = -2ax$$

c) El coeficiente c es la ordenada del punto donde la parábola corta al eje Y

d) Si uno de los coeficientes a, b o c es difícil de hallar, se sustituyen en la ecuación las coordenadas de un punto cualquiera de la parábola y se resuelve la ecuación correspondiente.

EJERCICIO RESUELTO

③ **Calcula la ecuación de la parábola de la gráfica A.**

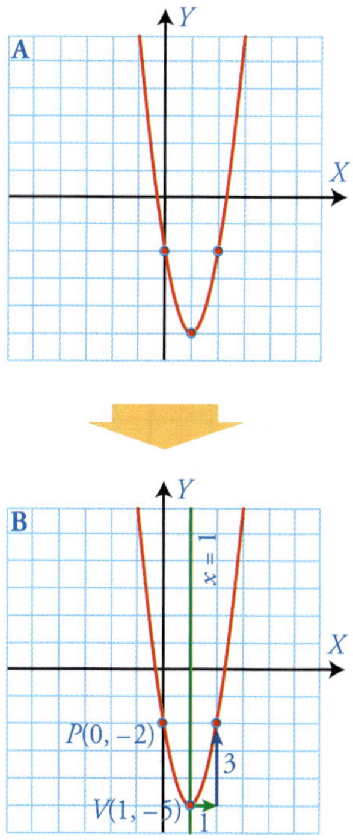

A partir de la gráfica A se obtiene la gráfica B siguiendo el procedimiento:

a) Se dibuja el vector cuyo origen es el vértice $V(1, -5)$ y su longitud es una unidad en la dirección del eje X. Desde su extremo, se dibuja el vector en la dirección del eje Y, con lo que se obtiene $a = 3$

b) Se dibuja el eje de simetría y se escribe su ecuación.

Eje: $x = 1 \Rightarrow$ la ecuación del eje de la parábola es:

$$x = -\frac{b}{2a} \Rightarrow b = -2ax \Rightarrow b = -2 \cdot 3 \cdot 1 = -6 \Rightarrow b = -6$$

c) Se dibuja el punto donde la parábola corta al eje Y, que es $P(0, -2)$, con lo que se obtiene $c = -2$

La ecuación de la parábola es: $y = 3x^2 - 6x - 2$

APLICA LA TEORÍA

En las siguientes parábolas:

a) Halla el eje de simetría.

b) Halla el vértice y di si es máximo o mínimo.

c) Representa la parábola.

5 $y = x^2 - 4x + 1$

6 $y = -x^2 + 6x - 5$

7 $y = 3x^2 + 6x - 1$

8 $y = -2x^2 - 8x - 3$

Halla la ecuación de las siguientes parábolas:

9

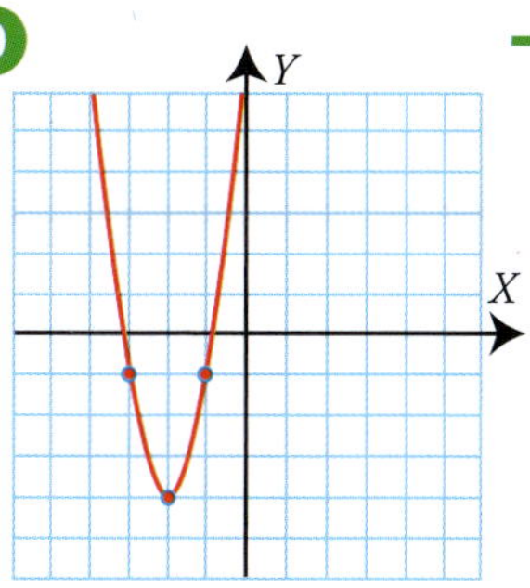

10

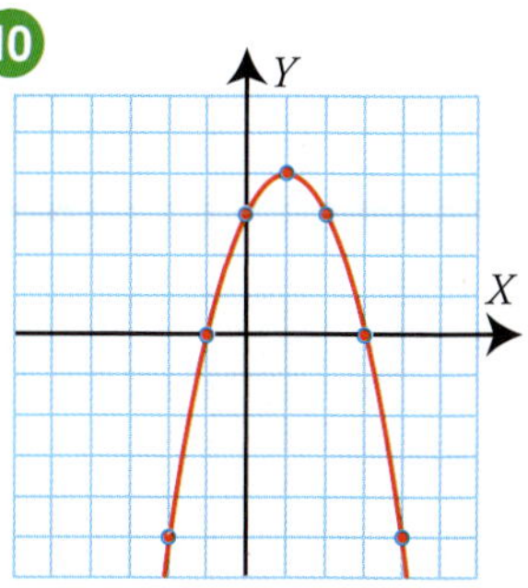

3 Función de proporcionalidad inversa

CARNÉ CALCULISTA

Resuelve la ecuación:

$(x + 2)(x - 2) = 5$

Evitar errores

Hipérbola: curva matemática.

Hipérbole: figura literaria.

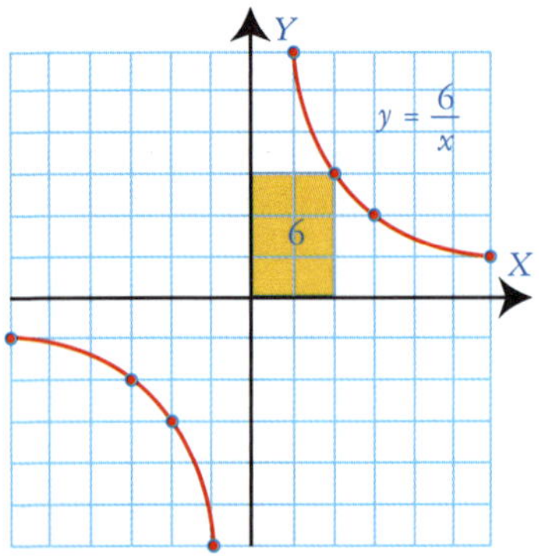

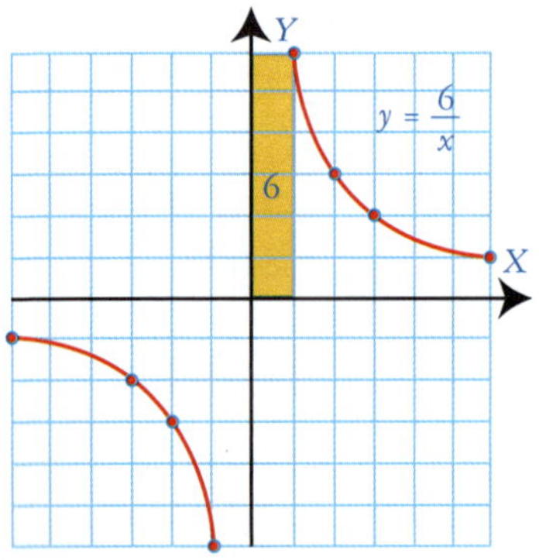

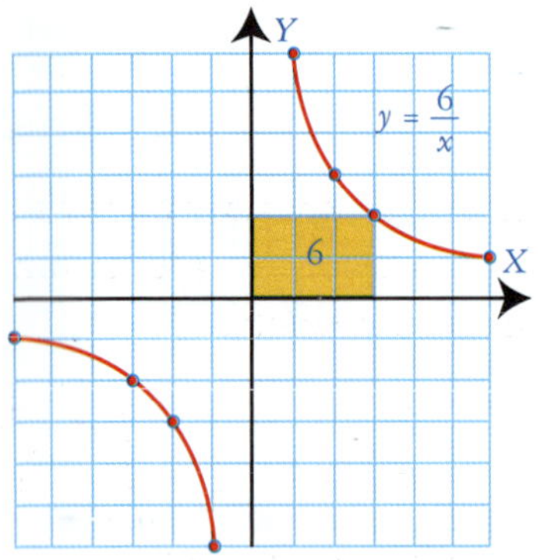

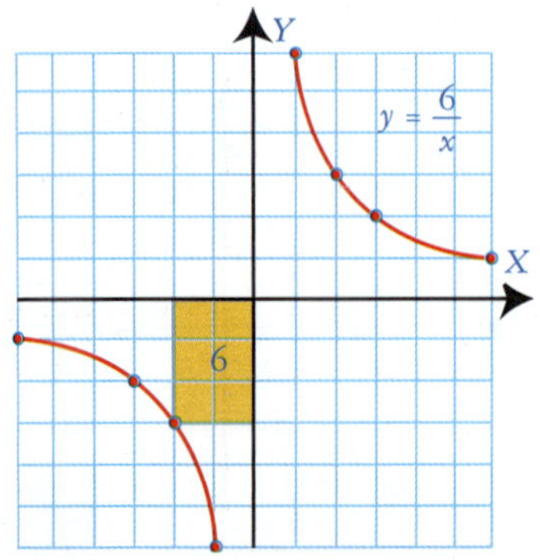

PIENSA Y CALCULA

Halla mentalmente el valor de la constante de proporcionalidad inversa k sabiendo que cuatro alumnos o alumnas tardan nueve tardes en editar la revista del centro en la sala de ordenadores.

3.1 Función de proporcionalidad inversa

Una **función** es **de proporcionalidad inversa** si al multiplicar la variable independiente x por un número, la variable dependiente y queda dividida por dicho número. Su ecuación es:

$$y = \frac{k}{x} \quad (k \text{ es la } \textbf{constante de proporcionalidad inversa, } k \neq 0)$$

Su representación gráfica es una **hipérbola,** que es discontinua para $x = 0$, tiene como asíntotas los ejes y es simétrica respecto del origen de coordenadas $O(0, 0)$

La **constante de proporcionalidad k** es el área del rectángulo que tiene como vértices opuestos un punto cualquiera $P(x, y)$ de la hipérbola y el punto de corte de las asíntotas.

a) Si $k > 0$, la hipérbola está en el 1.er y 3.er cuadrantes y es **decreciente.**

b) Si $k < 0$, la hipérbola está en el 2.º y 4.º cuadrantes y es **creciente.**

Para dibujar una función de proporcionalidad inversa se hace una tabla de valores. Los valores más cómodos son los divisores de k

La ecuación $y = \dfrac{k}{x}$ es equivalente a $xy = k$

EJERCICIO RESUELTO

4 **Dos personas tardan 3 días en hacer un trabajo. Calcula el tiempo que se tarda en función del número de personas que trabajan.**

El número de personas y el tiempo que tardan en hacer un trabajo son inversamente proporcionales.

- Constante de proporcionalidad: $k = 2 \cdot 3 = 6 > 0 \Rightarrow$ Es decreciente.
- Ecuación: $y = \dfrac{6}{x}$
- Tabla de valores: el enunciado del problema solo tiene sentido para valores positivos y enteros de la variable independiente x (número de personas). Por abstracción, se puede generalizar para valores reales.

Se le dan a x como valores los divisores de 6

x	…	–6	–3	–2	–1	…	1	2	3	6	…
$y = 6/x$	…	–1	–2	–3	–6	…	6	3	2	1	…

Observa en las cuatro gráficas del margen que el rectángulo que tiene como vértices opuestos un punto cualquiera de la hipérbola y el punto de corte de las asíntotas, es siempre de 6 unidades cuadradas.

3.2 Función de proporcionalidad inversa: Paso de gráfica a ecuación

Si una **función de proporcionalidad inversa** está dada por una tabla o una gráfica, para hallar k hay que tener en cuenta que:

$$y = \frac{k}{x} \text{ es equivalente a } xy = k$$

Luego k es igual a cualquier valor de x multiplicado por el valor correspondiente de y

a) Dada una **tabla de valores** de una función de proporcionalidad inversa, para hallar k se multiplica cualquier valor de la abscisa x por el correspondiente valor de la ordenada y

b) Dada la **gráfica** de una función de proporcionalidad inversa, para calcular k se hallan las coordenadas de un punto cualquiera de la hipérbola y se multiplica el valor de la abscisa x por el valor correspondiente de la ordenada y. El mejor punto es el primero en el que la abscisa sea positiva y entera, y la ordenada sea entera.

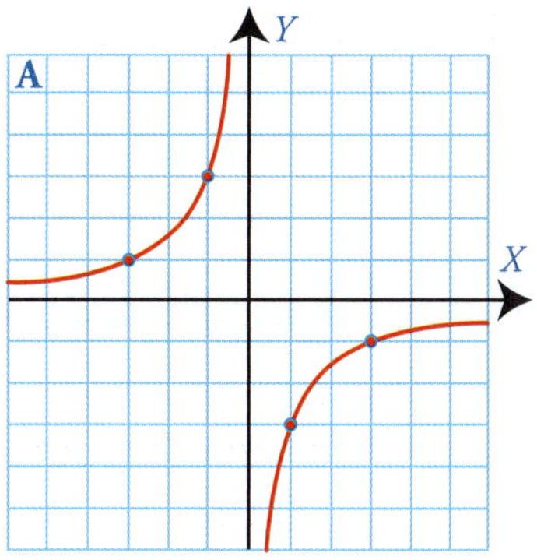

EJERCICIO RESUELTO

(5) **Halla la ecuación de la hipérbola de la gráfica A y estudia si es creciente o decreciente.**

Sobre la gráfica A se añaden datos para obtener la gráfica B.

El primer punto en el que la abscisa es positiva y entera es $P(1, -3)$

$$P(1, -3) \Rightarrow k = 1 \cdot (-3) = -3 \Rightarrow y = -\frac{3}{x}$$

Como $k = -3 < 0$, la función es **creciente**, como puedes ver en la gráfica.

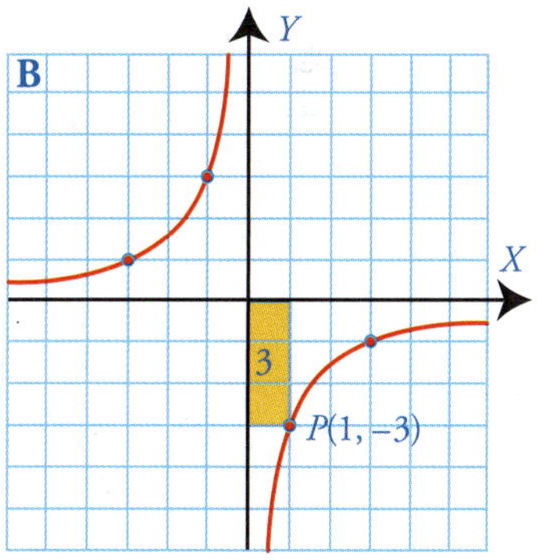

APLICA LA TEORÍA

Halla mentalmente la constante de proporcionalidad inversa de las siguientes funciones, y di si son crecientes o decrecientes:

11 $y = \frac{3}{x}$ **12** $y = -\frac{2}{x}$ **13** $y = -\frac{6}{x}$ **14** $y = \frac{4}{x}$

Halla las ecuaciones de las siguientes funciones definidas verbalmente. ¿Qué tipo de funciones son?

15 Cinco personas tardan 8 días en hacer un trabajo. Calcula el tiempo que se tarda en hacerlo en función del número de personas.

16 Un vehículo hace un trayecto de 600 km a velocidad constante. Obtén la velocidad que lleva en función del tiempo.

Representa gráficamente las siguientes hipérbolas y di cuáles son crecientes y cuáles decrecientes:

17 $y = \frac{4}{x}$ **18** $y = -\frac{6}{x}$

19 $y = -\frac{2}{x}$ **20** $y = \frac{3}{x}$

21 Halla la ecuación de la siguiente función definida por una tabla de valores. ¿Qué tipo de función es? ¿Es creciente o decreciente?

x	1	–1	2	–2	4	–4	8	–8
y	8	–8	4	–4	2	–2	1	–1

Halla la ecuación de las siguientes hipérbolas:

22

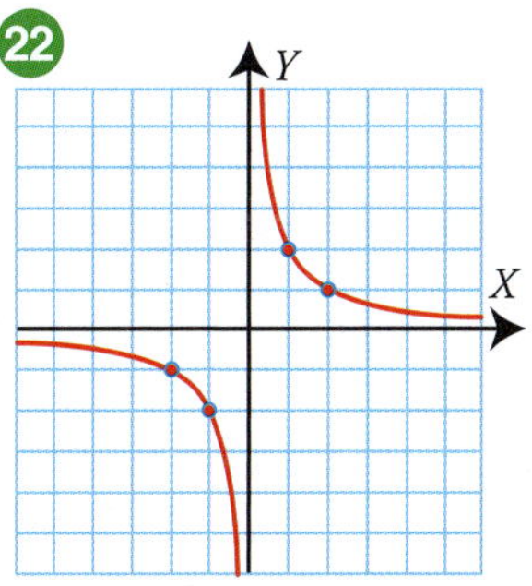

23

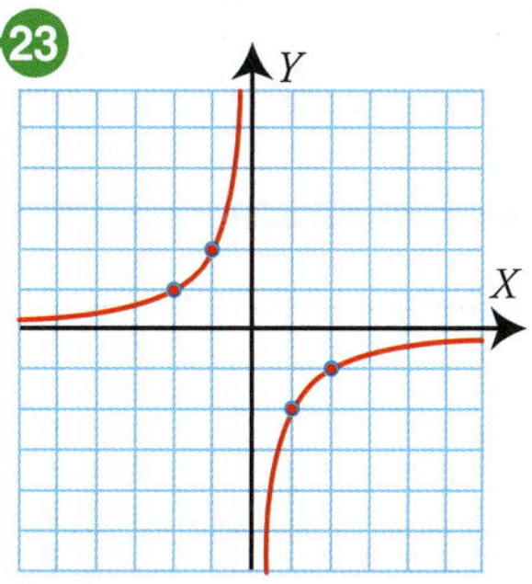

4 Traslaciones de la hipérbola

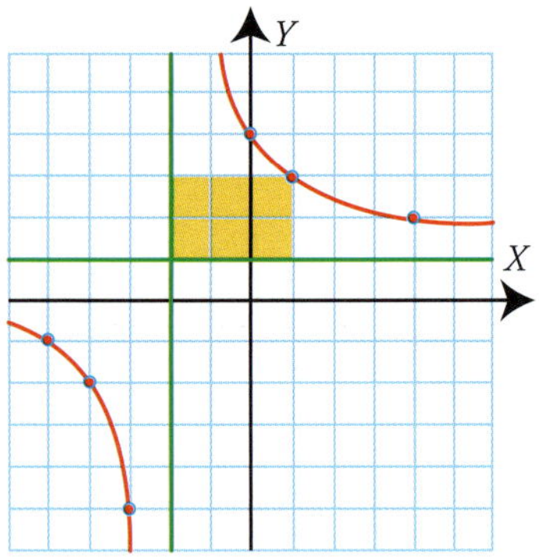

PIENSA Y CALCULA

Halla el área del rectángulo coloreado y las ecuaciones de las asíntotas de la hipérbola del dibujo.

CARNÉ CALCULISTA

Resuelve el sistema por el método más sencillo:

$$\left.\begin{aligned} y &= 3x - 3 \\ x + 2y &= 8 \end{aligned}\right\}$$

4.1 Traslación vertical u horizontal de la hipérbola

- La fórmula o ecuación de la hipérbola $y = \frac{k}{x}$ trasladada r unidades verticalmente es: $\boldsymbol{y = \frac{k}{x} + r}$

  Si r es positiva, $r > 0$, la traslación es hacia arriba; si es negativa, $r < 0$, es hacia abajo.
- La fórmula o ecuación de la hipérbola $y = \frac{k}{x}$ trasladada s unidades horizontalmente es: $\boldsymbol{y = \frac{k}{x - s}}$

  Si en el denominador s está restando, la traslación es hacia la derecha, y si está sumando, hacia la izquierda.

EJERCICIO RESUELTO

6 **Haz las traslaciones indicadas de la hipérbola $y = \frac{1}{x}$ y halla su nueva ecuación:**

a) Dos unidades hacia arriba. **b) Tres unidades hacia la izquierda.**

Para hacer el dibujo se trasladan en primer lugar las asíntotas, luego los puntos conocidos y por último se traza la hipérbola.

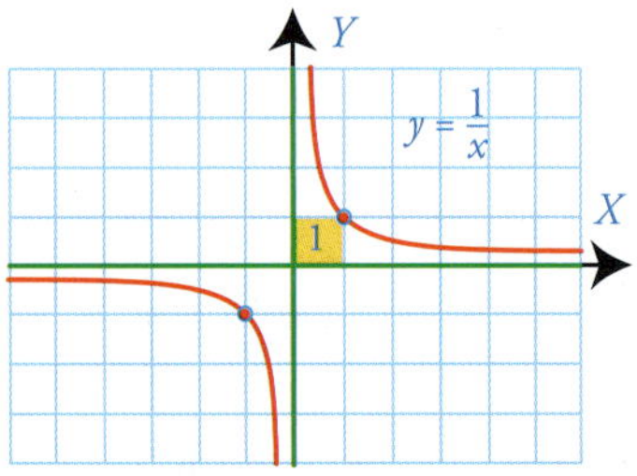

a)

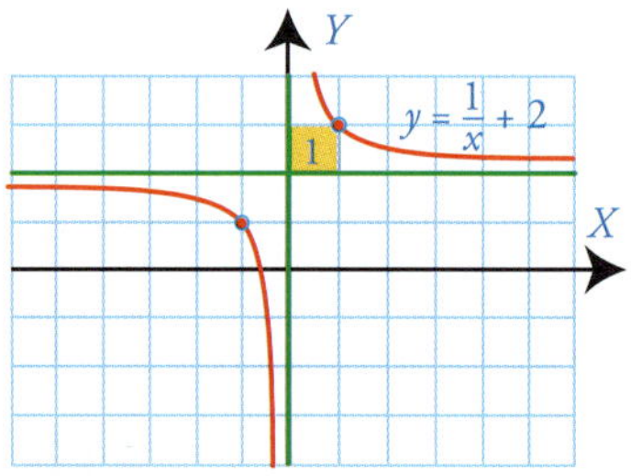

b)

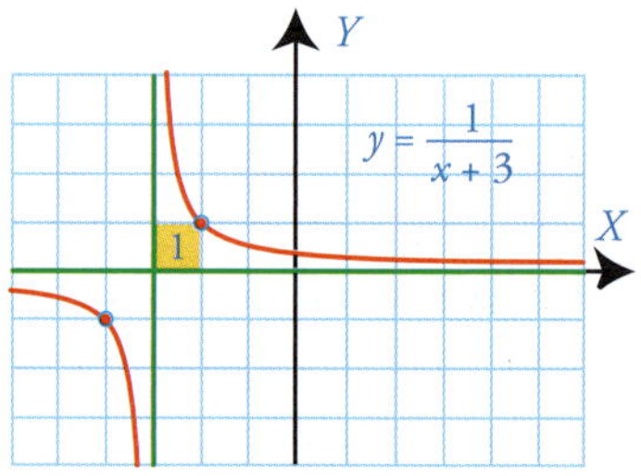

4.2 Traslación vertical y horizontal de la hipérbola

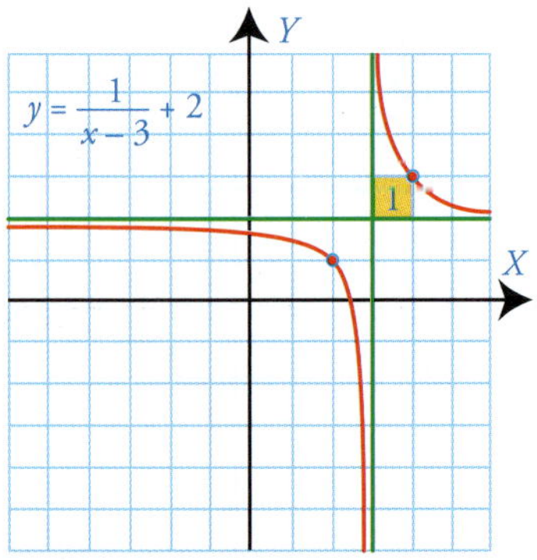

La fórmula o ecuación de la hipérbola $y = \frac{k}{x}$ trasladada r unidades verticalmente y s unidades horizontalmente es: $\boldsymbol{y = \frac{k}{x - s} + r}$

a) Si r es positiva, $r > 0$, la traslación es hacia arriba; si es negativa, $r < 0$, es hacia abajo.

b) Si en el denominador s está restando, la traslación es hacia la derecha, y si está sumando, hacia la izquierda.

EJERCICIO RESUELTO

7 **Haz una traslación vertical de 2 unidades hacia arriba y una horizontal de 3 unidades a la derecha, de la hipérbola $y = 1/x$. Halla la nueva ecuación.**

4.3 Hipérbola general: Paso de gráfica a ecuación

La ecuación que se busca es de la forma $\boldsymbol{y = \dfrac{k}{x - s} + r}$

Para hallarla hay que tener en cuenta:

a) k es el área del rectángulo formado entre un punto cualquiera de la hipérbola, $P(x, y)$, y el punto de corte de las asíntotas. La constante k es positiva si la hipérbola es decreciente, y es negativa si la hipérbola es creciente.

b) Para hallar r y s se hallan las ecuaciones de las asíntotas, $\boldsymbol{y = r, x = s}$

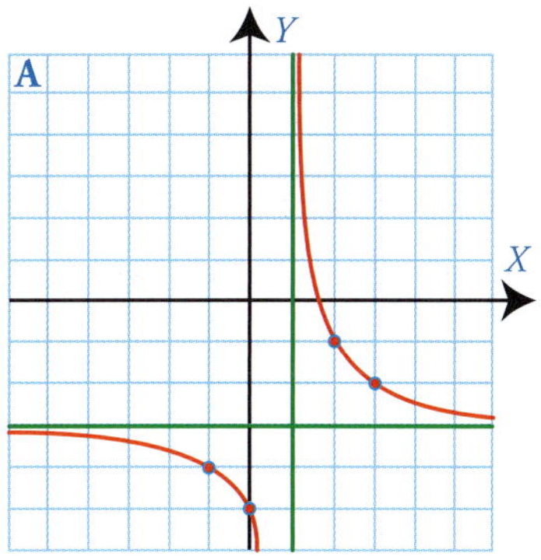

EJERCICIO RESUELTO

8 **Halla la ecuación de la hipérbola de la gráfica A.**

En primer lugar, se añaden a la gráfica los datos conocidos y obtenemos B.

a) El rectángulo que tiene como vértices opuestos el punto $P(2, -1)$ y el punto de corte de las asíntotas tiene de área 2 unidades cuadradas. Como la hipérbola es decreciente: $k = 2$

b) Se hallan las ecuaciones de las asíntotas: $y = -3 \Rightarrow r = -3$; $x = 1 \Rightarrow s = 1$

La ecuación de la hipérbola es $y = \dfrac{2}{x - 1} - 3$

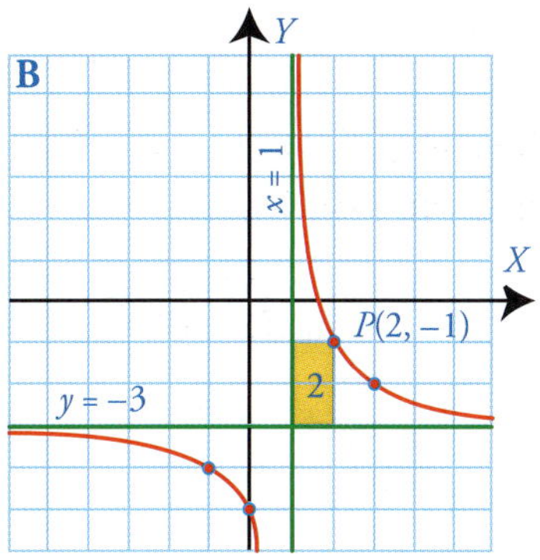

4.4 Resumen de funciones de proporcionalidad

Podemos identificar las funciones de proporcionalidad teniendo en cuenta que:

a) Una función es de **proporcionalidad directa** si y solo si es de la forma $\boldsymbol{y = mx, m \neq 0}$. Su representación gráfica es una recta que pasa por el origen de coordenadas: $O(0, 0)$

b) Una función es de **proporcionalidad inversa** si y solo si es de la forma $\boldsymbol{y = k/x, k \neq 0}$. Su representación gráfica es una hipérbola que tiene como asíntotas a los ejes.

APLICA LA TEORÍA

De las siguientes funciones, halla mentalmente cuáles son de proporcionalidad y calcula en estas la constante de proporcionalidad:

24 $y = \dfrac{5}{x}$

25 $y = -\dfrac{3}{x}$

26 $y = -5x + 3$

27 $y = x^3 - 2$

28 Dibuja la hipérbola $y = 2/x$, trasládala 3 unidades hacia abajo y halla su nueva ecuación.

29 Dibuja la hipérbola $y = -4/x$, trasládala 2 unidades hacia la derecha y halla su nueva ecuación.

30 Dibuja la hipérbola $y = 3/x$, trasládala 1 unidad hacia arriba y 2 hacia la izquierda y halla su nueva ecuación.

31 Dibuja la siguiente hipérbola:

$$y = \frac{2}{x + 3} - 1$$

Halla la ecuación de las siguientes hipérbolas:

32

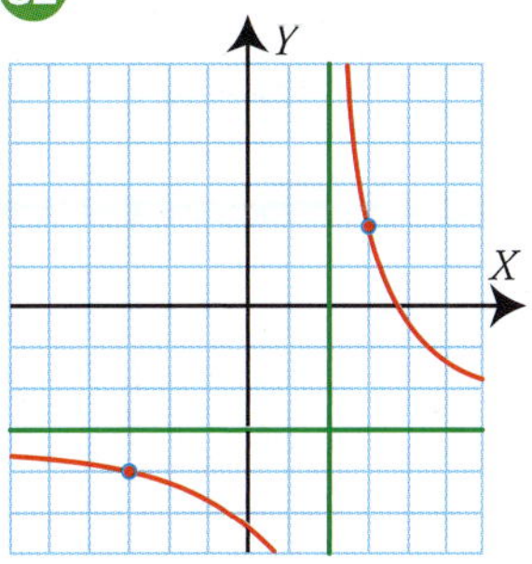

33

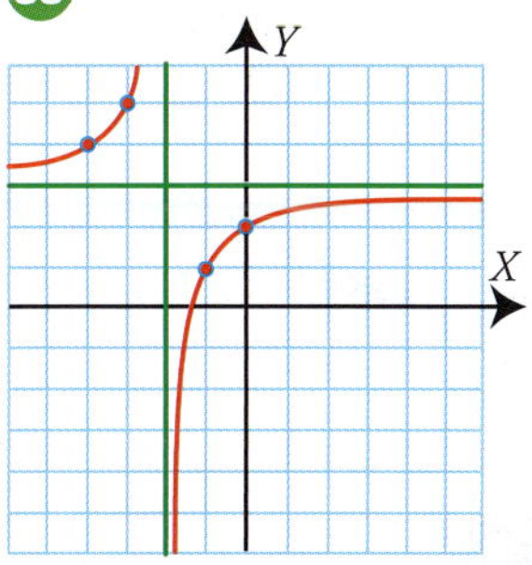

FUNCIONES ELEMENTALES QUE HAY QUE CONOCER

Rectas

Rectas paralelas a los ejes

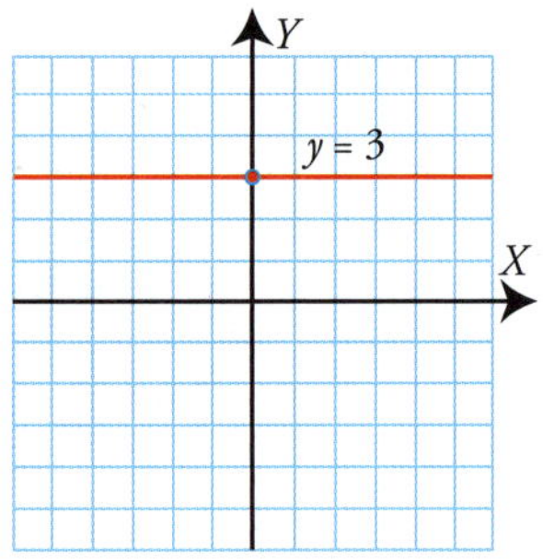

Función constante

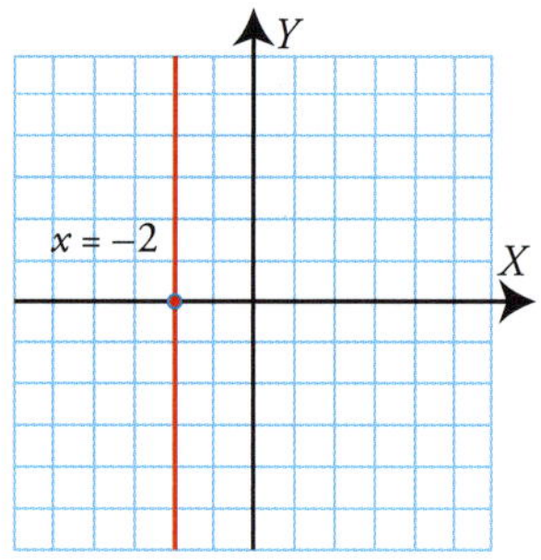

No es función

Funciones lineales y afines

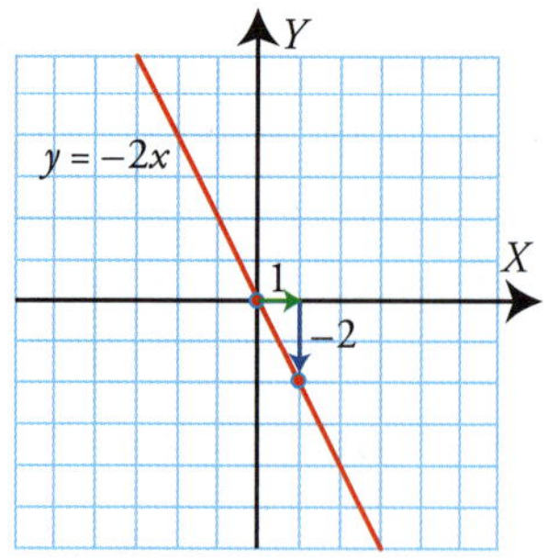

Función lineal, $m = -2$

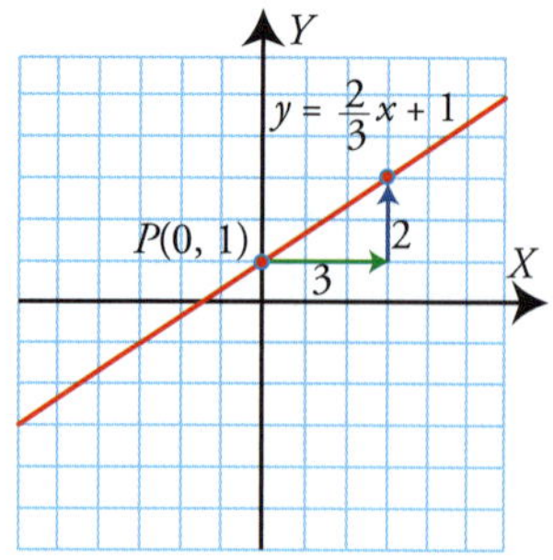

Función afín, $m = 2/3$, $b = 1$

Funciones polinómicas de 2.º grado: parábolas

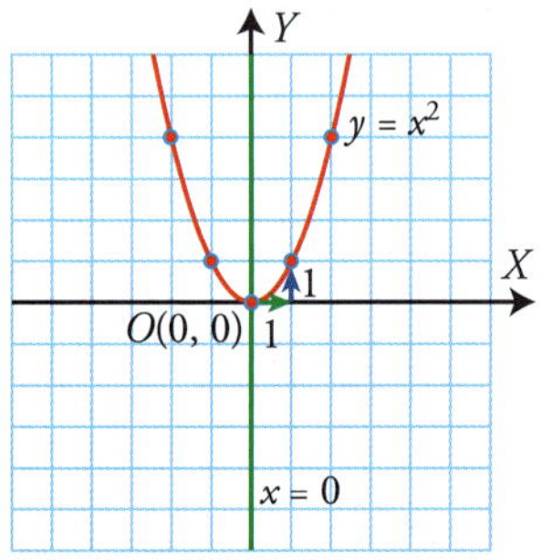

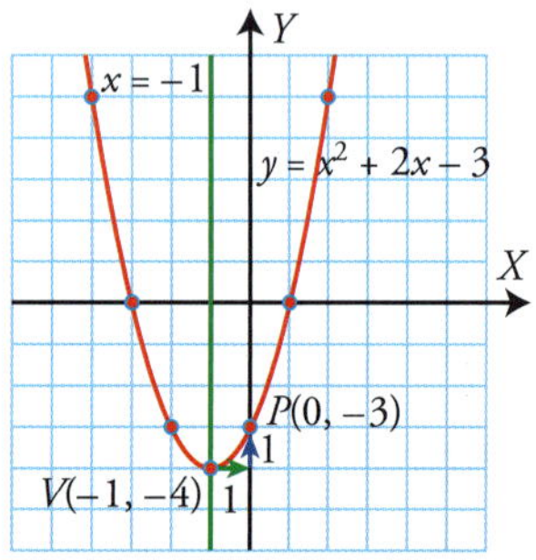

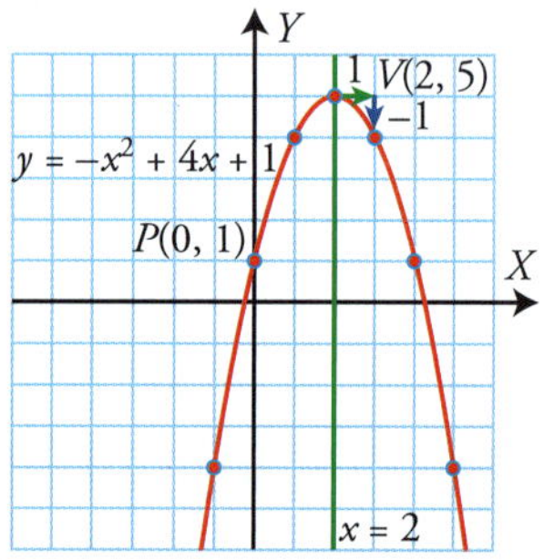

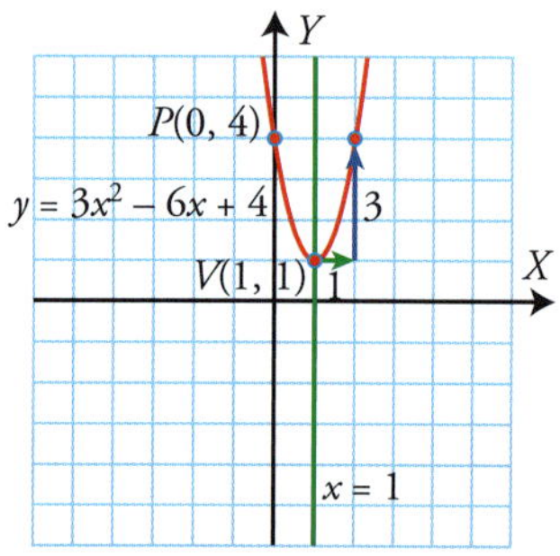

Hipérbolas

Funciones de proporcionalidad inversa

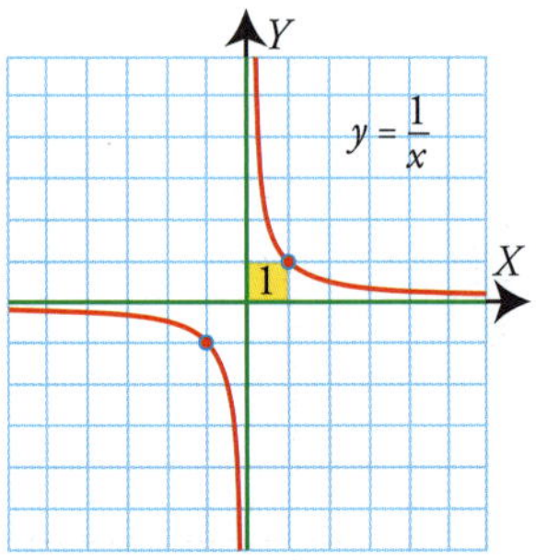

$k = 1$

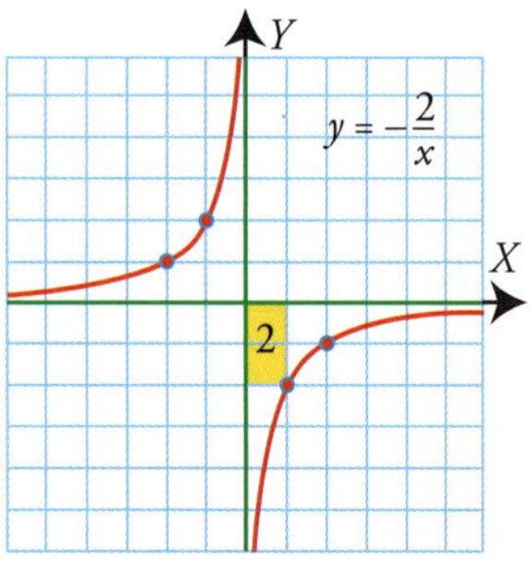

$k = -2$

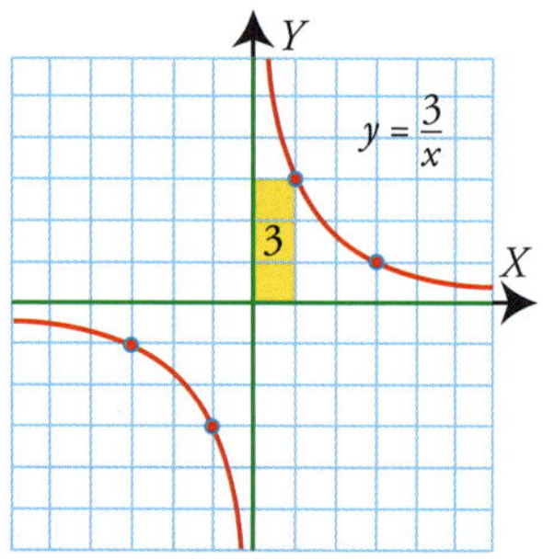

$k = 3$

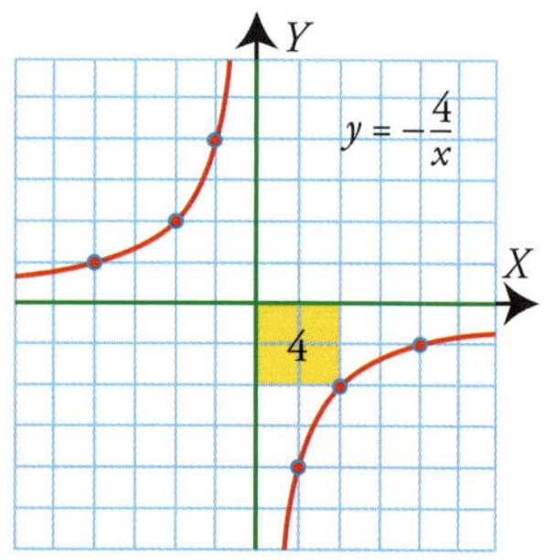

$k = -4$

Funciones de proporcionalidad inversa trasladadas

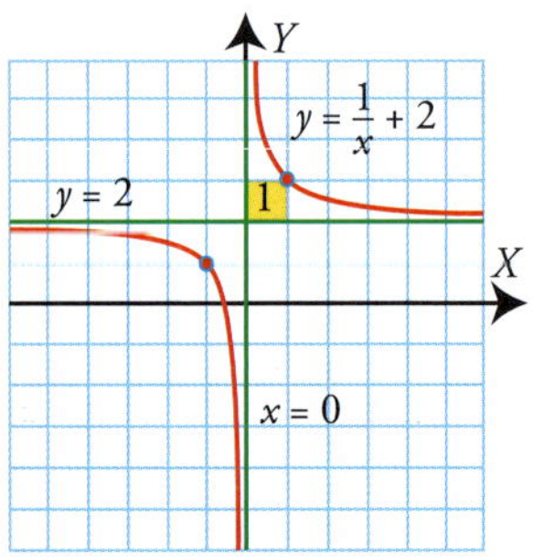

$k = 1$

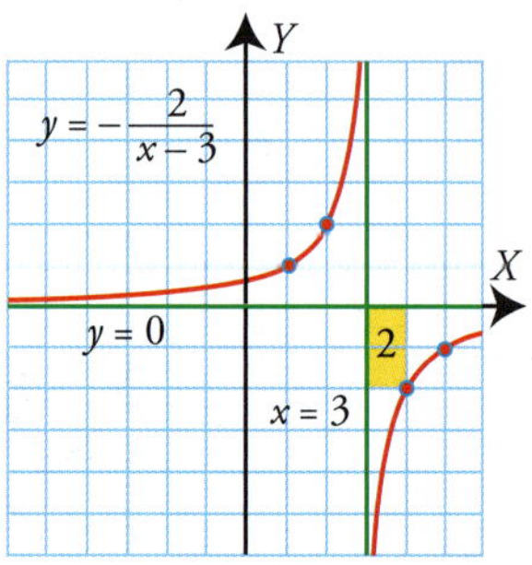

$k = -2$

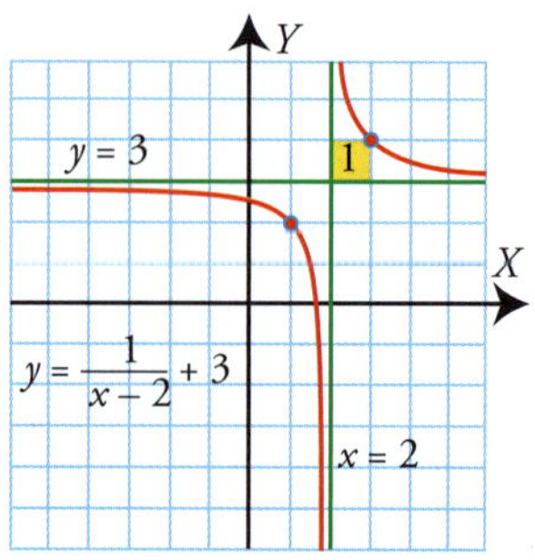

$k = 1$

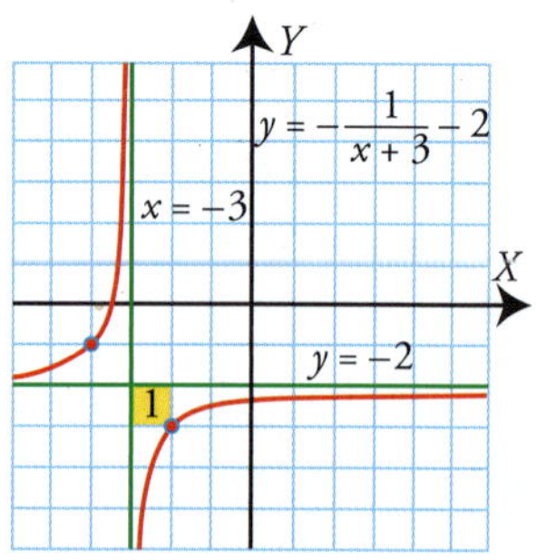

$k = -1$

Halla el tipo de cada una de las siguientes funciones y calcula mentalmente su ecuación:

1

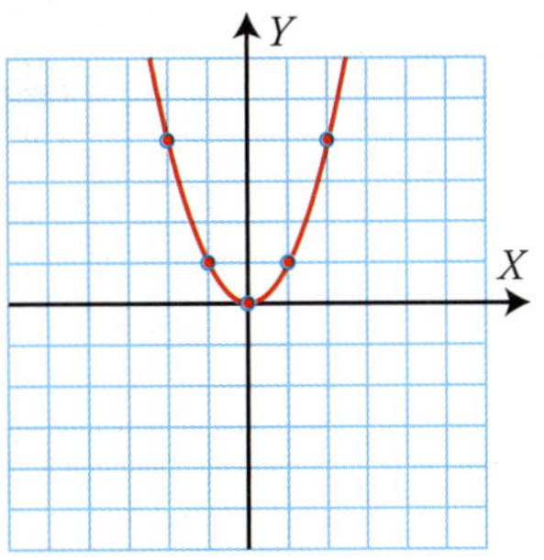

2

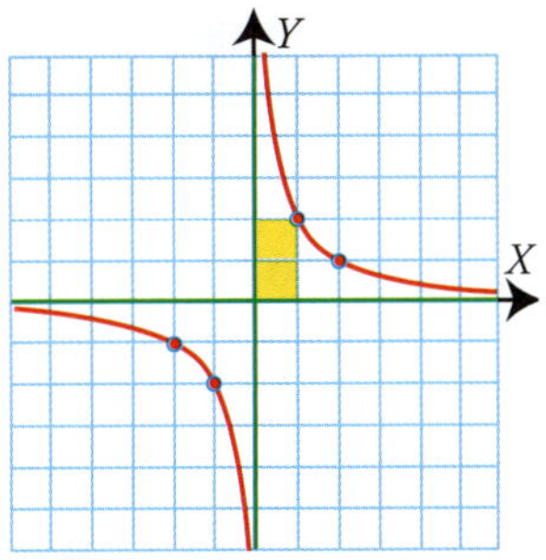

3

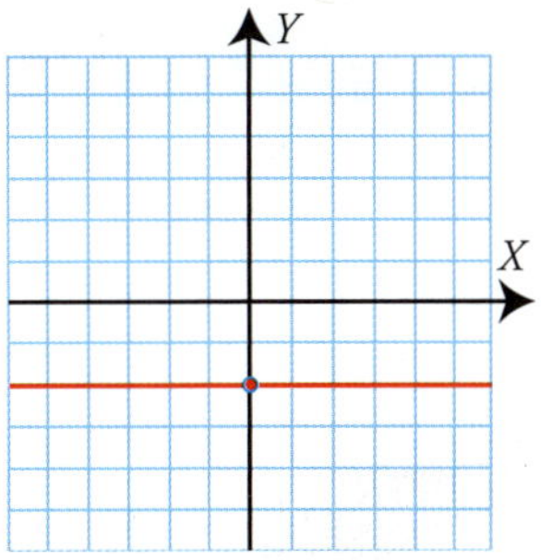

4

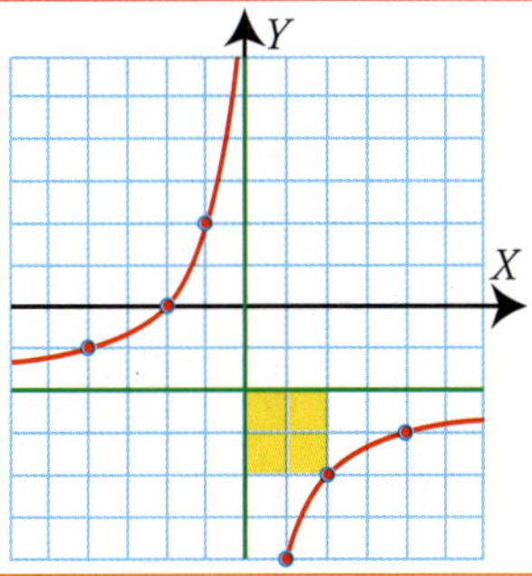

5

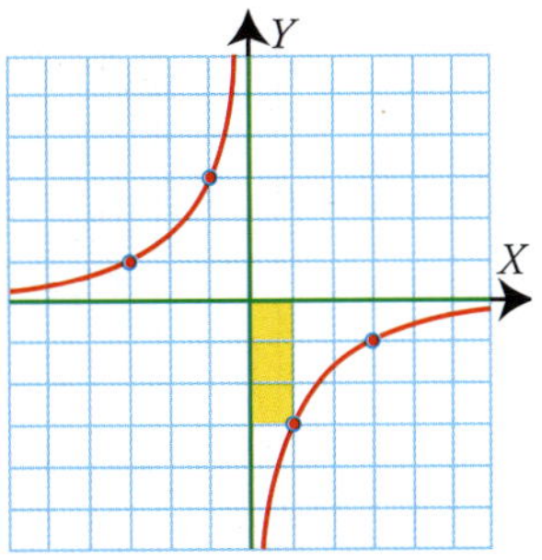

6

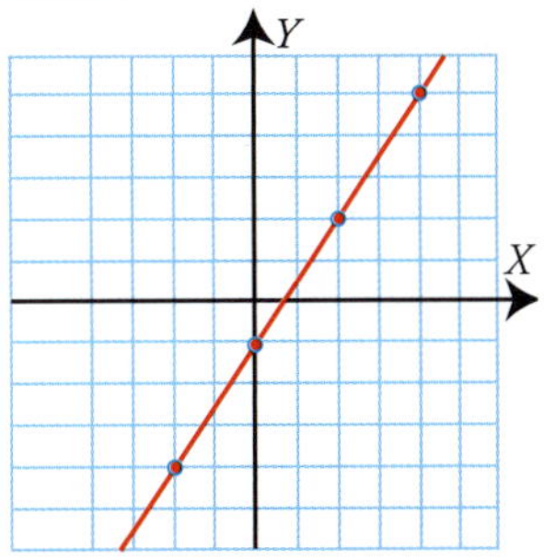

7

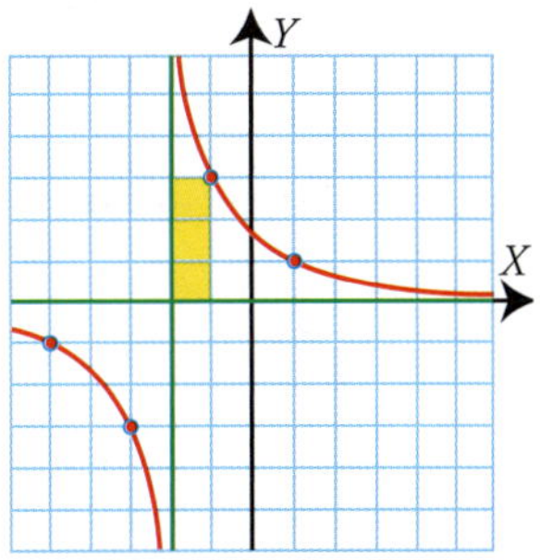

8

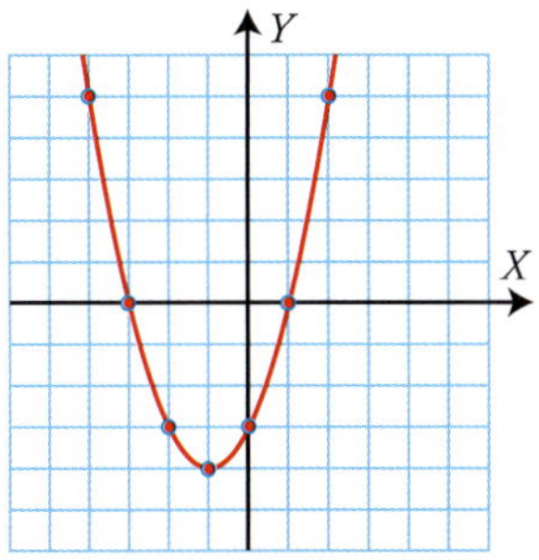

9

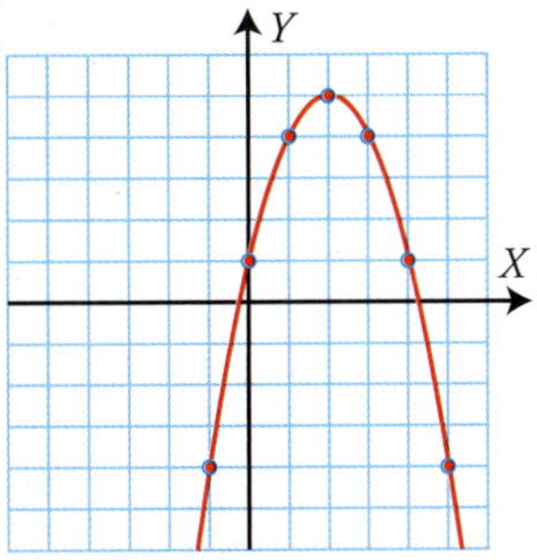

10

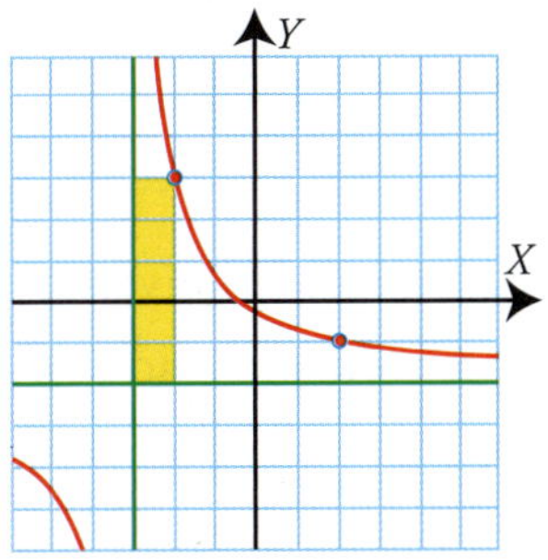

11

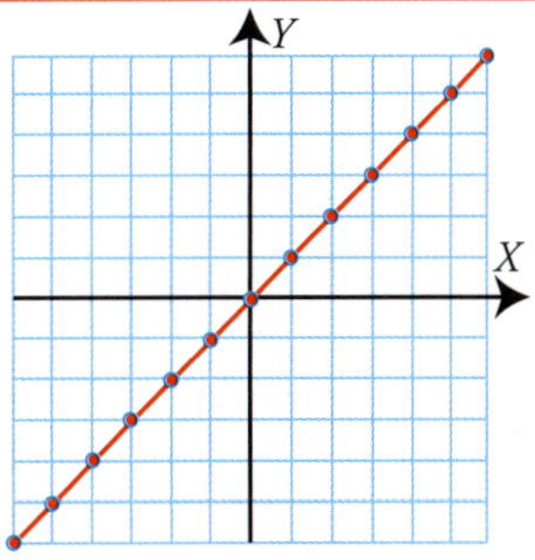

12

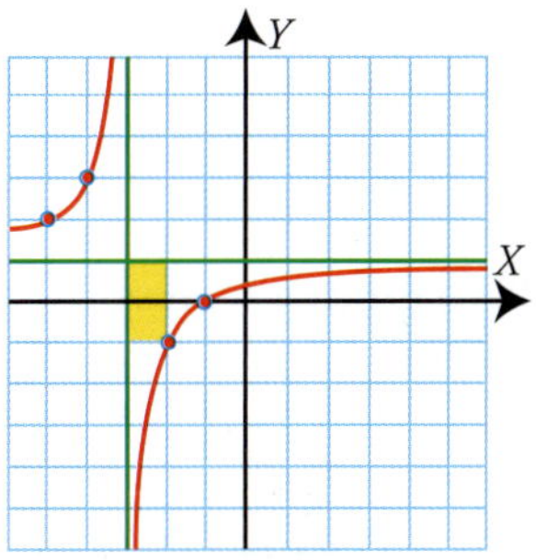

13

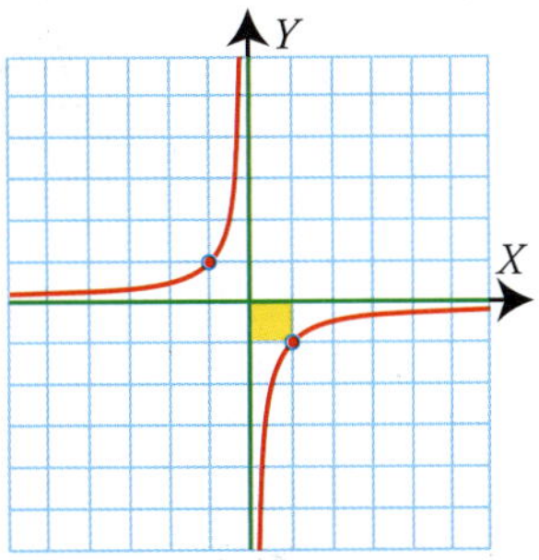

14

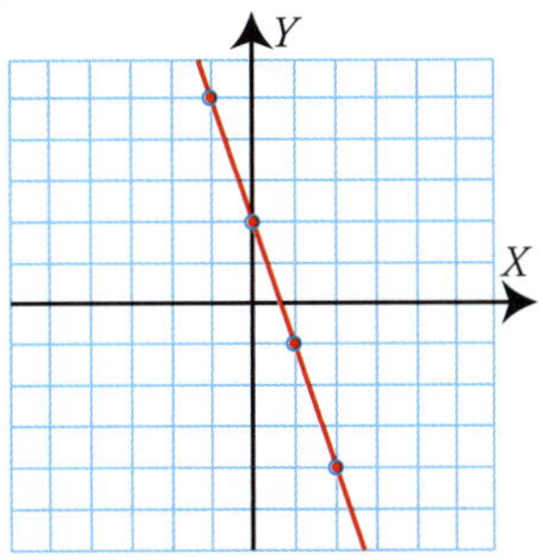

15

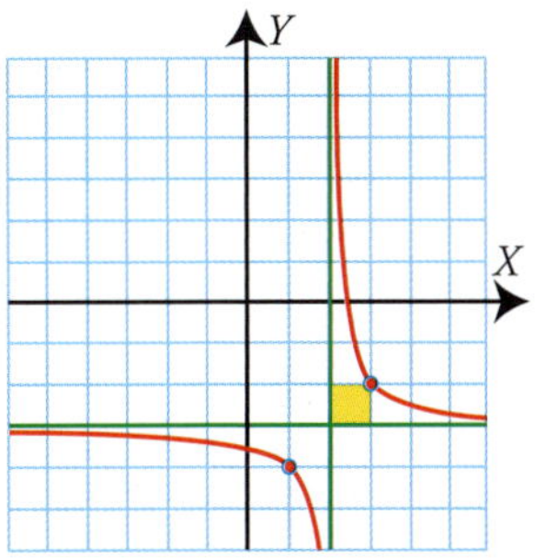

16

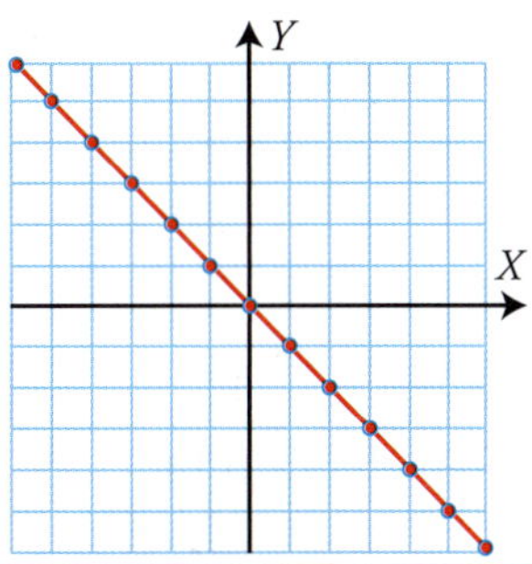

17

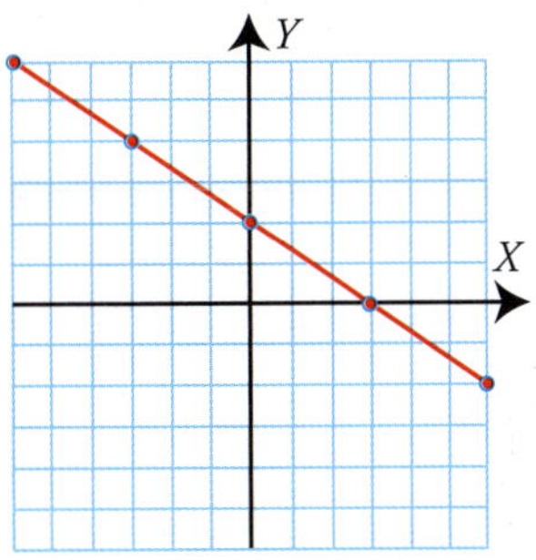

18

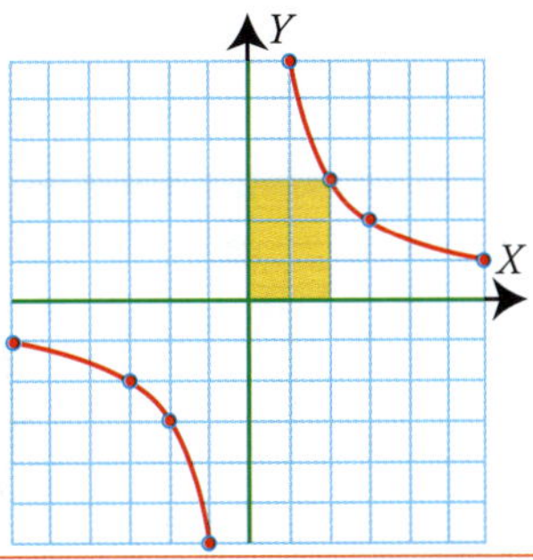

19

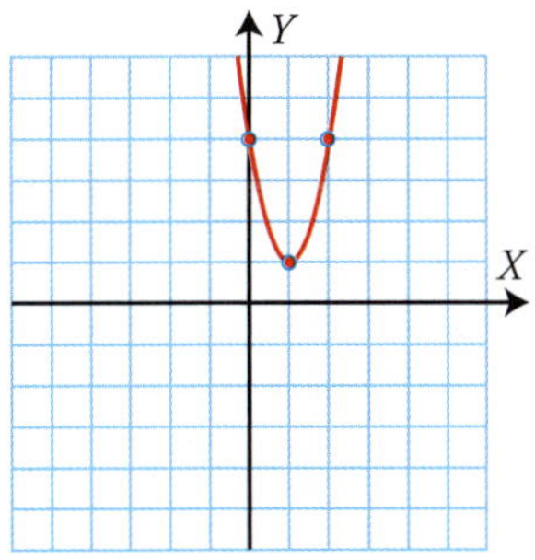

20

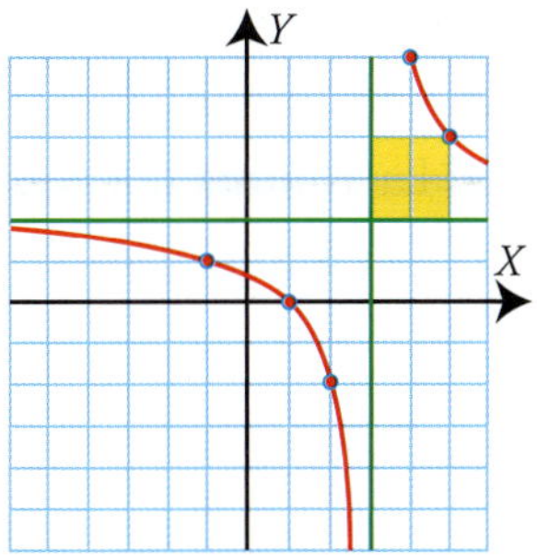

EJERCICIOS Y PROBLEMAS RESUELTOS

EJERCICIOS DE REPRESENTACIÓN DE PARÁBOLAS E HIPÉRBOLAS

9 Dada la parábola:

$$y = -x^2 + 6x - 5$$

a) Halla el eje de simetría.

b) Halla el vértice y di si es máximo o mínimo.

c) Representa la párabola.

a) Eje de simetría:

$$x = -\frac{b}{2a} \Rightarrow x = -\frac{6}{2 \cdot (-1)} = 3 \Rightarrow x = 3$$

b) Vértice: $V(3, 4)$

Es **máximo relativo.**

c) Representación:

x	$f(x) = -x^2 + 6x - 5$
3	4
4	3
2	3
5	0
1	0
6	–5
0	–5

$\Rightarrow V(3, 4)$

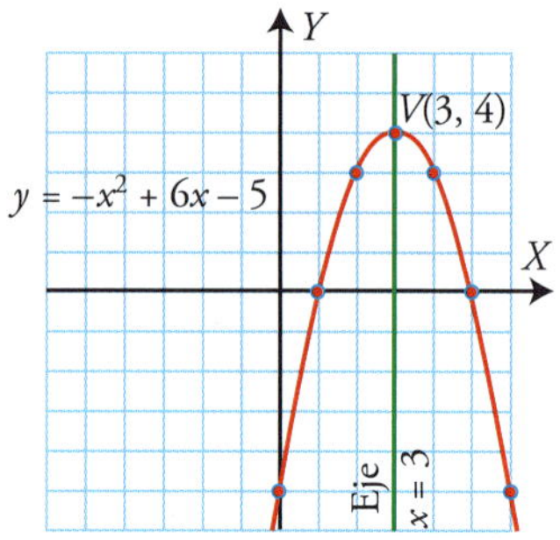

La gráfica también se puede dibujar contando los números impares a partir del vértice sin necesidad de hacer la tabla de valores.

10 Clasifica y representa la función:

$$y = -\frac{2}{x}$$

a) Traslada la hipérbola 3 unidades a la derecha y halla la nueva ecuación.

b) Traslada la hipérbola del apartado anterior una unidad hacia abajo y halla la nueva ecuación.

Función de proporcionalidad inversa.

La constante de proporcionalidad es $k = -2$

Función creciente.

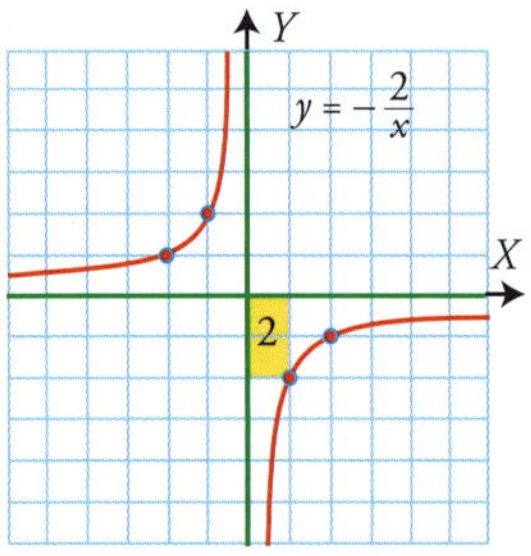

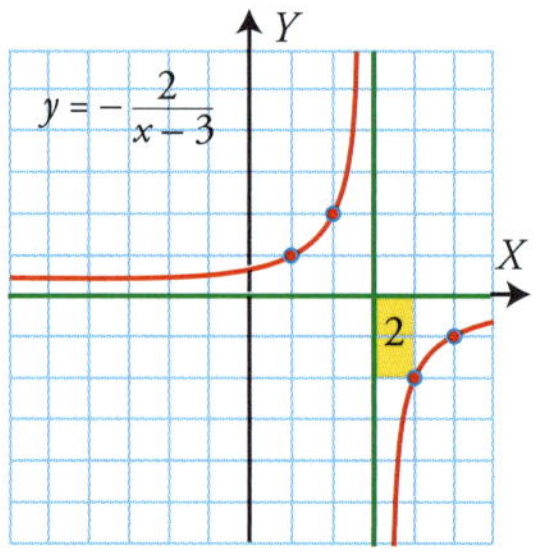

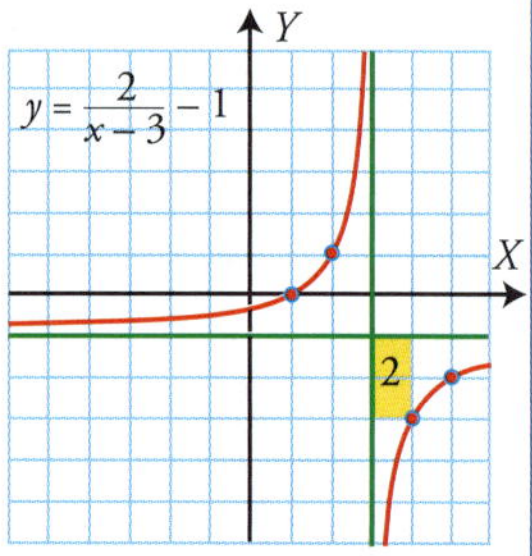

11 Representa la función:

$$y = \frac{3}{x + 2} - 1$$

Halla:

a) La constante k

b) La asíntota horizontal.

c) La asíntota vertical.

Es la hipérbola $y = \frac{3}{x}$ trasladada una unidad hacia abajo y dos unidades hacia la izquierda.

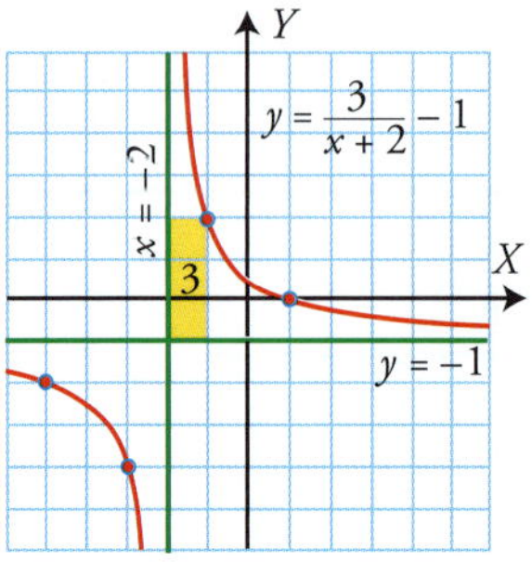

a) $k = 3$

b) Asíntota horizontal: $y = -1$

c) Asíntota vertical: $x = -2$

PROBLEMA DE INTERSECCIÓN

12 Halla los puntos de corte de la recta y la parábola siguientes:

$$y = 2x + 2$$
$$y = x^2 + 4x - 1$$

Representa ambas funciones para comprobarlo.

Datos y pregunta

Recta: $y = 2x + 2$

Parábola: $y = x^2 + 4x - 1$

Pregunta: Halla los puntos de corte y represéntalas.

Planteamiento y operaciones

Se resuelve el sistema por igualación.

$$\left.\begin{array}{l} y = 2x + 2 \\ y = x^2 + 4x - 1 \end{array}\right\} \Rightarrow A(-3, -4),\ B(1, 4)$$

Se representa la recta y la parábola.

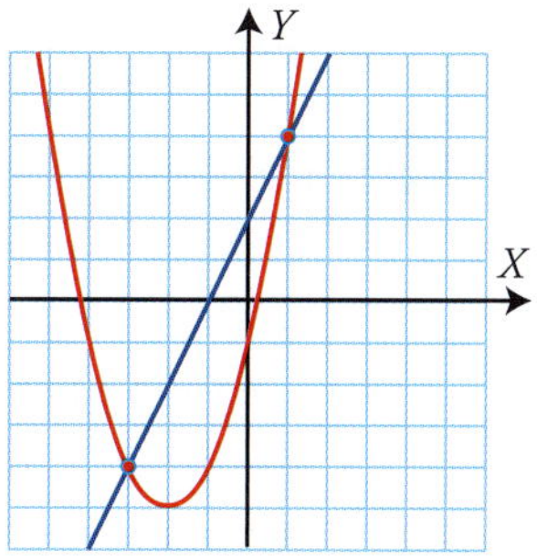

Solución

$A(-3, -4)$, $B(1, 4)$. Se observa que son los puntos de corte.

PROBLEMAS DE HALLAR ECUACIONES A PARTIR DE LAS GRÁFICAS

13 Halla la fórmula o ecuación de la siguiente parábola:

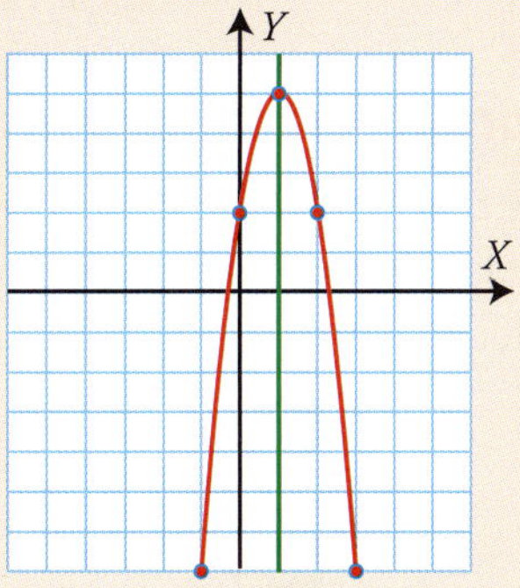

Datos y pregunta

La ecuación es de la forma: $y = ax^2 + bx + c$

El vértice es el punto $V(1, 5)$

El eje es la recta $x = 1$

Corta al eje Y en el punto $A(0, 2)$

Pregunta: Halla la fórmula o ecuación.

Planteamiento y operaciones

Al trasladarse desde el vértice una unidad a la derecha, tenemos que bajar 3 unidades, $a = -3$

Ecuación del eje: $x = -\dfrac{b}{2a} \Rightarrow b = -2ax \Rightarrow b = -2 \cdot (-3) \cdot 1 = 6$

Corta el eje Y en el punto $A(0, 2) \Rightarrow c = 2$

Solución

$y = -3x^2 + 6x + 2$

14 Halla la ecuación de la hipérbola:

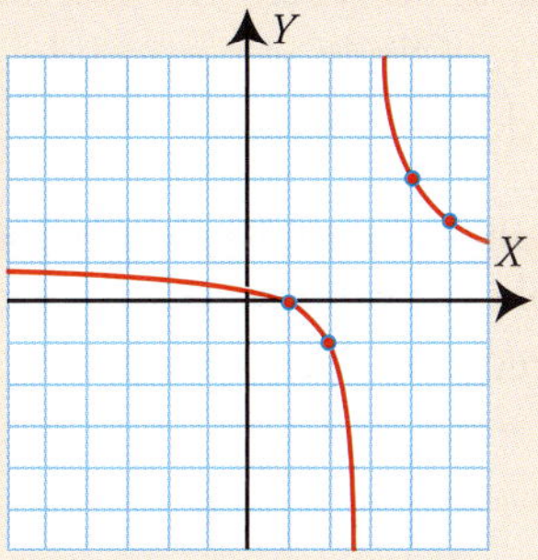

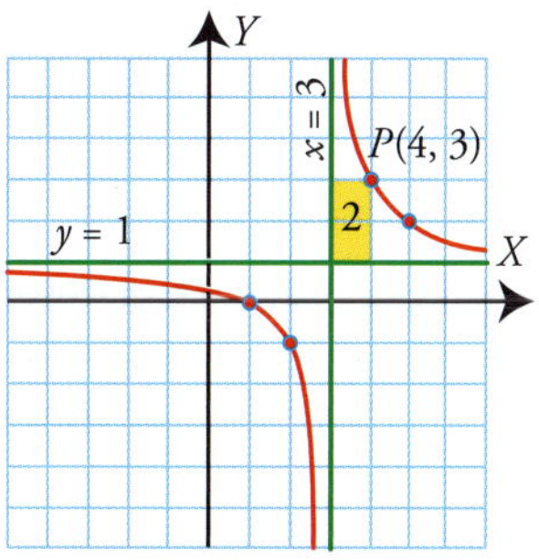

El rectángulo que tiene como vértices opuestos el punto de corte de las asíntotas y el punto $P(4, 3)$, tiene de área 2 unidades cuadradas. La hipérbola es decreciente $\Rightarrow k = 2$

Asíntotas: $y = 1 \Rightarrow r = 1$; $x = 3 \Rightarrow s = 3$

La ecuación es:

$$y = \frac{k}{x - s} + r \Rightarrow y = \frac{2}{x - 3} + 1$$

1. Función cuadrática

34 Representa la parábola $y = 3x^2$

a) Escribe su eje de simetría.

b) ¿Cuándo es creciente?

c) ¿Cuándo es decreciente?

d) Escribe el vértice y di si es máximo o es mínimo.

e) ¿Es convexa (∪) o cóncava (∩)?

35 Representa la parábola $y = -3x^2$. A partir de ella dibuja la parábola $y = -3x^2 + 4$. De esta:

a) Escribe el eje de simetría.

b) ¿Cuándo es creciente? ¿Y decreciente?

c) Escribe el vértice y di si es máximo o es mínimo.

d) ¿Es convexa (∪) o cóncava (∩)?

36 Representa la parábola: $y = -2x^2$

A partir de ella, dibuja $y = -2(x-3)^2$

De esta halla:

a) El eje de simetría.

b) El vértice y di si es máximo o mínimo.

37 Representa la parábola $y = 2x^2$

A partir de ella dibuja la parábola:

$$y = 2(x+2)^2$$

A partir de esta dibuja la parábola:

$$y = 2(x+2)^2 + 1$$

De esta halla:

a) El eje de simetría.

b) El vértice y di si es máximo o mínimo.

2. Parábola general $y = ax^2 + bx + c$

38 Dada la parábola siguiente: $y = x^2 - 6x + 5$

a) Halla el eje de simetría.

b) Halla el vértice y di si es máximo o es mínimo.

c) Representa la parábola.

39 Dada la parábola siguiente: $y = -3x^2 - 6x + 2$

a) Halla el eje de simetría.

b) Halla el vértice y di si es máximo o es mínimo.

c) Representa la parábola.

40 Halla los puntos de corte con el eje X de la parábola $y = x^2 - 8x + 15$. Represéntala y comprueba los puntos de corte.

41 Halla los puntos de corte de la recta y la parábola siguientes:

$$y = 3x + 2$$
$$y = x^2 + 3x + 1$$

Represéntalas y comprueba los puntos de corte.

42 Halla los puntos de corte de las siguientes parábolas:

$$y = x^2 - 6x + 4$$
$$y = -x^2 + 4x - 4$$

Represéntalas y comprueba los puntos de corte.

Halla la ecuación de las siguientes parábolas:

43

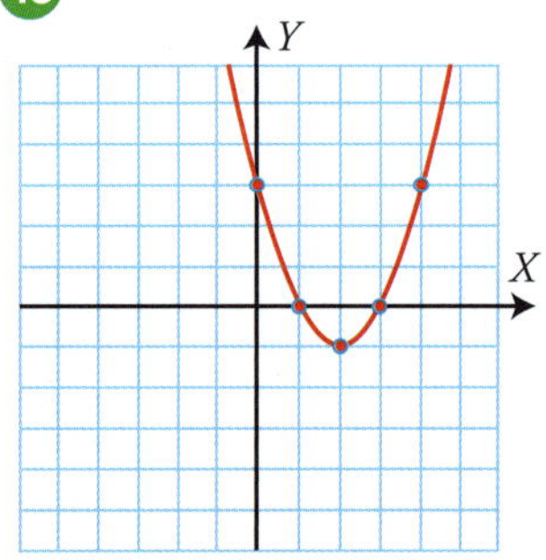

44

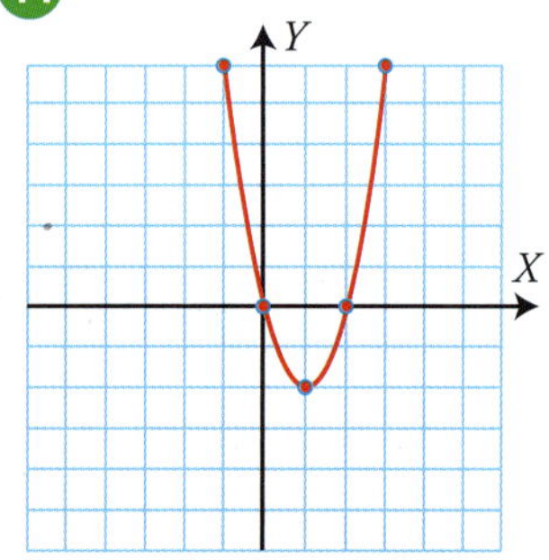

3. Función de proporcionalidad inversa

Halla mentalmente la constante de proporcionalidad inversa de las siguientes funciones y di si son crecientes o decrecientes:

45 $y = \dfrac{2}{x}$

46 $y = -\dfrac{3}{x}$

47 $y = -\dfrac{4}{x}$

48 $y = \dfrac{6}{x}$

Halla las ecuaciones de las siguientes funciones definidas verbalmente. ¿De qué tipo son?

49 Doce personas tardan un día en recoger las patatas de una finca. Obtén el tiempo que se tarda en función del número de personas.

50 Un vehículo hace un trayecto de 400 km a velocidad constante. Obtén el tiempo del trayecto en función de la velocidad.

51 Halla la ecuación de la siguiente función definida por una tabla de valores. ¿Qué tipo de función es? ¿Es creciente o decreciente?

x	1	−1	3	−3	9	−9
y	−9	9	−3	3	−1	1

Representa gráficamente las siguientes hipérbolas, di cuáles son crecientes y cuáles decrecientes.

52 $y = \dfrac{2}{x}$ **53** $y = -\dfrac{3}{x}$

54 $y = -\dfrac{4}{x}$ **55** $y = \dfrac{6}{x}$

Halla las ecuaciones de las siguientes hipérbolas:

56

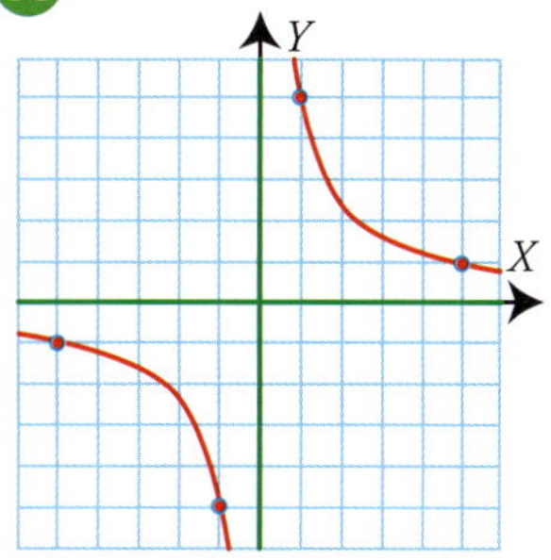

57

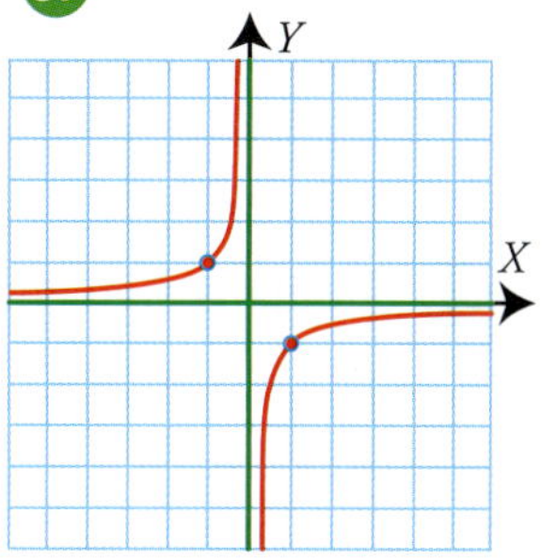

4. Traslaciones de la hipérbola

Halla mentalmente cuáles de las siguientes funciones son de proporcionalidad y calcula en ellas la constante de proporcionalidad:

58 $y = -2x + 1$ **59** $y = -\dfrac{3}{x}$

60 $y = \dfrac{x}{4}$ **61** $y = x^2 - 6x$

62 Dibuja la hipérbola $y = -1/x$, trasládala 2 unidades hacia arriba y halla la nueva ecuación.

63 Dibuja la hipérbola $y = 2/x$, trasládala 3 unidades hacia la izquierda y calcula la nueva ecuación.

64 Dibuja la hipérbola $y = -4/x$, trasládala 2 unidades hacia abajo y 3 unidades hacia la izquierda, y obtén la nueva ecuación.

65 Dibuja la siguiente hipérbola:

$$y = \frac{1}{x-2} + 3$$

Halla la ecuación de las siguientes hipérbolas:

66

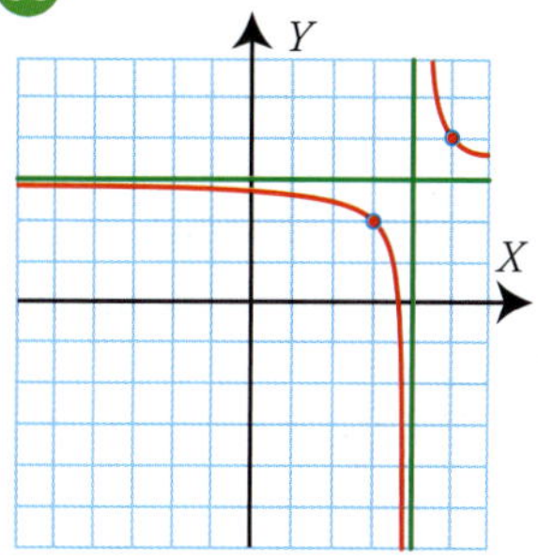

67

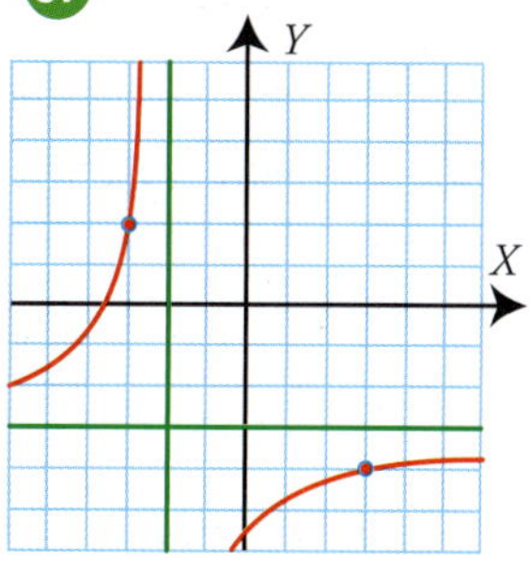

Para ampliar

68 Representa la parábola:

$$y = \frac{x^2}{2}$$

a) Escribe el eje de simetría.

b) ¿Cuándo es creciente?

c) ¿Cuándo es decreciente?

d) Escribe el vértice y di si es máximo o mínimo.

e) ¿Es convexa (∪) o cóncava (∩)?

Halla la ecuación de las siguientes parábolas:

69

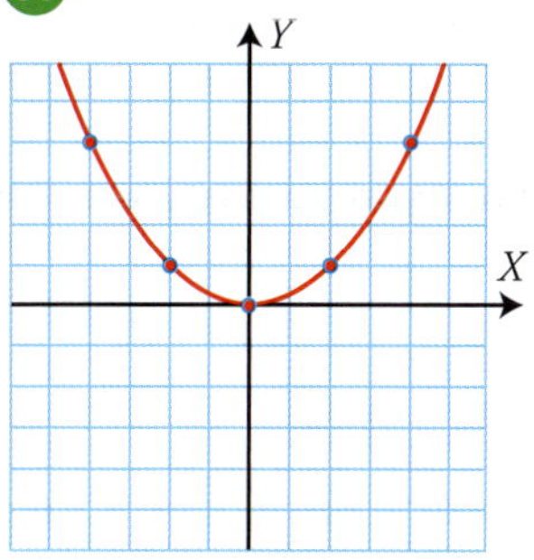

70

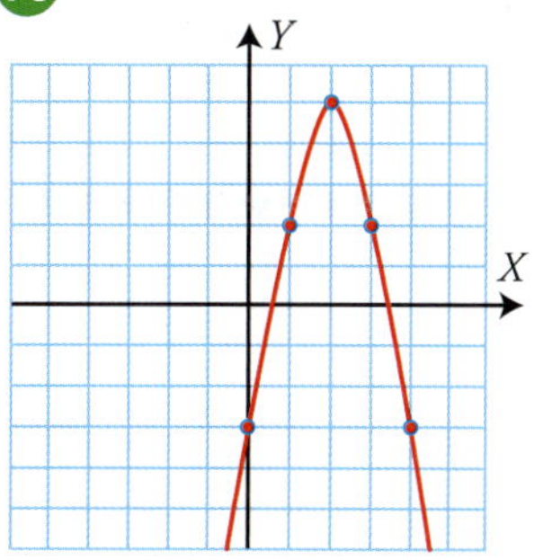

71 Representa la parábola: $y = -3x^2$

A partir de ella dibuja: $y = -3(x + 2)^2$

De esta halla:

a) El eje de simetría.

b) El vértice y di si es máximo o mínimo.

72 Representa la parábola: $y = x^2$

A partir de ella dibuja: $y = (x + 3)^2$

Luego, dibuja: $y = (x + 3)^2 - 2$

De esta halla:

a) El eje de simetría.

b) El vértice y di si es máximo o mínimo.

73 Halla el eje de simetría de la parábola:

$$y = 2x^2 - 12x + 3$$

74 Halla el eje de simetría de la parábola:

$$y = -3x^2 + 8x - 5$$

75 Dada la parábola:

$$y = -x^2 + 4x - 1$$

a) Halla el eje de simetría.

b) Halla el vértice y di si es máximo o mínimo.

c) Representa la parábola.

76 Halla los puntos de corte con el eje X de la parábola:

$$y = -x^2 - 4x - 3$$

77 Halla los puntos de corte de la siguiente recta y parábola:

$$y = x + 1$$
$$y = -x^2 + 5x - 2$$

Represéntalas y comprueba los puntos de corte.

78 Halla los puntos de corte de las parábolas:

$$y = x^2 + 4x + 4$$
$$y = -x^2 - 6x - 4$$

Represéntalas y comprueba los puntos de corte.

79 Dibuja la siguiente hipérbola:

$$y = -\frac{3}{x} + 2$$

80 Dibuja la siguiente hipérbola:

$$y = \frac{4}{x - 2}$$

81 Dibuja la siguiente hipérbola:

$$y = \frac{2}{x - 1} - 3$$

Problemas

82 Los ingresos y los gastos de una empresa durante los 8 primeros años vienen definidos en miles de millones de euros por las siguientes funciones cuadráticas:

Ingresos: $I(t) = -\frac{t^2}{4} + \frac{5t}{2} + 2$

Gastos: $G(t) = \frac{t^2}{6} - \frac{5t}{2} + \frac{31}{3}$

a) Halla los momentos en los que los ingresos y los gastos se igualan.

b) ¿Cuándo son máximos los ingresos?

c) ¿Cuándo son mínimos los gastos?

83 Halla la fórmula que calcula el área de un círculo en función del radio, y, si es una función cuadrática, represéntala gráficamente.

84 Halla la fórmula que calcula el volumen de un cubo en función de la arista, y, si es una función cuadrática, represéntala gráficamente.

85 Halla el valor de b en la siguiente parábola sabiendo que su eje es $x = 2$:

$$y = x^2 + bx - 1$$

86 Halla el valor de a en la siguiente parábola sabiendo que su eje es $x = -3$:

$$y = ax^2 - 6x - 1$$

Halla la ecuación de las siguientes parábolas:

87

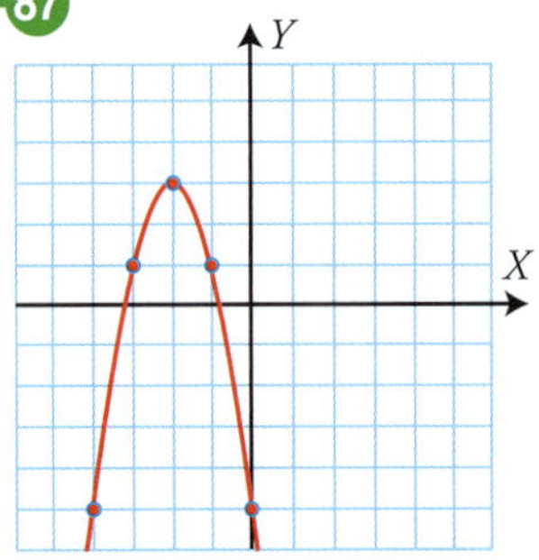

88

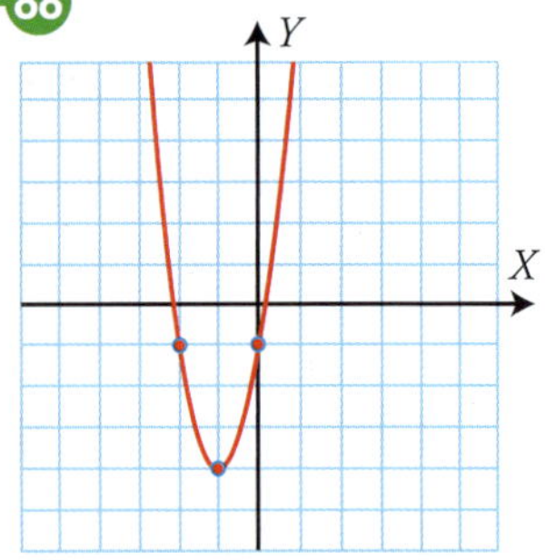

89 En un prado se quiere cercar un recinto rectangular para que paste una cabra. Sabiendo que se tienen 24 m de alambre y cuatro estacas para hacerlo:

a) Halla la fórmula del área.

b) Haz la representación gráfica.

c) ¿Cuándo es máxima el área? ¿Cuánto vale?

90 Una pelota de golf sigue un movimiento uniformemente acelerado y su altura viene dada por la fórmula:

$$h = \frac{2}{5}t - \frac{1}{250}t^2$$

Sabiendo que el tiempo está dado en segundos y la altura en metros:

a) Dibuja la gráfica.

b) ¿Qué altura máxima alcanza?

c) ¿A qué longitud llega?

91 Halla los puntos de corte con el eje X de la siguiente parábola:

$$y = x^2 - 6x + 9$$

Represéntala e interpreta el resultado.

92 La siguiente gráfica representa el número de enfermos de legionela en un determinado hospital:

Enfermos de legionela

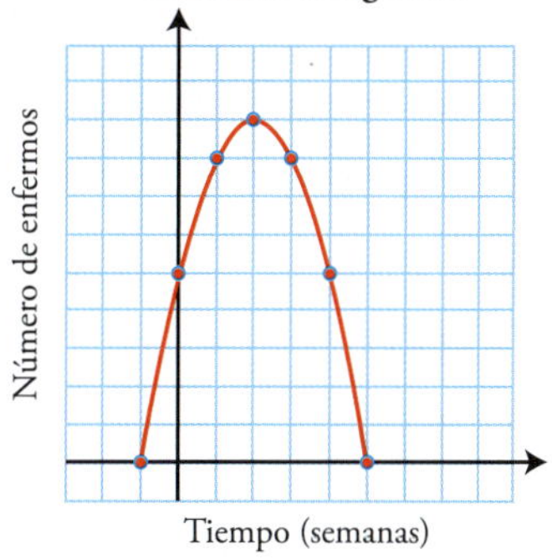

a) ¿Durante cuántas semanas aumentó la enfermedad?

b) ¿Durante cuántas semanas disminuyó la enfermedad?

c) ¿Qué día hubo más enfermos de legionela? ¿Cuántos fueron?

d) ¿Cuántos días duró la enfermedad?

e) Halla la fórmula de la función.

93 Halla los puntos de corte de la siguiente recta

$$y = 2x + 1$$

con la parábola

$$y = x^2 + 2x + 2$$

Representa la recta y la parábola e interpreta el resultado.

94 Halla los puntos de corte de las parábolas:

$$y = x^2 + 6x + 10$$
$$y = -x^2 - 2x + 2$$

Represéntalas e interpreta el resultado.

95 Un vehículo hace un trayecto de 500 km a velocidad constante. Obtén la ecuación que expresa la velocidad en función del tiempo.

96 Una función de proporcionalidad inversa pasa por el punto $P(3, 5)$. Halla la constante de proporcionalidad y la ecuación correspondiente.

Halla las ecuaciones de las siguientes funciones de proporcionalidad inversa:

97

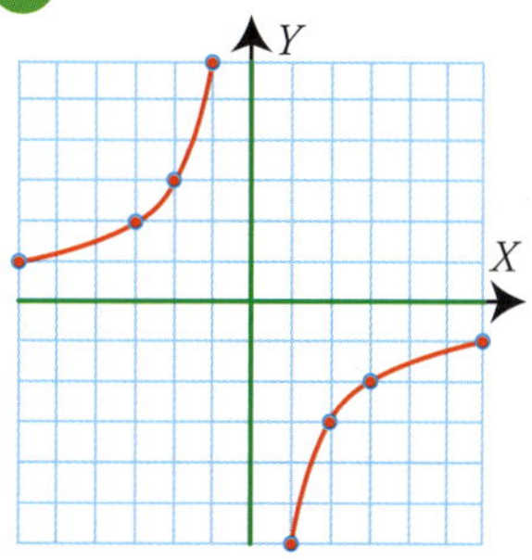

98

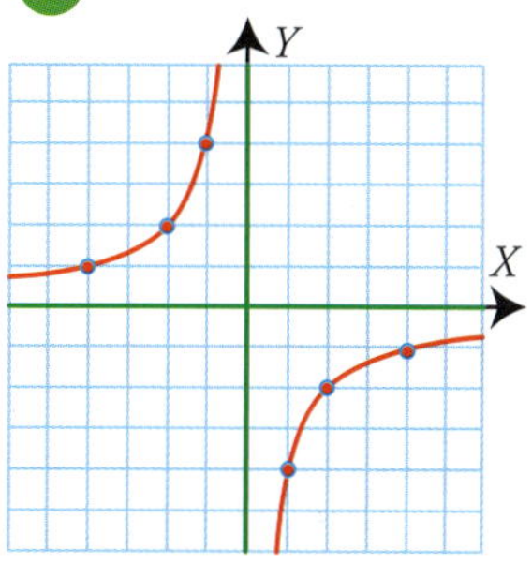

99 El tiempo que se tarda en recoger las naranjas de una finca en función del número de personas, sabiendo que 6 personas tardan 8 días. ¿Es una función de proporcionalidad? En caso afirmativo halla la constante de proporcionalidad.

100 La altura de una persona está en función de su edad. Cuando nace mide 52 cm, a los 10 años mide 1,25 m, a los 20 años mide 1,75 m y a los 30 años mide 1,75 m. ¿Es una función de proporcionalidad? En caso afirmativo halla la constante de proporcionalidad.

101 Dibuja la hipérbola que tiene como constante de proporcionalidad inversa $k = 4$ y cuyas asíntotas son $x = -2$ e $y = 3$

EJERCICIOS Y PROBLEMAS PROPUESTOS

Halla la ecuación de las siguientes hipérbolas:

102

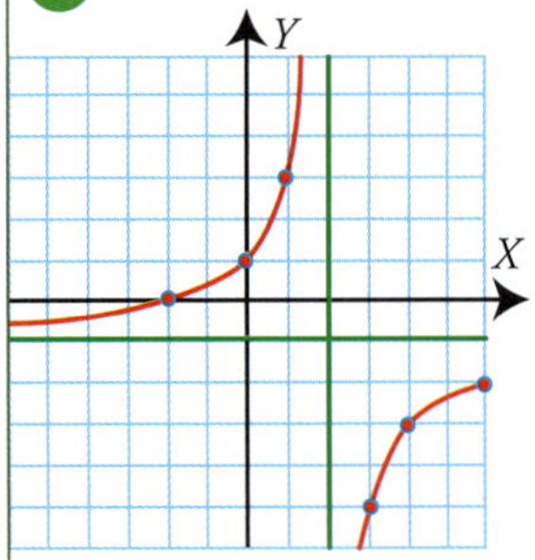

103

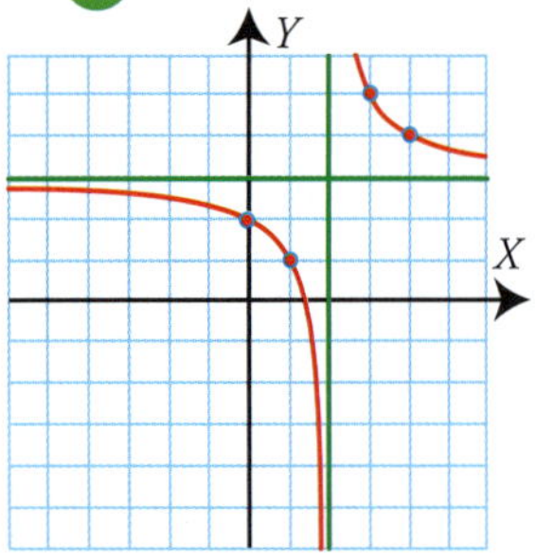

104 Obtén la ecuación de la función dada por la siguiente tabla y clasifícala.

x	2	–2	6	–6
y	–3	3	–9	9

Para profundizar

105 Halla la fórmula que define el área de un cubo en función de la arista, y, si es una función cuadrática, represéntala gráficamente.

106 Halla la fórmula que define el volumen de una esfera en función del radio, y, si es una función cuadrática, represéntala gráficamente.

107 Halla la fórmula que define el área de un triángulo equilátero en función del lado, y, si es una función cuadrática, represéntala gráficamente.

108 Halla el valor de b y c en la parábola de ecuación $y = x^2 + bx + c$ sabiendo que pasa por los puntos $A(4, 3)$ y $B(-1, 3)$

109 Halla el valor de a y b en la parábola de ecuación $y = ax^2 + bx + 3$ sabiendo que pasa por los puntos $A(1, 5)$ y $B(2, 3)$

110 La ecuación que relaciona la presión con el volumen de una cantidad determinada de gas a temperatura constante viene dada por la fórmula $PV = k$. Obtén la constante de proporcionalidad sabiendo que cuando la presión es de 8 atmósferas, el volumen es de 4 litros, y completa en tu cuaderno la siguiente tabla de valores:

P	1	2	4	8	16
V	✎	✎	✎	4	✎

111 Dibuja la hipérbola en la que $k = 3$ y que tiene como asíntotas $x = 1$ e $y = -2$

112 Representa gráficamente las siguientes funciones y halla sus puntos comunes:

a) $y = \dfrac{6}{x}$

b) $y = -x + 1$

Halla la ecuación de las siguientes parábolas:

113

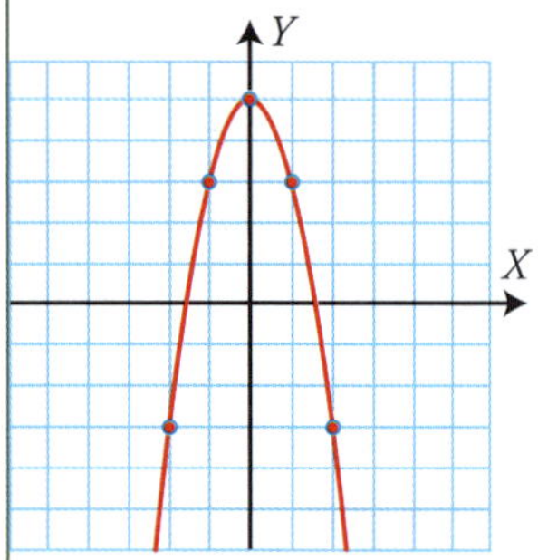

114

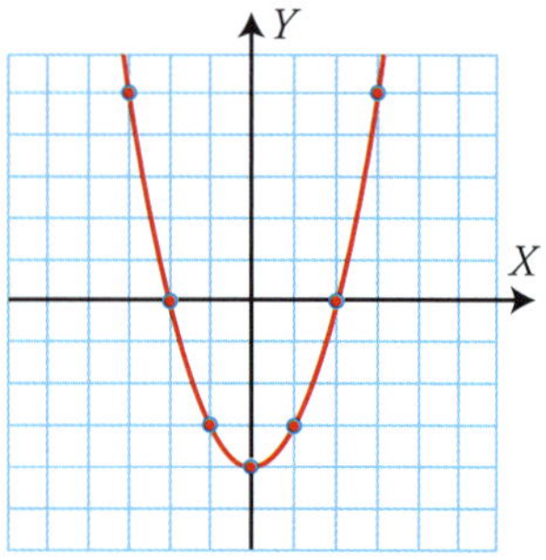

115 ¿Cuál de las siguientes funciones es cuadrática?

a) $y = -7x^4 + 5x^2 + 2$

b) $y = 4x - 1$

c) $y = 7x^2 + 6x - 3$

d) $y = 5 - x^2$

116 Un coche circula a una velocidad constante de 80 km/h. Calcula la ecuación del espacio en función del tiempo. ¿Qué tipo de proporcionalidad es? Calcula la constante de proporcionalidad y haz la representación gráfica.

117 Un vehículo tiene que recorrer 1 200 km. Calcula la ecuación del tiempo que tarda en función de la velocidad. ¿Qué tipo de proporcionalidad es? Calcula la constante de proporcionalidad y haz la representación gráfica.

Matematización en contextos reales

Movimiento rectilíneo uniformemente acelerado: m.r.u.a.

La fórmula del m.r.u.a. es una función cuadrática. Su representación gráfica es una parábola:

$$e = \frac{1}{2}at^2 + v_0t + e_0$$

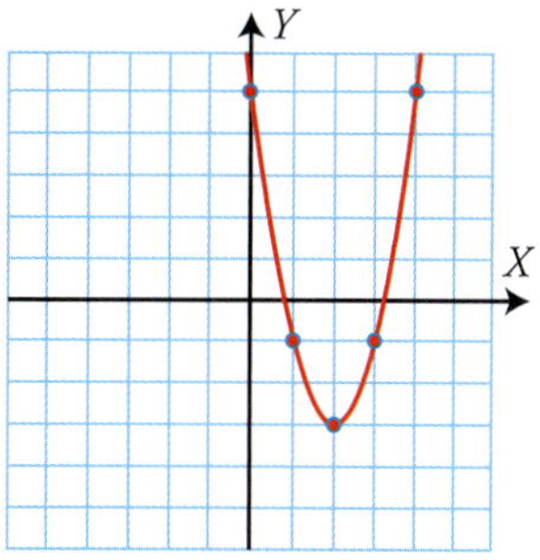

118 Halla la fórmula del m.r.u.a. que tiene una aceleración de 4 m/s^2, una velocidad inicial de 6 m/s y un espacio inicial de 1 m. Haz la representación gráfica.

119 La fórmula de un m.r.u.a. es $e = -t^2 + 4t + 1$. Calcula la aceleración, la velocidad inicial y el espacio inicial. Haz la representación gráfica.

120 La gráfica de un m.r.u.a. es el dibujo de la derecha. Calcula la fórmula, la aceleración, la velocidad inicial y el espacio inicial.

Autoevaluación

1 Define función cuadrática y pon un ejemplo.

2 Representa la parábola $y = -2x^2$. A partir de ella dibuja $y = -2x^2 + 4$. De esta:

a) Halla el eje de simetría.

b) ¿Cuándo es creciente? ¿Y decreciente?

c) Halla el vértice y di si es máximo o mínimo.

d) ¿Es convexa (∪) o cóncava (∩)?

3 Representa la parábola $y = x^2 - 6x + 5$

4 Representa gráficamente la hipérbola:

$$y = \frac{3}{x-2} + 1$$

Halla la ecuación de la parábola y de la hipérbola, respectivamente:

5

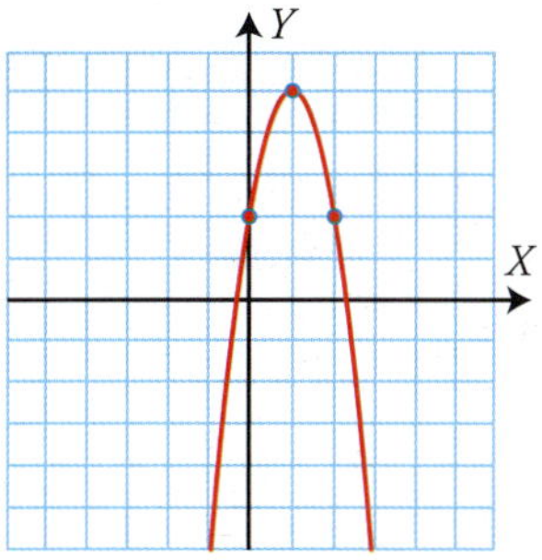

6

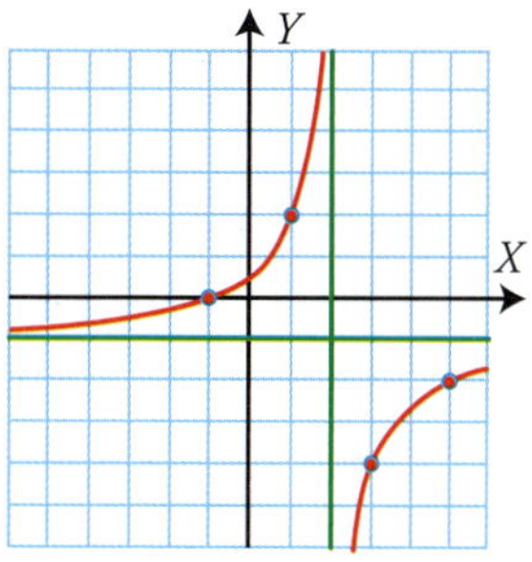

7 Un balón de baloncesto sigue un movimiento uniformemente acelerado y su altura viene dada por $h = 4t - t^2$

El tiempo está dado en segundos, y la altura en metros.

Dibuja la gráfica. ¿Qué altura máxima alcanza?

8 Seis personas tardan ocho días en hacer un trabajo. Obtén el tiempo que se tarda en hacer el mismo trabajo en función del número de personas. ¿Qué tipo de función es? Escríbe sus características fundamentales.

Mates dinámicas virtuales con GeoGebra y CalcMe en Moodle

1. Ejercicio (Calificación: 2,5 puntos)

Halla la ecuación de la parábola siguiente:

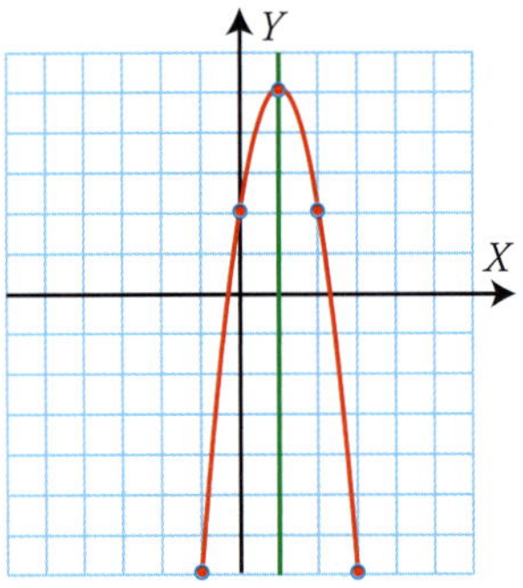

SOLUCIÓN

En **GeoGebra** elige el *applet* **Parábola: Paso de gráfica a ecuación.**

Prueba mediante *ensayo-acierto* hasta que obtengas el mismo dibujo.

Si $y = ax^2 + bx + c$, escribe los valores de los coeficientes:

$a =$ **−3** $b =$ **6** $c =$ **2**

2. Ejercicio (Calificación: 2,5 puntos)

Halla la ecuación de la hipérbola siguiente:

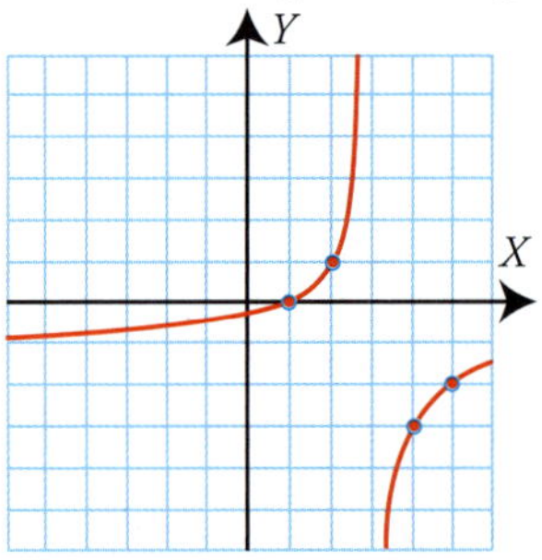

SOLUCIÓN

En **GeoGebra** elige el *applet* **Hipérbola general: Paso de gráfica a ecuación.**

Prueba mediante *ensayo-acierto* hasta que obtengas el mismo dibujo.

Si $y = k/(x - s) + r$, escribe los valores de los coeficientes:

$r =$ **−1** $s =$ **3** $k =$ **−2**

3. Problema (Calificación: 2,5 puntos)

Un puente está definido por la parábola $y = -\dfrac{x^2}{20} + 4x + 3$; x e y están en metros.

Calcula la altura del puente.

SOLUCIÓN

Altura del puente = **83** **m ▼**

4. Problema (Calificación: 2,5 puntos)

Expresa el tiempo que se tarda en realizar una obra de canalización de agua en función del número de obreros, sabiendo que 24 obreros tardan 27 días. Luego, halla el tiempo que tardarían 9 obreros para hacer la misma canalización.

SOLUCIÓN

Tiempo, $t =$ **648/x**

9 obreros tardarían **72** **días**

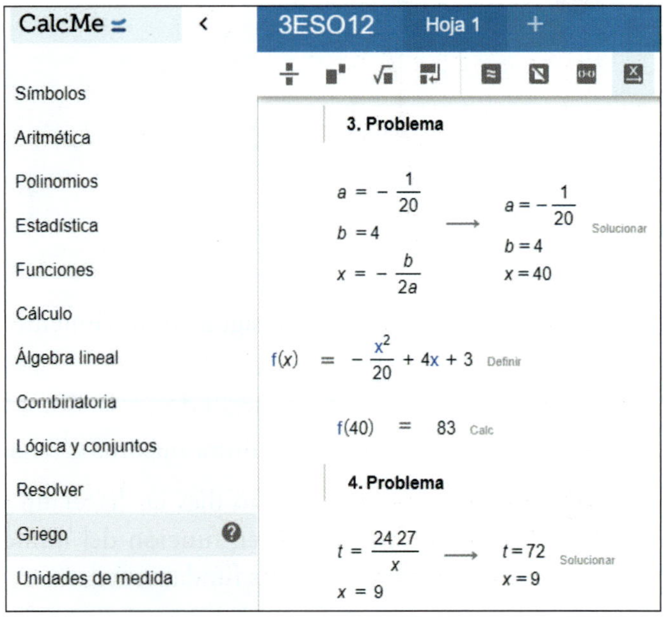

BLOQUE V

ESTADÍSTICA Y PROBABILIDAD

CONTENIDOS DEL BLOQUE

El bloque comienza con el estudio de la estadística como forma de tratar la información, la representación de esa información en gráficos y los parámetros de centralización y de dispersión que permiten analizar y sacar conclusiones de los datos recopilados.

Se sigue con el estudio de la teoría de la probabilidad en experimentos aleatorios simples y compuestos resolviendo problemas elementales con la regla de Laplace.

GRANDES EN MATEMÁTICAS

1500

1565

Girolamo Cardano (1501-1576) escribió la primera obra importante relacionada con el cálculo de probabilidades en los juegos de azar en 1565: *Libro de los juegos de azar.*

Galileo resolvió problemas sobre dados, y escribió un libro llamado *Sobre la puntuación en tiradas de dados*. La mayor aportación de Galileo a los inicios de la probabilidad fue la invención de su teoría de la medida de errores. Clasificó los errores en dos tipos: «sistemáticos» y «aleatorios», clasificación que se mantiene aún en la actualidad, y estableció cuidadosamente las propiedades de los errores aleatorios. Con esto contribuyó a la creación de ramas fundamentales de la estadística y la probabilidad posterior.

1600

1623

Blaise **Pascal** mantuvo con Pierre de Fermat (1601-1665) una abundante correspondencia sobre juegos de dados que constituye el origen de la teoría moderna de la probabilidad.

BLAISE PASCAL (1623-1662)

1662

La estadística fue fundada por John Graunt, en su *Natural and political Observations made upon the Bells of Mortality.* En él se recogían e interpretaban las cifras brutas de nacimientos y defunciones en Londres de 1604 a 1661. La obra apareció en 1662.

Treinta años más tarde, la Royal Society publicó en su *Philosophical Transactions* un artículo sobre tasas de mortalidad escrito por el astrónomo Edmund Halley. Ambas publicaciones constituyen la base del trabajo posterior sobre la esperanza de vida.

1700

1711

De Moivre en su obra *Doctrina de las Probabilidades* de 1711 formalizó el teorema de la multiplicación.

JACOB BERNOULLI (1654-1705)

1763

Jacob **Bernoulli** introdujo el concepto de probabilidad estadística y enunció la Ley de los Grandes Números. También ideó el teorema de la suma aunque su formalización se debe a Bayes (1702–1761) cuyo trabajo fue leído póstumamente en 1763.

1800

1812

Pierre-Simon **Laplace** (1749-1827) mejoró y desarrolló la mayor parte de los teoremas de Bayes en su *Théorie analytique des probabilités* en 1812.

PIERRE-SIMON LAPLACE (1749-1827)

1900

13 Estadística

1. Tablas de frecuencias
2. Gráficos estadísticos
3. Parámetros de centralización
4. Parámetros de dispersión

En la actualidad, recibimos muchísima información económica, política, científica, social, etc., que viene expresada en forma de tabla o gráfico. Por consiguiente, debemos aprender a interpretar dicha información sabiendo utilizar las herramientas de la estadística.

Por ejemplo, actualmente podemos tener información detallada del desarrollo de distintos ámbitos de la sanidad, financieros, medioambiente, población, etc., que nos permite analizar el estado actual y su posible evolución en el planeta y en nuestra sociedad.

1 Tablas de frecuencias

CARNÉ CALCULISTA

Desarrolla:

$(7 + 5x)(7 - 5x)$

Factoriza:

$4x^2 + 12xy + 9y^2$

Estudio estadístico

a) Determinar qué se quiere estudiar y en qué población.

b) Determinar cómo se va a obtener la información.

c) Recoger la información.

d) Ordenar y tabular los datos recogidos.

e) Representar gráficamente los datos.

f) Calcular las medidas que resuman la información.

g) Interpretar los resultados y obtener conclusiones.

El deporte preferido de un grupo de personas es un carácter estadístico cualitativo, no se puede contar ni medir. Sus valores son: fútbol, tenis, ciclismo, natación, etc.

PIENSA Y CALCULA

Se ha realizado un estudio en 30 personas. Observa la siguiente tabla y contesta:

Deporte	Fútbol	Baloncesto	Balonmano	Voleibol
N.º de personas	11	7	4	8

¿Sobre qué característica se investiga en el estudio? ¿Se puede contar o medir dicha característica?

1.1 Población y muestra

- La **estadística** es la ciencia que trata la información con la finalidad de describir un fenómeno que se está estudiando, y obtener conclusiones.
- Una **población** es el conjunto de elementos que son objeto de estudio. Pueden ser personas, animales, plantas o cosas.
- Una **muestra** es una parte de la población cuyo estudio sirve para obtener conclusiones de toda la población.

EJERCICIO RESUELTO

1 **Un estudio desea averiguar qué deportes se practican con mayor frecuencia entre los estudiantes de 3.º de ESO en España. ¿Cuál es la población? ¿Cómo se podría elegir una muestra?**

La población son todos los alumnos de 3.º de ESO de España. Para que la muestra que se tome sea representativa, esta debe tener alumnos de todas las zonas geográficas, de distinto nivel social y económico, de ambos sexos, que estudien en todo tipo de centros escolares, etcétera.

1.2 Carácter estadístico

- Un **carácter estadístico** es una propiedad que se estudia en los individuos de una población. Puede ser cualitativo o cuantitativo.
- **Carácter estadístico cualitativo:** aquel que indica una cualidad. No se puede contar ni medir.
- **Carácter estadístico cuantitativo:** aquel que indica una cantidad. Se puede contar o medir. Se clasifica en:
  a) **Cuantitativo discreto:** sus valores son el resultado de un recuento. Únicamente puede tomar ciertos valores aislados.
  b) **Cuantitativo continuo:** sus valores son el resultado de una medida. Puede tomar cualquier valor dentro de un intervalo.

EJEMPLO

		Caracteres	Valores
Cualitativo		El deporte practicado	Fútbol, natación…
Cuantitativo	Discreto	El n.º de libros que lee al año	0, 1, 2, 3…
	Continuo	La estatura	160 cm, 170 cm…

1.3 Tabla de frecuencias

Los datos estadísticos se organizan en tablas en las que aparecen los valores de la variable y las frecuencias de dichos valores.

La **frecuencia absoluta de un valor** es el número de individuos de la población para los que la variable toma ese valor. Se representa por n_i

La suma de todas las frecuencias absolutas es igual al total de los individuos, y se representa por N

La **frecuencia relativa de un valor** es el cociente entre la frecuencia absoluta y el número total de individuos. Se representa por $f_i = \frac{n_i}{N}$

La suma de todas las frecuencias relativas es 1

EJEMPLO

En una clase de 3.º de ESO se estudia el número de hijos que tienen 25 familias, y se obtiene la siguiente tabla:

x_i	n_i	f_i	N_i	F_i	f_i (%)
1	5	0,20	5	0,20	20%
2	9	0,36	14	0,56	36%
3	8	0,32	22	0,88	32%
4	2	0,08	24	0,96	8%
5	1	0,04	25	1,00	4%
Total	**25**	**1,00**			**100%**

Frecuencia acumulada

La **frecuencia acumulada** de un valor es la suma de las frecuencias de los valores menores o iguales a él. Las frecuencias acumuladas pueden ser:

- **Absolutas,** que se representan por N_i
- **Relativas,** que se representan por F_i

Las frecuencias acumuladas solo tienen sentido cuando los datos se pueden ordenar.

▸ Tablas de datos agrupados en intervalos

Cuando se tienen datos de un carácter cuantitativo continuo, o hay muchos datos, estos se agrupan en intervalos de igual longitud. La **marca de clase** es el punto medio del intervalo y se toma como valor de dicho intervalo.

EJEMPLO

El número de intervalos puede ser la raíz cuadrada por defecto o exceso del número de datos; por ejemplo, para 30 datos, $5 < \sqrt{30} < 6$, se pueden tomar 5 o 6 intervalos.

Estatura (cm)	Marca de clase: x_i	n_i
149,5-154,5	152	4
154,5-159,5	157	5
159,5-164,5	162	7
164,5-169,5	167	9
169,5-174,5	172	5

Distribución de las estaturas de 30 personas.

APLICA LA TEORÍA

1 Pon un ejemplo de cada tipo de carácter estadístico.

2 El número de tornillos defectuosos que se han obtenido por término medio en 25 cajas envasadas en una fábrica ha sido: 3, 2, 5, 3, 3, 2, 1, 3, 2, 2, 4, 1, 1, 2, 2, 3, 5, 5, 5, 2, 4, 1, 1, 3, 2

a) Clasifica el carácter estudiado.

b) Haz una tabla de frecuencias absolutas y relativas.

3 Se ha preguntado a una muestra de personas sobre el funcionamiento de su ayuntamiento, obteniéndose los siguientes resultados:

Respuesta	Muy mal	Mal	Normal	Bien	Muy bien
N.º personas	8	10	20	8	4

a) Clasifica el carácter estudiado.

b) Haz una tabla de frecuencias absolutas y relativas.

4 Se ha realizado un estudio sobre el peso de un grupo de jóvenes, obteniéndose los siguientes resultados:

Peso (kg)	51,5-56,5	56,5-61,5	61,5-66,5
N.º jóvenes	6	8	10

Peso (kg)	66,5-71,5	71,5-76,5	76,5-81,5
N.º jóvenes	12	9	5

a) Clasifica el carácter estudiado.

b) Escribe la marca de clase y completa una tabla de frecuencias absolutas y relativas.

2 Gráficos estadísticos

CARNÉ CALCULISTA

Resuelve la ecuación:

$$\frac{2x-1}{3} - \frac{x-3}{4} = \frac{x-5}{2}$$

PIENSA Y CALCULA

En la siguiente representación se recoge a los tres máximos goleadores de una liga juvenil. ¿Cuántos goles ha metido cada jugador?

2.1 Diagrama de barras

Un **diagrama de barras** es un gráfico que está formado por barras separadas de altura proporcional a la frecuencia de cada valor. En el eje de abscisas se representan los valores del carácter estadístico, y en el eje de ordenadas, las frecuencias. Se utiliza con datos cualitativos y cuantitativos discretos.

EJERCICIO RESUELTO

Calificaciones	N.° alumnos
Insuficiente	4
Suficiente	9
Bien	7
Notable	5
Sobresaliente	3

2 **En la tabla se recogen las calificaciones del último examen de Matemáticas de una clase de 3.° de ESO. Representa en un diagrama de barras los datos e interpreta los resultados.**

Se observa que hay pocos insuficientes y pocos sobresalientes. La mayoría de las calificaciones están entre el SF y el B.

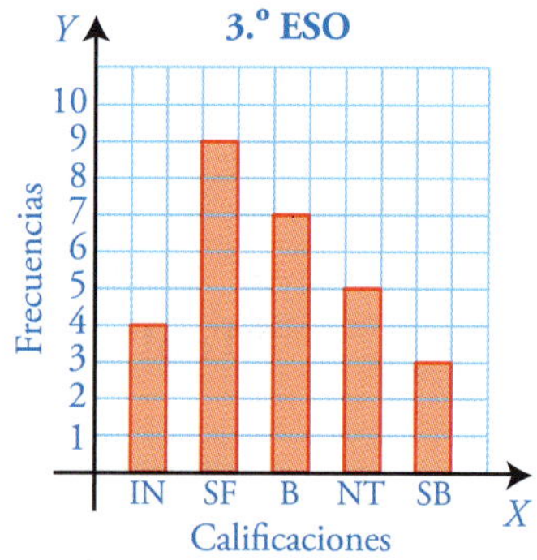

2.2 Diagrama de sectores

Un **diagrama de sectores** es un gráfico que consiste en un círculo dividido en sectores de amplitud proporcional a la frecuencia de cada valor. Se utiliza con cualquier tipo de datos. Para dibujarlo se sigue el procedimiento:

a) Se calcula la amplitud correspondiente a la frecuencia 1 dividiendo 360° entre el número total de datos, N:

$$\text{Amplitud de una unidad} = \frac{360°}{N}$$

b) Se calcula la amplitud de cada valor multiplicando la amplitud de una unidad por cada frecuencia:

$$\text{Amplitud de } x = \frac{360°}{N} \cdot n_i$$

EJERCICIO RESUELTO

Medio de locomoción	Número de personas
Vehículo propio	40
Tren	23
Autobús	18
Avión	9

3 **Se ha realizado un estudio sobre el medio de locomoción que utilizan los habitantes de una ciudad para desplazarse en sus vacaciones, obteniéndose los resultados de la tabla. Representa los datos en un diagrama de sectores e interpreta el resultado.**

a) $\frac{360°}{90} = 4°$

b) En la misma tabla de datos se calcula la amplitud de cada sector.

Medio de locomoción	N.º de personas	Amplitud del sector
Vehículo propio	40	$40 \cdot 4° = 160°$
Tren	23	$23 \cdot 4° = 92°$
Autobús	18	$18 \cdot 4° = 72°$
Avión	9	$9 \cdot 4° = 36°$
Total	**90**	**360°**

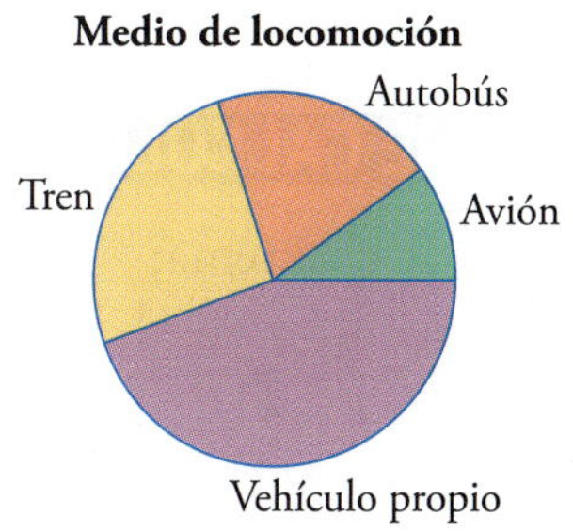

Hay una mayoría de personas que utiliza el transporte por carretera, un grupo menor el tren y muy pocos el avión. Esto puede deberse a que el precio del transporte por carretera es más barato que el de los otros medios.

2.3 Histograma

Un **histograma** es una representación gráfica mediante rectángulos adosados de base el intervalo y altura proporcional a la frecuencia. Se utiliza cuando los datos son cuantitativos continuos o están agrupados en intervalos.

EJERCICIO RESUELTO

4 La tabla recoge la estatura de un grupo de alumnos de 3.º de ESO. Haz el histograma e interpreta el resultado.

La estatura de los alumnos está mayoritariamente entre 155 y 170 cm, distribuyéndose de forma bastante simétrica hacia los intervalos de los extremos.

Estatura (cm)	N.º de alumnos
150-155	6
155-160	8
160-165	11
165-170	7
170-175	4

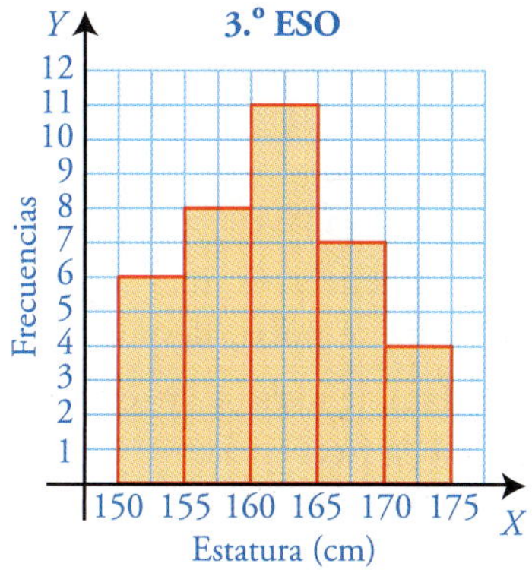

APLICA LA TEORÍA

5 En la tabla se recogen las cantidades, en miles de euros, recaudadas por una administración. Haz la representación gráfica más idónea e interpreta el resultado:

Loterías	Primitiva	Bonoloto	Quiniela	ONCE
22	10	2	3	13

6 En la tabla se recoge el número de programas que oferta una televisión semanalmente en distintas categorías. Haz la representación gráfica más idónea e interpreta el resultado:

Magacín	Deportes	Informativos	Ficción
27	15	30	18

7 Haz la representación gráfica más idónea del número total de revistas de *software* editadas por una empresa en 5 años e interpreta el resultado:

Año	2016	2017	2018	2019	2020
N.º revistas (miles)	20	25	28	30	35

8 Haz la representación gráfica más idónea del tiempo que dedican a estudiar Matemáticas en su casa los alumnos de un grupo de 3.º de la ESO, e interpreta el resultado:

Tiempo (min)	0-15	15-30	30-45	45-60	60-75
N.º de alumnos	3	12	9	4	2

9 Construye una tabla de datos para el siguiente histograma e interpreta el resultado:

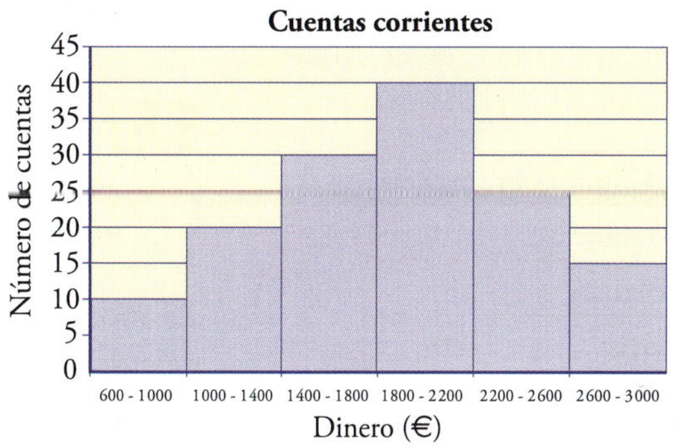

3 Parámetros de centralización

CARNÉ CALCULISTA

Resuelve el sistema:

$$\left.\begin{array}{l} 2x - 1 = \dfrac{3y - 10}{4} \\ 8(x - 2) = 5(2 - y) \end{array}\right\}$$

Calculadora

Se hace para **Casio fx-82MS.** Para otras es análogo; véase el manual.

a) Se selecciona el modo **SD**
MODE (SD) 2

b) Se borran todos los datos:
SHIFT CLR
(Scl) 1 =

c) Se escribe cada dato y se pulsa DT o DATA. Si la frecuencia es mayor que uno, se pulsa, después del dato, la tecla ; y se escribe la frecuencia.

d) Si se introduce un dato erróneo, se puede modificar. Usa las teclas ▲ y ▼ para buscar el dato. Escribe el dato nuevo y pulsa =

e) Se obtiene la media pulsando:
SHIFT S-VAR
($\bar{x}$) 1 =

EJEMPLO

La moda de la siguiente distribución sobre los colores preferidos en un coche es el color gris:

Color	Frecuencia
Azul	10
Blanco	8
Gris	20
Negro	5
Rojo	12

PIENSA Y CALCULA

Paloma ha obtenido las siguientes calificaciones: 5, 7, 7 y 9

¿Qué calificación media ha obtenido? ¿Qué calificación ha sacado más veces?

3.1 Parámetros de centralización

Los **parámetros de centralización** son medidas que sintetizan los valores e indican la tendencia de los datos a agruparse sobre un valor.

Se llaman de centralización porque los datos se distribuyen alrededor de ellos.

Los parámetros de centralización más frecuentes son la **media,** la **moda** y la **mediana.**

3.2 Media, media aritmética o promedio

La **media** de un conjunto de datos es el resultado que se obtiene al dividir la suma de todos los datos entre el número total de ellos.

$$\bar{x} = \frac{\Sigma x_i n_i}{N}$$

El símbolo Σ es la letra griega sigma mayúscula y significa «suma».

La media solo se puede calcular si los datos son cuantitativos. No es representativa si hay valores muy alejados respecto de ella.

EJERCICIO RESUELTO

5 La edad de los socios de un club de ajedrez juvenil se distribuye en los siguientes intervalos. Calcula la media e interpreta el resultado.

Edad (años)	x_i	n_i	$x_i \cdot n_i$
10-12	11	6	66
12-14	13	12	156
14-16	15	15	225
16-18	17	5	85
Total		**38**	**532**

$$\bar{x} = \frac{\Sigma x_i n_i}{N} = \frac{532}{38} = 14 \text{ años}$$

11 ; 6 DT 13 ; 12 DT 15 ; 15 DT 17 ; 5 DT $\bar{x}$ = **14**

La edad de los socios se distribuye alrededor de 14 años.

3.3 Moda

La **moda** de una distribución es el valor que tiene mayor frecuencia.

La moda se puede calcular siempre. Para calcular la moda no hace falta hacer cálculos. Solo se debe mirar qué valor tiene mayor frecuencia.

Si hay dos valores que tienen la misma frecuencia máxima, se dice que es una distribución **bimodal;** si hay tres, **trimodal;** y si hay varios, **multimodal.**

3.4 Cuartiles

Cuartiles son los valores de la variable que dividen en cuartos a los datos ordenados.

- El **primer cuartil,** Q_1, es el valor de la variable que deja por debajo de él la cuarta parte de los datos.
- El **segundo cuartil,** Q_2, es la **mediana,** que es el valor de la variable que deja por debajo de él la mitad de los datos.
- El **tercer cuartil,** Q_3, es el valor de la variable que deja por debajo de él las tres cuartas partes de los datos.

Diagrama de caja y bigotes

Es un gráfico que representa los tres cuartiles y los valores mínimo y máximo de los datos.

Rango intercuartílico = $Q_3 - Q_1$

El **cuartil** más utilizado es la mediana. Para poder calcularla, los datos se tienen que poder ordenar, y es más significativa cuando no se puede calcular la media o esta es poco significativa.

Para calcular la mediana de forma cómoda se tiene en cuenta:

a) Si hay pocos datos, se ordenan; y si el número de datos es:

- Impar, la mediana es el dato que queda en el centro.
- Par, la mediana será la media de los datos centrales.

b) Si hay muchos datos, se hace una tabla de frecuencias que tenga una columna con las frecuencias absolutas acumuladas.

EJEMPLO

- N.º de datos impares:
  2, 3, 4, 7, 10
  La mediana es 4
- N.º de datos pares:
  1, 2, 3, 5
  La mediana es:
  $$\frac{2+3}{2} = 2{,}5$$

EJERCICIO RESUELTO

6 **Calcula los cuartiles de la distribución de la tabla del margen y haz un diagrama de caja y bigotes.**

Como hay 60 datos, 1/4 de 60 = 15, 1/2 de 60 = 30; 3/4 de 60 = 45

- Q_1: El primer valor que sobrepasa la 1.ª cuarta parte de los datos es 2
- Mediana, Q_2: El primer valor que sobrepasa la mitad de los datos es 3
- Q_3: El primer valor que sobrepasa las 3/4 partes de los datos es 4

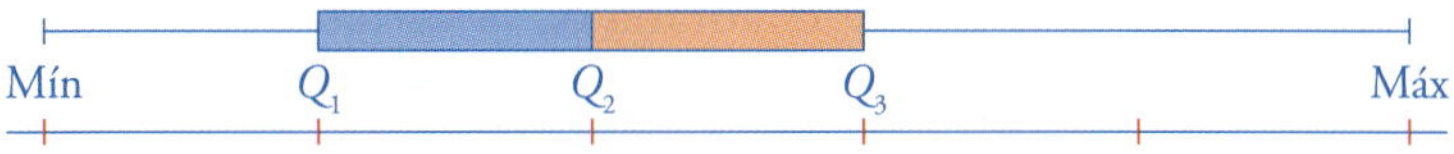

x_i	n_i	N_i	
1	5	5	
2	14	19	19 > 15
3	20	39	39 > 30
4	10	49	49 > 45
5	7	56	
6	4	60	
Total	**60**		

APLICA LA TEORÍA

10 Se ha realizado un registro del número de refrescos comprados en una máquina expendedora durante los últimos 40 días, obteniéndose los siguientes resultados:

N.º de refrescos	5	7	8	12	15
N.º de días	6	9	12	8	5

a) Calcula los parámetros de centralización que sea posible y haz un diagrama de caja y bigotes.

b) Interpreta el resultado.

11 En un servicio de control de calidad se ha contabilizado el número de veces que un ordenador se ha bloqueado durante los últimos 60 días, obteniéndose los siguientes resultados:

N.º de bloqueos	0	1	2	3	4	5	6
N.º de días	5	7	10	15	12	8	3

a) Calcula los parámetros de centralización que sea posible y haz un diagrama de caja y bigotes.

b) Interpreta el resultado.

4 Parámetros de dispersión

CARNÉ CALCULISTA

Calcula la apotema de un hexágono regular cuyo lado mide 8 m. Redondea el resultado a dos decimales.

PIENSA Y CALCULA

Alba ha obtenido en Matemáticas las notas 7, 6, 7, 8 y 7. Óscar ha obtenido: 10, 2, 9, 10 y 4. Calcula la media de ambas notas y di quién es más regular.

4.1 Parámetros de dispersión

Los **parámetros de dispersión** son unos valores que indican si los datos de la distribución están más o menos cercanos a los parámetros centrales.

Los parámetros de dispersión más frecuentes son el **recorrido,** la **varianza,** la **desviación típica** y el **coeficiente de variación.** Solo tienen sentido cuando los datos son cuantitativos.

EJEMPLO

Las calificaciones de un alumno son: 5, 4, 6 y 9 puntos.

El recorrido es: 9 – 4 = 5

4.2 Recorrido

El **recorrido** es la diferencia entre el valor mayor y el menor de la distribución.

4.3 Varianza y desviación típica

La **varianza** es la media de las desviaciones al cuadrado. Se calcula así:

$$V = \frac{\Sigma x_i^2 n_i}{N} - \overline{x}^2$$

La varianza no se puede comparar con la media, ya que en la varianza se tienen unidades cuadradas, y en la media unidades lineales. Para poder hacer esta comparación se define la desviación típica.

La **desviación típica** es la raíz cuadrada de la varianza. Se representa con el símbolo σ y se calcula aplicando la fórmula: $\sigma = \sqrt{V}$

Varianza

$$V = \frac{\Sigma (x_i - \overline{x})^2 \cdot n_i}{N}$$

Dispersión de datos

Si dos distribuciones tienen la misma media y una de ellas tiene mayor desviación típica, esta tendrá los datos más dispersos que la otra.

Símbolo de la desviación típica

σ es la letra griega sigma minúscula.

EJERCICIO RESUELTO

7) **Se han obtenido los datos de la tabla siguiente sobre el número de personas que viven en el hogar familiar. Calcula la varianza y la desviación típica e interpreta el resultado.**

x_i	n_i	$x_i \cdot n_i$	x_i^2	$x_i^2 \cdot n_i$
3	6	18	9	54
4	15	60	16	240
5	12	60	25	300
6	7	42	36	252
Total	**40**	**180**		**846**

$$\overline{x} = \frac{\Sigma x_i n_i}{N} \Rightarrow \overline{x} = \frac{180}{40} = 4{,}5$$

$$V = \frac{\Sigma x_i^2 \cdot n_i}{N} - \overline{x}^2$$

$$V = \frac{846}{40} - 4{,}5^2 = 0{,}9$$

$$\sigma = \sqrt{V} \Rightarrow \sigma = \sqrt{0{,}9} = 0{,}95$$

El número de personas que viven en el hogar familiar se distribuye alrededor de 4,5, con una desviación típica de 0,95; es decir, la mayoría de los datos se encuentran entre 4,5 – 0,95 = 3,55 y 4,5 + 0,95 = 5,45

Con calculadora

[SHIFT] [CLR] (Scl) [1] [=]

[3] [;] [6] [DT] [...]

Media: [$\overline{x}$] **4,5**

Desviación típica: [SHIFT] [S-VAR] ($x\sigma_n$) [2] [=] **0,95**

Varianza:

Se eleva la desviación típica al cuadrado: [x^2] **0,9**

4.4 Coeficiente de variación

El **coeficiente de variación,** CV, es la comparación entre la desviación típica y la media aritmética.

$$CV = \frac{\sigma}{\overline{x}}$$

Este coeficiente se suele multiplicar por cien para expresarlo en porcentaje.

Cuanto mayor sea el coeficiente de variación, mayor será la dispersión de los datos.

Interpretación del coeficiente de variación

Para que el CV sea fiable, la media no debe estar próxima a cero.

Cuando el CV ≥ 30 %, la dispersión se considera grande.

EJERCICIO RESUELTO

8 En las tablas siguientes se recogen las calificaciones de dos grupos de alumnos de la misma asignatura. Calcula el coeficiente de variación y analiza la dispersión de las calificaciones.

Grupo A					
x_i	4	5	6	7	8
n_i	2	10	10	5	3

Grupo B										
x_i	1	2	3	4	5	6	7	8	9	10
n_i	6	4	2	2	1	1	1	2	5	6

Grupo A $\begin{cases} \overline{x} = 5{,}9 \\ \sigma = 1{,}08 \\ CV = 0{,}18 = 18\,\% \end{cases}$

$x\sigma_n$ ÷ $\overline{x}$ **0,18**

Grupo B $\begin{cases} \overline{x} = 5{,}56 \\ \sigma = 3{,}58 \\ CV = 0{,}64 = 64\,\% \end{cases}$

$x\sigma_n$ ÷ $\overline{x}$ **0,64**

Claramente, el grupo B tiene una dispersión mucho mayor que el A.

Elección del grupo

Si con los datos del ejemplo se tuviera que elegir grupo tendríamos que:

- Si solo se desea aprobar, sería lógico ir al grupo A.
- Si se desea sacar una buena nota, hay que arriesgarse en el grupo B.

APLICA LA TEORÍA

12 Durante los últimos 26 días, el número de alumnos que ha faltado a clase ha sido:

N.º de alumnos	0	1	2	3	4	5
N.º de días	5	4	8	5	3	1

a) Calcula la desviación típica y el coeficiente de variación.

b) Interpreta los resultados.

13 Se ha medido la temperatura máxima en una ciudad durante los últimos días, obteniéndose los siguientes resultados:

Temperatura (°C)	8-10	10-12	12-14	14-16	16-18
N.º de días	3	4	9	3	1

a) Calcula la desviación típica y el coeficiente de variación.

b) Interpreta los resultados.

14 Las edades de los componentes de una asociación deportiva son las siguientes:

Edad (años)	Componentes
15-19	5
19-23	6
23-27	10
27-31	5
31-35	2

Calcula la desviación típica y el coeficiente de variación e interpreta los resultados.

15 Durante los últimos 10 años, la cotización en bolsa de dos empresas, A y B, ha sido la siguiente:

Empresa A	4,0	4,2	4,0	4,1	4,0	3,9	4,2	4,0	4,0	4,1
Empresa B	7,0	7,2	7,0	6,5	7,5	7,0	7,5	6,5	7,2	7,0

a) Calcula la desviación típica y el coeficiente de variación.

b) Analiza en qué empresa puede ser más arriesgado invertir.

EJERCICIOS Y PROBLEMAS RESUELTOS

EJERCICIOS DE GRÁFICOS ESTADÍSTICOS

9 Se ha realizado una encuesta sobre la facilidad de uso de un teléfono con pantalla táctil y se han obtenido los siguientes datos:

Opinión	N.º personas
Muy buena	75
Buena	60
Regular	20
Mala	15
Muy mala	10

Haz la representación gráfica más idónea e interprétala.

Como los datos son cualitativos podemos representarlos en un diagrama de sectores o en un diagrama de barras.

$$\frac{360^\circ}{180} = 2^\circ$$

Opinión	N.º de personas	Amplitud del sector
Muy buena	75	$75 \cdot 2^\circ = 150^\circ$
Buena	60	$60 \cdot 2^\circ = 120^\circ$
Regular	20	$20 \cdot 2^\circ = 40^\circ$
Mala	15	$15 \cdot 2^\circ = 30^\circ$
Muy mala	10	$10 \cdot 2^\circ = 20^\circ$
Total	**180**	**360°**

Opinión del teléfono táctil

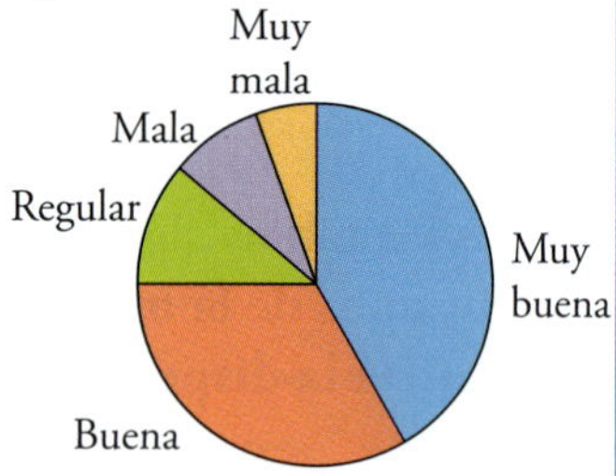

La mayoría de las personas encuestadas opina que el uso del teléfono es bueno o muy bueno; esto corresponde a 135 : 180 = 75 %. Solo 25 : 180 = 13,9 % tienen mala opinión.

10 Se ha realizado una marcha con un grupo de personas y se ha cronometrado el tiempo que han tardado en recorrer la distancia marcada:

Intervalo (min)	N.º de personas
60-70	10
70-80	40
80-90	30
90-100	15
100-110	5

- Calcula las frecuencias relativas en porcentaje.
- Haz la representación gráfica más idónea e interprétala.

Como los datos están agrupados en intervalos, la representación gráfica debe ser un histograma.

Intervalo (min)	N.º de personas	f_i(%)
60-70	10	10%
70-80	40	40%
80-90	30	30%
90-100	15	15%
100-110	5	5%
Total	**100**	**100%**

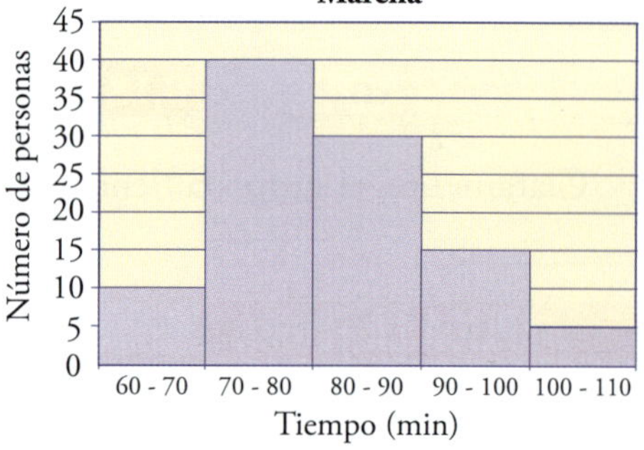

Se observa que el 70 % está entre los 70 min y los 90 min dejando dos colas a los lados. Un 10 % de personas muy rápidas y un 20 % que son más lentas.

PROBLEMA DE COMPARACIÓN DE DISTRIBUCIONES

11 Dos gestorías realizan un trámite con la siguiente duración en días:

	$\bar{x}$	σ
Gestoría A	5,6	2,8
Gestoría B	6,5	1,3

Se tienen dos grupos de trámites. Uno con 7 trámites con una duración de 9 días, y 8, con 3 días. Otra tiene 3 trámites con 5 días, y 4, con 7 días. ¿A qué gestoría pertenece cada grupo?

	$\bar{x}$	σ	CV
Gestoría A	5,6	2,8	0,50
Gestoría B	6,5	1,3	0,20

La gestoría A tiene un CV = 0,5 = 50 % > 30 %. La dispersión es muy grande. La gestoría B tiene un CV = 0,2 = 20 % < 30 %. La dispersión es pequeña.

Si comparamos los grupos, en el primero se dan muchos expedientes con mucha dispersión que va de los 3 días a los 9 días.

En el otro es al contrario. Parece lógico pensar que el **primer grupo pertenece a la gestoría A y el otro, a la B.**

PROBLEMA DE PARÁMETROS CON DATOS DISCRETOS

12 Se ha realizado una encuesta sobre el número de televisores que hay en los hogares obteniéndose los siguientes resultados:

N.º de TV	N.º hogares
1	12
2	17
3	8
4	2
5	1

Calcula los parámetros de centralización y haz un diagrama de caja y bigotes.

Calcula los parámetros de dispersión.

Interpreta los resultados.

x_i	n_i	N_i	$x_i \cdot n_i$	$x_i^2 \cdot n_i$
1	12	12	12	12
2	17	29	34	68
3	8	37	24	72
4	2	39	8	32
5	1	40	5	25
Total	**40**		**83**	**209**

- Parámetros de centralización:

Moda: 2

$Q_1 = 1$; $Q_2 = 2$; $Q_3 = 3$

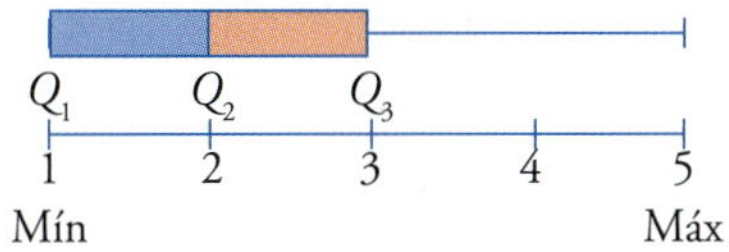

$$\overline{x} = \frac{\Sigma x_i n_i}{N} \Rightarrow \overline{x} = \frac{83}{40} = 2,08$$

- Parámetros de dispersión:

$$V = \frac{\Sigma x_i^2 \cdot n_i}{N} - \overline{x}^2 \Rightarrow V = \frac{209}{40} - 2,08^2 = 0,92$$

$$\sigma = \sqrt{V} \Rightarrow \sigma = \sqrt{0,92} = 0,96$$

$$CV = \frac{\sigma}{\overline{x}} \Rightarrow CV = 0,96 : 2,08 = 0,46 = 46\,\% > 30\,\%$$

Los datos se distribuyen alrededor de 2 televisores con una dispersión muy grande.

PROBLEMA DE PARÁMETROS CON DATOS AGRUPADOS

13 Se ha medido el tiempo en horas que unas determinadas pilas están funcionando ininterrumpidamente obteniéndose los siguientes resultados:

N.º de horas	N.º pilas
9,5-10,5	1
10,5-11,5	8
11,5-12,5	18
12,5-13,5	6
13,5-14,5	7

Calcula los parámetros de centralización y de dispersión.

x_i	n_i	N_i	$x_i \cdot n_i$	$x_i^2 \cdot n_i$
10	1	1	10	100
11	8	9	88	968
12	18	27	216	2 592
13	6	33	78	1 014
14	7	40	98	1 372
Total	**40**		**490**	**6 046**

- Parámetros de centralización:

Moda: 12

Q_1 está en el intervalo 11,5-12,5; Q_2 en 11,5-12,5 y Q_3 en 12,5-13,5

$$\overline{x} = \frac{\Sigma x_i n_i}{N} \Rightarrow \overline{x} = \frac{490}{40} = 12,25$$

- Parámetros de dispersión:

$$V = \frac{\Sigma x_i^2 \cdot n_i}{N} - \overline{x}^2 \Rightarrow V = \frac{6\,046}{40} - 12,25^2 = 1,09$$

$$\sigma = \sqrt{V} \Rightarrow \sigma = \sqrt{1,09} = 1,04$$

$$CV = \frac{\sigma}{\overline{x}} \Rightarrow CV = 1,04 : 12,25 = 0,09 = 9\,\% < 30\,\%$$

Los datos se distribuyen alrededor de 12,25 horas, con una dispersión muy pequeña.

EJERCICIOS Y PROBLEMAS PROPUESTOS

1. Tablas de frecuencias

16 Clasifica los caracteres en cualitativos, cuantitativos discretos o cuantitativos continuos:

a) El color de pelo.

b) La estatura de un grupo de personas.

c) El deporte preferido.

d) El número de libros leídos.

17 El número de horas al día, por término medio, que unos jóvenes dedican a la lectura es:

Tiempo (h)	0-0,5	0,5-1	1-1,5	1,5-2	2-2,5
N.º de alumnos	4	8	12	10	6

a) Clasifica el carácter estudiado.

b) Haz una tabla con las frecuencias acumuladas y relativas.

18 Se ha realizado un estudio sobre el número de veces que va al cine un grupo de jóvenes, obteniéndose los siguientes resultados:

3	2	1	3	2	4	1	4	3	2
1	5	3	6	3	5	3	2	5	1
3	1	2	1	4	2	6	4	2	3
3	2	4	3	1	5	2	1	3	2
2	3	2	5	3	1	3	4	1	3

a) Clasifica el carácter estudiado.

b) Haz una tabla de frecuencias absolutas y relativas.

19 Se ha preguntado a una muestra de personas por su grado de satisfacción sobre los servicios públicos, obteniéndose los siguientes resultados:

Respuesta	**N.º personas**
Muy insatisfecho	15
Insatisfecho	25
Normal	28
Satisfecho	20
Muy satisfecho	12

a) Clasifica el carácter estudiado.

b) Haz una tabla de frecuencias absolutas y relativas.

2. Gráficos estadísticos

20 En la siguiente tabla se recogen las cantidades de dinero (en millones de euros) gastadas en diferentes combustibles en una comunidad autónoma en el último año:

Producto consumido	**Dinero**
Carbón	15
Gasóleo	40
Fuel-oil	25
Otros	10

Haz la representación gráfica más idónea e interpreta el resultado.

21 Se ha realizado un estudio relativo a los lugares y a la frecuencia con que se contagia la gripe entre las personas. Se han obtenido los siguientes resultados:

Lugar de contagio	**N.º personas**
Familia	26
Centro de trabajo	19
Otros	15

Haz la representación gráfica más idónea e interpreta el resultado.

22 Haz la representación gráfica más idónea para el número de alumnos que ha terminado sus estudios de ESO durante los años siguientes, e interpreta el resultado:

Año	2016	2017	2018	2019	2020
N.º de alumnos (en miles)	303	312	321	318	316

23 El tiempo semanal que emplean unos jóvenes en ayudar en las labores domésticas en su casa viene dado por la siguiente tabla:

Tiempo (h)	0-1	1-2	2-3	3-4	4-5
N.º de jóvenes	5	6	10	5	4

Haz la representación gráfica e interpreta el resultado.

3. Parámetros de centralización

24 En una muestra de familias se ha estudiado el número de hijos que tienen, obteniéndose el siguiente resultado:

N.º de hijos	0	1	2	3	4	5	6
Frecuencia	15	35	20	15	7	5	3

Calcula la moda, la media y la mediana para estos datos, e interpreta el resultado.

25 El número de libros que una librería ha vendido de una novela premiada ha sido:

N.º de libros	2	3	4	5	6	10
N.º de días	4	5	12	3	2	1

Calcula la moda, la media y la mediana.

26 Se ha estudiado el deporte preferido de los alumnos de una clase:

Deporte	N.º de alumnos
Fútbol	12
Baloncesto	6
Balonmano	5
Voleibol	2
Atletismo	2
Natación	3

a) Calcula la moda.

b) ¿Se pueden calcular la media y la mediana?

c) Interpreta los resultados obtenidos.

4. Parámetros de dispersión

27 La talla de los nacidos en una clínica en un determinado día se ha recogido en esta tabla:

Longitud (cm)	45-47	47-49	49-51	51-53	53-55
N.º de recién nacidos	2	6	4	2	1

Calcula la desviación típica y el coeficiente de variación e interpreta los resultados.

28 Las semanas en cartel que han estado distintas películas en un determinado cine han sido: 3, 1, 4, 3, 2, 5, 2, 11, 5, 2. Calcula la desviación típica y el coeficiente de variación.

29 El peso de 25 deportistas se recoge en la tabla:

Masa (kg)	63-67	67-71	71-75	75-79	79-83
Número de deportistas	1	12	5	4	2

Calcula la desviación típica y el coeficiente de variación e interpreta los resultados.

30 Dos atletas que corren la prueba de 100 m han hecho los siguientes registros:

Atleta A	10,1	10,1	10,1	10,1	10,2
Atleta B	10,4	10,3	9,79	9,79	10,3

a) Calcula la desviación típica y el coeficiente de variación.

b) ¿Qué atleta elegirías si deseas arriesgarte para obtener la mejor marca?

Para ampliar

31 Un climograma es un gráfico en el que se registran las temperaturas y las lluvias durante un año. Analiza el siguiente y haz una tabla de datos donde se recojan las temperaturas y las precipitaciones.

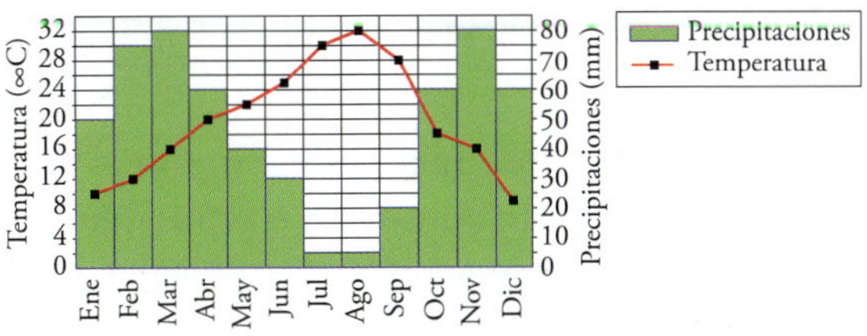

32 En la siguiente tabla se recoge la velocidad, en Mbps, que permite el acceso a Internet según el tipo de línea. Haz la representación gráfica más idónea.

Línea	Velocidad (Mbps)
3G	2
H	14
H+	84
4G	100

Problemas

33 El siguiente gráfico recoge hasta el 2050 la población que tendrá escasez de agua. Haz una tabla de datos que recoja los resultados.

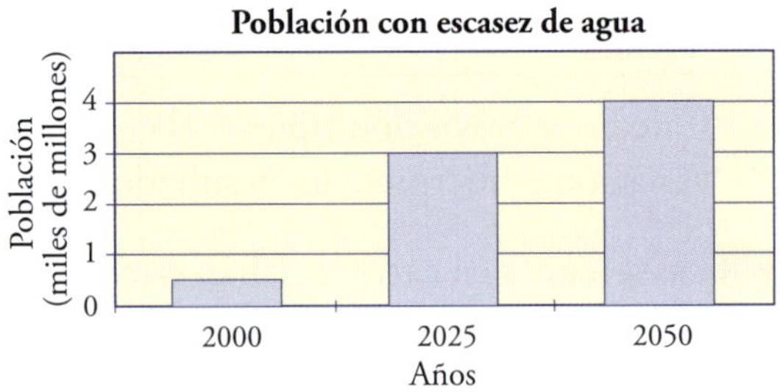

34 El tiempo, en horas, que unos escolares dedican a hacer deporte se recoge en la tabla siguiente:

Tiempo (h)	0-2	2-4	4-6	6-8
N.º de escolares	5	8	4	3

Calcula la media, la desviación típica y el coeficiente de variación e interpreta los resultados.

35 La estatura, en centímetros, de un grupo de alumnos es:

Estatura (cm)	**N.º alumnos**
140-150	1
150-160	6
160-170	10
170-180	4
180-190	2

Calcula la media, la desviación típica y el coeficiente de variación e interpreta los resultados.

36 La distribución de vehículos detectados en un control de velocidad en carretera ha sido:

Velocidad (km/h)	**N.º de vehículos**
70-80	4
80 90	6
90-100	20
100-110	16
110-120	4

Calcula la media y la desviación típica e interpreta el resultado.

37 Se necesita hacer un pedido de termómetros clínicos, por lo que antes se prueban nueve distintos midiendo a la vez cierta temperatura. Los resultados son los siguientes:

36,4	36,2	36,9
37,4	37	36,7
37,6	37,1	36,8

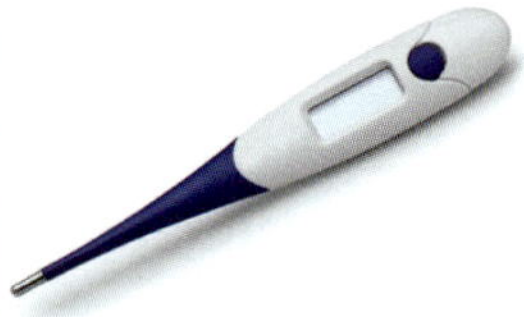

¿Con qué termómetro se deben quedar?

Para profundizar

38 Se han cortado unos trozos de cable cuyas longitudes se han recogido en la tabla:

Longitud (cm)	**N.º de cables**
1-3	4
3-5	10
5-7	5
7-9	4
9-11	1

Calcula la media, la desviación típica y el coeficiente de variación e interpreta los resultados obtenidos.

39 ¿Cómo varía la media y la desviación típica si a todos los datos se les suma un mismo número? Compruébalo con los siguientes datos:

x_i	2	5	6	4	2	3	5
$x_i + 3$	5	8	9	7	5	6	8

40 ¿Cómo varía la media y la desviación típica si todos los datos se multiplican por un mismo número? Compruébalo con los siguientes datos:

x_i	3	5	6	5	4	2	3
$2x_i$	6	10	12	10	8	4	6

41 Calcula la nota media de Ernesto si ha sacado las calificaciones 8, 5, 6 y 9, sabiendo que estas representan un 40 %, 35 %, 10 % y un 15 % de la nota, respectivamente.

Matematización en contextos reales

Interpretación de gráficos

42 La estadística trata información y la resume en forma de gráfico en muchas ocasiones. Analiza la evolución del paro en un país durante la siguiente serie:

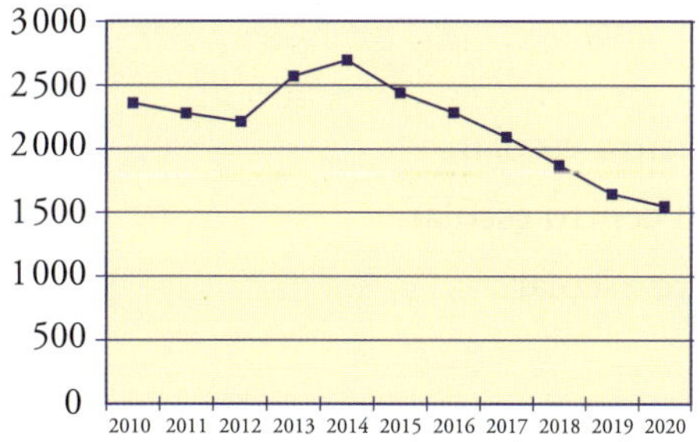

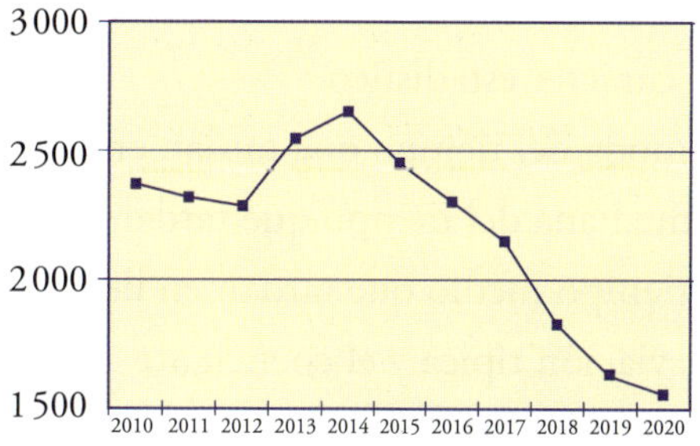

Los dos gráficos recogen los mismos datos.

a) ¿Dan los dos gráficos la misma sensación de descenso del paro?

b) ¿Elegirían el partido que gobierne en ese país y el de la oposición el mismo gráfico?

Autoevaluación

1 Define carácter estadístico cuantitativo y cualitativo. Pon un ejemplo de cada tipo.

2 Ante la propuesta de un ayuntamiento de pasar un día sin coches, la opinión de los vecinos fue la que se recoge en la tabla:

Opinión	Muy mala	Mala	Buena	Muy mala
N.º de vecinos	15	30	50	25

Haz la representación gráfica más idónea e interpreta el resultado.

3 Se han pesado 30 paquetes de café, obteniéndose los resultados indicados en la tabla:

Masa (g)	190-194	194-198	198-202	202-206	206-210
N.º de paquetes	3	8	12	5	2

Haz la representación gráfica más idónea.

4 La estatura en centímetros de un grupo de alumnos es:

Estatura (cm)	140-150	150-160	160-170	170-180	180-190
N.º de alumnos	3	7	15	20	5

Calcula la media, la desviación típica y el coeficiente de variación e interpreta los resultados.

5 Se ha realizado un examen en dos clases, obteniéndose los siguientes resultados: clase A ($\overline{x} = 5$; $\sigma = 3$) y clase B ($\overline{x} = 5$; $\sigma = 1{,}5$).

Di en qué clase se han obtenido 8 sobresalientes y 8 suspensos y en cuál 2 sobresalientes y 1 suspenso.

Ejercicio (Calificación: 10 puntos)

El tiempo en minutos que tardan en llegar unos escolares a su centro se recoge en la tabla adjunta:

Tiempo (min)	0-4	4-8	8-12	12-16	16-20
N.º de alumnos	4	10	14	8	4

a) Clasifica el carácter estadístico.

b) Calcula la moda del tiempo que tardan en llegar a su centro escolar.

c) Calcula la mediana del tiempo que tardan en llegar a su centro escolar.

d) Calcula el tiempo medio que tardan en llegar a su centro escolar.

e) Halla la desviación típica y el coeficiente de variación.

f) Interpreta el resultado.

Redondea todos los resultados a 2 decimales.

SOLUCIÓN

En **Excel** o **Calc** elige el *documento*: **Varianza y desviación típica.**

Cambia los datos del problema propuesto, el título, cambia los valores y sus frecuencias.

	A	B	C	D	E
1	Tiempo empleado				
2	Datos cuantitativos continuos				
3	Marca de clase	Frecuencias			
4	x_i	n_i	N_i	$x_i * n_i$	$x_i^{2} * n_i$
5	2	4	4	8	16
6	6	10	14	60	360
7	10	14	28	140	1400
8	14	8	36	112	1568
9	18	4	40	72	1296
10	Total	40		392	4640
11	Parámetros de centralización				
12	Moda		10		
13	Mediana		10		
14	Media		9,80		
15	Parámetros de dispersión				
16	Recorrido		16		
17	Varianza		19,96		
18	Desviación típica		4,47		
19	Coeficiente de variación		0,46		
20					
21	Interpretación				
22	El número de min se distribuye alrededor de 9,80 min y es poco homogéneo				

a) El carácter es: Cuantitativo continuo ▼

b) Moda = 10

c) Mediana = 10

d) Tiempo medio = 9,80

e) Desviación típica: 4,47 Coeficiente de variación: 0,46

f) El tiempo que tardan: es poco homogéneo ▼

14 Probabilidad

1. Experimentos aleatorios
2. Regla de Laplace
3. Experimentos simples
4. Experimentos compuestos

La probabilidad se utiliza con mucha frecuencia en la vida real. Por ejemplo, cuando se investiga sobre un medicamento para una determinada enfermedad se debe probar en personas voluntarias y llegar al resultado de que mejora con una probabilidad muy alta y que tiene contraindicaciones en una probabilidad muy baja.

1 Experimentos aleatorios

CARNÉ CALCULISTA

Desarrolla: $x(x + 2)(x - 2)$

Factoriza: $9x^3 + 30x^2 + 25x$

PIENSA Y CALCULA

Ordena las siguientes expresiones de menos probable a más probable: casi seguro, poco probable, seguro, casi imposible, probable, imposible, bastante probable.

1.1 Experimentos deterministas y de azar

- Un **experimento** es **determinista** si, al realizarse en las mismas condiciones, se obtiene siempre el mismo resultado.
- Un **experimento** es **aleatorio o de azar** si, al realizarse en las mismas condiciones, no es posible predecir el resultado.

EJEMPLO

Si se pincha un globo siempre explotará, por tanto, el experimento es determinista.

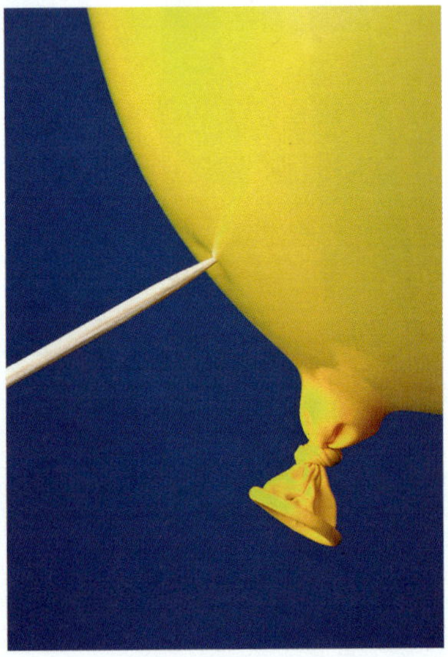

EJEMPLO

Si se lanza un dado de seis caras, no se sabe qué número va a salir.

La **probabilidad** estudia los experimentos aleatorios o de azar. Actualmente, el cálculo de probabilidades trata de medir, con cierto grado de certeza, hasta qué punto puede suceder un fenómeno.

EJEMPLO

Teniendo en cuenta el número de accidentes de tráfico que ocurren en un año y lo que le cuestan a una compañía de seguros, se puede llegar a calcular aproximadamente cuántos accidentes habrá al año siguiente y lo que van a costarle a la compañía. Así, en función de ello, ajustarán el precio de cada seguro.

1.2 Sucesos y operaciones con sucesos

- El **espacio muestral** asociado a un experimento aleatorio está formado por el conjunto de todos los resultados que se pueden presentar. Se representa con la letra ***E***
- Un **suceso elemental** es cada uno de los resultados del espacio muestral.
- Un **suceso** es un conjunto de sucesos elementales. Estos se representan con letras mayúsculas, escribiendo sus elementos entre llaves y separados por comas.

EJEMPLO

En el experimento de lanzar un dado de seis caras:

- Espacio muestral: $E = \{1, 2, 3, 4, 5, 6\}$
- Sucesos elementales: $\{1\}$, $\{2\}$, $\{3\}$, $\{4\}$, $\{5\}$ y $\{6\}$
- Sucesos: $A = \{1, 2, 3, 4\}$, $B = \{1, 3, 5\}$, $C = \{2, 4, 6\}$…

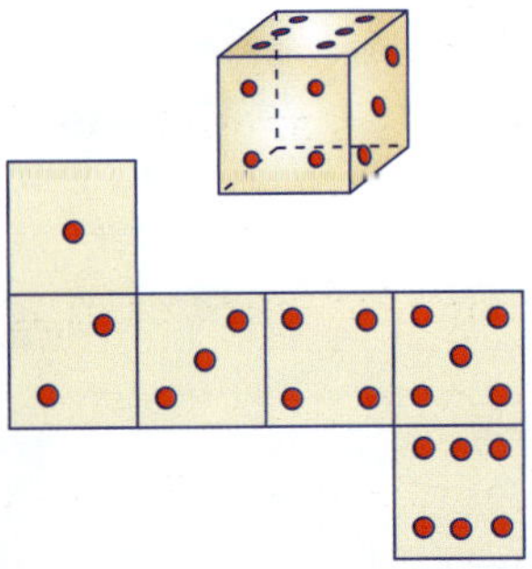

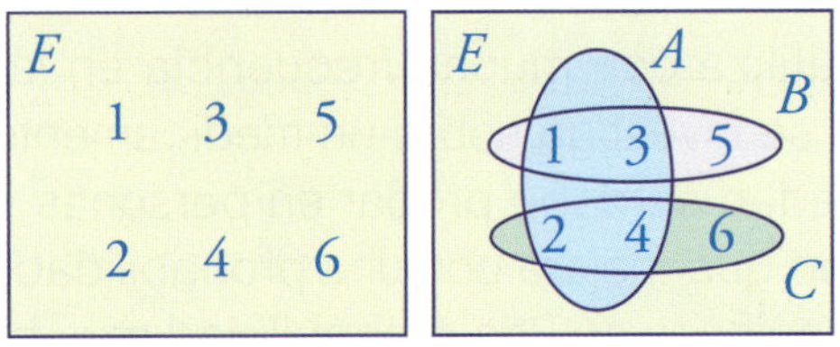

- El **suceso contrario** de un suceso A está formado por todos los sucesos elementales que no están en A. Se representa por $\bar{A}$ o por A'
- El **suceso seguro** es el que siempre se verifica, y es igual al espacio muestral E
- El **suceso imposible** es el que nunca se verifica. Se representa con el símbolo vacío **Ø**

Sucesos

Se dice que un suceso se **realiza, se verifica o se presenta** si, al realizar una prueba del experimento aleatorio, se obtiene un resultado que es un elemento del suceso.

EJEMPLO

En el experimento de lanzar un dado de seis caras:

- Suceso contrario: si $A = \{1, 2, 3, 4\} \Rightarrow \bar{A} = \{5, 6\}$
- Suceso seguro: $E = \{1, 2, 3, 4, 5, 6\}$
- Suceso imposible: Ø; por ejemplo, **que salga un 7**

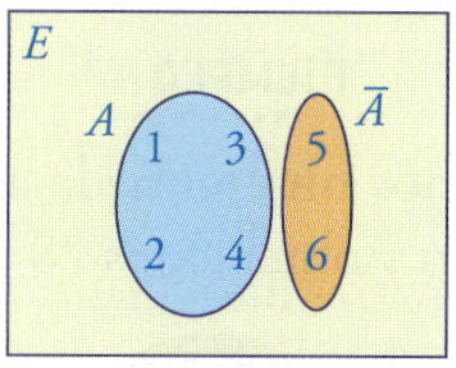

- **Unión de dos sucesos A y B:** suceso formado por todos los sucesos elementales de A y de B. Se representa: $A \cup B$
- **Intersección de dos sucesos A y B:** suceso formado por todos los sucesos elementales comunes a A y a B, es decir, que están en los dos al mismo tiempo. Se representa: $A \cap B$
- Dos sucesos son **compatibles** si se pueden presentar al mismo tiempo, es decir, si $A \cap B \neq$ Ø
- Dos sucesos son **incompatibles** si no se pueden presentar al mismo tiempo, es decir, si $A \cap B =$ Ø

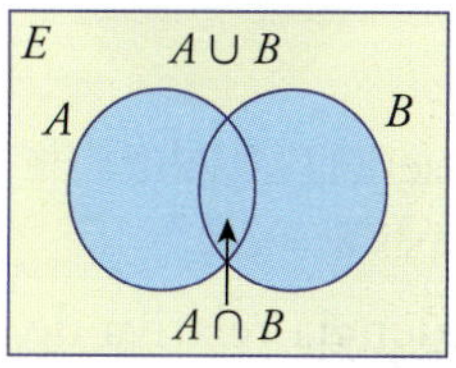

EJEMPLO

Dados los sucesos $A = \{1, 2, 3, 4\}$, $B = \{1, 3, 5\}$ y $C = \{2, 4, 6\}$

- Unión de dos sucesos: $A \cup B = \{1, 2, 3, 4, 5\}$
- Intersección de dos sucesos: $A \cap B = \{1, 3\}$
- Sucesos compatibles: **A y B, pues $A \cap B = \{1, 3\} \neq$ Ø; y también A y C, pues $A \cap C = \{2, 4\} \neq$ Ø**
- Sucesos incompatibles: **B y C, pues $B \cap C =$ Ø**

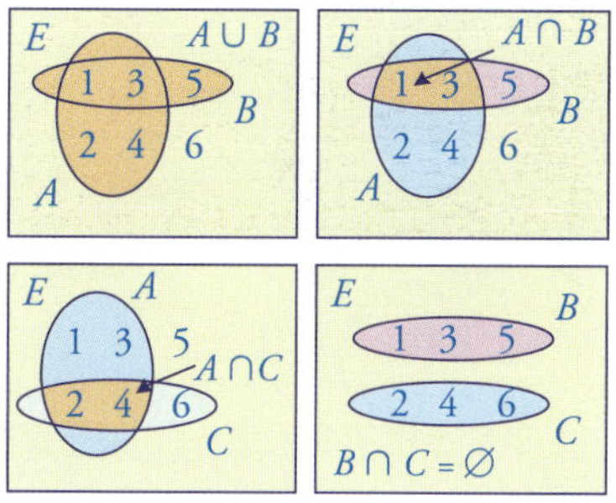

APLICA LA TEORÍA

1 Clasifica los siguientes experimentos como deterministas o de azar:

a) Lanzar una moneda al aire.

b) Pinchar un globo.

c) Frenar un coche.

d) Sacar una carta de una baraja.

2 Escribe dos experimentos deterministas.

3 Escribe dos experimentos de azar.

4 En el experimento de lanzar una moneda al aire, halla:

a) El suceso seguro.

b) Un suceso imposible.

5 En el experimento de lanzar al aire un dado en forma de dodecaedro con las caras numeradas del 1 al 12, halla:

a) El espacio muestral.

b) Los sucesos elementales.

c) El suceso A formado por los múltiplos de 3

d) El suceso contrario $\bar{A}$

e) El suceso B formado por los números pares.

f) El suceso $A \cup B$

g) El suceso $A \cap B$. ¿Los sucesos A y B son compatibles o incompatibles?

2 Regla de Laplace

CARNÉ CALCULISTA

Resuelve la ecuación:

$$\frac{(x+2)(x-2)}{3} = \frac{x(x-3)}{2}$$

PIENSA Y CALCULA

a) Si lanzamos una moneda al aire, ¿qué resultado es más probable, cara o cruz?

b) Si lanzamos una chincheta al aire, ¿qué resultado es más probable, que quede con la punta hacia arriba o con la punta hacia abajo?

EJEMPLO

Lanzamos una moneda al aire 50 veces y obtenemos 28 caras.

La frecuencia absoluta de obtener cara es $n = 28$

La frecuencia relativa de obtener cara es:

$$f = \frac{28}{50} = \frac{14}{25} = 0{,}56$$

2.1 Frecuencia de un suceso

La **frecuencia absoluta de un suceso *A*,** al realizarse un experimento *N* veces, es el número de veces que se verifica el suceso *A*. Se representa por ***n***

La **frecuencia relativa de un suceso *A*,** al realizarse un experimento *N* veces, es igual al cociente de la frecuencia absoluta *n*, dividido por el número total de veces *N* que se ha repetido el experimento. Se representa por ***f***

$$f = \frac{n}{N}$$

2.2 Ley de los grandes números

La **ley de los grandes números** dice que la frecuencia relativa de un suceso tiende a estabilizarse hacia una constante a medida que se repite el experimento muchas veces.

EJEMPLO

Se repite muchas veces el experimento de lanzar al aire una chincheta, se observa si queda con la punta hacia arriba y se anota el número de veces que esto suceda.

N	10	20	30	40	50	60	70	80	90	100
n	8	12	20	30	33	38	46	55	59	67
f	0,8	0,6	0,67	0,75	0,66	0,63	0,66	0,69	0,66	0,67

Lanzamiento de chinchetas

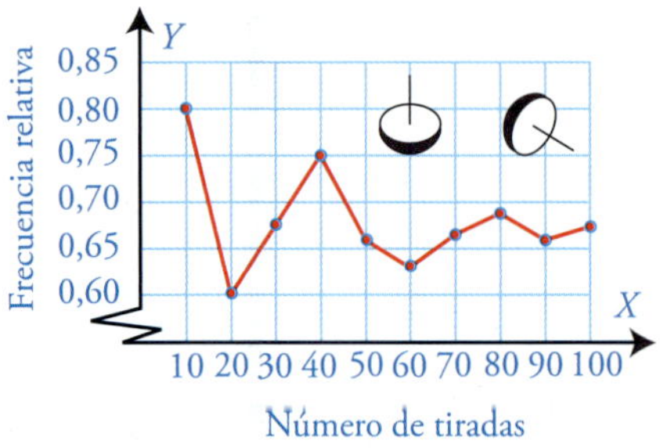

Al lanzar al aire una chincheta muchas veces, parece que la probabilidad de quedar la punta hacia arriba se estabiliza hacia 0,67, que puede ser 2/3, aproximadamente.

2.3 Probabilidad a través de la frecuencia

La **probabilidad** de un suceso es la constante a la que se aproxima la frecuencia relativa cuando el experimento se repite muchísimas veces.

2.4 Regla de Laplace

Los **sucesos elementales** de un espacio muestral son **equiprobables** si tienen la misma posibilidad de presentarse. Solo en estos casos se puede aplicar la regla de Laplace.

La **regla de Laplace** dice que la probabilidad de un suceso A, de un espacio muestral E, formado por sucesos elementales **equiprobables,** es igual al número de casos favorables dividido por el número de casos posibles:

$$P(A) = \frac{\text{N.º de casos favorables al suceso } A}{\text{N.º de casos posibles}}$$

Estrategia

En los problemas de probabilidad, se debe escribir siempre el espacio muestral, E, y el suceso, A, del que se tiene que calcular la probabilidad.

EJERCICIO RESUELTO

1. **Halla la probabilidad de obtener un múltiplo de 3 al lanzar un dado de 6 caras.**

Espacio muestral: $E = \{1, 2, 3, 4, 5, 6\}$
Suceso $A = \{3, 6\}$

$$\Rightarrow P(A) = \frac{2}{6} = \frac{1}{3} = 0{,}33$$

2.5 Propiedades de la probabilidad

Las siguientes propiedades de la probabilidad se deducen de la definición de probabilidad a través de la frecuencia relativa, o bien aplicando la regla de Laplace:

a) La probabilidad del suceso seguro es uno: $P(E) = 1$

b) La probabilidad del suceso imposible es cero: $P(\varnothing) = 0$

c) La probabilidad de cualquier suceso está comprendida entre cero y uno:

$$0 \leq P(A) \leq 1$$

d) La probabilidad del suceso contrario es: $P(\bar{A}) = 1 - P(A)$

e) Si los sucesos A y B son incompatibles: $P(A \cup B) = P(A) + P(B)$

f) Si los sucesos A y B son compatibles: $P(A \cup B) = P(A) + P(B) - P(A \cap B)$

EJERCICIO RESUELTO

2. **Los sucesos A y B son compatibles y $P(A) = 1/3$, $P(B) = 2/3$ y $P(A \cap B) = 1/4$. Calcula: $P(A \cup B)$**

Aplicamos la fórmula:

$P(A \cup B) =$
$= P(A) + P(B) - P(A \cap B)$

$$P(A \cup B) = \frac{1}{3} + \frac{2}{3} - \frac{1}{4} = \frac{4 + 8 - 3}{12} = \frac{9}{12} = \frac{3}{4}$$

APLICA LA TEORÍA

6. Lanzamos al aire una chincheta 25 veces. De ellas, 10 veces queda con la punta hacia abajo y 15 veces hacia arriba. Halla:

   a) La frecuencia absoluta de que quede con la punta hacia arriba.

   b) La frecuencia relativa de que quede con la punta hacia arriba.

7. Aplicando la regla de Laplace, calcula la probabilidad de obtener un número impar al lanzar un dado cúbico con las caras numeradas del 1 al 6

8. Si en un experimento $P(A) = 1/3$, calcula $P(\bar{A})$

9. Si los sucesos A y B son incompatibles con:

$$P(A) = 1/2 \text{ y } P(B) = 1/3$$

calcula $P(A \cup B)$

10. Copia en tu cuaderno la tabla y calcula las frecuencias relativas de obtener un 1 en el lanzamiento de un dado de quinielas (tiene tres 1, dos X y un 2), y dibuja el gráfico lineal correspondiente.

N	20	40	60	80	100
n	14	25	30	35	52
f	✎	✎	✎	✎	✎

¿Qué probabilidad de que salga un 1 deduces que tiene?

11. Si los sucesos A y B son compatibles con:

$$P(A) = 1/2,\ P(B) = 1/2 \text{ y } P(A \cap B) = 1/3$$

calcula $P(A \cup B)$

3 Experimentos simples

CARNÉ CALCULISTA

Resuelve el sistema:

$$\left.\begin{array}{r} y = 2x + 1 \\ \dfrac{x+5}{3} = \dfrac{y}{2} - \dfrac{5}{6} \end{array}\right\}$$

PIENSA Y CALCULA

Calcula la probabilidad de obtener una bola roja de cada una de las siguientes urnas, y asocia cada una de estas probabilidades con las siguientes expresiones: casi seguro, poco probable, seguro, casi imposible, probable, imposible, bastante probable.

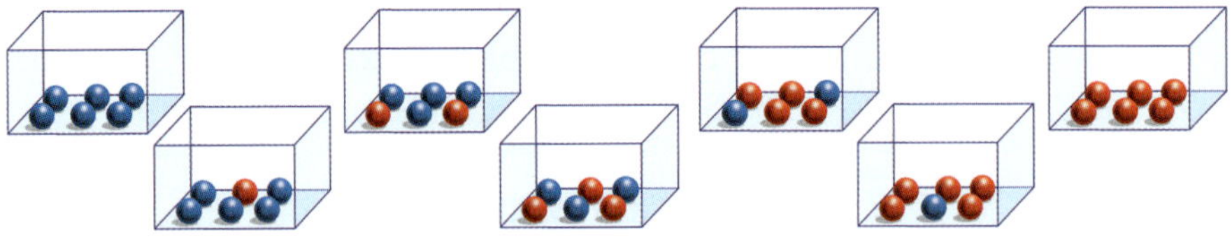

3.1 Problemas de monedas

Si se lanza al aire una moneda, puede salir cara, C, o cruz, X, luego la probabilidad de obtener cara es igual a la probabilidad de obtener cruz e igual a 1/2

EJERCICIO RESUELTO

③ Se lanza al aire una moneda. ¿Cuál es la probabilidad de obtener cara?

$$\left.\begin{array}{l} E = \{C, X\} \\ A = \{C\} \end{array}\right\} \Rightarrow P(A) = \frac{1}{2}$$

3.2 Problemas de bolas

Si se tiene una urna con bolas de distinto color, la probabilidad de extraer una bola de un color es igual al número de bolas que hay de ese color, dividido entre el número total de bolas.

EJERCICIO RESUELTO

④ En una urna hay 2 bolas rojas, R, 3 verdes, V, y 4 azules, A. ¿Cuál es la probabilidad de obtener una bola de color rojo?

$$\left.\begin{array}{l} E = \{2R, 3V, 4A\} \\ A = \{2R\} \end{array}\right\} \Rightarrow P(A) = \frac{2}{2+3+4} = \frac{2}{9}$$

3.3 Problemas de dados

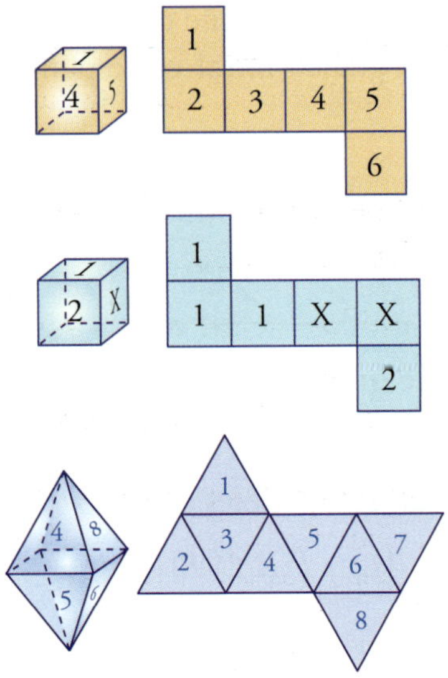

Si no se especifica el tipo de dado, se supone que es uno de 6 caras numeradas del 1 al 6. Pero existen muchos otros tipos de dados. Por ejemplo: dados de quinielas, dados con forma de tetraedro, octaedro, dodecaedro, icosaedro, etc. Si son regulares, la probabilidad de una cara es igual a uno dividido entre el número total de caras que tenga el dado.

EJERCICIO RESUELTO

⑤ Se lanza al aire un dado con forma de octaedro y con las caras numeradas del 1 al 8. ¿Cuál es la probabilidad de obtener un múltiplo de 3?

$$\left.\begin{array}{l} E = \{1, 2, 3, 4, 5, 6, 7, 8\} \\ A = \{3, 6\} \end{array}\right\} \Rightarrow P(A) = \frac{2}{8} = \frac{1}{4} = 0{,}25$$

3.4 Problemas de cartas

Si en un problema no se especifica el tipo de baraja, se supone que es la baraja española normal, que tiene 40 cartas distribuidas en cuatro palos: oros (O), copas (C), espadas (E) y bastos (B). Cada palo tiene 10 cartas numeradas 1 (as), 2, 3, 4, 5, 6, 7, 10 (sota), 11 (caballo) y 12 (rey). Se llaman **figuras** las sotas, los caballos y los reyes, que en el total son 12 cartas.

También hay barajas españolas de 48 cartas, que añaden los ochos y los nueves; y de 52 cartas, que además añaden los dieces, que son distintos de las sotas.

Baraja francesa

Tiene 52 cartas distribuidas en dos colores: rojo y negro. A su vez, las rojas se dividen en dos palos: corazones y diamantes, y las negras en otros dos palos: picas y tréboles. Cada uno de los palos tiene los números 1, 2, 3, 4, 5, 6, 7, 8, 9 y 10; y las letras J, Q y K.

EJERCICIO RESUELTO

6 **Se extrae una carta de una baraja española de 40 cartas. ¿Cuál es la probabilidad de que sea una figura?**

E = {1O, 2O, 3O…, 11B, 12B} En total, 40 cartas.

A = {10O, 11O, 12O, 10C, 11C, 12C, 10E, 11E, 12E, 10B, 11B, 12B} En total, 12 cartas.

$P(A) = \frac{12}{40} = \frac{3}{10} = 0{,}3$

12 [ab/c] 40 [=] 3 ⌟ 10 [ab/c] 0,3

3.5 Factorial

El **factorial** de un número es el producto de dicho número por todos los números naturales menores que él. Se representa por $m!$

El **factorial de un número** m es igual el número de **permutaciones** que se pueden formar con m elementos. Se utiliza el **factorial** para hallar la probabilidad en algunos casos que hay que contar.

EJEMPLO

$5! = 5 \cdot 4 \cdot 3 \cdot 2 \cdot 1 = 120$

5 [x!] [=] 120

EJERCICIO RESUELTO

7 **Con las letras de la palabra LUIS se forman todas las palabras posibles de cuatro letras sin repetir ninguna. ¿Cuántas terminan en U?**

E = permutaciones de {I, L, S, U} en total 4!
A = permutaciones de {I, L, S} en total 3!

$\Rightarrow P(A) = \frac{3!}{4!} = \frac{\cancel{3 \cdot 2 \cdot 1}}{4 \cdot \cancel{3 \cdot 2 \cdot 1}} = \frac{1}{4} = 0{,}25$

APLICA LA TEORÍA

12 Calcula la probabilidad de obtener cruz, X, al lanzar al aire una moneda de un euro.

13 Calcula la probabilidad de obtener una bola de color azul al extraer una bola de una urna que tiene 3 bolas rojas, 5 azules y 2 verdes.

14 Calcula la probabilidad de obtener un número par al lanzar al aire un dado de forma cúbica y con las caras numeradas del 1 al 6

15 Con las cifras 1, 2, 3, 4 y 5 se forman todos los números posibles de cinco cifras sin repetir ninguna. ¿Cuántos son pares?

16 Calcula la probabilidad de obtener una copa al extraer una carta de una baraja española de 40 cartas.

17 Calcula la probabilidad de obtener una K al extraer una carta de una baraja francesa.

18 En una caja hay 80 tornillos, de los que 5 son defectuosos, y se extrae uno al azar. Calcula la probabilidad de que sea uno de los defectuosos.

19 El delantero de un equipo de fútbol mete dos goles de cada 5 balones que tira a puerta. ¿Cuál es la probabilidad de que la próxima vez que tire a puerta meta gol?

4 Experimentos compuestos

CARNÉ CALCULISTA

Calcula la generatriz de un cono recto en el que el radio de la base mide 3,5 m, y la altura, 7,5 m. Redondea el resultado a dos decimales.

PIENSA Y CALCULA

Una familia tiene dos hijos. Calcula mentalmente:

a) La probabilidad de que los dos sean varones.

b) La probabilidad de que los dos sean mujeres.

c) La probabilidad de que uno sea varón, y el otro, mujer.

4.1 Experimento compuesto

Un **experimento compuesto** es el que está formado por varios experimentos simples.

EJEMPLO

Lanzar dos monedas, o bien lanzar la misma moneda dos veces; lanzar tres monedas, o bien lanzar la misma moneda tres veces; lanzar dos dados, o bien lanzar el mismo dado dos veces; lanzar una moneda y un dado.

4.2 Diagrama cartesiano

Un **diagrama cartesiano** es una tabla de doble entrada, que tiene utilidad en experimentos compuestos formados por dos simples. En la fila superior se colocan los sucesos elementales del 1.[er] experimento simple, y en la columna de la izquierda, los sucesos elementales del 2.º experimento simple.

	1	**2**	**3**	**4**	**5**	**6**
1	2	3	4	5	6	7
2	3	4	5	6	7	8
3	4	5	6	7	8	9
4	5	6	7	8	9	10
5	6	7	8	9	10	11
6	7	8	9	10	11	12

EJERCICIO RESUELTO

8) **Calcula la probabilidad de que, al lanzar dos dados, la suma de los números obtenidos sea 8. ¿Qué suma es la más probable?**

La probabilidad de obtener 8 es: $P(8) = \frac{5}{36} = 0{,}14$

La suma más probable es 7, porque es la suma que más veces aparece.

4.3 Diagrama en árbol

- Un **diagrama en árbol** es un diagrama que se hace para resolver los problemas de experimentos compuestos, y se llama así porque está formado por ramas.
- Una **rama** es cada una de las flechas del diagrama. Siempre se escribe en ellas la probabilidad que corresponde a un experimento simple.
- Un **camino** es un conjunto de ramas que van desde el principio al final.

EJERCICIO RESUELTO

9) **Haz el árbol correspondiente a lanzar dos veces al aire un dado de quinielas.**

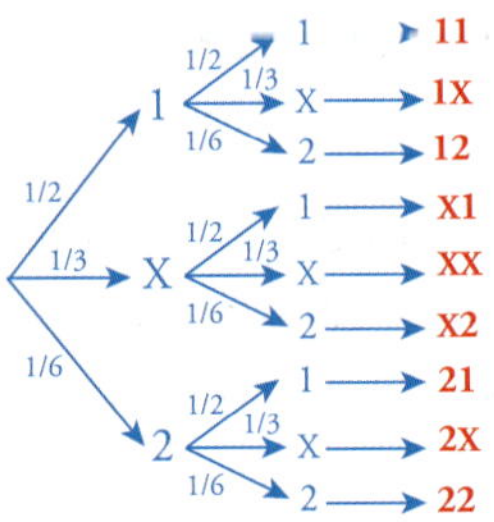

Con devolución y sin devolución

Cuando se extraen dos bolas de una urna, puede hacerse «con devolución» o «sin devolución». Si es «con devolución», al extraer la segunda bola se vuelven a tener otra vez todas las bolas; y si es «sin devolución», al extraer la segunda bola faltará la que se ha obtenido anteriormente. Cuando se extraen dos al mismo tiempo, es lo mismo que extraer «sin devolución»: primero una y después otra.

Lo mismo sucede al extraer dos o más cartas de una baraja.

4.4 Regla del producto

La **regla del producto o de la probabilidad compuesta** dice que la probabilidad de un camino en un diagrama de árbol es igual al producto de las probabilidades de las ramas que lo forman.

Intuitivamente se observa que si hay varias ramas de un camino y se tienen que verificar todas, la probabilidad disminuye, luego parece lógico que se multipliquen las probabilidades (observa que al multiplicar probabilidades el resultado disminuye, porque son números comprendidos entre cero y uno: $0{,}2 \cdot 0{,}3 = 0{,}06$)

EJERCICIO RESUELTO

10 **Halla la probabilidad de obtener dos copas al extraer sin devolución dos cartas de una baraja española de 40 cartas.**

$$P(CC) = P(C) \cdot P(C) = \frac{10}{40} \cdot \frac{9}{39} = \frac{1}{4} \cdot \frac{3}{13} = \frac{3}{52} = \mathbf{0{,}06}$$

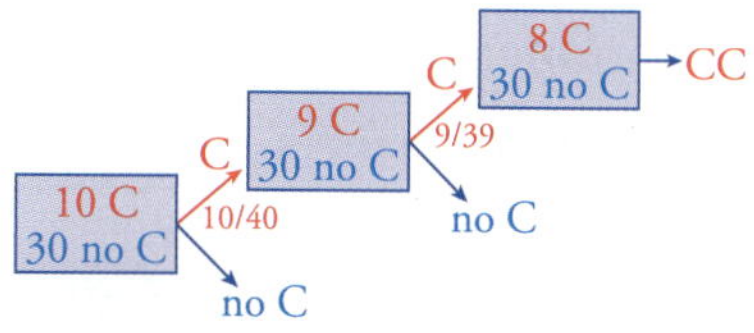

4.5 Regla de la suma

La **regla de la suma o de la probabilidad total** dice que la probabilidad de varios caminos en un diagrama de árbol es igual a la suma de las probabilidades de cada uno de los caminos.

Suma de probabilidades

Se observa que, si se tienen varios caminos que se pueden verificar, la probabilidad aumenta, luego parece lógico que se sumen las probabilidades.

EJERCICIO RESUELTO

11 **Halla la probabilidad de obtener dos bolas de distinto color al extraer dos bolas sin devolución de una urna que contiene 4 bolas rojas y 3 verdes.**

$$P(\text{Distinto color}) = P(RV) + P(VR) = P(R) \cdot P(V) + P(V) \cdot P(R) =$$

$$= \frac{4}{7} \cdot \frac{3}{6} + \frac{3}{7} \cdot \frac{4}{6} = \frac{4}{7} \cdot \frac{1}{2} + \frac{3}{7} \cdot \frac{2}{3} = \frac{2}{7} + \frac{2}{7} = \frac{4}{7} = \mathbf{0{,}57}$$

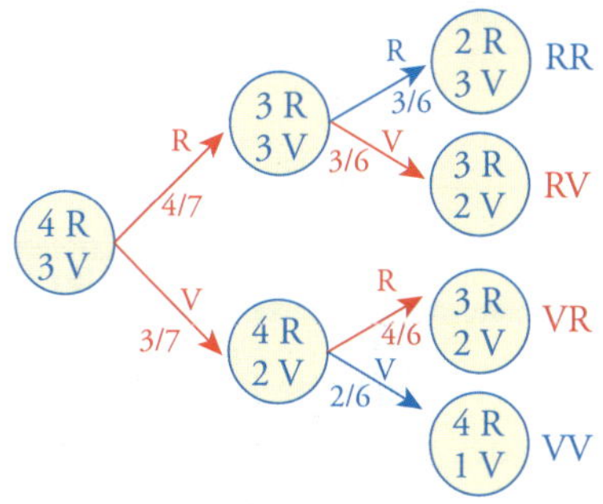

APLICA LA TEORÍA

20 Haz un diagrama cartesiano para el experimento de lanzar al aire dos monedas, y calcula la probabilidad de obtener:

a) Dos caras.

b) Dos cruces.

c) Una cara y una cruz.

21 Haz un diagrama en árbol para el experimento de lanzar al aire tres monedas, y calcula la probabilidad de obtener:

a) Tres caras.

b) Dos caras y una cruz.

c) Una cara y dos cruces.

d) Tres cruces.

22 Halla la probabilidad de obtener dos bolas azules al extraer dos bolas sin devolución de una urna que contiene 5 bolas rojas y 5 azules.

23 Halla la probabilidad de obtener dos ases al extraer dos cartas con devolución de una baraja española de 40 cartas.

24 Halla la probabilidad de obtener un 1 y una X, o una X y un 1, al lanzar dos veces un dado de quinielas.

25 Haz el diagrama cartesiano del experimento de lanzar al aire una moneda y un dado de 6 caras, y calcula la probabilidad de obtener cara y múltiplo de 3

EJERCICIOS Y PROBLEMAS RESUELTOS

EJERCICIOS DE FRECUENCIA RELATIVA Y REGLA DE LAPLACE

12 Se lanza una chincheta 50 veces, queda 33 veces con la punta hacia arriba. Halla la frecuencia relativa de que la chincheta quede con la punta hacia arriba.

$f = \frac{n}{N}$

$n = 33$

$N = 50$

$f(\text{Punta hacia arriba}) = \frac{33}{50} = 0{,}66$

13 Halla la probabilidad de obtener número par al lanzar un dado de 6 caras.

$\left.\begin{array}{l} E = \{1, 2, 3, 4, 5, 6\} \\ A = \{2, 4, 6\} \end{array}\right\} \Rightarrow P(A) = \frac{3}{6} = \frac{1}{2} = 0{,}5$

EJERCICIOS DE PROPIEDADES DE LA PROBABILIDAD

14 Sabiendo que $P(A) = 5/8$, $P(B) = 7/12$, $P(A \cap B) = 1/2$, calcula $P(A \cup B)$

$P(A \cup B) = P(A) + P(B) - P(A \cap B)$

$P(A \cup B) = \frac{5}{8} + \frac{7}{12} - \frac{1}{2} = \frac{15 + 14 - 12}{24} = \frac{17}{24} = 0{,}71$

15 Sabiendo que $P(A \cup B) = 5/6$, $P(A) = 3/8$, $P(B) = 5/8$, calcula $P(A \cap B)$

$P(A \cup B) = P(A) + P(B) - P(A \cap B)$

$\frac{5}{6} = \frac{3}{8} + \frac{5}{8} - P(A \cap B)$

$P(A \cap B) = \frac{3}{8} + \frac{5}{8} - \frac{5}{6} = \frac{9 + 15 - 20}{24} = \frac{4}{20} = \frac{1}{5} = 0{,}2$

EJERCICIOS DE PROBABILIDAD DE BOLAS Y CARTAS

16 En una urna hay 8 bolas rojas, 7 verdes y 5 azules. ¿Cuál es la probabilidad de sacar una verde?

$\left.\begin{array}{l} E = \{8R, 7V, 5A\} \\ A = \{7V\} \end{array}\right\} \Rightarrow P(A) = \frac{7}{8 + 7 + 5} = \frac{7}{20} = 0{,}35$

17 Halla la probabilidad de obtener un basto al extraer una carta de una baraja española de 52 cartas.

$E = \{1O, 2O, 3O\ldots, 10B, \text{Sota B}, 11B, 12B\}$ En total, 52 cartas.

$A = \{1B, 2B, 3B\ldots, 10B, \text{Sota B}, 11B, 12B\}$ En total, 13 cartas.

$P(A) = \frac{13}{52} = \frac{1}{4} = 0{,}25$

EJERCICIOS DE DIAGRAMAS CARTESIANOS

18 Se lanzan dos dados de 4 caras cada uno. Halla la probabilidad de que sumen 5

	1	2	3	4
1	2	3	4	5
2	3	4	5	6
3	4	5	6	7
4	5	6	7	8

$P(A) = \frac{4}{16} = \frac{1}{4} = 0{,}25$

19 Se lanzan un dado de 6 caras y una moneda. Halla la probabilidad de obtener impar y cruz.

	1	2	3	4	5	6
C	1C	2C	3C	4C	5C	6C
X	1X	2X	3X	4X	5X	6X

$P(A) = \frac{3}{12} = \frac{1}{4} = 0{,}25$

PROBLEMAS DE LA REGLA DEL PRODUCTO Y DE LA SUMA

20 Calcula la probabilidad de obtener dos bolas rojas al extraer dos bolas **con devolución** de una urna que contiene 5 bolas rojas y 4 azules.

Datos y pregunta

La urna contiene 5R y 4A

Pregunta: P(2R con devolución)

Planteamiento y operaciones

Árbol de probabilidades:

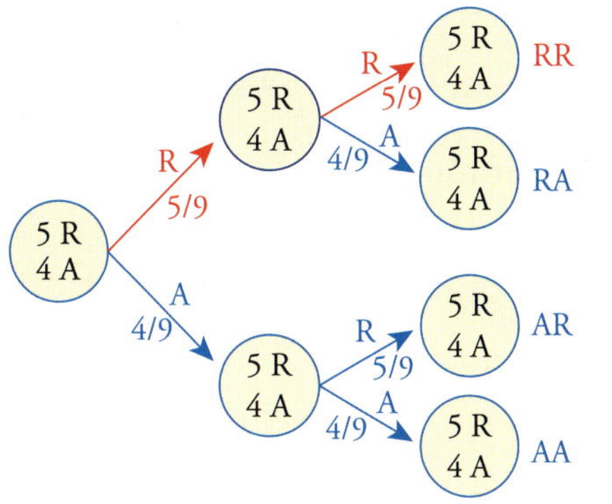

$$P(\text{2R con devolución}) = P(\text{R}) \cdot P(\text{R}) = \frac{5}{9} \cdot \frac{5}{9} = \frac{25}{81} = 0{,}31$$

Solución

P(2R con devolución) = **0,31**

21 Calcula la probabilidad de obtener dos bolas del mismo color al extraer dos bolas **sin devolución** de una urna que contiene 3 bolas rojas y 5 azules.

Datos y pregunta

La urna contiene 3R y 5A

Pregunta: P(2R o 2A, sin devolución)

Planteamiento y operaciones

Árbol de probabilidades:

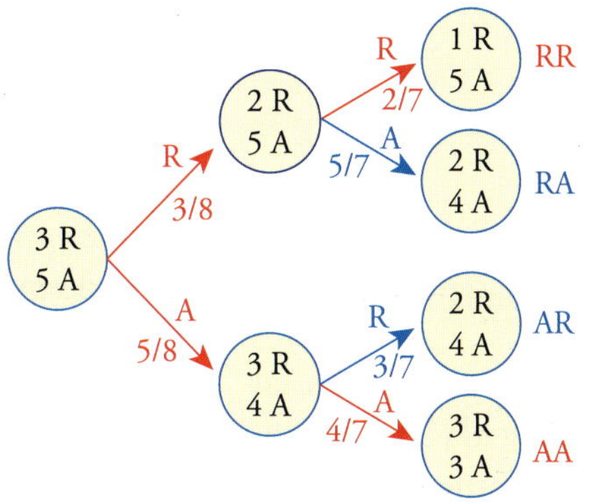

$$P(\text{2R o 2A, sin devolución}) = P(\text{R}) \cdot P(\text{R}) + P(\text{A}) \cdot P(\text{A}) =$$

$$= \frac{3}{8} \cdot \frac{2}{7} + \frac{5}{8} \cdot \frac{4}{7} = \frac{6}{56} + \frac{20}{56} = \frac{26}{56} = \frac{13}{28} = 0{,}46$$

Solución

P(2R o 2A, sin devolución) = **0,46**

EJERCICIOS Y PROBLEMAS PROPUESTOS

1. Experimentos aleatorios

26 Clasifica los siguientes experimentos en deterministas o de azar:

a) Dejar caer un libro desde una mesa.

b) Lanzar un dado al aire.

c) Extraer una bola de color de una bolsa sin ver el interior.

d) Apagar el interruptor de la luz.

27 Escribe dos experimentos de azar.

28 Escribe dos experimentos deterministas.

29 En el experimento de lanzar un dado cúbico, con las caras numeradas del 1 al 6, halla:

a) El suceso seguro.

b) Un suceso imposible.

30 En el experimento de lanzar al aire un dado con forma de octaedro y con las caras numeradas del 1 al 8, halla:

a) El espacio muestral.

b) Los sucesos elementales.

c) El suceso A, formado por los múltiplos de 4

d) El suceso contrario $\overline{A}$

e) El suceso B, formado por números impares.

f) El suceso $A \cup B$

g) El suceso $A \cap B$. ¿Los sucesos A y B son compatibles o incompatibles?

2. Regla de Laplace

31 Lanzamos 100 veces al aire una moneda y se obtiene cara 45 veces. Halla:

a) La frecuencia absoluta de obtener cruz.

b) La frecuencia relativa de obtener cruz.

32 En el lanzamiento de un dado cúbico con las caras numeradas del 1 al 6, calcula las frecuencias relativas de obtener un número impar, y dibuja el gráfico lineal correspondiente.

N	20	40	60	80	100
n	13	25	28	35	48
f	✎	✎	✎	✎	✎

¿Qué probabilidad de que salga un número impar deduces que tiene?

33 Aplicando la regla de Laplace, calcula la probabilidad de obtener un número múltiplo de 3 al lanzar un dado con forma de dodecaedro, con las caras numeradas del 1 al 12

34 Si en un experimento $P(A) = 2/5$, calcula $P(\overline{A})$

35 Si los sucesos A y B son incompatibles con:
$P(\overline{A}) = 1/5$ y $P(B) = 1/6$, calcula: $P(A \cup B)$

36 Si los sucesos A y B son compatibles con:
$P(A) = 2/5$, $P(B) = 3/4$ y $P(A \cap B) = 2/9$, calcula $P(A \cup B)$

3. Experimentos simples

37 Calcula la probabilidad de obtener cara, C, al lanzar al aire una moneda de 2 €

38 Calcula la probabilidad de obtener una bola de color rojo al extraer una bola de una urna que tiene 4 bolas rojas, 7 azules y 5 verdes.

39 Calcula la probabilidad de obtener un número múltiplo de 5 al lanzar al aire un dado con forma de icosaedro, con las caras numeradas del 1 al 20

40 Calcula la probabilidad de obtener un as al extraer una carta de una baraja española de 40 cartas.

41 Con las cifras 1, 3, 5, 7 y 9 se forman todos los números posibles de cinco cifras sin repetir ninguna. ¿Cuántos son múltiplos de 5?

42 En el equipo de música de un coche hemos metido 10 CD: cuatro son de rock; tres, de música clásica; y tres, de música flamenca. Si elegimos uno al azar, calcula la probabilidad de que sea de rock.

4. Experimentos compuestos

43 Calcula la probabilidad de obtener dos números que sumen 5 al lanzar al aire dos dados.

44 Halla la probabilidad de obtener dos bastos al extraer con devolución dos cartas de una baraja española de 40 cartas.

45 Halla la probabilidad de obtener un 1 y un 2, o un 2 y un 1, al lanzar dos veces un dado de quinielas.

46 Halla la probabilidad de obtener dos bolas de distinto color al extraer dos bolas con devolución de una urna que contiene 3 bolas rojas y 5 azules.

47 Calcula la probabilidad de obtener cara y un número par al lanzar al aire una moneda y un dado.

Para ampliar

48 En el experimento de lanzar una moneda al aire, halla:

a) El espacio muestral.

b) Los sucesos elementales.

c) Si $A = \{C\}$, el suceso contrario $\overline{A}$

d) Si $B = \{X\}$, el suceso $A \cup B$

e) El suceso $A \cap B$. ¿Los sucesos A y B son compatibles o incompatibles?

49 Si $P(Z) = 1$, ¿cuál es el suceso Z?

50 Si $P(Y) = 0$, ¿cuál es el suceso Y?

51 Si $P(A) = 0{,}5$, ¿cuál es más probable, A o $\overline{A}$?

52 Si $P(A) = 1/3$, $P(B) = 1/2$ y $P(A \cup B) = 5/6$, ¿cómo son los sucesos A y B, compatibles o incompatibles?

53 Aplicando la regla de Laplace, calcula la probabilidad de obtener una bola de color azul al extraer una bola de una urna que contiene 5 bolas azules. ¿Qué puedes decir del suceso «extraer bola azul»?

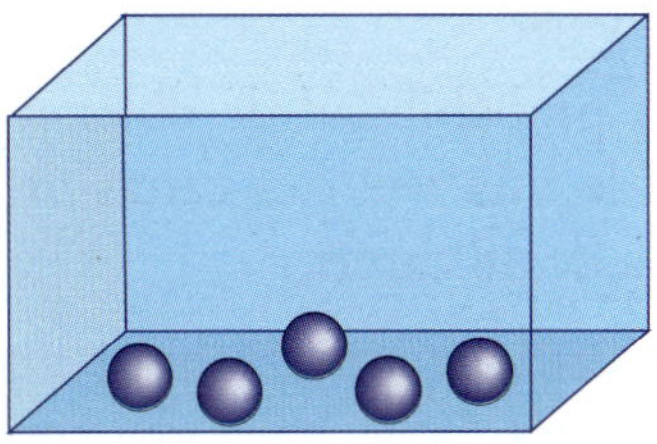

54 Al lanzar al aire una moneda de 1 €, ¿qué es más probable, que salga cara o que salga cruz?

55 En un dado de quinielas, ¿cuál de los signos 1, X, 2 es el más probable?

56 Calcula la probabilidad de obtener una bola de color rojo o verde al extraer una bola de una urna que contiene 5 bolas rojas, 6 azules y 7 verdes.

57 Calcula la probabilidad de obtener un número múltiplo de 2 y de 3 al lanzar al aire un dado con forma de icosaedro, con las caras numeradas del 1 al 20

58 Calcula la probabilidad de obtener un as o un rey al extraer una carta de una baraja española de 52 cartas.

59 Calcula la probabilidad de obtener una carta de corazones al extraer una carta de una baraja francesa.

60 Calcula la probabilidad de que, en una familia con tres hijos, sean los tres del mismo sexo.

Con calculadora

61 Si A y B son sucesos incompatibles y $P(A) = 2/7$, $P(B) = 7/15$, calcula $P(A \cup B)$

62 Si $P(A) = 2/9$, $P(B) = 3/5$ y $P(A \cap B) = 1/8$, calcula $P(A \cup B)$

Problemas

63 En el experimento de lanzar al aire un dado con forma de cubo, con las caras numeradas del 1 al 6, halla:

a) El espacio muestral.

b) Los sucesos elementales.

c) El suceso A formado por los números pares.

d) El suceso contrario $\overline{A}$

e) El suceso B, formado por los números impares.

f) El suceso $A \cup B$

g) El suceso $A \cap B$. ¿Los sucesos A y B son compatibles o incompatibles?

EJERCICIOS Y PROBLEMAS PROPUESTOS

64 Aplicando la regla de Laplace, calcula la probabilidad de obtener una bola de color rojo al extraer una bola de una urna que contiene 5 bolas verdes y 6 rojas.

65 Aplicando la regla de Laplace, calcula la probabilidad de obtener una carta de oros al extraer una carta de una baraja española de 40 cartas.

66 Si $P(A) = 0{,}5$, $P(B) = 0{,}7$ y $P(A \cap B) = 0{,}4$, calcula $P(A \cup B)$

67 Calcula la probabilidad de obtener un número primo al lanzar al aire un dado de forma cúbica con las caras numeradas del 1 al 6

68 Calcula la probabilidad de obtener un número múltiplo de 3 y 4 al lanzar al aire un dado con forma de icosaedro con las caras numeradas del 1 al 20

69 Calcula la probabilidad de obtener una figura al extraer una carta de una baraja española de 40 cartas.

70 Calcula la probabilidad de obtener un as o una K al extraer una carta de una baraja francesa.

71 Cuatro niños y cinco niñas forman un círculo. En el centro está Lola, con los ojos tapados. Calcula la probabilidad de que coja a un niño.

72 Un dado trucado tiene las siguientes probabilidades: $P(1) = P(3) = P(5) = 0{,}1$; $P(6) = 0{,}3$ y $P(2) = P(4) = 0{,}2$. Calcula la probabilidad de obtener número par.

73 Sonia tiene en un cajón totalmente desordenado un par de calcetines de color rojo, otro par de color verde y otro par de color azul. Un día se viste a oscuras. Calcula la probabilidad de que se haya puesto los dos calcetines del mismo color.

74 Halla la probabilidad de obtener dos figuras al extraer sin devolución dos cartas de una baraja española de 48 cartas.

75 Se lanzan dos dados al aire. Calcula la probabilidad de que el producto de los dos números obtenidos sea 12

76 Halla la probabilidad de obtener dos cartas rojas al extraer de una vez dos cartas de una baraja francesa.

77 Halla la probabilidad de obtener tres oros al extraer con devolución tres cartas de una baraja española de 40 cartas.

Para profundizar

78 Si A y B son sucesos incompatibles, ¿puede ser $P(A) = 1/2$ y $P(B) = 3/4$?

79 Aplicando la regla de Laplace, calcula la probabilidad de obtener un cinco al extraer una carta de una baraja española de 40 cartas.

80 Si A y B son sucesos compatibles, ¿puede ser $P(A) = 0{,}3$, $P(B) = 0{,}5$ y $P(A \cap B) = 0{,}4$?

81 Aplicando la regla de Laplace, calcula la probabilidad de obtener una bola de color negro al extraer una bola de una urna que contiene 2 bolas rojas y 3 azules. (El enunciado de este problema es correcto).

82 Calcula la probabilidad de obtener una bola de color rojo o azul al extraer una bola de una urna que tiene 4 bolas rojas, 5 azules y 3 verdes.

83 Calcula la probabilidad de obtener un número par y múltiplo de 3 al lanzar al aire un dado con forma de dodecaedro y con las caras numeradas del 1 al 12

84 Calcula la probabilidad de no obtener una figura al extraer una carta de una baraja española de 48 cartas.

85 Un dado trucado tiene las siguientes probabilidades: $P(1) = x$, $P(2) = 2x$, $P(3) = 3x$, $P(4) = 4x$, $P(5) = 5x$, $P(6) = 6x$. Calcula la probabilidad de obtener número impar.

86 Halla la probabilidad de obtener dos ases al extraer con devolución dos cartas de una baraja francesa.

87 Halla la probabilidad de obtener tres ases al extraer de una vez tres cartas de una baraja española de 48 cartas.

88 En una urna tenemos 4 bolas marcadas con el signo + y 6 bolas marcadas con el signo –. Extraemos dos bolas con devolución. Calcula la probabilidad de que las dos bolas tengan el mismo signo.

89 Una fábrica tiene tres máquinas, A, B y C. La máquina A hace 200 piezas cada hora, la B hace 300 y la C hace 500. Mediante los controles de calidad, se sabe que la máquina A hace un 5 % de piezas defectuosas, la B un 3 % y la C un 2 %. Calcula el tanto por ciento de piezas defectuosas que produce la fábrica.

Matematización en contextos reales

La probabilidad y la medicina

Cuando un laboratorio descubre un medicamento, tras un estudio a fondo, prueba en personas voluntarias sus beneficios, de manera que se compruebe que no tiene contraindicaciones y que es eficaz para el tratamiento de una determinada enfermedad.

90 Un laboratorio farmacéutico crea dos medicamentos, *A* y *B*. El medicamento *A* se ensaya en 50 pacientes, y mejoran 35 de ellos; el medicamento *B* se ensaya en 75 pacientes, y de ellos mejoran 45. ¿Cuál de los dos medicamentos es más eficaz?

91 En un grupo de alto riesgo, compuesto por 60 personas, se prueba una vacuna *A* contra la gripe; contraen la enfermedad 15 de ellas. En otro grupo de alto riesgo, formado por 50 personas, se prueba otra vacuna *B* contra la gripe; contraen la enfermedad 12 de ellas. ¿Cuál de las dos vacunas es más eficaz?

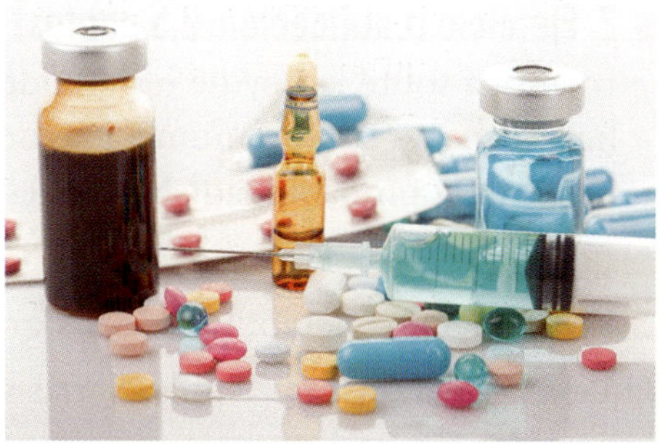

92 Un laboratorio farmacéutico crea dos medicamentos (*A* y *B*) contra el sida. El medicamento *A* se ensaya en 80 pacientes, y mejoran 25 de ellos; el medicamento *B* se ensaya en 60 pacientes, y de ellos mejoran 15. ¿Cuál de los dos medicamentos es más eficaz?

Autoevaluación

1 Define la regla de Laplace y pon un ejemplo.

2 Clasifica los siguientes experimentos como deterministas o de azar:

a) Sacar una bola de una urna con bolas de distintos colores.

b) Poner un helado al sol.

c) Salir de paseo sin paraguas mientras está lloviendo.

d) Lanzar al aire un dado de quinielas.

3 Lanzamos 80 veces un dado defectuoso y sale 24 veces el número 5. Halla:

a) La frecuencia absoluta de obtener 5

b) La frecuencia relativa de obtener 5

4 Si los sucesos *A* y *B* son compatibles y $P(A) = 2/3$, $P(B) = 2/5$, $P(A \cap B) = 1/4$, calcula $P(A \cup B)$

5 Calcula la probabilidad de obtener un múltiplo de 3 al lanzar al aire un dado de ocho caras numeradas del 1 al 8

6 Calcula la probabilidad de que al lanzar al aire dos dados con forma de tetraedro y con las caras numeradas del 1 al 4, los números obtenidos sumen 6

7 Halla la probabilidad de obtener dos bolas del mismo color al extraer sin devolución dos bolas de una urna que contiene 5 bolas rojas y 4 verdes.

8 Calcula la probabilidad de obtener dos figuras al extraer dos cartas con devolución de una baraja española de 40 cartas.

1. Ejercicio (Calificación: 2,5 puntos)

Investiga sobre la Ley de los grandes números: Simula el lanzamiento de un dado con forma de tetraedro con las caras numeradas del 1 al 4. ¿Hacia qué valor tienden las frecuencias relativas, que en definitiva es la probabilidad? Escribe el resultado con dos decimales. Se admite un margen de error de 0,05

SOLUCIÓN

Abre la hoja de cálculo: **Ley de los grandes números.**

Ve a la hoja **4 Caras** y pulsa varias veces la tecla **[Mayús][F9]** y observa a qué valor tiende.

Tiende a: **0,25**

2. Ejercicio (Calificación: 2,5 puntos)

Investiga sobre la Ley de los grandes números: Simula el lanzamiento de un dado con forma de cubo o hexaedro con las caras numeradas del 1 al 6. ¿Hacia qué valor tienden las frecuencias relativas, que en definitiva es la probabilidad? Escribe el resultado con dos decimales. Se admite un margen de error de 0,05

SOLUCIÓN

En la hoja de cálculo: **Ley de los grandes números.**

Ve a la hoja **6 Caras** y pulsa varias veces la tecla **[Mayús][F9]** y observa a qué valor tiende.

Tiende a: **0,17**

3. Problema (Calificación: 2,5 puntos)

Investiga sobre la Ley de los grandes números: Simula el lanzamiento de un dado con forma de dodecaedro con las caras numeradas del 1 al 12. ¿Hacia qué valor tienden las frecuencias relativas, que en definitiva es la probabilidad? Escribe el resultado con dos decimales. Se admite un margen de error de 0,05

SOLUCIÓN

En la hoja de cálculo: **Ley de los grandes números.**

Ve a la hoja **12 Caras** y pulsa varias veces la tecla **[Mayús][F9]** y observa a qué valor tiende.

Tiende a: **0,083**

4. Problema (Calificación: 2,5 puntos)

Investiga sobre la Ley de los grandes números: Simula el lanzamiento de un dado con forma de icosaedro con las caras numeradas del 1 al 20. ¿Hacia qué valor tienden las frecuencias relativas, que en definitiva es la probabilidad? Escribe el resultado con dos decimales. Se admite un margen de error de 0,05

SOLUCIÓN

En la hoja de cálculo: **Ley de los grandes números.**

Ve a la hoja **20 Caras** y pulsa varias veces la tecla **[Mayús][F9]** y observa a qué valor tiende.

Tiende a: **0,05**

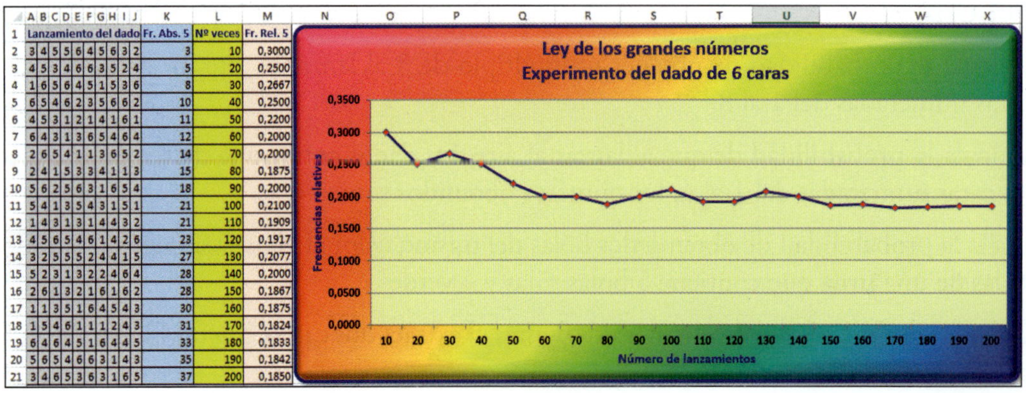

	A	B	C	D	E	F	G	H	I	J	K	L	M
1	Lanzamiento del dado										Fr. Abs. 5	Nº veces	Fr. Rel. 5
2	3	4	5	5	6	4	5	6	3	2	3	10	0,3000
3	4	5	3	4	6	6	3	5	2	4	5	20	0,2500
4	1	6	5	6	4	5	1	5	3	6	8	30	0,2667
5	6	5	4	6	2	3	5	6	6	2	10	40	0,2500
6	4	5	3	1	2	1	4	1	6	1	11	50	0,2200
7	6	4	3	1	3	6	5	4	6	4	12	60	0,2000
8	2	6	5	4	1	1	3	6	5	2	14	70	0,2000
9	2	4	1	5	3	3	4	1	1	3	15	80	0,1875
10	5	6	2	5	6	3	1	6	5	4	18	90	0,2000
11	5	4	1	3	5	4	3	1	5	1	21	100	0,2100
12	1	4	3	1	3	1	4	4	3	2	21	110	0,1909
13	4	5	6	5	4	6	1	4	2	6	23	120	0,1917
14	3	2	5	5	5	2	4	4	1	5	27	130	0,2077
15	5	2	3	1	3	2	2	4	6	4	28	140	0,2000
16	2	6	1	3	2	1	6	1	6	2	28	150	0,1867
17	1	1	3	5	1	6	4	5	4	3	30	160	0,1875
18	1	5	4	6	1	1	1	2	4	3	31	170	0,1824
19	6	4	6	4	5	1	6	4	4	5	33	180	0,1833
20	5	6	5	4	6	6	3	1	4	3	35	190	0,1842
21	3	4	6	5	3	6	3	1	6	5	37	200	0,1850

Practica con textos

El desierto de trigo

[…] Al cabo de un rato, la niña se dio cuenta de que el suelo del laberinto empezaba a cubrirse de una fina gravilla. Una gravilla muy suave y uniforme, que crujía de un modo extraño bajo sus pies. Al agacharse para examinarla de cerca, Alicia exclamó:

—¡Es trigo! ¡El suelo está alfombrado de granos de trigo! […]

—¿Qué es esto? —preguntó Alicia, con los ojos muy abiertos por el asombro.

—Es la deuda del rey Shirham —contestó Charlie—. Mejor dicho, una pequeña parte de su deuda.

—¿Y a quién le debe tanto trigo?

—Será mejor que te lo cuente él mismo.

Tras una larga y fatigosa marcha por el inmenso granero, llegaron a lo alto de la duna.

Un anciano de larga barba blanca, con turbante y lujosamente ataviado al estilo oriental, estaba sentado con las piernas cruzadas sobre una alfombra multicolor. A su lado, sobre la alfombra, había un tablero de ajedrez.

Alicia se acercó al anciano y, tras saludarlo educadamente, le preguntó:

—¿Es verdad que con todo este trigo estás pagando una deuda?

—Así es —contestó Shirham—. Hace unos dos mil años, cuando yo era rey de la India, el inventor del ajedrez me pidió como recompensa un grano de trigo por la primera casilla del tablero, dos por la segunda, cuatro por la tercera, ocho por la cuarta, y así sucesivamente, duplicando en cada casilla el número de granos de la anterior.

—Pero eso no puede ser mucho —comentó Alicia.

—Eso pensé yo —dijo el rey con un suspiro—.

Pero cuando los matemáticos de la corte calcularon el número de granos que tenía que entregarle al astuto inventor, resultó que no había en el mundo trigo suficiente ni lo había habido desde el origen de los tiempos. Mira, aquí tienes la cuenta.

El rey le tendió a Alicia el tablero de ajedrez. En cada casilla había un número escrito:

—¡Qué barbaridad! —exclamó la niña—. Y encima hay que sumar todas las casillas para saber cuál es el total.

—Eso es muy fácil —intervino Charlie.

—¿Fácil? Una suma con 64 sumandos, y muchos de ellos enormes...

—Fíjate bien —dijo el escritor—. Los dos primeros números suman 3, y el tercero es 4; los tres primeros números suman 7, y el cuarto es 8, los cuatro primeros números suman 15, y el quinto es 16...

—¡Ya lo veo! Cada número es la suma de todos los anteriores más uno.

—Exacto. Entonces, la suma de todos los números de esta serie será el doble del último menos uno, o sea, 18 446 744 073 709 551 615. En números redondos, serían unos 18 trillones y medio.

—¿Y eso es mucho? No puedo imaginarme cómo es un trillón.

—Nadie puede imaginárselo, es un número que se sale por completo de la modesta escala humana. Para que te hagas una idea, en un metro cúbico hay unos 15 millones de granos.

Malditas Matemáticas. Alicia en el País de los Números.
Carlo Frabetti: "El desierto de trigo", en editorial Alfaguara Juvenil.

Lee atentamente el texto y responde:

- En el texto se indica cómo se pueden sumar los granos de trigo. Haz la siguiente suma aplicando la regla dada: 1 + 2 + 4 + 8 + 16 + 32
- Calcula la suma de los 64 sumandos aplicando la fórmula de la suma de las progresiones geométricas.

Ejercicios del bloque

1 La estación espacial Mir permaneció en órbita 15 años y durante este tiempo dio 86 500 vueltas a la Tierra.

La permanencia más larga de un astronauta en la Mir fue de 680 días.

Pregunta.

La Mir daba vueltas alrededor de la Tierra a una altura aproximada de 400 kilómetros. El diámetro de la Tierra mide aproximadamente 12 700 km

Calcula de forma aproximada la distancia total recorrida por la Mir durante sus 86 500 vueltas mientras estuvo en órbita. Expresa el resultado en notación científica.

2 Un agricultor planta manzanos en un terreno cuadrado. Con objeto de proteger los manzanos del viento planta coníferas alrededor de la totalidad del huerto. Aquí ves un esquema de esta situación donde se puede apreciar la colocación de los manzanos y de las coníferas para cualquier número (n) de filas de manzanos:

Pregunta 1.

Completa la tabla:

n	Número de manzanos	Número de coníferas
1	1	8
2		
3		
4		
5		

Pregunta 2.

Escribe el término general que nos da el número de manzanos y el de coníferas en función de n

Pregunta 3.

El agricultor ha decidido plantar 20 filas de manzanos. ¿Cuántos manzanos plantará? ¿Cuántas coníferas necesitará?

Practica con textos

Algo más que un juego de adivinar

Manuel es un profesor de matemáticas ciertamente peculiar. Algunas veces se empeña en dar unas clases un poco raras. Un día, al llegar a clase, sentó a sus alumnos de tres en tres en cada mesa asignándoles una letra a cada uno de la siguiente forma:

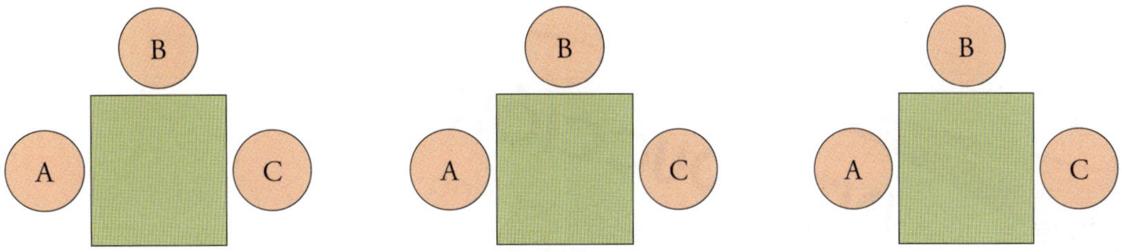

Entregó en cada mesa un folio y a todos los alumnos que les asignó la letra A les pidió que pensasen un número de una cifra. Una vez que lo tuvieron pensado, les solicitó que, mentalmente, lo duplicasen y después le añadiesen cinco unidades. Los alumnos debían anotar en el papel el resultado y entregárselo a aquellos que tenían asignada la letra B. Pidió a estos que multiplicasen el resultado entregado por cinco y que pasaran el resultado a los alumnos de la letra C. Por último, solicitó a estos alumnos que sumasen al resultado entregado otro número de una cifra libremente pensado por ellos y que le dijeran a él el resultado final. El profesor, con este resultado, adivinó los números pensados en cada mesa. ¿Cómo lo hizo?

Lee atentamente el texto y contesta:

- Posiblemente tu primera intención es utilizar letras y resolver alguna ecuación. Pero comencemos por algo más sencillo:

  Elige un dígito y haz las operaciones que se van pidiendo a los alumnos A y B. Cuando llegues a lo que debe hacer el alumno C, elige otro dígito y acaba las operaciones. Con ese resultado debes adivinar los números pedidos. Hazlo dos o tres veces con dígitos distintos. ¿Cuál es el truco?
- Ahora realiza todo el proceso con letras:
  - Llama con la letra x al primer número de una cifra pensado por los alumnos del grupo A y realiza las operaciones que se les pide con esa letra.
  - A lo que tengas escrito aplícale lo que debe hacer cada alumno del grupo B. Recuerda la propiedad distributiva.
  - Finalmente, los alumnos del C deben pensar otro dígito; llámalo con la letra y. Realiza con esa letra lo que tienen que hacer estos alumnos.
  - La expresión algebraica que obtienes debes igualarla al resultado obtenido.

    a) Si no ves el truco, pensemos algo más sencillo:

    Vamos a realizar el proceso simplificando un paso. El alumno A va a pensar un dígito y lo va a duplicar, pero no le va a sumar otra cantidad. El alumno B multiplica el resultado por cinco, y el alumno C suma al último resultado otro dígito.

    Hazlo ahora dos o tres veces con números. Observa el resultado final. ¿Ves alguna relación entre el resultado y los números pensados?

    b) Repite el proceso ahora cambiando el cinco que debe sumar el alumno A por un cuatro.

    c) Haz el planteamiento del problema y escribe una conclusión.
- Inventa un problema similar pero en el que haya que adivinar tres dígitos.

Investiga y expón

En muchas ocasiones te pedirán que realices una investigación y que expongas tus conclusiones. Tienes que saber que un trabajo de investigación debe tener al menos los siguientes apartados: Portada, introducción, desarrollo, conclusiones y bibliografía.

Te proponemos que hagas un trabajo sobre **Área y volumen de cuerpos en el espacio** utilizando **PowerPoint de Microsoft Office o Impress de OpenOffice.**

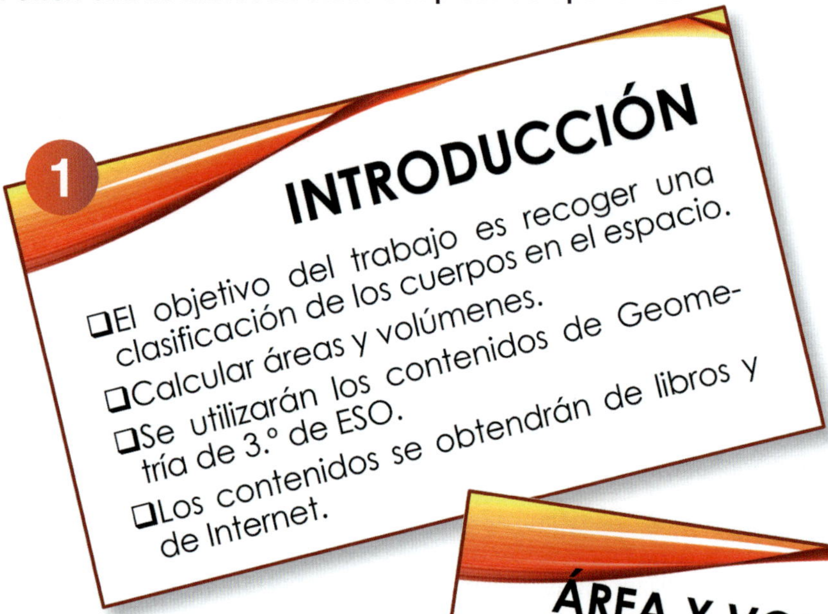

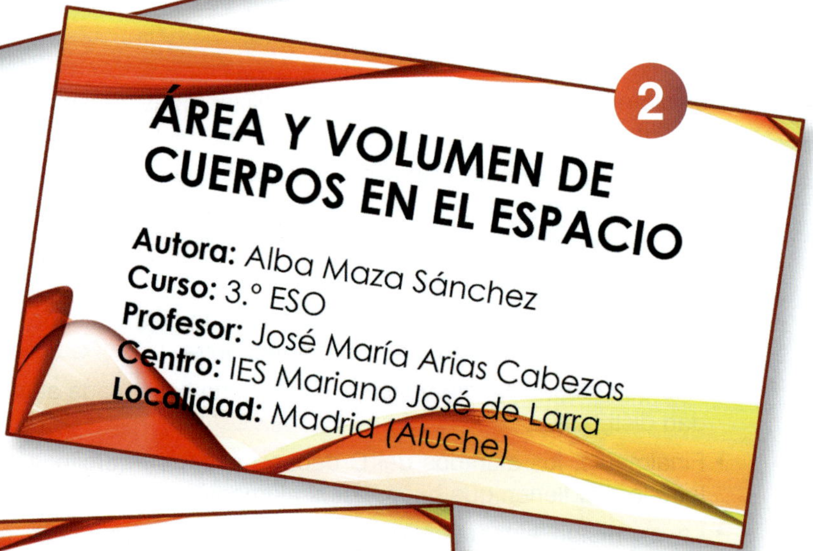

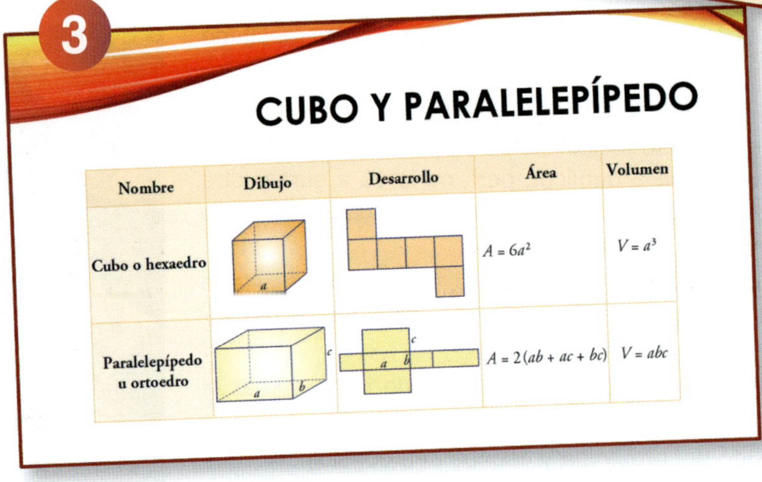

Nombre	Dibujo	Desarrollo	Área	Volumen
Cubo o hexaedro			$A = 6a^2$	$V = a^3$
Paralelepípedo u ortoedro			$A = 2(ab + ac + bc)$	$V = abc$

4 PRISMA Y CILINDRO

Nombre	Dibujo	Desarrollo	Área	Volumen
Prisma	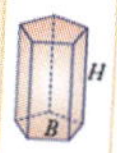	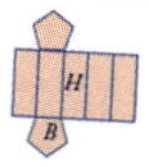	$A_T = 2A_B + A_L$	$V = A_B \cdot H$
Cilindro	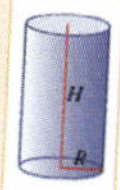	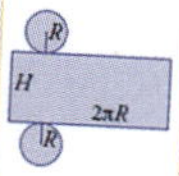	$A_B = \pi R^2$ $A_L = 2\pi RH$ $A_T = 2A_B + A_L$	

5 PIRÁMIDE Y CONO

Nombre	Dibujo	Desarrollo	Área	Volumen
Pirámide		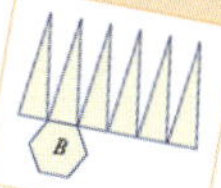	$A_T = A_B + A_L$	$V = \frac{1}{3} A_B \cdot H$
Cono		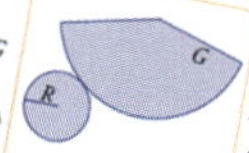	$A_B = \pi R^2$ $A_L = \pi RG$ $A_T = A_B + A_L$	

6 TRONCOS Y ESFERA

Nombre	Dibujo	Desarrollo	Área	Volumen
Tronco de pirámide		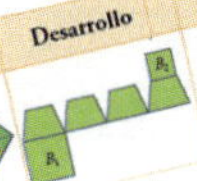	$A_T = A_{B_1} + A_{B_2} + A_L$	$V = \frac{1}{3}(A_{B_1} + A_{B_2} + \sqrt{A_{B_1} \cdot A_{B_2}}) \cdot H$
Tronco de cono		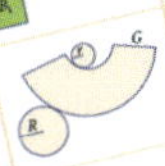	$A_{B_1} = \pi R^2$ $A_{B_2} = \pi r^2$ $A_L = \pi(R + r)G$ $A_T = A_{B_1} + A_{B_2} + A_L$	
Esfera		No tiene desarrollo plano.	$A = 4\pi R^2$	$V = \frac{4}{3}\pi R^3$

7 CONCLUSIONES

En los poliedros hemos estudiado:

- Nombre y dibujo.
- Desarrollo y área, el área se deduce de su desarrollo plano, por ello es muy importante construir todos los cuerpos a partir de recortables.
- Volumen, lo más característico es ver que coinciden las fórmulas del prisma con la del cilindro, las de la pirámide con la del cono y las del tronco de pirámide con la del tronco de cono.

8 BIBLIOGRAFÍA

- ARIAS CABEZAS, J.M.; MAZA SÁEZ, I.: *Matemáticas 3.º ESO*. Madrid: Bruño, 2020
- http://www.infoymate.es/mate/PoliNomb/index.htm
- http://www.infoymate.es/wiris/wiris/poli/index.htm

ACTIVIDADES DE AMPLIACIÓN

Ejercicios del bloque

1 Indica qué figura se ajusta a la siguiente descripción:

- El triángulo *PQR* es un triángulo rectángulo con el ángulo recto en *R*
- El lado *RQ* es menor que el lado *PR*
- *M* es el punto medio del lado *PQ* y *N* es el punto medio del lado *QR*
- *S* es un punto del interior del triángulo.
- El segmento *MN* es mayor que el segmento *MS*

a)

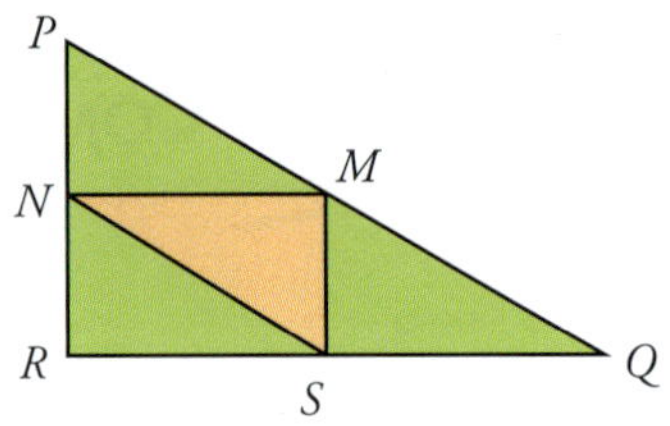

b)

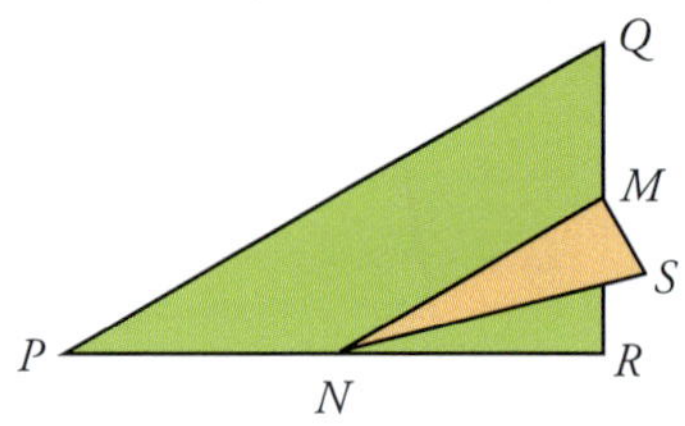

c)

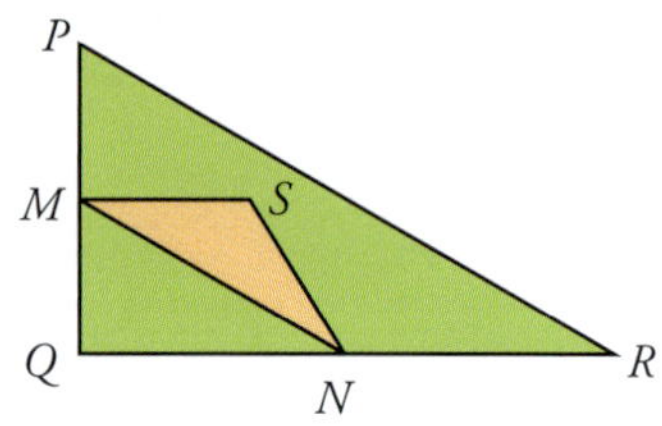

d)

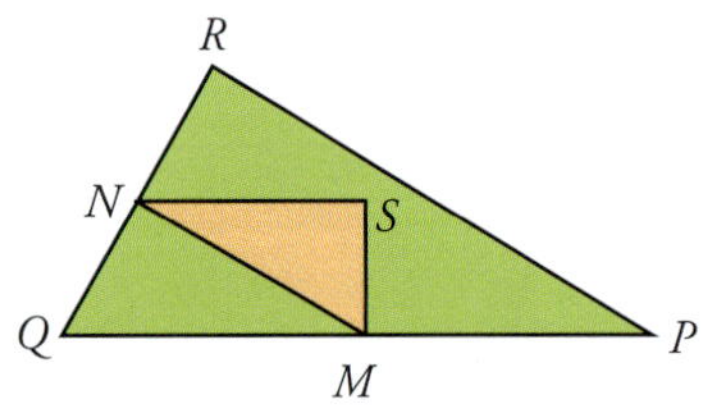

e)

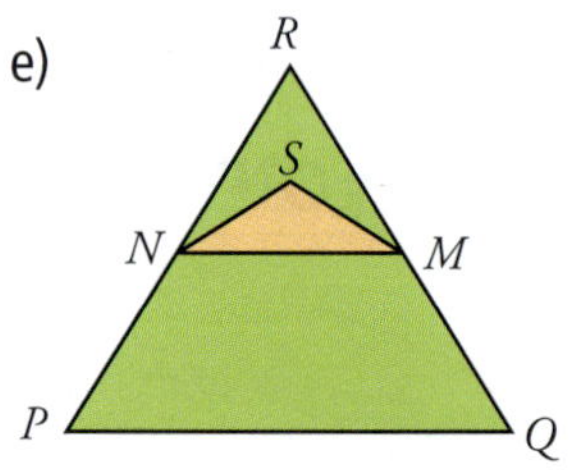

2 La siguiente figura muestra el modelo matemático del tejado en forma de pirámide de una casa:

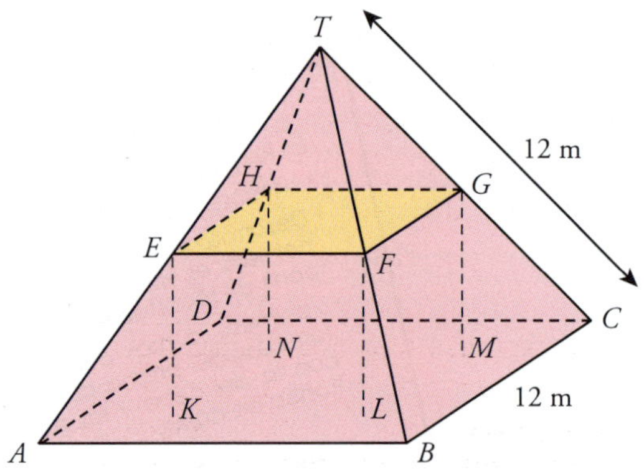

La planta del ático, *ABCD* en el modelo, es un cuadrado. Las vigas que sostienen el tejado son las aristas de un bloque (prisma rectangular) *EFGHKLMN*. *E* es el punto medio de *AT*, *F* es el punto medio de *BT*, *G* es el punto medio de *CT* y *H* es el punto medio de *DT*.

Todas las aristas de la pirámide tienen 12 m de longitud.

Pregunta 1.

Calcula el área de la planta del ático *ABCD*

Pregunta 2.

Calcula la longitud de *EF*, una de las aristas horizontales del bloque.

Practica con textos

Carrera de atletismo

La carrera de 100 m lisos es la prueba reina de la velocidad en el atletismo. Las marcas conseguidas en esta distancia han ido evolucionando de forma considerable. El atleta jamaicano Usain Bolt recorrió los 100 m en 9,58 s en los Campeonatos del Mundo de Atletismo celebrados en Berlín el día 16 de agosto de 2009.

Evolución del récord del mundo de los 100 metros lisos.
(*) Solo se contabilizan los récords conseguidos con cronometraje electrónico.

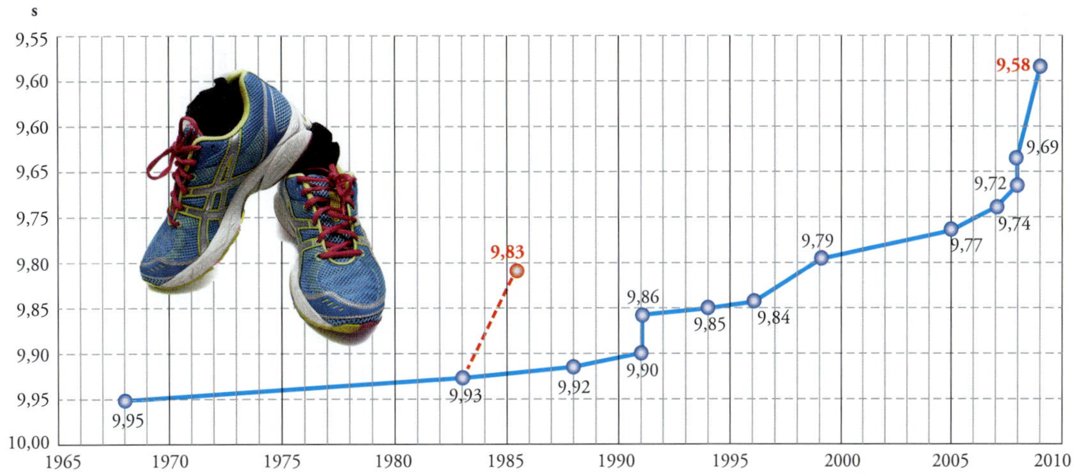

Fuente: *El País.*

Lee atentamente el texto y responde:

- ¿Qué se representa en el gráfico?
- ¿Qué se mide en el eje horizontal? ¿Y en el vertical?
- ¿Cómo se han medido los récords registrados en el gráfico?
- ¿Cuáles fueron los récords que menos tiempo duraron?
- Hubo un récord de Ben Johnson que fue anulado por dopaje. ¿Cuál crees que fue ese récord?

Velocidad

Para analizar los diferentes ritmos de carrera en una prueba de 100 m lisos, se mide el tiempo de paso cada 10 m de carrera con un dispositivo de cronometraje electrónico. Supongamos que la tabla y gráfica adjunta corresponden a la carrera de un atleta:

Longitud (m)	0	10	20	30	40	50	60	70	80	90	100
Tiempo (s)	0	1	2	3	4	5	6	7	8	9	10

Carrera de 100 m lisos

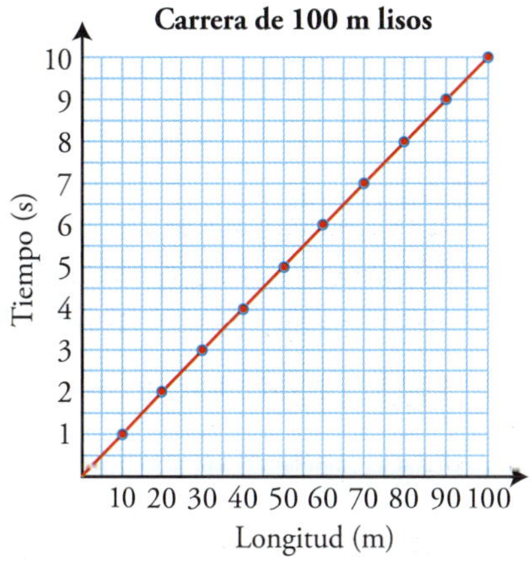

Con la información anterior responde a las siguientes preguntas:

- ¿Cuánto tiempo ha empleado en recorrer los 100 m?
- ¿Lleva una velocidad constante? En caso afirmativo, ¿a qué velocidad corre? (Expresa el resultado en metros por segundo y en kilómetros por hora).

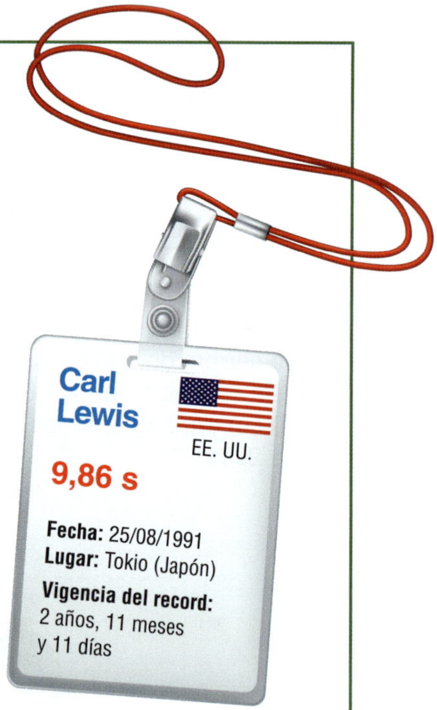

- Seguramente pensarás, con razón, que la carrera representada en el gráfico es muy poco realista. Haz la gráfica de los datos de la siguiente tabla y describe la carrera del atleta Carl Lewis cuando estableció el récord del mundo en Tokio en 1991.

Longitud (m)	0	10	20	30	40	50	60	70	80	90	100
Tiempo (s)	0	1,88	2,96	3,88	4,77	5,61	6,46	7,30	8,13	9,00	9,86

- Dibuja una gráfica que describa la siguiente carrera:
  - Salió de manera lenta y mantuvo un ritmo constante a lo largo de casi toda la carrera.
  - En los últimos 15 metros aumentó su ritmo de manera considerable, esprintando y consiguiendo una marca final de 9,6 s

Usain Bolt

Del análisis que realizó la Federación Internacional de Atletismo (IAAF) para la final de los 100 m se pueden obtener datos como los tiempos de la siguiente tabla y su gráfica correspondiente:

Longitud (m)	0	10	20	30	40	50	60	70	80	90	100
Tiempo (s)	0	1,89	2,89	3,79	4,64	5,48	6,31	7,12	7,92	8,75	9,58

Carrera de 100 m lisos de Usain Bolt

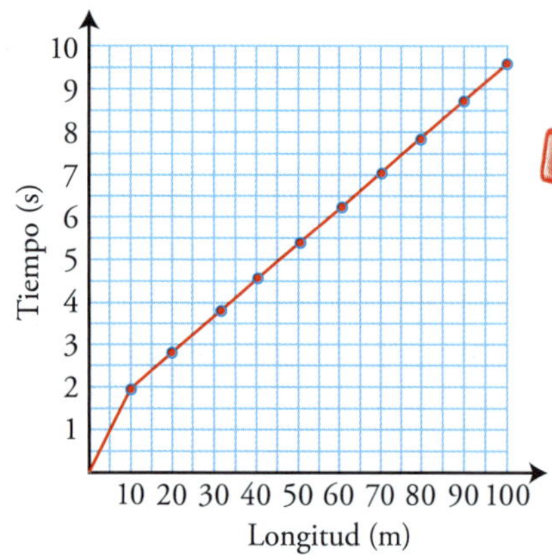

Responde:

- Haz una tabla que recoja el tiempo en segundos que empleó en recorrer cada intervalo de 10 m y la velocidad media en cada uno de ellos.
- ¿Dónde alcanzó su máxima velocidad?
- Una carrera se califica como excelente cuando al menos se mantiene la misma velocidad entre 20 y 30 metros. ¿Le sucedió esto a Bolt?
- El campeón dio 41 zancadas. ¿Cuál es la longitud media de cada zancada?
- Elabora una tabla con los datos de Carl Lewis como la que se ha elaborado para Usain Bolt y compara la carrera de ambos atletas.

Ejercicios del bloque

1 Este gráfico muestra cómo varía la velocidad de un coche de carreras a lo largo de una pista llana de 3 km durante su segunda vuelta:

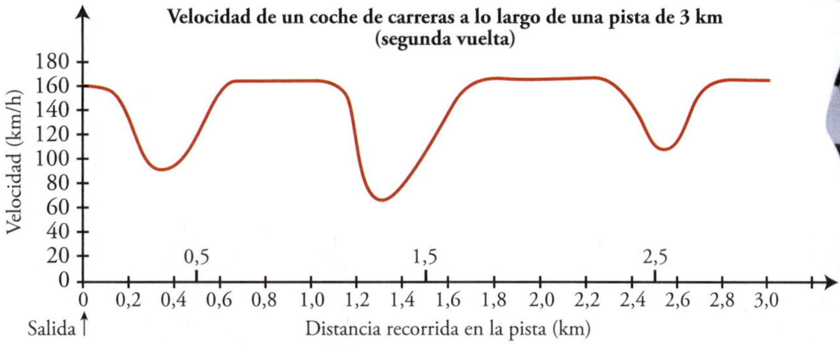

Copia y contesta en tu cuaderno:

Pregunta 1.

¿Cuál es la distancia aproximada desde la línea de salida hasta el comienzo del tramo recto más largo que hay en la pista?

a) 0,5 km b) 1,5 km c) 2,3 km d) 2,6 km

Pregunta 2.

¿Dónde alcanzó el coche la velocidad más baja durante la segunda vuelta?

a) En la línea de salida.

b) Aproximadamente en el kilómetro 0,8

c) Aproximadamente en el kilómetro 1,3

d) A mitad del recorrido.

Pregunta 3.

¿Qué se puede decir sobre la velocidad del coche entre el kilómetro 2,6 y el 2,8?

a) La velocidad del coche permanece constante.

b) La velocidad del coche es creciente.

c) La velocidad del coche es decreciente.

d) La velocidad del coche no se puede hallar basándose en este gráfico.

Pregunta 4.

Aquí están dibujadas cinco pistas:

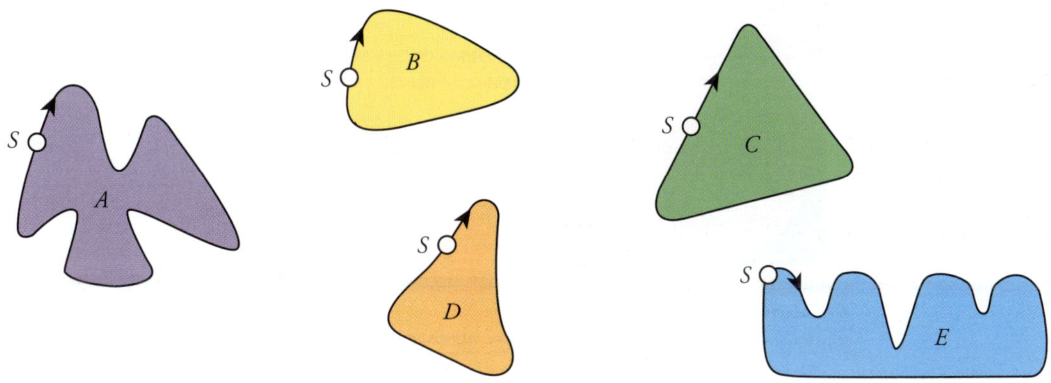

¿En cuál de estas pistas se condujo el coche para producir el gráfico de velocidad mostrado anteriormente?

Practica con textos

Aproximación del valor de π con cálculo aleatorio

Vamos a aproximar el número π mediante un experimento contando granos de arroz. Para ello debes utilizar cartulina y granos de arroz. Se ve mejor si usas un par de cartulinas de colores distintos.

1. Construye una caja con base cuadrada y pega dentro un círculo inscrito.

2. Coge 100 granos de arroz y lánzalos sobre la caja.

3. Cuenta los granos que han caído dentro del círculo.
4. Repite el proceso varias veces completando en tu cuaderno una tabla con los siguientes datos:

N.º de granos	N.º de granos dentro del círculo	Proporción	4 · Proporción
n	A	A/n	$4 \cdot A/n$

Ahora responde:

- Si llenaras todo el círculo con granos de arroz y se tomara cada grano de arroz como unidad de medida, ¿qué estaríamos midiendo? ¿Y con todo el cuadrado? ¿Qué mediría la proporción *A*/*n*?
- Supongamos un círculo de radio *R* inscrito en un cuadrado. ¿Cuál es la longitud del lado del cuadrado?
- Haz la proporción de sus áreas y justifica el resultado del experimento.

Simulación del experimento con GeoGebra

En **GeoGebra** elige el *applet* **Aproximación del valor de π con cálculo aleatorio.**
Mueve el deslizador *n* para obtener una aproximación de π

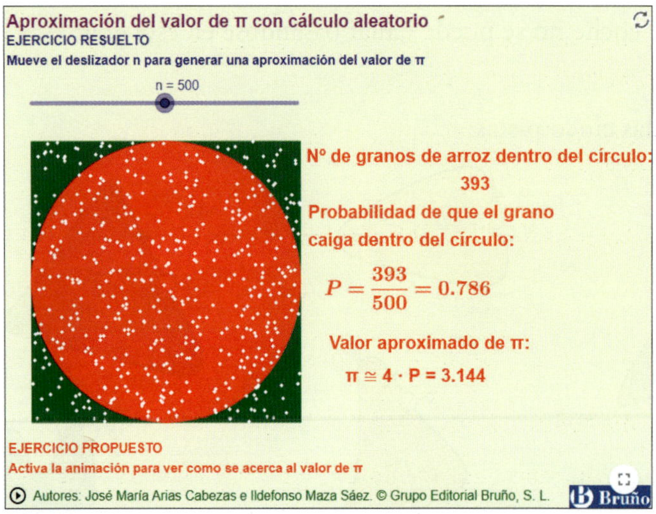

Ahora responde:

- ¿Qué ocurre al aumentar el número de granos de arroz, es decir, al aumentar *n*?

Ejercicios del bloque

1 En el colegio de Irene, su profesora de ciencias les hace exámenes que se puntúan de 0 a 100. Irene tiene una media de 60 puntos de sus primeros cuatro exámenes de ciencias. En el quinto examen sacó 80 puntos. ¿Cuál es la media de las notas de Irene en ciencias tras los cinco exámenes?

2 En un juego de una caseta de feria se utiliza en primer lugar una ruleta. Si la ruleta se para en un número par, entonces el jugador puede sacar una canica de una bolsa. La ruleta y las canicas de la bolsa se representan en los dibujos siguientes:

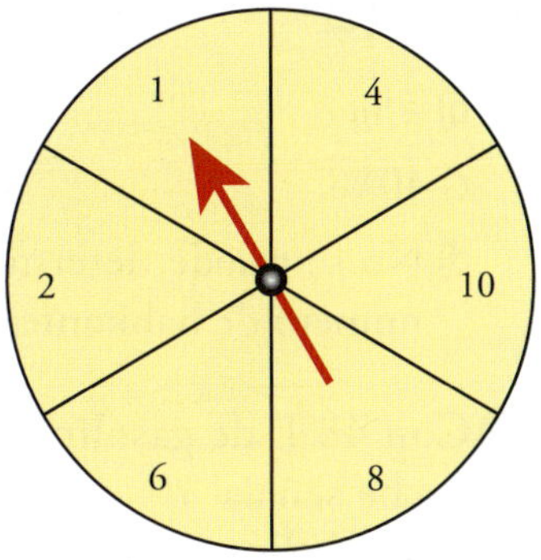

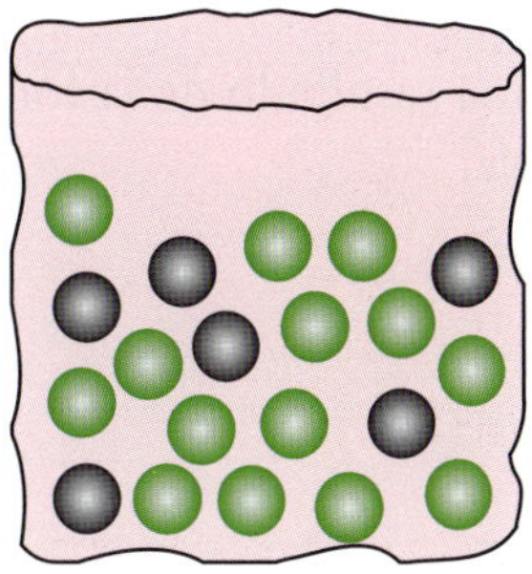

Cuando se saca una canica negra se gana un premio. Daniela juega una vez.

¿Cómo es de probable que Daniela gane un premio? Indica en tu cuaderno la respuesta correcta.

a) Es imposible.

b) No es muy probable.

c) Tiene aproximadamente el 50 % de probabilidad.

d) Es muy probable.

e) Es seguro.

3 Se emitió un documental sobre terremotos y la frecuencia con que estos ocurren. El documental incluía un debate sobre la posibilidad de predecir los terremotos.
Un geólogo dijo:

> *En los próximos veinte años, la posibilidad de que ocurra un terremoto en la ciudad de Zed es dos de tres.*

¿Cuál de las siguientes opciones refleja mejor el significado de la afirmación del geólogo? Indica en tu cuaderno la respuesta correcta.

a) $\frac{2}{3} \cdot 20 = 13,3$ por lo que entre 13 y 14 años a partir de ahora habrá un terremoto en la Ciudad de Zed.

b) $\frac{2}{3}$ es más que $\frac{1}{2}$, por lo que se puede estar seguro de que habrá un terremoto en la Ciudad de Zed en algún momento en los próximos 20 años.

c) La probabilidad de que haya un terremoto en la Ciudad de Zed en algún momento en los próximos 20 años es mayor que la probabilidad de que no haya ningún terremoto.

d) No se puede decir lo que sucederá, porque nadie puede estar seguro de cuándo tendrá lugar un terremoto.

ACTIVIDADES DE AMPLIACIÓN

ACTIVIDADES DE RECUPERACIÓN

BLOQUE I

Señala en tu cuaderno la respuesta correcta.

1 Redondea a dos decimales y calcula:

$$(12{,}447 - 4{,}253) : 2{,}499$$

a) 3,29 b) 3,28

c) 3,27 d) 3,20

2 Calcula y expresa el resultado de la forma más sencilla posible:

$$\left(\frac{\sqrt{2}}{2}\right)^4$$

a) 1

b) 2

c) 1/4

d) 1/2

3 Pedro tiene dos números. Uno de ellos es el 630 y del otro solo sabemos que es una potencia de 2. ¿Cuál es el máximo común divisor de esos dos números?

a) 1

b) 10

c) 2

d) No se puede determinar. Depende de la potencia de 2

4 Calcula y expresa el resultado de la forma más sencilla posible:

$$8 - 3\,\frac{1}{1 + \frac{1}{2}}$$

a) 6

b) 7/2

c) 10

d) 10/3

5 Calcula y expresa de la forma más sencilla:

$$\sqrt{3^2 + 16}$$

a) ±7 b) 19

c) $\sqrt{22}$ d) ±5

6 Según una encuesta reciente, de cada 15 españoles 9 no han leído *Don Quijote de la Mancha*. ¿Qué porcentaje de españoles sí lo ha leído?

a) 0,4 %

b) 4 %

c) 40 %

d) No se puede determinar. Depende del número de habitantes total.

7 Con 48 L de gasolina el marcador de un coche señala 3/4 de depósito. ¿Cuál es la capacidad total del depósito del coche?

a) 36 L

b) 64 L

c) 100 L

d) 112 L

8 Calcula el valor del término que ocupa el lugar 100 en una progresión aritmética cuyo primer término vale 2 y su diferencia, 5

a) 497 b) 500

c) 502 d) 505

9 Para hacer una tarta de 750 g, Pedro ha utilizado 300 g de harina. Ahora quiere hacer otra tarta que pese un kilogramo. ¿Cuántos gramos de harina necesitará?

a) 225 g

b) 500 g

c) 450 g

d) 400 g

10 Sabiendo que el séptimo término de una progresión geométrica es 1 y la razón 1/2, calcula el primer término.

a) 1/64

b) 64

c) 128

d) 1/128

BLOQUE II

Resuelve las siguientes actividades.

1 Halla el valor numérico del polinomio:

$$x^4 - 2x^3 - 4x^2 + 3 \text{ para } x = -1$$

2 Copia y completa en tu cuaderno usando los signos = o ≠:

a) $\dfrac{5 + 10x}{5}$ ■ $10x$

b) $(a - b)^2$ ■ $a^2 - b^2$

c) $4 + 8z$ ■ $4(1 + 2z)$

d) $\sqrt{a^2 + 9}$ ■ $a + 3$

3 Dados los polinomios:

$$P(x) = 3x^4 - 2x^3 - x^2 + 2$$

$$Q(x) = -x^4 + 5x^2 + 3x - 5$$

calcula $P(x) - Q(x)$

4 Dados los polinomios:

$$P(x) = 6x^4 - 11x^3 + 16x^2 - 3x - 4$$

$$Q(x) = 3x^2 - x - 1$$

calcula $P(x) : Q(x)$

5 Calcula el valor de m para que el resto de la siguiente división sea 9

$$(3x^4 - 6x^3 + mx^2 + 5) : (x - 2)$$

6 Resuelve la ecuación:

$$\frac{x - 1}{4} - x = \frac{x + 1}{2} - \frac{x - 2}{6}$$

7 Señala en tu cuaderno el resultado de factorizar el polinomio siguiente:

$$3x^2 + 7x - 6$$

a) $(x + 3)\left(x - \dfrac{2}{3}\right)$

b) $(x + 9)(x - 2)$

c) $3(x + 3)\left(x - \dfrac{2}{3}\right)$

d) $\left(x - \dfrac{5}{6}\right)\left(x + \dfrac{3}{2}\right)$

8 Resuelve el sistema por el método más sencillo:

$$\left.\begin{array}{l} 3x - y = 1 \\ 2x + y = 4 \end{array}\right\}$$

9 La madre de Laura y José ha pagado 122 € por un vestido y una sudadera, que ha regalado a sus hijos. José protesta porque con lo que cuesta el vestido se podrían haber comprado dos sudaderas y habrían sobrado 17 €. Traduce la situación al lenguaje algebraico mediante un sistema de dos ecuaciones con dos incógnitas, indicando con claridad el significado de las letras que empleas.

Calcula el precio del vestido y el de la sudadera.

10 Los jueves, Andrés distribuye las 24 horas del día de la siguiente forma: estudia la mitad de lo que duerme y todavía le sobran 10 horas para el resto de sus actividades.

Plantea una ecuación que exprese el enunciado, indicando claramente lo que significa la incógnita.

¿Cuánto tiempo estudia Andrés los jueves? Exprésalo en horas y minutos.

11 Una ONG va a repartir paquetes de leche a las familias necesitadas de un barrio. Si la ONG tuviese el doble de paquetes de leche, podría repartir 6 paquetes a cada familia. Si tuviese el triple de paquetes y el número de familias fuese uno menos, repartirían 10 paquetes a cada familia.

Calcula el número de familias necesitadas del barrio y el número de paquetes de leche que tiene la ONG.

12 En un triángulo rectángulo el cateto menor mide 7 cm menos que el cateto mayor; y la hipotenusa mide 2 cm más que el cateto mayor. Calcula las dimensiones de este triángulo.

BLOQUE III

ACTIVIDADES DE RECUPERACIÓN

Resuelve las siguientes actividades.

1 Una rampa avanza 13 m horizontalmente y salva un desnivel de 5 m. ¿Qué longitud tiene la rampa?

2 Un termo eléctrico industrial está formado por un cilindro de 1,2 m de altura y terminado con dos semiesferas de 40 cm de radio. Calcula su capacidad en litros.

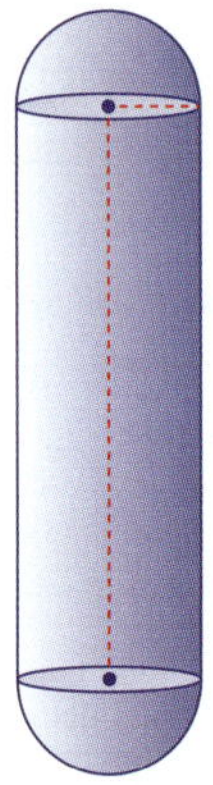

3 Dos ciclistas, A y B, se cruzan en una rotonda de la que salen al mismo tiempo por dos carreteras perpendiculares entre sí. Ruedan los dos a velocidad constante: A va a 8 m/s y B va a 6 m/s

a) Expresa en km/h la velocidad del ciclista B.

b) Expresa en kilómetros la distancia recorrida por el ciclista A, a partir de la rotonda, al cabo de 5 min

Comprueba que la distancia que separa a los dos ciclistas en línea recta un minuto después de salir de la rotonda es de 600 m

4 Apoyamos una escalera de 13 m de longitud sobre la pared, de forma que su base queda separada 5 m de la pared al nivel del suelo. ¿A qué altura llega la escalera?

5 Halla el ángulo A

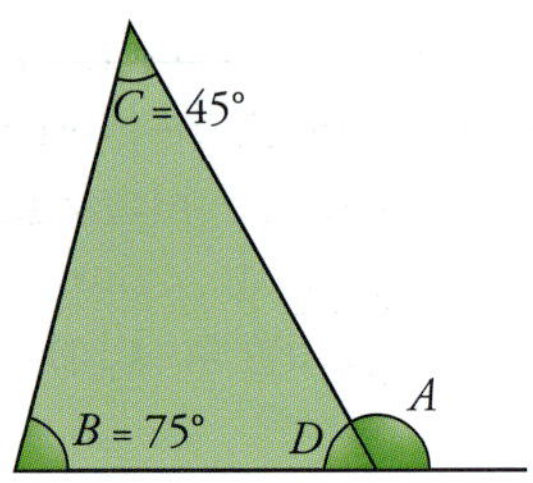

6 El depósito de gasoil de la casa de Irene es un cilindro de 1 m de altura y 2 m de diámetro. Irene ha llamado al suministrador de gasoil porque en el depósito solamente quedan 140 litros.

a) ¿Cuál es, en decímetros cúbicos, el volumen del depósito? Toma $\pi = 3{,}14$

b) El precio del gasoil es de 1,15 €/L. ¿Cuánto tiene que pagar Irene al suministrador del gasoil para que llene el depósito?

7 Averigua la altura de una casa que proyecta una sombra de 68 m sabiendo que, en el mismo instante, una persona de 165 cm de estatura proyecta una sombra de 2 m

8 Calcula el área de una pirámide hexagonal regular en la que la arista de la base mide 6 cm y la altura, 8 cm

9 El maletero de un coche, de forma ortogonal, tiene unas dimensiones de 2 m de largo, 1 m de ancho y 80 cm de alto. ¿Podemos meter en el maletero una barra de madera de 260 cm de larga?

10 Halla el área de un cono de 4 cm de radio y 6 cm de altura.

11 Dibuja la figura simétrica de F respecto de la recta r y después la simétrica de la obtenida respecto de la recta s. ¿A qué movimiento corresponde la composición de las dos simetrías?

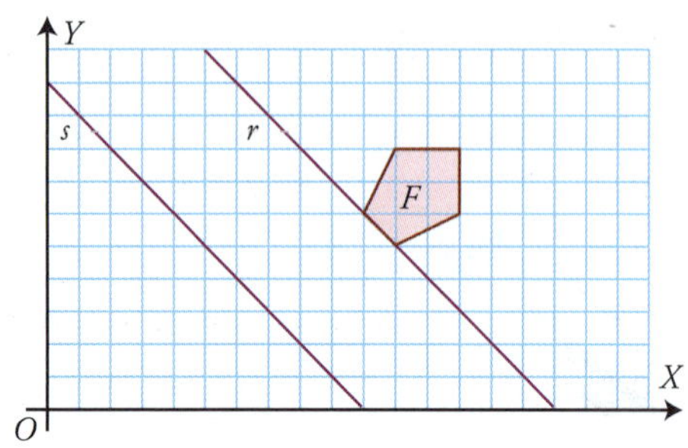

Resuelve las siguientes actividades.

1 La siguiente gráfica representa un viaje en autobús de un grupo de estudiantes:

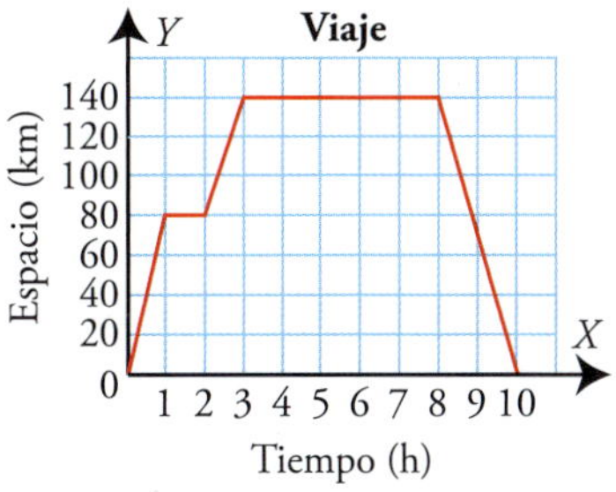

a) ¿Qué se representa en cada eje y en qué unidades?

b) ¿A cuántos kilómetros estaba el lugar que visitaron?

c) ¿Cuánto tiempo duró la visita al lugar?

d) ¿Hubo alguna parada a la ida? ¿Y a la vuelta?

e) ¿Cuánto duró el viaje completo?

2 La velocidad constante a la que una persona recorre una distancia de 6 km viene expresada en función del tiempo por la siguiente gráfica:

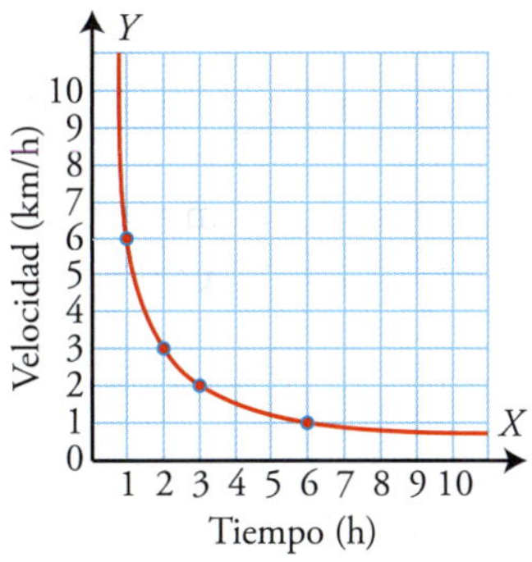

a) ¿Es una función creciente o decreciente?

b) ¿Cuál es la velocidad cuando $t = 1$ hora? ¿Y cuando $t = 2$ horas?

c) Al aumentar el tiempo, ¿a qué valor tiende la velocidad?

3 Clasifica las siguientes funciones y dibuja sus gráficas:

a) $y = \frac{1}{2}x + 1$ b) $y = -\frac{3}{4}x$

4 Dibuja la gráfica de las siguientes funciones:

a) $y = -\frac{4}{x}$ b) $y = \frac{2}{x-3} + 1$

5 Dibuja la gráfica de las siguientes funciones:

a) $y = 2x^2$ b) $y = -x^2 - 4x + 1$

6 Halla las ecuaciones de las siguientes rectas y clasifícalas:

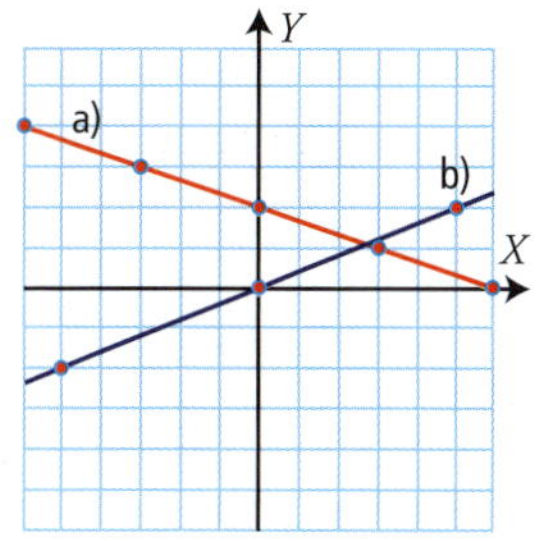

7 Halla la ecuación de las siguientes hipérbolas:

a)

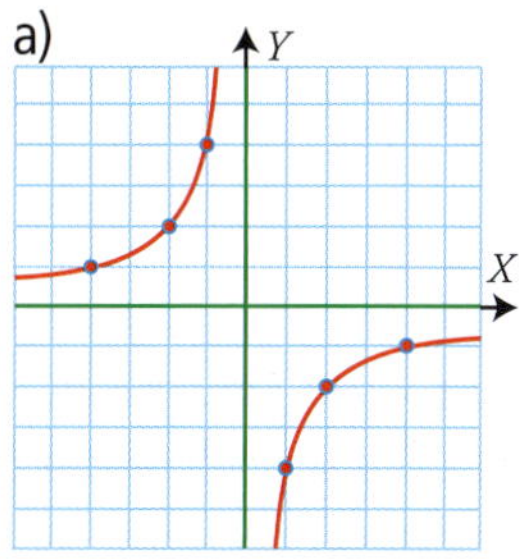

b)

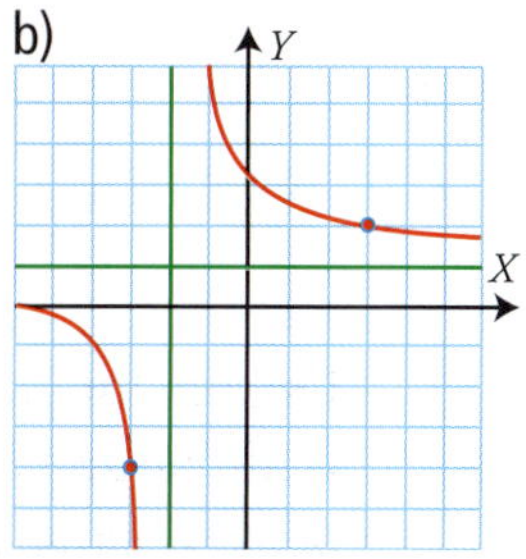

8 Halla la ecuación de las siguientes parábolas:

a)

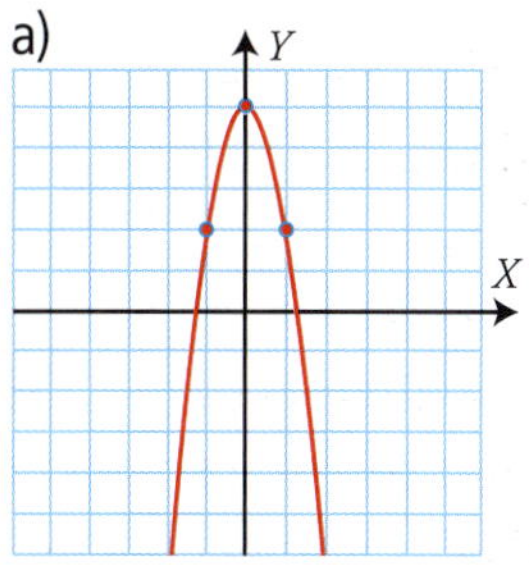

b)

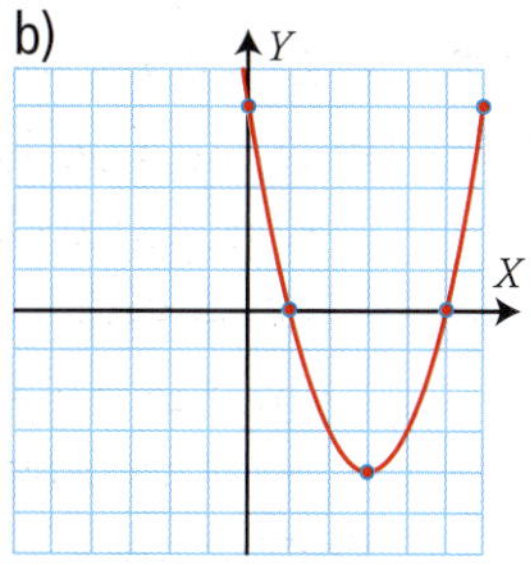

9 Pedro tiene al lado de casa dos cibercafés, H y K, para conectarse a Internet. En el cibercafé H cobran 0,5 € por el enganche a Internet y 0,02 € por minuto de conexión. En el K no cobran por el enganche, pero cobran 0,03 € por minuto de conexión.

a) Pedro piensa estar 100 min utilizando Internet. ¿Dónde irá para que le salga más barato? Justifica con cálculos tu respuesta.

b) Pedro se da cuenta de que H sale, a la larga, más barato. ¿A partir de qué tiempo de utilización conviene entrar en H?

BLOQUE V

Resuelve las siguientes actividades.

1 El peso en gramos de 40 lactantes durante la primera quincena de vida se ha recogido en la siguiente tabla:

Intervalo	n_i
160 - 220	2
220 - 280	6
280 - 340	20
340 - 400	7
400 - 460	5

Calcula la moda, la mediana y la media e interpreta el resultado.

2 El número de horas que dedica un grupo de jóvenes a realizar deporte se ha recogido en la siguiente tabla:

N.° de horas	0	1	2	3	4	5
n_i	2	5	8	2	2	1

Calcula los parámetros de centralización y de dispersión que tengan sentido e interpreta los resultados.

3 Preguntadas 39 personas sobre sus espectáculos favoritos dieron el siguiente resultado:

Espectáculo	n_i
Cine	20
Conciertos	6
Deportes	10
Teatro	4

Haz un diagrama de sectores e interpreta el resultado.

4 Las notas de Rosa en las dos primeras evaluaciones de matemáticas han sido 3,5 y 4,6. Quiere tener como media de las tres evaluaciones al menos un 5. ¿Cuánto tendrá que sacar, por lo menos, en la tercera evaluación?

5 Se realiza el experimento aleatorio de lanzar dos veces un dado numerado de seis caras. ¿Cuál es la probabilidad de que la suma de los números obtenidos sea divisible entre tres?

6 En una bolsa hay 10 bolas numeradas del 11 al 20, idénticas, salvo en el color, pues unas son rojas y las otras verdes. Sacamos sin mirar, una bola.

a) ¿Cuál es la probabilidad de obtener un número primo?

b) Se sabe que la probabilidad de sacar bola verde es 3/5. ¿Cuántas bolas hay de cada color?

7 Se tienen tres urnas de idéntico aspecto. En la primera hay 1 bola roja y 4 blancas. En la segunda hay 5 blancas y en la tercera hay 2 rojas y 3 blancas. Se extrae una bola de una urna elegida al azar. ¿Cuál es la probabilidad de que la bola sea blanca?

8 Un dado está trucado de tal forma que las probabilidades de obtener cada uno de los números de las caras son las que se recogen en la tabla siguiente:

Número	1	2	3	4	5	6
Probabilidad	1/4	1/5	1/4	1/10	k	1/10

a) ¿Qué probabilidad corresponde al suceso obtener 5?

b) ¿Qué probabilidad corresponde al suceso obtener puntuación impar?

9 Juan y Pedro se entrenan lanzando tiros a una canasta de baloncesto desde un mismo punto. De 40 tiros, Juan ha fallado 18, y Pedro, de 50 tiros, ha encestado 28

a) ¿Qué porcentaje de aciertos ha obtenido Juan?

b) ¿Cuál de los dos es mejor encestador? Justifica la respuesta.

10 En una bolsa hay 4 bolas rojas, 5 azules y 3 verdes. Se extraen dos bolas. Calcula la probabilidad de que salgan 2 bolas rojas:

a) Al extraerlas sin devolución.

b) Al extraerlas con devolución.

EVALUACIÓN FINAL

1 Realiza las siguientes operaciones:

a) $\dfrac{3}{2} - \left(\dfrac{7}{6} - \dfrac{5}{2}\right) : \dfrac{4}{3}$

b) $\dfrac{6}{5} : \dfrac{3}{2} + \dfrac{1}{4} \cdot \dfrac{8}{5}$

c) $\sqrt{75} - \sqrt{12} + 2\sqrt{27} - \sqrt{48}$

d) $\dfrac{25^3 \cdot 9^{-2} \cdot 24^4}{8^{-2} \cdot 4^6 \cdot 10^5}$

2 Un autónomo ha aumentado su facturación un 20 % y un 30 % respectivamente en los dos años anteriores. En el año actual la facturación ha disminuido un 25 % y le ha supuesto 58 500 €. Calcula el importe por el que facturó hace tres años.

3 Halla el valor de k para que el resto de la siguiente división sea 10:

$$(x^3 + kx^2 - x - 8) : (x + 2)$$

4 Las dimensiones de un rectángulo se diferencian en 2 m y la diagonal mide 10 m. Calcula las dimensiones de dicho rectángulo.

5 Resuelve por el método más sencillo el siguiente sistema:

$$\left.\begin{array}{l} 3x - 2y = 1 \\ \dfrac{x+1}{6} - \dfrac{y-5}{4} = \dfrac{1}{2} \end{array}\right\}$$

6 Halla la fórmula o ecuación de la siguiente parábola:

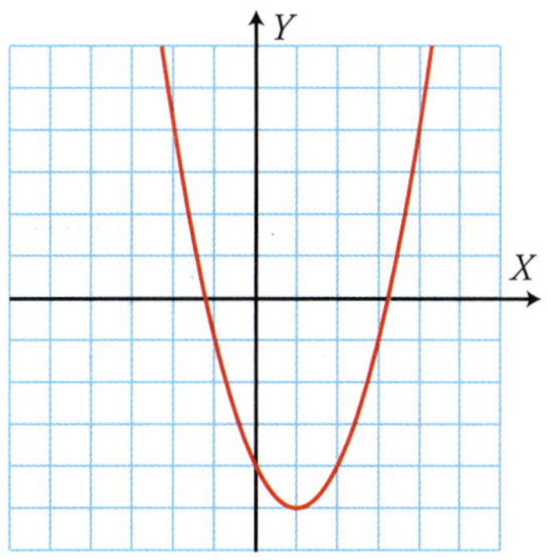

7 Un cucurucho para helado tiene forma de cono de 17 cm de altura y 6 cm de diámetro. Si se llena la mitad del cono de helado y se añade media esfera, ¿cuánto se pagará por el helado si el litro vale 16 €? Redondea el resultado a dos decimales.

8 Lanzamos dos dados con forma de octaedro con sus caras numeradas del 1 al 8. Calcula la probabilidad de que se obtengan los mismos números.

En la realización de este proyecto educativo han intervenido:

Edición
Paz Utrera Sánchez

Diseño gráfico
Cristóbal Gutiérrez Camacho

Fotografía
123RF y colaboradores, **agefotostock, Archivo Bruño** e **iStock**

Maquetación
José Yugo Escribano

Todas las actividades de este libro deben realizarse en un cuaderno aparte, nunca en el mismo libro.

Este libro corresponde al tercer curso de Educación Secundaria Obligatoria, asignatura de Matemáticas Orientadas a las Enseñanzas Académicas, y forma parte de los materiales curriculares del proyecto del Grupo Editorial Bruño, S. L.

Juan Ignacio Luca de Tena, 15
28027 Madrid

ISBN: 978-84-696-1958-2
Depósito legal: M-1143-2020
Printed in Spain

BS009530/1E-1I – 7101217